科学出版社“十三五”普通高等教育本科规划教材

# 工 程 力 学


主　编　王延遐　沈玉凤　张东焕　许英姿

副主编　云　海　刘　露　刘灿昌
　　　　贺光宗　代祥俊　鲁　森



科 学 出 版 社

北 京

## 内 容 简 介

本书充分考虑了目前工科院校各专业不同学时“工程力学”课程的开设情况，在保留经典工程力学内容的基础上，对课程体系进行了较大幅度的改革创新。

本书内容包括静力学部分和材料力学部分。主要内容包括：静力学公理和物体的受力分析、平面力系、空间力系、材料力学的基本概念、轴向拉伸和压缩、剪切与挤压的实用计算、圆轴扭转、弯曲、应力状态分析及强度理论、组合变形、压杆稳定、疲劳强度问题、工程力学实验等。

本书可供高等工科院校机械工程、车辆工程、交通运输、能源动力、土木建筑、机电、采矿等专业选用，也可供高职高专与成人高校师生、网络教育及有关工程技术人员参考。

**图书在版编目(CIP)数据**

工程力学/王延遐等主编. —北京：科学出版社，2017.6

科学出版社“十三五”普通高等教育本科规划教材

ISBN 978-7-03-052966-4

Ⅰ.①工… Ⅱ.①王… Ⅲ.①工程力学—高等学校—教材 Ⅳ.①TB12

中国版本图书馆 CIP 数据核字（2017）第 118481 号

责任编辑：邓　静　张丽花 / 责任校对：郭瑞芝

责任印制：赵　博 / 封面设计：迷底书装

科学出版社出版

北京东黄城根北街 16 号

邮政编码：100717

http://www.sciencep.com

保定市中画美凯印刷有限公司印刷

科学出版社发行　各地新华书店经销

*

2017 年 6 月第　一　版　　开本：787×1092　1/16

2025 年 7 月第九次印刷　　印张：17 1/4

字数：410 000

**定价：59.80 元**

（如有印装质量问题，我社负责调换）

# 前　言

本书是根据教育部高等学校力学教学指导委员会最新颁布的《高等学校理工科非力学专业力学基础课程教学基本要求》，结合目前普通工科院校“工程力学”课程的教学及教材现状，并参考了多部优秀教材（见参考文献）的基础上编写的。

本书内容由静力学和材料力学基本知识两部分组成，共 13 章。主要章节：第 1 章静力学公理和物体的受力分析、第 2 章平面力系、第 3 章空间力系、第 4 章材料力学的基本概念、第 5 章轴向拉伸和压缩、第 6 章剪切与挤压的实用计算、第 7 章圆轴扭转、第 8 章弯曲、第 9 章应力状态分析及强度理论、第 10 章组合变形、第 11 章压杆稳定、第 12 章疲劳强度问题、第 13 章工程力学实验。

本书在划分章节时，不拘于传统，将内容重新整合，将静力学部分内容精简为三章，将材料力学知识中的“弯曲内力、弯曲应力、弯曲变形”内容精简为“弯曲”一章，并增加了“工程力学实验”一章内容。

本书在推导公式过程中，力求严谨且简明；在基本原理内容后面，简要说明了该原理的发现过程，以激发学生探索科学的动力；在例题的选择上，注重结合工程实际，并具有一定的代表性；在每一章后面配有与本章内容相关的思考题和习题，以方便学生学习。

本书由山东理工大学力学教学部组织编写。第 1、4、6、7 章和附录由王延遐执笔，第 2 章由许英姿执笔，第 3 章由张东焕执笔，第 5 章和第 13 章由云海执笔，第 8 章由刘露执笔，第 9 章和第 10 章由刘灿昌执笔，第 11 章由贺光宗执笔，第 12 章由代祥俊执笔。全书所有在线课程和二维码对应的数字化资源由沈玉凤负责录制。全书由王延遐负责统稿，鲁森负责全书的整理。

由于作者水平有限，书中难免存在不妥之处，恳请广大读者批评指正，以使本书逐渐完善。

编　者

2016 年 12 月

# 目 录

# 绪　论

任何复杂的机械设备和工程结构都是由零件、部件组成的，这些零件、部件在工程力学中称为构件。工程力学就是研究构件的机械运动和构件承受载荷能力的学科，它包括理论力学和材料力学两门学科的有关内容。

理论力学是一门研究物体机械运动一般规律的学科。所谓机械运动是指物体在空间的位置随时间的变化。理论力学研究的是速度远小于光速的宏观物体的机械运动。它以伽利略和牛顿所总结的基本定律为基础，属于古典力学的范畴。尽管古典力学的应用范围是有局限性的，但是在一般的工程技术中所遇到的力学问题，应用古典力学来解决，不仅方便，而且结果也足够精确，因此古典力学至今仍有广泛的实际意义，并且在不断地向前发展。

理论力学通常分为三部分：静力学、运动学和动力学。

静力学研究的是物体平衡的规律。

运动学是从几何的角度研究物体的运动，而不考虑引起运动的原因。

动力学研究的是物体的运动和所受力之间的关系。

本书只研究静力学部分。

静力学部分的研究对象是刚体。刚体是指在力的作用下不变形的物体。众所周知，物体在力的作用下总是会变形的，若变形量很小，在研究物体的平衡和运动问题时是次要因素，变形量就可以忽略不计，将物体抽象简化为理想化的模型，即刚体模型。理论力学所研究的物体都视为刚体。所以，静力学又称为刚体静力学。

材料力学是一门研究构件承受载荷能力的学科。

构件的形式各种各样，但工作时都要承受外力(包括载荷和约束反力)的作用。要想使构件安全正常地工作，首先要求构件在外力的作用下不发生破坏，如断裂等，构件要有足够的抵抗破坏的能力，即强度要求。其次，对于某些构件即使强度足够，如果其变形超过一定的限度，也会影响正常工作，如机床的主轴变形过大，会影响加工精度，甚至产生振动等。因此对这些构件的变形要有一定的限制，构件要有足够的抵抗变形的能力，即刚度要求。还有一些构件，如图 0.1 所示千斤顶的螺杆和图 0.2 所示托架的压杆，属于轴向受压的细长直杆，在压力达到某一临界值后，它就从直线平衡形式突然变弯，丧失了工作能力。因此构件在外力的作用下，还要有足够的保持其原有平衡形态的能力，即构件稳定性要求。

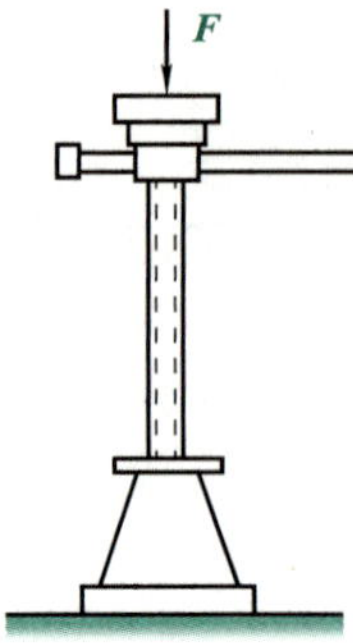


图 0.1

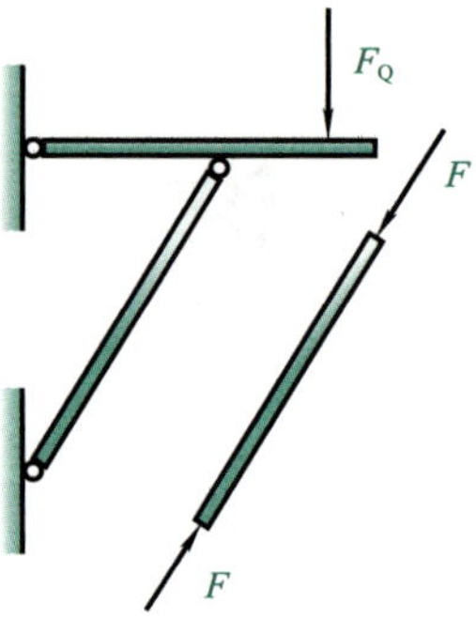


图 0.2

显然，如果构件的截面形状不合理、尺寸过小，或材料选用不当，上述三方面要求将不能满足；但加大构件尺寸、选用质量太高的材料，经济上又不合理。因此，材料力学的任务就是根据构件受到的载荷及其工作要求，在保证既经济又安全的条件下，为构件确定合理的截面形状和尺寸，提供理论依据和计算方法。

构件的强度、刚度和稳定性与材料的力学性质有关，所以，材料的力学性质又是材料力学研究的重要方面。

工程力学是一门相关工科专业的技术基础课。该课程为学习机械设计、专业设备的受力分析和强度、刚度、稳定性的计算提供必要的理论基础。

工程力学又是一门与工程技术联系极为广泛的课程，工程实际中有很多问题常常可以直接应用工程力学的知识去解决。正如二十大报告提到的，我国“基础研究和原始创新不断加强，一些关键核心技术实现突破，战略性新兴产业发展壮大，载人航天、探月探火、深海深地探测、超级计算机、卫星导航、量子信息、核电技术、新能源技术、大飞机制造、生物医药等取得重大成果，进入创新型国家行列”。正是这些现代科学技术的发展，使力学的研究渗入其他科学领域，形成了许多边缘学科。因此作为工程技术人员要掌握一定的力学知识，以便于解决工程实际问题，便于学习不断出现的新理论、新技术。

# 第1章 静力学公理和物体的受力分析

静力学的基本概念、公理、物体的受力分析是研究静力学的基础。本章主要内容包括刚体与力的概念，静力学公理及其推论，工程中常见约束和约束反力的性质及其画法，物体的受力分析及受力图的画法。核心知识点是静力学公理及其推论，物体的受力分析。

## 1.1 静力学基本概念

### 1. 刚体的概念

刚体是指在力的作用下，大小和形状始终不变的物体。即在力的作用下，物体内任意两点之间的距离始终保持不变。这是一个理想化的力学模型。在实际问题中，任何物体在力的作用下或多或少都会产生变形，如果物体变形不大或者变形对所研究的问题没有实质影响，可将物体视为刚体。

### 2. 力的概念

力是物体间相互的机械作用，这种作用使物体的运动状态发生变化或使物体变形。前者称为力对物体的外效应，后者称为力对物体的内效应。静力学部分研究的是外效应，而材料力学部分研究的是内效应。

实践告诉我们，力对物体的效应取决于下面三个要素：①力的大小；②力的方向；③力的作用点。作用于物体上的力的大小、方向、作用点不同，则产生的效应不同。

力是矢量，其三要素可用一有方向的线段来表示，如图 1.1 所示。线段的长度(按一定的比例)表示力的大小。线段的方位及箭头的指向表示力的方向，也就是说，力的方向包含方位和指向。例如，力的方向是“水平向右”，“水平”是力的方位，“向右”则是力的指向。线段的始点(或终点)表示力的作用点。通过力的作用点沿力的方向的直线，称为力的作用线。本书用黑体字母 $\boldsymbol{F}$ 表示力矢量，而以普通字母 $F$ 表示力的大小。

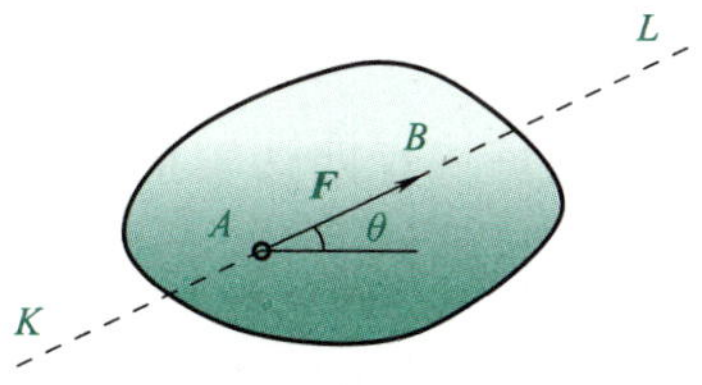


图 1.1

在国际单位制(SI)中，力的单位是牛顿，简称牛(N)。

力的作用点是指力在物体上的作用位置。实际上，力总是作用在一定的面积或体积范围内，是分布力。但当力作用的范围与物体相比很小以至可以忽略其大小时，就可近似地看成一个点。作用于一点上的力称为集中力，或集中载荷。

当力分布在一定的体积内时，称为体分布力，如物体自身的重力；当力分布在一定面积上时，称为面分布力；当力沿狭长面积或体积分布时，称为线分布力。分布力的大小用力的集度表示。体分布力集度的单位为 $N/m^3$ 或 $kN/m^3$；面分布力集度的单位为 $N/m^2$ 或 $kN/m^2$；线分布力集度的单位为 N/m 或 kN/m。在静力学部分经常用到的是线分布力，分布力的集度通常用 $q$ 表示。若 $q$ 为常量，则该分布力称为均布力或均布载荷；否则，就称为非均布力或非均布载荷。

### 3. 力系的概念

所谓力系是指作用于同一物体上的一群力。若作用于物体上的某一力系可以用另一力系来代替而不改变它对物体的效应，那么这两个力系互称为等效力系。如果一个力与一个力系等效，那么这个力称为该力系的合力，原力系的各力称为合力的分力。

### 4. 平衡的概念

在工程上，物体相对于地球静止或做匀速直线运动的状态，称为平衡。平衡是相对的，是物体运动的一种特殊形式。如果物体在某力系的作用下处于平衡状态，则该力系称为平衡力系。力系平衡所满足的条件称为平衡条件。根据平衡条件可以求解物体的平衡问题。静力学研究的物体都是处于平衡状态的。

静力学主要研究以下三个问题。

(1) 物体的受力分析：分析某物体共受几个力的作用，以及每个力的作用位置和方向。

(2) 力系的简化：用一个简单的力系来等效替换一个复杂力系的过程。

(3) 建立物体在力系作用下的平衡条件：研究各种力系平衡时应该满足的条件。

静力学的有关知识在工程中应用广泛，也是材料力学中杆件的受力分析和计算的重要基础。

## 1.2 静力学公理

静力学的理论是建立在以下几个公理的基础之上的。

**公理一　力的平行四边形法则**

作用在物体上同一点的两个力，可以合成为一个合力。合力的作用点也在该点，合力的大小和方向，由以这两个力为邻边构成的平行四边形的对角线确定。即，合力矢等于这两个力矢的矢量和。

如图 1.2(a) 所示，以 $\boldsymbol{F}_R$ 表示 $\boldsymbol{F}_1$ 与 $\boldsymbol{F}_2$ 的合力，矢量表达式为

$$\boldsymbol{F}_R = \boldsymbol{F}_1 + \boldsymbol{F}_2 \tag{1.1}$$

根据平行四边形的性质，也可以用三角形法则求汇交于一点的两个力的合力矢，如图 1.2(b) 所示。

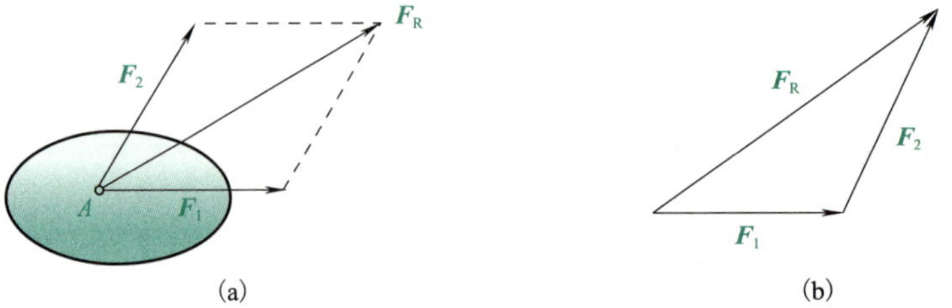


图 1.2

**公理二　二力平衡条件**

作用于刚体上的两个力，使刚体平衡的必要与充分条件是：这两个力大小相等、方向相反、沿同一条直线。

对于该公理应当注意以下两点。

第一点：该公理的适用条件是刚体，对于非刚体而言，条件只是必要的，而不是充分的。例如，一绳索在两端受两个等值反向共线的力作用时，若这两个力是拉力，绳索可以平衡，若两力为压力，则不能平衡。

第二点：要注意二力构(杆)件的定义。二力构(杆)件，是指受两个力的作用而处于平衡状态的构(杆)件。

如图 1.3 所示，曲杆 $BC$ 自重不计，分别在 $B$、$C$ 两点受力作用而处于平衡状态，由二力平衡公理可知，这两个力必定沿两作用点 $B$、$C$ 的连线。

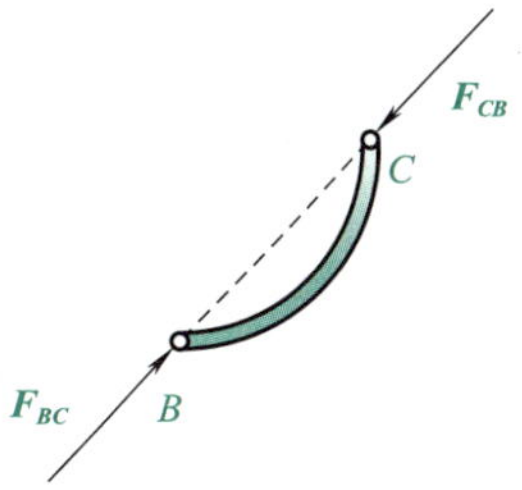

图　1.3

**公理三　加减平衡力系公理**

在已知力系上加上(或减去)任意的平衡力系，不改变原力系对刚体的作用效果。

这个公理对力系的简化起重要的作用。

**推论 1　力的可传性**

作用在刚体上的力，可沿其作用线移动到刚体内任一点，并不改变该力对刚体的作用。

证明：设力 $\boldsymbol{F}$ 作用于刚体上的 $A$ 点，如图 1.4(a)所示。在力的作用线上刚体内的任一点 $B$ 沿 $AB$ 线加上一平衡力系 $\boldsymbol{F}_1$、$\boldsymbol{F}_2$ 使 $\boldsymbol{F}_1=\boldsymbol{F}$，$\boldsymbol{F}_2=-\boldsymbol{F}$，如图 1.4(b)所示。由加减平衡力系公理可知，这并不改变原力 $\boldsymbol{F}$ 对刚体的效应。由于力 $\boldsymbol{F}$ 和 $\boldsymbol{F}_2$ 也是一平衡力系，故可以减去，因此就只剩下一个力 $\boldsymbol{F}_1$，如图 1.4(c)所示。这就证明了力的可传性。

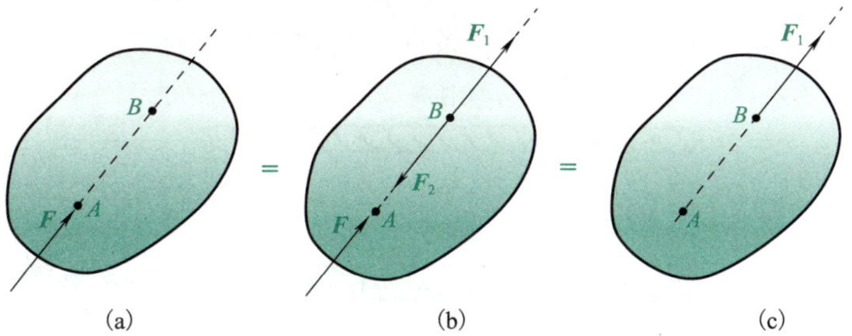

图　1.4

因此，对于刚体而言，力的三要素可改变为大小、方向和作用线。这样力可以从它的作用线上的任一点画出。由此可见，作用于刚体上的力是滑动矢量。

应当指出，加减平衡力系原理和力的可传性原理只适用于刚体。对于非刚体来说，加减平衡力系或将力沿力的作用线作任何移动，都会改变力对物体的变形效应。

**推论 2　三力平衡汇交定理**

作用于刚体上三个相互平衡的力，若其中两个力的作用线汇交于一点，则此三力必在同一平面内，且第三个力的作用线通过汇交点。

证明：如图 1.5(a)所示，在刚体上的 $A_1$、$A_2$、$A_3$ 三点分别作用三个相互平衡的力 $\boldsymbol{F}_1$、$\boldsymbol{F}_2$、$\boldsymbol{F}_3$。根据力的可传性，将力 $\boldsymbol{F}_1$、$\boldsymbol{F}_2$ 移动到汇交点 $A$ 点，再根据力的平行四边形法则得到 $\boldsymbol{F}_1$、

$\boldsymbol{F}_2$ 这两个力的合力 $\boldsymbol{F}_{R1}$，如图 1.5(b) 所示。则力 $\boldsymbol{F}_3$ 与 $\boldsymbol{F}_{R1}$ 平衡。由二力平衡条件得知两个力平衡须共线，故力 $\boldsymbol{F}_1$、$\boldsymbol{F}_2$、$\boldsymbol{F}_3$ 共面，且力 $\boldsymbol{F}_3$ 过力 $\boldsymbol{F}_1$、$\boldsymbol{F}_2$ 的汇交点 $A$ 点。

当刚体受三个互不平行的共面力的作用而平衡时，若已知两个力的方向，用此定理可以确定第三个未知力的方向。

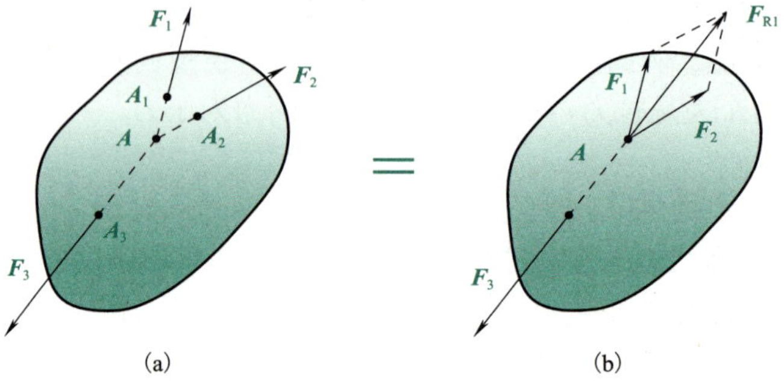


图 1.5

**公理四　作用和反作用定律**

两物体间相互作用的作用力和反作用力总是同时存在，大小相等，方向相反，沿同一直线，分别作用在这两个物体上。

需要特别注意，作用力与反作用力不是一对平衡力。

**公理五　刚化原理**

变形体在某一力系作用下平衡，如将此变形体刚化为刚体，其平衡状态保持不变。这个公理提供了将变形体当做刚体模型的条件。如图 1.6 所示，绳索在等值反向共线的两个拉力作用下处于平衡，如将绳索刚化为刚体，其平衡状态保持不变。反之，如果刚体在等值反向共线的两个压力作用下处于平衡，若将它换成绳索，就不能平衡了，即绳索不能刚化为刚体。所以，刚体的平衡条件是变形体平衡的必要条件，而非充分条件。

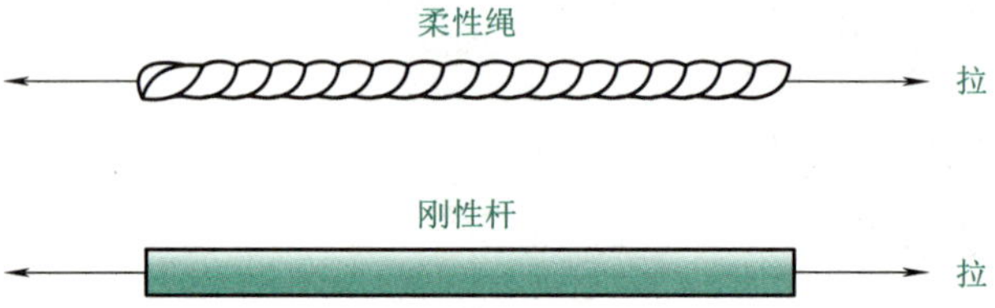


图 1.6

# 1.3　约束和约束反力

## 1.3.1　约束与约束力的概念

可以在空间自由运动的物体称为**自由体**，如空中的飞机等。相反，在空间的运动受到限制的物体称为**非自由体**，例如，用钢绳吊起的电灯，受到钢绳的限制而不能下落；在轨道上行进的机车，受到轨道的限制只能沿轨道运动。对非自由的物体的运动起限制作用的周围物体叫做**约束**，如上述例子中的钢绳是电灯的约束，轨道是机车的约束。

从力学的角度来看，约束对非自由体的作用，实际上就是力，约束作用于非自由体的力叫做约束反力，简称约束力。约束力的方向与约束所能限制的非自由体运动方向相反，应用这一准则可以确定约束力的方向或作用线的位置，约束反力的作用点就是物体上与约束相接触的那一点，约束力的大小则是未知的。能主动地使物体运动或有运动趋势的外力，称为**主动力**或**主动载荷**，一般情况下主动力的大小、方向和作用点是已知的，如重力、电磁力等。相反约束力是随着作用在物体上的主动力的变化而变化的，是未知的。

## 1.3.2　工程中常见的约束与约束力

### 1. 柔索约束

由柔绳、链条、胶带等构成的约束称为柔索约束。如图 1.7(a)所示，由于柔索本身只能承受拉力，因此它只限制物体沿柔索伸长方向的运动。故柔索对物体的约束反力是拉力，作用点在接触点，方向沿柔索背向物体，如图 1.7(b)所示。

链条及胶带都只能承受拉力，当它们绕在轮子上时，对轮子的约束反力沿轮子的切线方向，如图 1.7(c)所示。

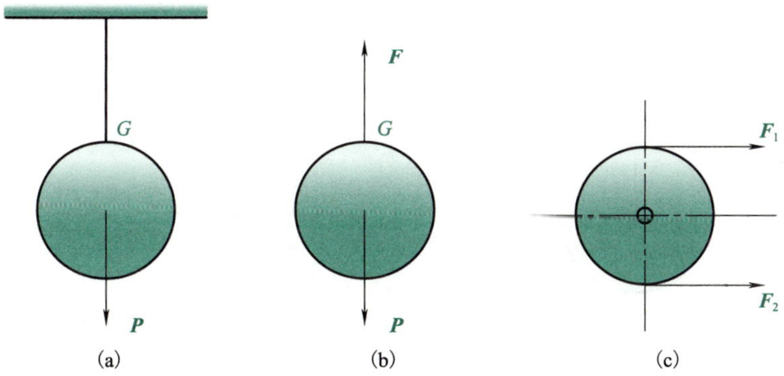


图　1.7

### 2. 光滑接触面约束

如果两个物体接触面之间的摩擦力很小，可忽略不计，就构成**光滑接触面约束**。光滑接触面约束如图 1.8(a)所示。这类约束只能限制物体沿接触面在接触点处的公法线并向约束内部的运动，所以光滑接触面约束的约束反力是压力，作用在接触点处，方向沿接触面的公法线指向被约束的物体，如图 1.8(b)所示。

图　1.8

### 3. 光滑铰链约束

#### 1)向心轴承(径向轴承)

图 1.9(a)所示为轴承装置，可以简化为图 1.9(d)所示的简图。在这里可以认为轴是非自

由体，轴承是轴的约束。轴可以在轴承孔内任意转动，也可以沿轴承孔的中心线运动；但轴承限制轴径向向外的位移。若轴和轴承在某点 $A$ 光滑接触，则轴承对轴的约束力 $\boldsymbol{F}_{NA}$ 作用在接触点 $A$，且沿公法线指向轴心，如图 1.9(b)所示。

当轴所受到的主动力变化时，轴与轴承孔的接触点也发生变化，所以约束力的方向不能预先确定，但无论接触点如何变化，约束力一定与轴线垂直并且过轴心。为了表示约束力的这种特征，可以用通过轴心的两个大小未知的正交分力 $\boldsymbol{F}_{Ax}$、$\boldsymbol{F}_{Ay}$ 来表示，如图 1.9(c)或(d)所示，其指向可以任意假设，假设与实际是否一致，由计算结果来判定。

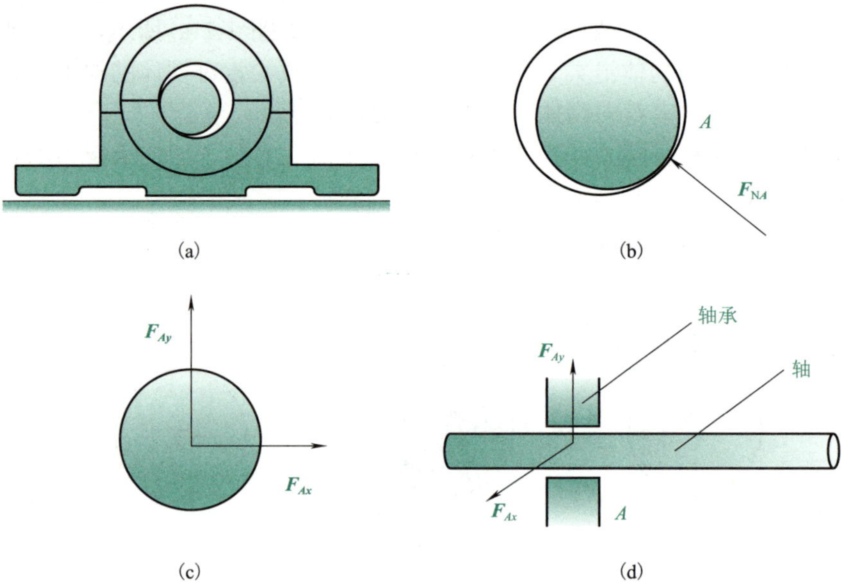


图 1.9

请读者思考：轴对轴承孔的约束力如何确定？

**2) 圆柱铰链**

图 1.10(a)、(b)所示结构，是将销钉插入两构件的圆孔，把两构件连接起来而成，销钉和圆孔是光滑的。销钉限制两构件在垂直于销钉轴线平面内的相对移动，但不能限制它们绕销钉轴线的相对转动，这种约束称为圆柱铰链，简称铰链，其简图如 1.10(c)所示。

在分析铰链 $C$ 处的约束力时，通常将销钉 $C$ 固连在其中任意一个构件上，这时两个构件互为约束。一般说来，先分析一个构件受力时就将销钉固连在另一构件上，如先分析 $B$ 构件的受力时，就将销钉 $C$ 固连在 $A$ 构件上。若不计摩擦，$B$ 构件与 $A$ 构件上的销钉的配合，实际上就是轴与光滑孔的配合问题。因此仿照轴承孔受到的轴的约束力，用通过孔中心的两个大小未知的正交分力 $\boldsymbol{F}_{Cx}$、$\boldsymbol{F}_{Cy}$ 来表示，如图 1.10(d)所示，其指向可以任意假设，假设与实际是否一致，由计算结果来判定。

**3) 固定铰链支座**

在上述圆柱铰链的两个构件中，有一个是被固定不动的，则这种约束就成为固定铰链支座，如图 1.11(a)所示，图 1.11(b)为其简图，将销钉固连在固定不动的那个物体上，图 1.11(c)是另一物体的约束反力的简化法表示。

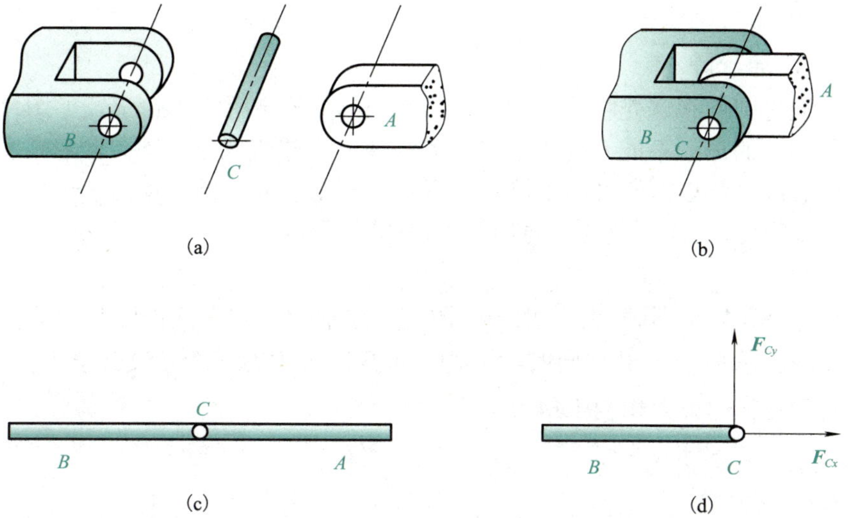


图　1.10

> **注意：**在圆柱铰链约束和固定铰链支座约束中，一般情况下不单独分析销钉的受力，在销钉连接的是两个构件，且销钉上无主动力的情况下，隐含的原则是先分析哪个构件的受力，就将销钉固连在另一个构件上，这时先分析那个杆件孔处受到销钉给它的约束力。特殊情况在相应的章节进行讲解。

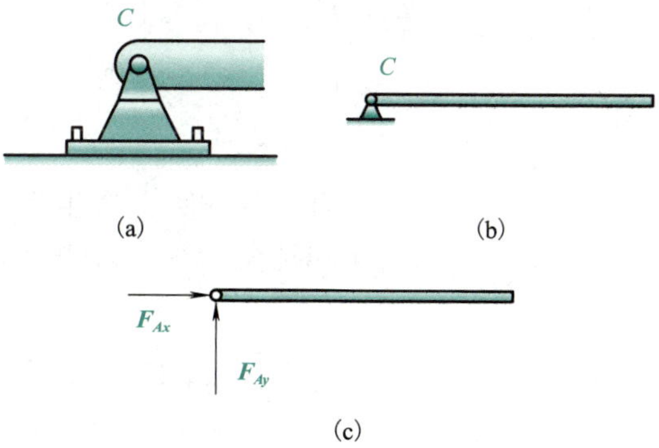


图　1.11

### 4．活动铰链支座

在固定铰链支座与支承面间装一排滚子，则这种约束就成为活动铰链支座，又称辊轴支座，如图 1.12(a)所示，图 1.12(b)为其简图。约束反力的方向只能是垂直于支承面，并通过圆孔中心。图 1.12(c)是其约束反力的简化表示法。

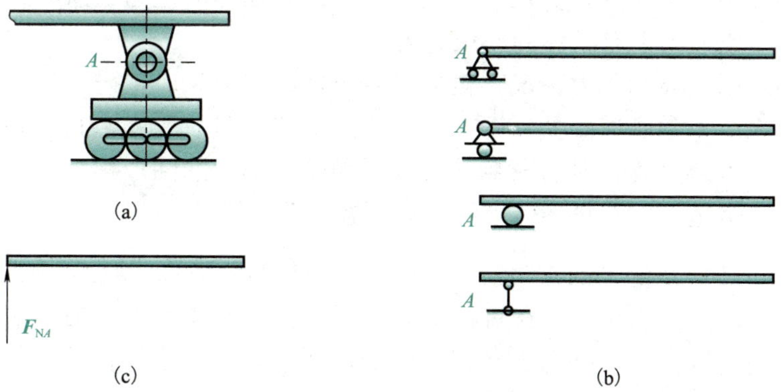


图　1.12

上面介绍的约束都是平面约束，常见的平面约束还有平面固定端支座约束，将在第 2 章介绍。

### 5. 球铰链

通过圆球和球壳将两个构件连接在一起的约束称为球铰链，如图 1.13(a)所示。它使构件的球心不能有任何位移，但构件可绕球心任意转动。若忽略摩擦，其约束力应是通过接触点与球心，但方向不能预先确定的一个空间法向约束力，可用三个正交分力 $\boldsymbol{F}_{Ax}$、$\boldsymbol{F}_{Ay}$、$\boldsymbol{F}_{Az}$ 表示，其简图及约束力如图 1.13(b)所示。

### 6. 止推轴承

止推轴承与径向轴承不同，它除了能限制轴的径向位移以外，还能限制轴沿轴向的位移。因此，它比径向轴承多一个沿轴向的约束力，即其约束力有三个正交分量 $\boldsymbol{F}_{Ax}$、$\boldsymbol{F}_{Ay}$、$\boldsymbol{F}_{Az}$。止推轴承的简图及其约束力如图 1.14 所示。

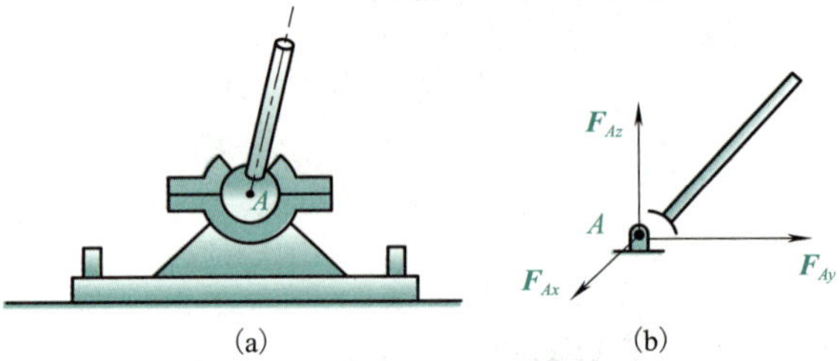


图 1.13

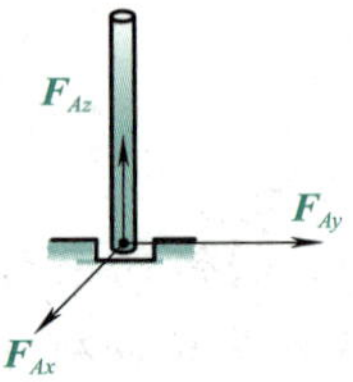


图 1.14

以上只介绍了几种简单约束，在工程中，约束的类型远不止这些，有的约束比较复杂，分析时需要加以简化和抽象，在以后的章节中，再做介绍。

## 1.4 受力分析与受力图

在工程实际中，对于一个受主动力作用并且被约束的平衡物体(构件)而言，主动力大小、方向和作用点是已知的，而约束力仅仅知道其作用点，其大小是未知的。为此，首先要分析构件受了几个力，每个力的作用位置和方向。这个过程称为物体的受力分析。

作用在物体上的力可分为两类：一类是主动力，如物体的重力、风力、气体压力等；另一类是被动力，一般为约束对物体的约束反力。

为了清晰地表示物体的受力情况，根据需要选择研究对象，把研究对象从与周围相联系的物体中分离出来，单独画出，然后画上它所受的全部力(包括主动力和约束反力)。这种被分离出来的物体称为分离体，画有分离体及其所受的全部力的图形称为受力图。画受力图是静力学要解决的三个重要问题之一，下面通过例题说明。

**【例 1.1】** 不计自重的平面直角折杆 $ABC$，其 $AB$ 部分竖直、$BC$ 部分水平，$A$ 处为固定铰链支座，$C$ 处为活动铰链支座。在折杆的 $B$ 处受一主动力 $\boldsymbol{F}$ 作用，在折杆 $AB$ 部分受一均匀分布载荷的作用，载荷的集度为 $q$，如图 1.15(a)所示。试画出折杆的受力图。

**解：**(1)取平面直角折杆 $ABC$ 为研究对象，解除约束，并画出其简图。

(2)画主动力。有集中力 $\boldsymbol{F}$ 和均匀分布载荷 $q$。

(3)画约束力。因 $A$ 处为固定铰链支座，其约束力用两个大小未知的正交分力 $\boldsymbol{F}_{Ax}$、$\boldsymbol{F}_{Ay}$ 来表示，指向可以任意假设，此处假设为水平向右，竖直向上。$C$ 处为活动铰链支座，约束力与滚动方向垂直，沿竖直方位，指向可以任意假设，此处假设指向向上，用 $\boldsymbol{F}_{NC}$ 表示。

平面直角折杆的受力图如图 1.15(b)所示。

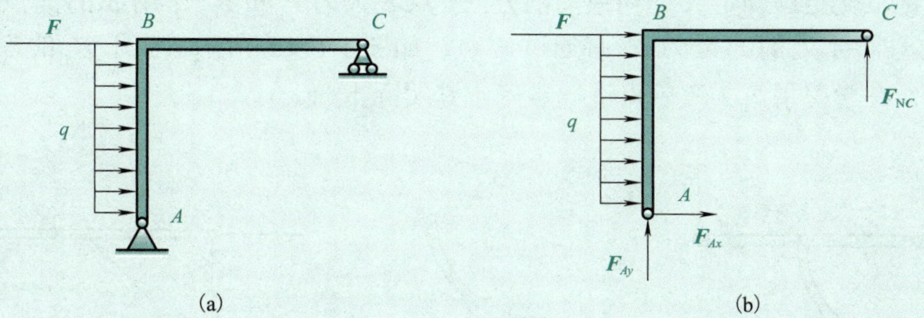


图　1.15

【例 1.2】　自重为 $\boldsymbol{W}$ 的细直杆 $AB$，$A$、$B$、$D$ 三处光滑接触如图 1.16(a)所示。画出 $AB$ 杆的受力图。

**解：**(1)取细直杆 $AB$ 为研究对象，解除约束，并画出其简图。

(2)画主动力。有杆的重力 $\boldsymbol{W}$。

(3)画约束力。因 $A$、$B$、$D$ 三处光滑接触，故这三处受到的约束力性质相同，以 $A$ 处为例说明，约束力沿过接触点 $A$ 的公法线指向直杆，用 $\boldsymbol{F}_{NA}$ 表示，光滑接触 $B$、$D$ 处的约束力分别沿过接触点 $B$、$D$ 的公法线指向直杆，用 $\boldsymbol{F}_{NB}$、$\boldsymbol{F}_{ND}$ 表示。

细直杆的受力图如图 1.16(b)所示。

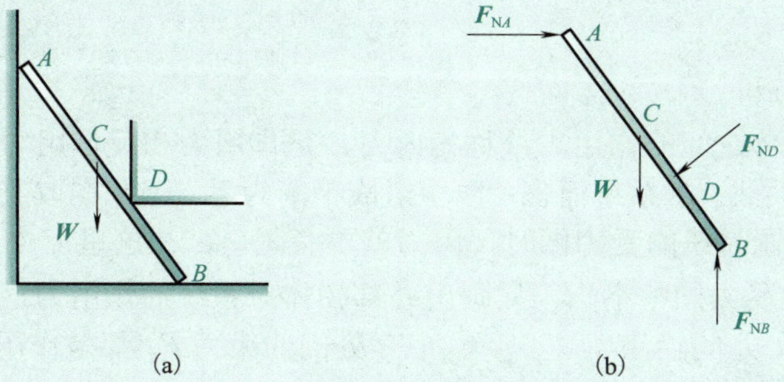


图　1.16

【例 1.3】　如图 1.17(a)所示，$A$、$B$、$C$ 三处均为光滑铰链连接，各杆杆重不计，在横杆 $AD$ 上 $D$ 处作用一集中力 $\boldsymbol{P}$。试分别画出杆 $BC$、$AD$ 和系统的受力图。

**解：**(1)先分析杆 $BC$ 的受力。

取杆 $BC$ 为研究对象，由于杆的自重不计，根据光滑铰链约束的特性，$B$、$C$ 处的约束力 $\boldsymbol{F}_{BC}$、$\boldsymbol{F}_{CB}$ 分别通过铰链 $B$、$C$ 的中心，那么杆件 $BC$ 在两个力 $\boldsymbol{F}_{BC}$、$\boldsymbol{F}_{CB}$ 作用下处于平衡状态，根据二力杆件的定义，杆 $BC$ 是二力杆件，两个力的方向不能确定，假设为图 1.17(b)所示的指向，杆 $BC$ 的受力图如图 1.17(b)所示。

(2)分析横杆 $AD$ 的受力。

取横杆 $AD$ 为研究对象，其上在 $D$ 处作用一主动力 $\boldsymbol{P}$，在 $C$ 处受到杆 $BC$ 约束力 $\boldsymbol{F}'_{CB}$，根据作用力反作用力定律 $\boldsymbol{F}_{CB}=-\boldsymbol{F}'_{CB}$。在 $A$ 处受到固定铰链约束对它的约束力的作用，方向未知，用两个大小未知的力 $\boldsymbol{F}_{Ax}$、$\boldsymbol{F}_{Ay}$ 来表示，指向可以任意假设，此处假设为水平向右，竖直向上。横杆 $AD$ 的受力图如图 1.17(c)所示。

由于 $A$ 处的约束力可以合成为一个力，所以横杆 $AD$ 在三个力作用下处于平衡状态，可根据三力平衡汇交定理确定 $A$ 处约束力的方向。点 $E$ 为力 $\boldsymbol{P}$ 和 $\boldsymbol{F}'_{CB}$ 作用线的交点，根据三力平衡汇交定理，$A$ 处的约束力 $\boldsymbol{F}_A$ 必通过 $E$ 点，如图 1.17(d)所示，至于 $\boldsymbol{F}_A$ 的指向，暂且假定图示方向，在学习了第 2 章后再进一步确定其实际指向。

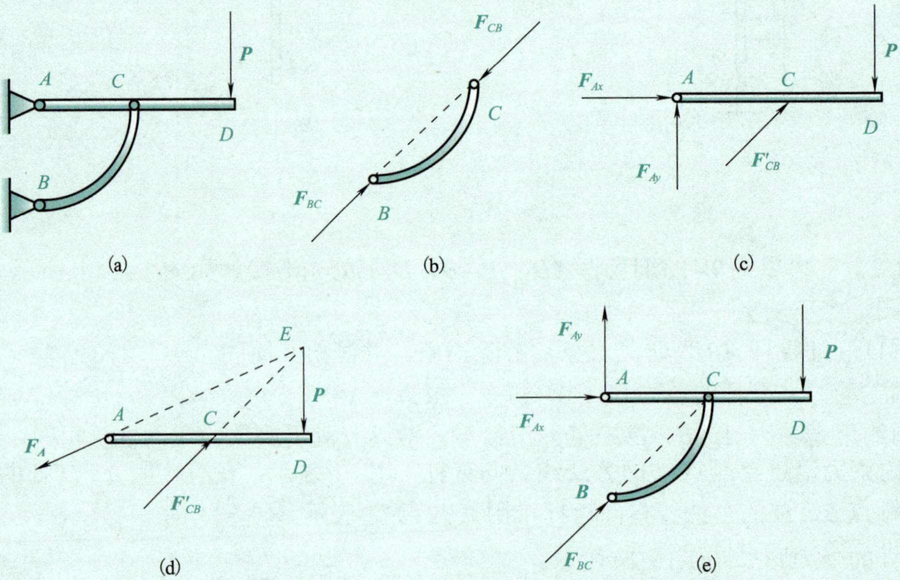


图 1.17

(3)系统的受力分析。

系统内部各个物体之间的作用力统称为内力，是作用力和反作用力的关系，总是成对出现，且等值、反向、共线。就系统而言，内力组成平衡力系，因此在取某系统为研究对象时，其内力就不必考虑，画系统的受力图时，内力就不必画出，在这里 $C$ 处约束力 $\boldsymbol{F}_{CB}=-\boldsymbol{F}'_{CB}$ 就是内力，故在系统的受力图中不画，只画出外部物体对系统的作用力，这种力统称为外力。在这里，主动力 $\boldsymbol{P}$，$A$ 处的约束力 $\boldsymbol{F}_{Ax}$、$\boldsymbol{F}_{Ay}$，$B$ 处的约束力 $\boldsymbol{F}_{BC}$ 都是作用于系统上的外力。系统受力图如图 1.17(e)所示。

请读者思考：如果 $A$ 处的约束力是按照三力平衡汇交定理确定的，如图 1.17(d)所示，则如何分析系统的受力？

**【例 1.4】** 如图 1.18(a)所示为一简单托架，$A$、$B$、$C$ 三处均为光滑铰链连接，各杆杆重不计，在横杆 $BC$ 上 $D$ 处作用一集中力 $\boldsymbol{F}$，试分别画出杆 $AB$、$BC$ 和系统的受力图。

**解：** (1)先分析杆 $AB$ 的受力。

取杆 $AB$ 为研究对象，由于杆的自重不计，根据光滑铰链约束的特性，$A$、$B$ 处的约束力 $\boldsymbol{F}_{AB}$、$\boldsymbol{F}_{BA}$ 分别通过铰链 $A$、$B$ 的中心，那么杆件 $AB$ 在两个力 $\boldsymbol{F}_{AB}$、$\boldsymbol{F}_{BA}$ 作用下处于平衡状态，根据二力杆件的定义，杆 $AB$ 是二力杆件，两个力的方向不能确定，假设为图 1.18(b)的指向，也就是假设杆 $AB$ 受拉力，杆 $AB$ 的受力图如图 1.18(b)所示。

(2)分析横杆 $BC$ 的受力。

取杆 $BC$ 为研究对象，在 $D$ 处作用一主动力 $\boldsymbol{F}$，在 $B$ 处受到杆 $AB$ 约束力 $\boldsymbol{F}'_{BA}$，根据作用

力反作用力定律 $\boldsymbol{F}_{BA}=-\boldsymbol{F}'_{BA}$。在 $C$ 处受到固定铰链约束对它的约束力的作用，方向未知，用两个大小未知的力 $\boldsymbol{F}_{Cx}$、$\boldsymbol{F}_{Cy}$ 来表示，指向可以任意假设，此处假设为水平向左，竖直向下。横杆 $BC$ 的受力图如图 1.18(c) 所示。

请读者思考：如果 $C$ 处的约束力是按照三力平衡汇交定理确定的话，则如何分析横杆 $BC$ 的受力？

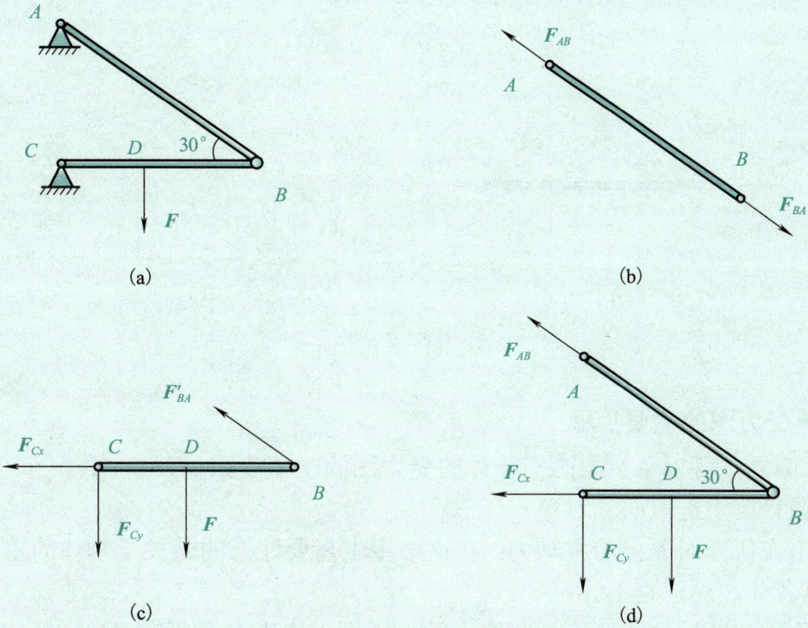


图　1.18

(3) 系统的受力分析。

按照内力不画的原则，$B$ 处约束力 $\boldsymbol{F}_{BA}$、$\boldsymbol{F}'_{BA}$ 是内力，而主动力 $\boldsymbol{F}$，以及 $C$ 处的约束力 $\boldsymbol{F}_{Cx}$、$\boldsymbol{F}_{Cy}$，$A$ 处的约束力 $\boldsymbol{F}_{AB}$ 都是作用于系统上的外力。系统受力图如图 1.18(d) 所示。

**【例 1.5】**　如图 1.19(a) 所示为一简单托架，$A$、$B$、$C$ 三处均为光滑铰链连接，各杆杆重不计，在销钉 $A$ 上作用一集中力 $\boldsymbol{F}$，试分别画出杆 $AB$、$AC$ 和销钉 $A$ 的受力图。

**解：** (1) 先分析杆 $AB$ 的受力。

取杆 $AB$ 为研究对象，由于杆的自重不计，根据光滑铰链约束的特性，$A$、$B$ 处的约束力 $\boldsymbol{F}_{AB}$、$\boldsymbol{F}_{BA}$ 分别通过铰链 $A$、$B$ 的中心，那么杆件 $AB$ 在两个力 $\boldsymbol{F}_{AB}$、$\boldsymbol{F}_{BA}$ 作用下处于平衡状态，根据二力杆件的定义，杆 $AB$ 是二力杆件，两个力的方向不能确定，假设为图 1.19(b) 的指向，杆 $AB$ 的受力图如图 1.19(b) 所示。

(2) 分析杆 $AC$ 的受力。

取杆 $AC$ 为研究对象，同上道理，根据二力杆件的定义，杆 $AC$ 也是二力杆件。杆 $AC$ 的受力图如图 1.19(c) 所示。

(3) 分析销钉 $A$ 的受力。

取销钉 $A$ 为研究对象，其上作用有主动力 $\boldsymbol{F}$，同时受到杆 $AB$ 约束力 $\boldsymbol{F}'_{AB}$，根据作用力反作用力定律 $\boldsymbol{F}'_{AB}=-\boldsymbol{F}_{AB}$，杆 $AC$ 约束力 $\boldsymbol{F}'_{AC}$，根据作用力反作用力定律 $\boldsymbol{F}'_{AC}=-\boldsymbol{F}_{AC}$。销钉 $A$ 的受力图如图 1.19(d) 所示。

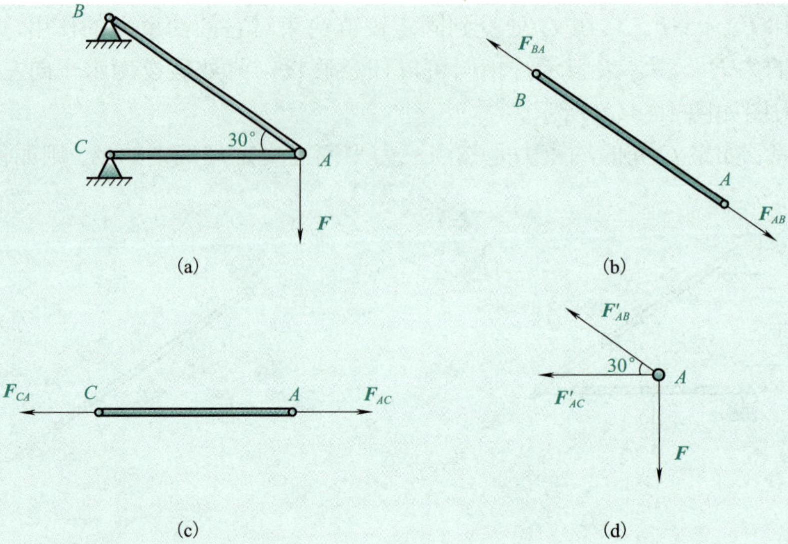


图 1.19

### 1. 画物体受力图的主要步骤

通过以上例题，可以总结出画出物体的受力图的主要步骤如下：

(1)根据题目要求选取研究对象。

(2)画作用在研究对象上的主动力；在这一步中需要注意的是关于物体的重力问题，物体的重力除标出者外，均忽略不计。

(3)在解除约束的地方，严格按照约束的性质画出约束对于研究对象的约束力。

### 2. 画物体受力图应注意的问题

正确地画出物体的受力图，是分析、解决静力学问题的基础。画出物体的受力图，除了上述所讲的注意问题外，还必须注意如下几点：

(1)力是矢量，注意力的表示符号。

(2)注意二力杆件的判断。正确地分析和判断二力杆件，不仅是解决平衡问题的关键，也是解决材料力学问题所必需的基本技能。

(3)受力分析时遵循作用力反作用力定律。

(4)严格按照约束性质，画出约束对非自由体的约束力，除了柔索约束和理想光滑面约束外，其他约束力的指向可以假设，本章不要纠结约束力的指向问题，在学习了平衡条件以后，就可以确定出约束力的真正指向和大小。

## 思 考 题

1-1　什么是物体的平衡状态？为什么说物体的平衡状态是相对的？

1-2　如何正确理解“力”这个概念？如何用图来表示力？

1-3　二力平衡公理和作用与反作用公理有什么不同？图(a)所示的电灯，用电线系于天花板上，试判断图(b)中，哪两个力是二力平衡问题，哪两个力是作用与反作用关系？

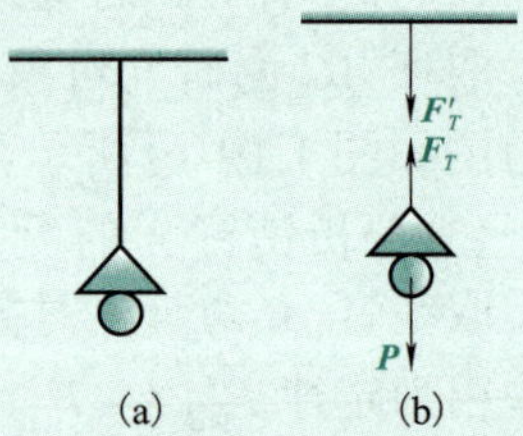


思考题 1-3 图

**1-4**　试在图所示折杆上 $A$、$B$ 两点各加一个力，而使折杆处于平衡(杆自重不计)。

**1-5**　图中，在 $A$ 点作用一已知力 $\boldsymbol{F}$，如果在 $B$ 点加一个力，能否使物体平衡？为什么？

**1-6**　在图中三个力 $\boldsymbol{F}_1$、$\boldsymbol{F}_2$ 和 $\boldsymbol{F}_3$ 的大小都不等于零，其中 $\boldsymbol{F}_1$ 与 $\boldsymbol{F}_2$ 沿同一作用线，问这三个力能否相互平衡？为什么？

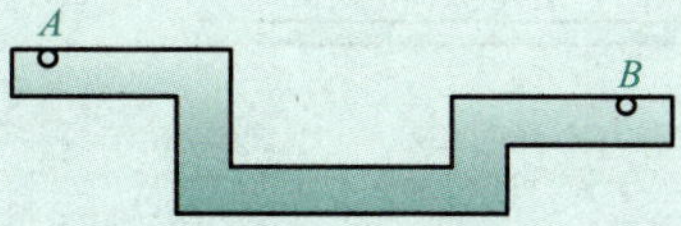


思考题 1-4 图

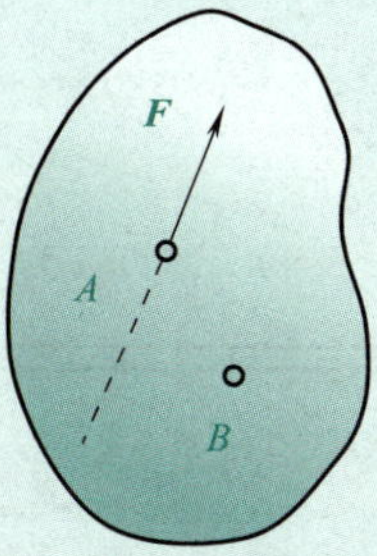


思考题 1-5 图

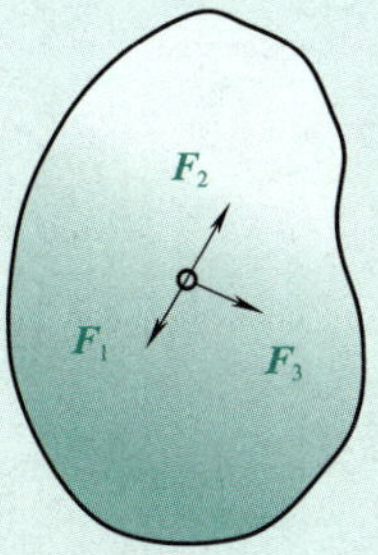


思考题 1-6 图

**1-7**　什么是约束？工程上常见的约束有哪几种类型？确定约束反力的原则是什么？

**1-8**　指出并改正下图(a)～(h)所示各构件受力图中的错误(设所有接触面都是光滑的)。

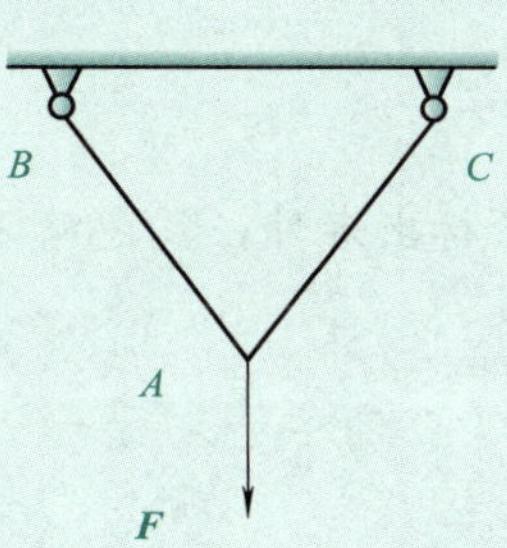


(a)

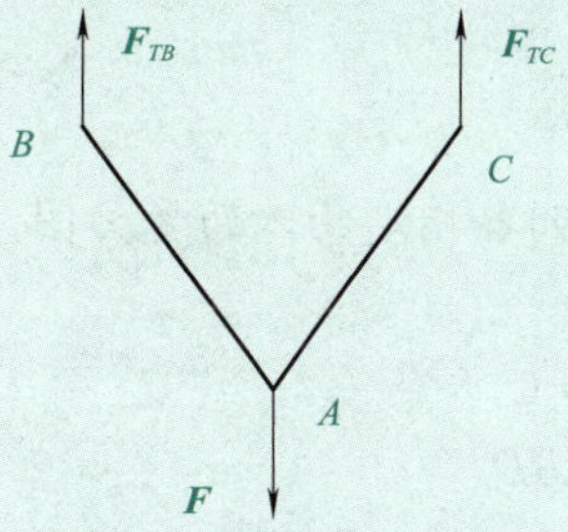


(b)

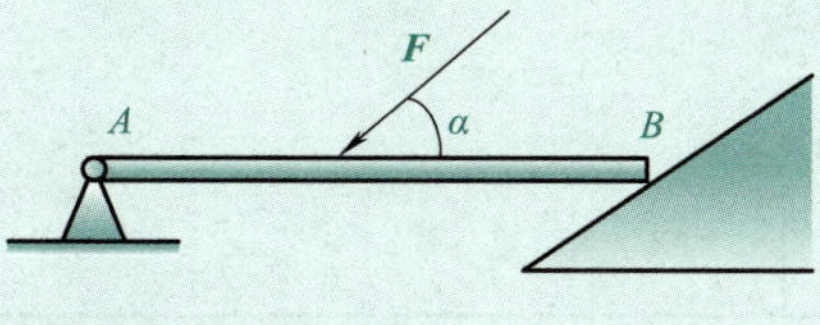


(c)

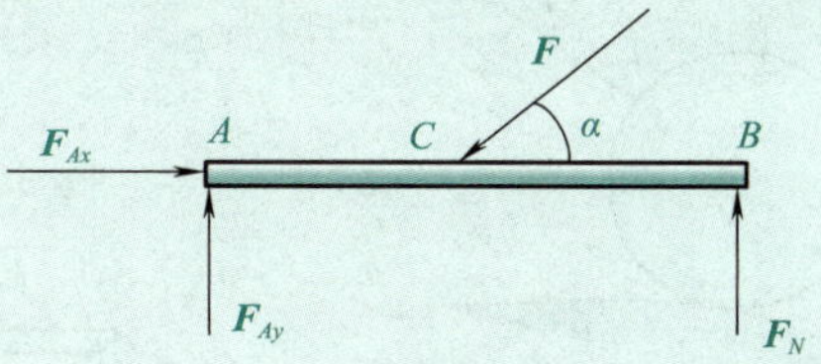


(d)

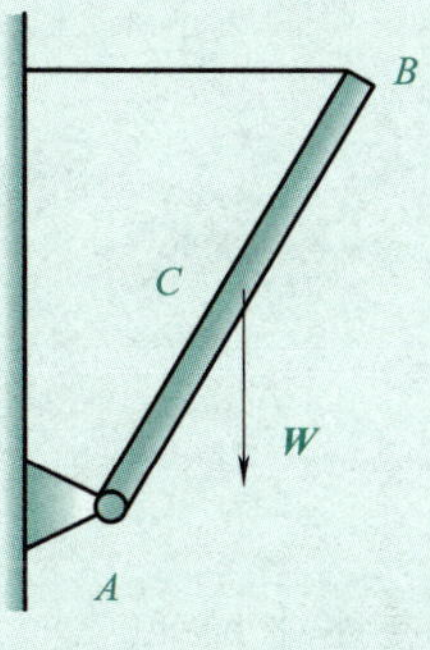


(e)

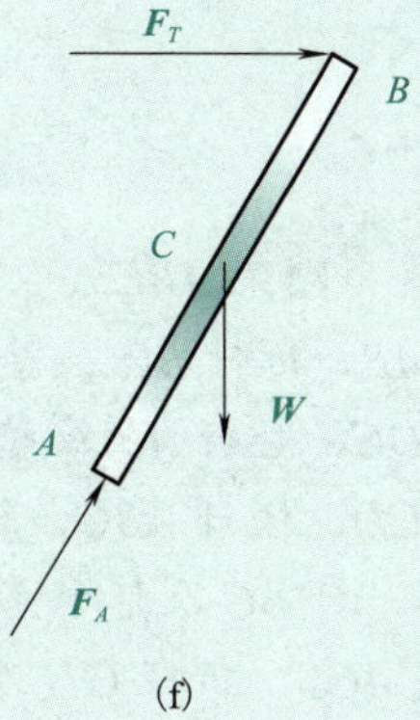


(f)

思考题 1-8 图

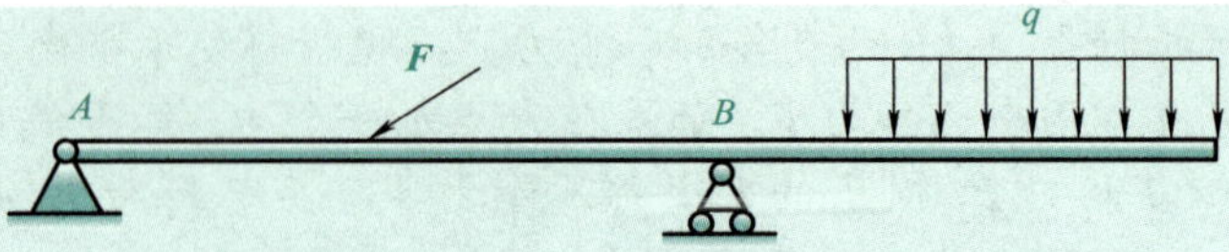


(g)

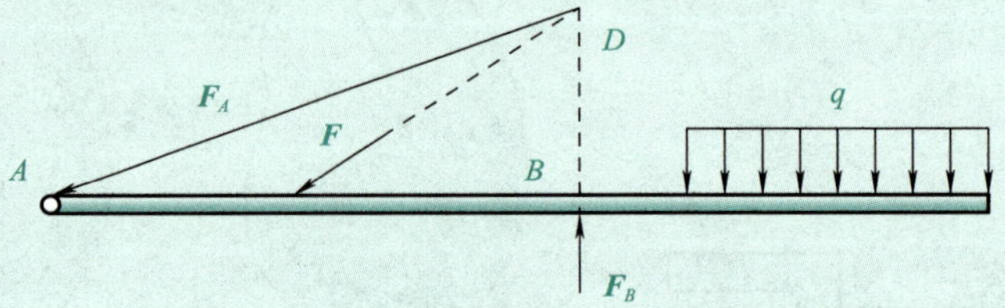


(h)

思考题 1-8 图(续)

## 习　题

试画出下列各指定物体的受力图。物体的重力除标出者外，均忽略不计，所有接触都假设是光滑的。

1.1　圆球 *C*。

1.2　梁 *ABD*。

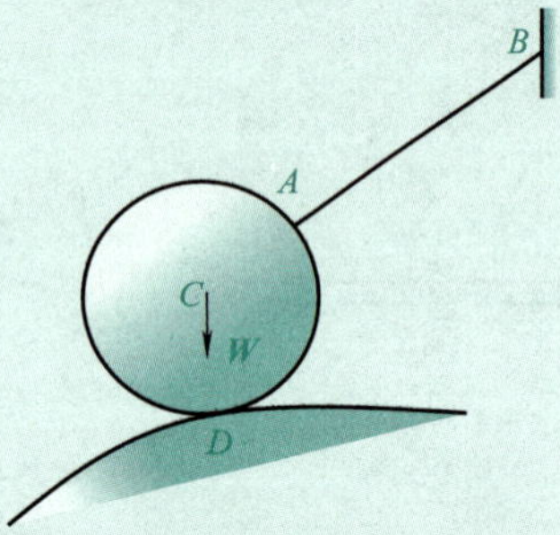


习题 1.1 图

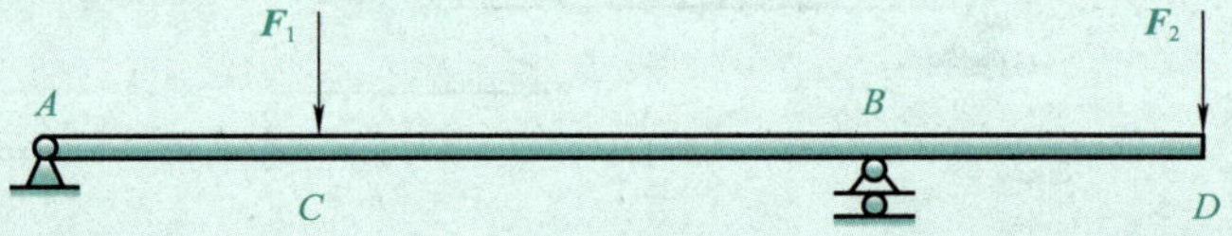


习题 1.2 图

1.3　杆 *AB*。

1.4　梁 *AB*。

1.5　平面直角刚架 *ABC*。

1.6　折杆 *AB*、折杆 *BC* 及整个系统。

1.7　折杆 *DC*、竖杆 *AB* 及整个系统。

1.8　直杆 *CD*、横杆 *ABC*、轮 *B* 及整个系统。

1.9　杆 *AC*、杆 *BC* 及整个系统。其中 *EG* 为无重水平细绳。

1.10　刚架 *ACB*、折杆 *GH* 及整个系统。

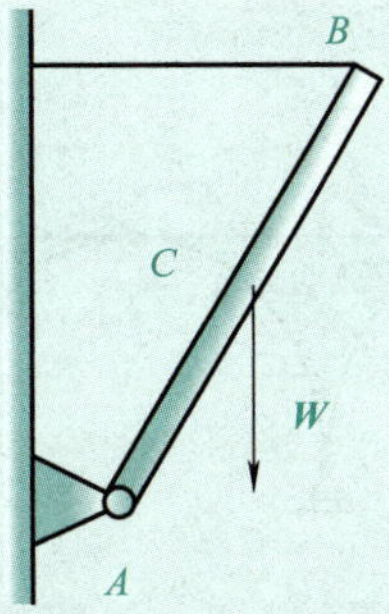


习题 1.3 图

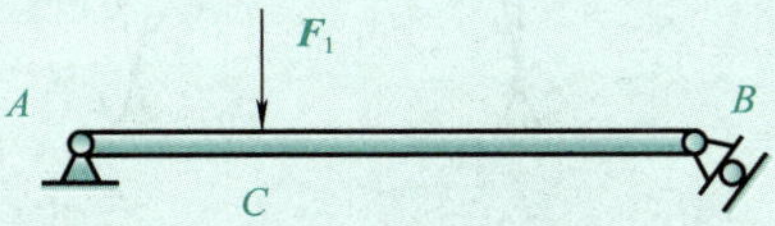


习题 1.4 图

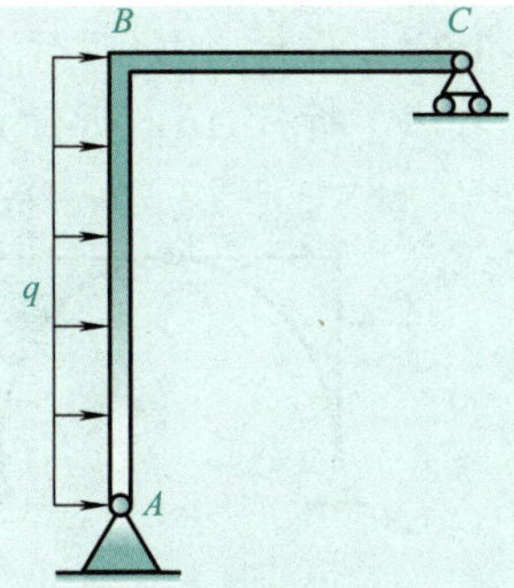


习题 1.5 图

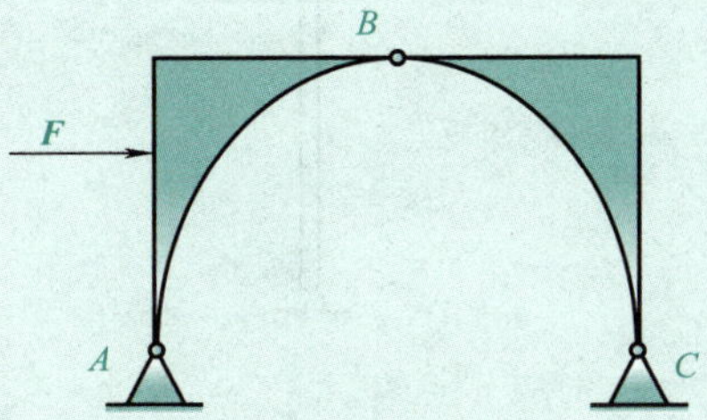


习题 1.6 图

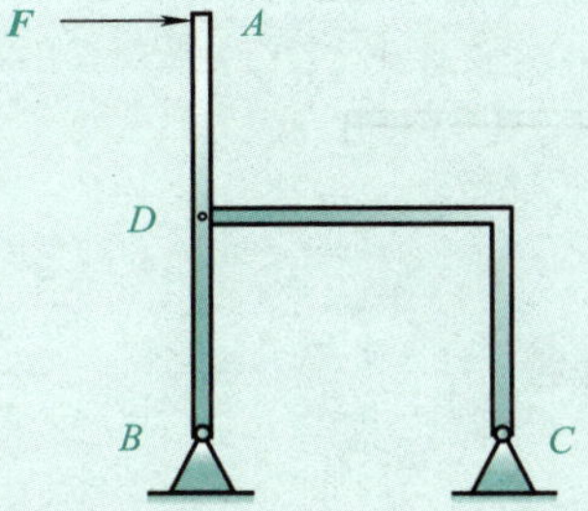


习题 1.7 图

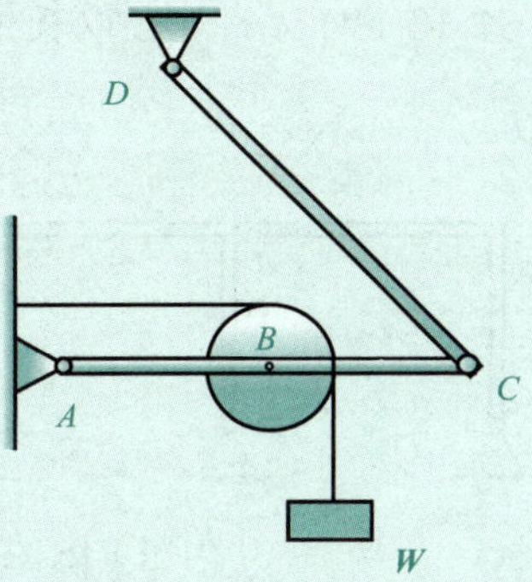


习题 1.8 图

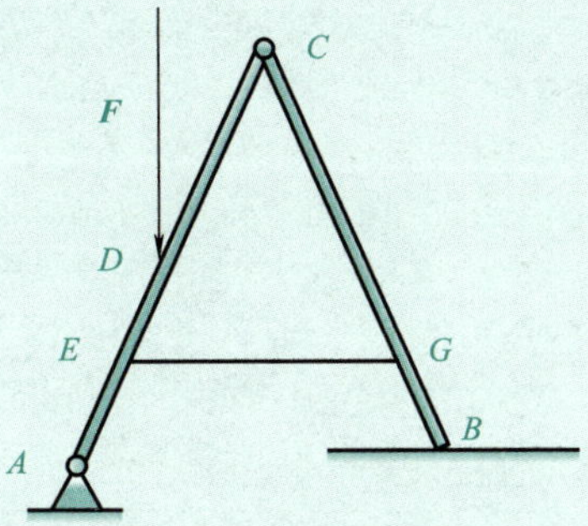


习题 1.9 图

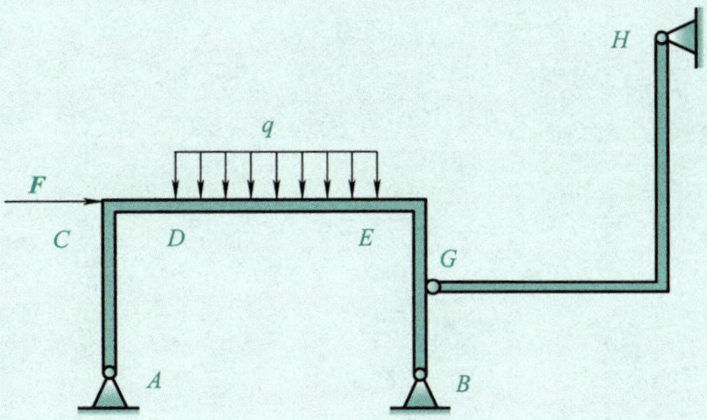


习题 1.10 图

**1.11**　曲杆 $CB$、横杆 $ACD$ 及整个系统。

**1.12**　直杆 $CB$、横杆 $ACD$ 及整个系统。

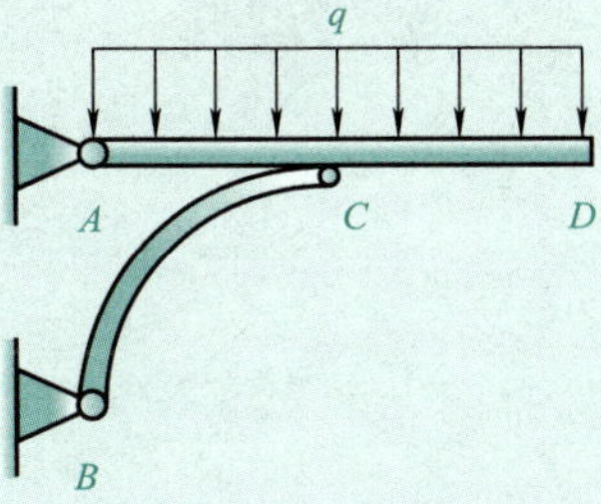


习题 1.11 图

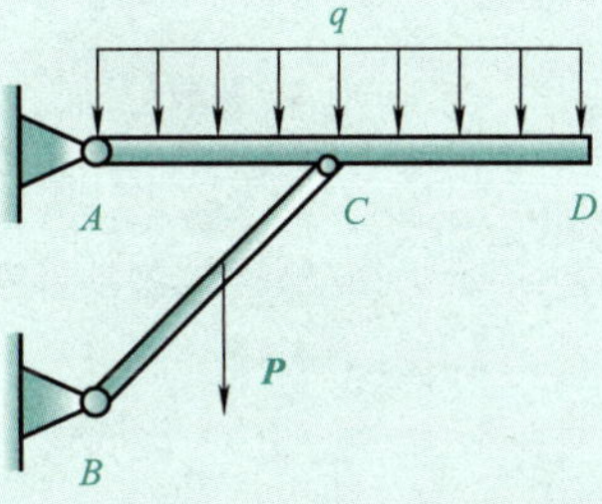


习题 1.12 图

1.13 折杆 $AB$、折杆 $BC$ 及整个系统。

1.14 折杆 $AB$、折杆 $BCD$、折杆 $DEF$、折杆 $FG$ 及整个系统。

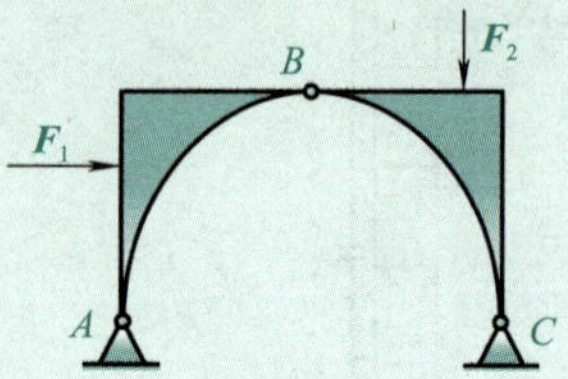


习题 1.13 图

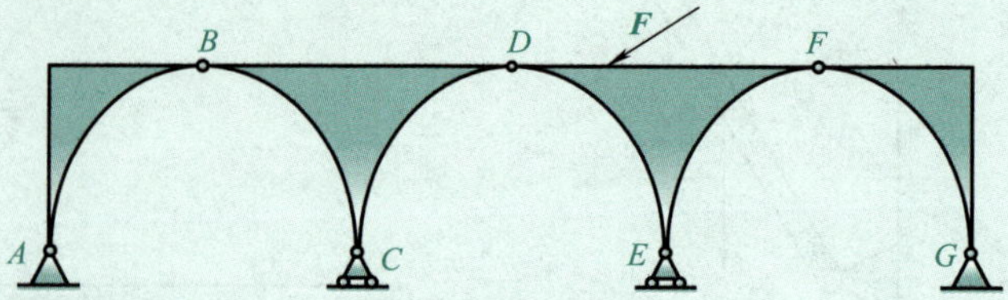


习题 1.14 图

1.15 折杆 $AB$、折杆 $CBD$、折杆 $EG$ 及整个系统。

1.16 杆 $AB$、$BC$ 以及销钉 $B$。

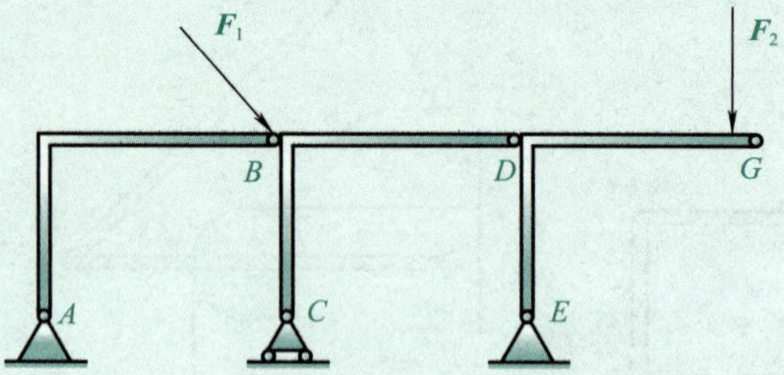


习题 1.15 图

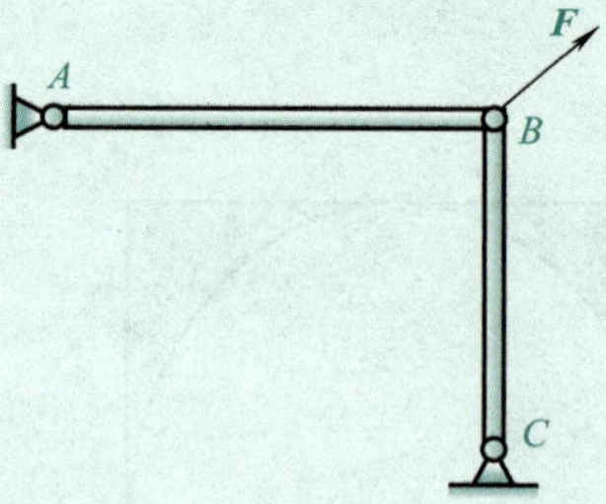


习题 1.16 图

# 第2章 平面力系

力的作用线均在同一平面内的力系称为平面力系，是最常见的力系，平面力系中，力的作用线汇交于同一点的力系称为平面汇交力系，力的作用线互相平行的力系称为平面平行力系，若力的作用线的分布是任意的，既不相交于一点，也不都相互平行，这样的力系称为平面任意力系。

本章内容主要包括：力在坐标轴上投影的计算，平面汇交力系合成的几何法和解析法，平面汇交力系平衡的几何条件和解析条件；平面问题中力对点的矩的概念及计算，力偶和力偶矩的性质及计算，平面力偶系的合成和平衡条件；平面任意力系向作用面内任一点的简化结果，主矢和主矩的概念，平面任意力系的平衡条件和平衡方程；静定问题和超静定问题的概念，物体系统平衡时约束力的求解，平面简单桁架内力计算的节点法和截面法。核心知识点是物体系平衡时约束反力的求解。

## 2.1 平面汇交力系

### 2.1.1 平面汇交力系合成的几何法和平衡的几何条件

设刚体上作用一平面汇交力系 $\boldsymbol{F}_1$、$\boldsymbol{F}_2$、$\boldsymbol{F}_3$、$\boldsymbol{F}_4$，各力的作用线汇交于点 $A$，如图 2.1(a) 所示。可按平面共点力系的方法合成平面汇交力系，即连续使用力三角形法则将诸力依次合成，如图 2.1(b) 所示。同理，若力系由若干个力组成，也可以连续使用力的三角形法则，合力矢的作用线过力系的汇交点，合力的大小和方向等于力系中所有各力的矢量和。由此得到结论：平面汇交力系合成的结果是一个合力，合力的作用线通过力系的汇交点，合力的大小和方向等于力系各分力的矢量和，即

$$\boldsymbol{F}_R = \boldsymbol{F}_1 + \boldsymbol{F}_2 + \boldsymbol{F}_3 + \cdots + \boldsymbol{F}_n = \sum_{i=1}^{n} \boldsymbol{F}_i \tag{2.1}$$

也可直接用力多边形法合成，求得合力矢 $\boldsymbol{F}_R$，如图 2.1(c) 所示。具体步骤如下：首先选一个点 $a$，画第一个矢量 $\boldsymbol{F}_1$，以有向线段 $ab$ 表示，在第一个矢量的末端接画第二个矢量 $\boldsymbol{F}_2$，以有向线段 $bc$ 表示，在第二个矢量的末端接画第三个矢量 $\boldsymbol{F}_3$，以有向线段 $cd$ 表示，最后画第四个矢量 $\boldsymbol{F}_4$，以有向线段 $de$ 表示，合力矢 $\boldsymbol{F}_R$ 从第一个矢量的起端 $a$ 指向最后一个矢量的末端 $e$，以线段 $ae$ 表示。多边形 $abcde$ 称为力多边形，这种求合力矢的方法称为力多边形法则。

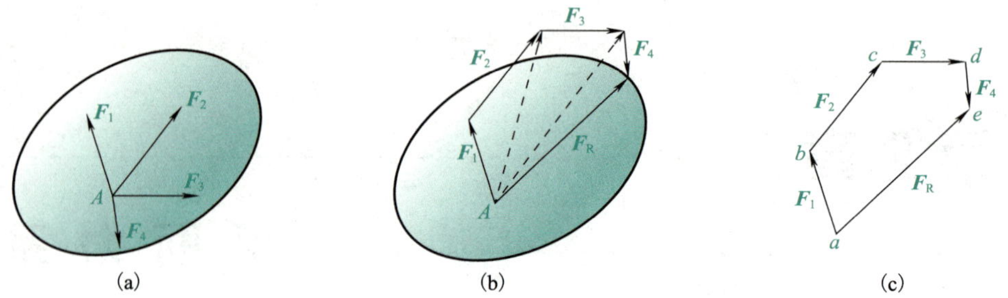


图 2.1

必须注意：用力的多边形求合力时，求得的只是合力矢的大小和方向，合力矢的作用线过力系的汇交点。

既然平面汇交力系可用其合力来代替，因此，平面汇交力系平衡的必要和充分条件是：力系的合力矢等于零。以矢量式表示，即

$$\boldsymbol{F}_{\mathrm{R}} = \sum_{i=1}^{n} \boldsymbol{F}_i = 0 \tag{2.2}$$

由力多边形法求合力，合力为零时，力多边形中的最后一个力的末端与第一个力的始端相接，成一封闭的力多边形，因此，平面汇交力系平衡的必要和充分的几何条件是：力多边形自行封闭。

求解平面汇交力系的平衡问题时可以用图解法，即按照比例尺画出封闭的力多边形，然后，用尺和量角器量得所要求的未知量，或者用三角公式计算出所要求的未知量。这种解题方法又称为几何法。

**【例 2.1】** 如图 2.2(a)所示 $ABC$ 为一不计自重的平面直角刚架，$A$ 处为固定铰链支座约束，$C$ 处为活动铰链支座约束，在 $B$ 处作用一主动力 $F$，$F=10\ \mathrm{kN}$。$AB=BC$，$AB$ 位于竖直方位，$BC$ 水平。求 $A$、$C$ 处的约束力。

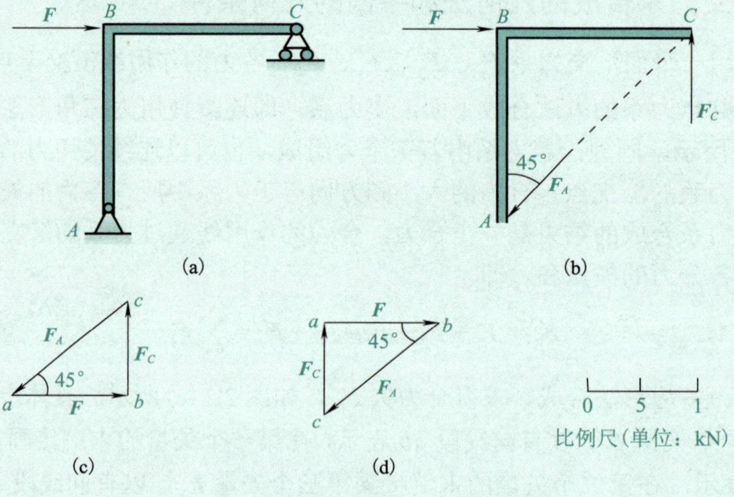


图 2.2

**解：** (1) 取直角刚架 $ABC$ 为研究对象。刚架在 $B$ 处受主动力 $\boldsymbol{F}$ 的作用，在 $C$ 处受活动铰链的约束力 $\boldsymbol{F}_C$ 的作用，铰链 $A$ 处的约束力 $\boldsymbol{F}_A$ 的作用线根据三力平衡汇交定理可以确定出，过主动力 $\boldsymbol{F}$ 和约束力 $\boldsymbol{F}_C$ 这两个力的交点 $C$。

(2)根据平面汇交力系的平衡的几何条件，这三个力组成一封闭的力三角形。按照图中给出的比例尺，先画出已知力矢 $\boldsymbol{F}$，用有向线段 $ab$ 表示，再由点 $a$ 作直线平行于直线 $AC$，由点 $b$ 作一竖直线，这两条直线相交于 $c$ 点如图 2.2(c)所示。根据力三角形封闭，可以确定约束力 $\boldsymbol{F}_C$ 和 $\boldsymbol{F}_A$ 的指向。

(3)在力三角形中，线段 $bc$ 和 $ca$ 分别表示力 $\boldsymbol{F}_C$ 和 $\boldsymbol{F}_A$ 的大小，量出两线段的长度，按照比例换算求得

$$F_C = 10\text{kN}, \quad F_A = 14.2\text{kN}$$

也可以求解力三角形，求出力 $\boldsymbol{F}_C$ 和 $\boldsymbol{F}_A$ 的大小。

如果画出的封闭力三角形如图 2.2(d)所示，求出力 $\boldsymbol{F}_C$ 和 $\boldsymbol{F}_A$ 的大小，结果不变。

通过该例题的学习，就可以解决第 1 章中利用三力平衡汇交定理确定刚体受三个力作用时约束力的方向问题了。

通过以上例题，可以总结出用几何法求解平面汇交力系平衡问题的主要步骤如下。

(1)根据题目要求，选取合适的研究对象，画出其受力图；在这一步中应注意约束力的方向是不可确定的，只能确定约束力的方位。

(2)选择合适的比例尺画出力的封闭多边形或力的封闭三角形。在这一步中应注意要从已知力开始，画出自行封闭的力多边形或自行封闭的力三角形，根据自行封闭的力多边形或自行封闭的力三角形，确定受力图中未知约束力的指向。

(3)在图上量得或用三角公式求出未知量的大小。

### 2.1.2 合成的解析法和平衡的解析条件

#### 1. 力在坐标轴上的投影

如图 2.3 所示，设力 $\boldsymbol{F}$ 在 $Oxy$ 平面内，该力与 $x$ 轴正向所夹的锐角为 $\alpha$，从 $\boldsymbol{F}$ 的始末两端 $A$ 和 $B$ 分别向 $x$ 轴、$y$ 轴作垂线，得线段 $ab$ 和 $a'b'$，其中线段 $ab$ 为力 $\boldsymbol{F}$ 在 $x$ 轴上的投影，以 $F_x$ 表示，线段 $a'b'$ 为力 $\boldsymbol{F}$ 在 $y$ 轴上的投影以 $F_y$ 表示。

**力在坐标轴上的投影是代数量，其正负号规定为：当力的投影从始端到末端的指向与坐标轴的正向一致时，投影为正，反之为负。**

图 2.3 所示的情况为

$$\begin{cases} F_x = F\cos\alpha \\ F_y = F\sin\alpha \end{cases} \tag{2.3}$$

图 2.4 所示的情况为

$$\begin{cases} F_x = -F\cos\alpha \\ F_y = -F\sin\alpha \end{cases} \tag{2.4}$$

若力 $\boldsymbol{F}$ 在两个互相垂直的坐标轴 $x$ 轴和 $y$ 轴上的投影已知，就可按式(2.5)求出该力的大小和该力与 $x$ 轴正向所夹的夹锐角 $\alpha$，即

$$\begin{aligned} F &= \sqrt{F_x^2 + F_y^2} \\ \tan\alpha &= \left|\frac{F_y}{F_x}\right| \end{aligned} \tag{2.5}$$

式中，力 $\boldsymbol{F}$ 的指向可根据力在坐标轴上的投影 $F_x$ 和 $F_y$ 的正负号确定。

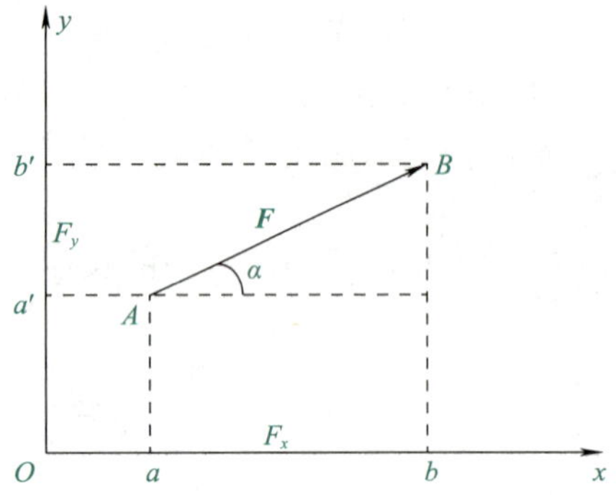


图 2.3

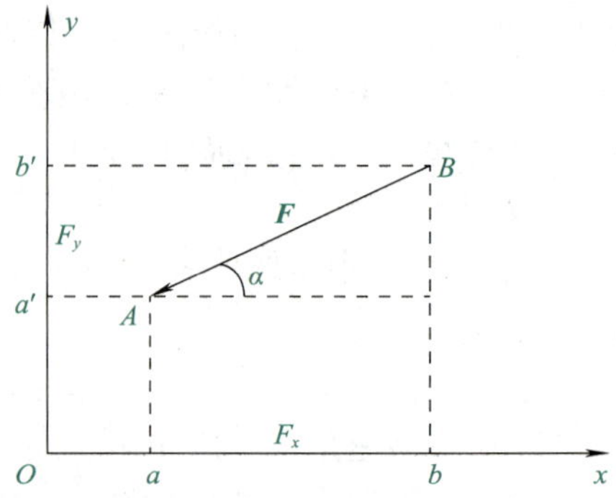


图 2.4

**必须强调**：力在坐标轴上的投影和分力是两个不同的概念，投影是代数量，分力是矢量。它们与原力的关系各自遵循自己的规则，只有在直角坐标系中，分力 $\boldsymbol{F}_x$ 与 $\boldsymbol{F}_y$ 的大小才分别与投影 $F_x$ 与 $F_y$ 的绝对值相等。

**2. 平面汇交力系合成的解析法**

**合力投影定理：合力在任一轴上的投影等于各分力在同一轴上投影的代数和。**即

$$\begin{cases} F_{Rx} = F_{1x} + F_{2x} + F_{3x} + \cdots + F_{nx} = \sum_{i=1}^{n} F_{ix} \\ F_{Ry} = F_{1y} + F_{2y} + F_{3y} + \cdots + F_{ny} = \sum_{i=1}^{n} F_{iy} \end{cases} \tag{2.6}$$

根据合力投影定理，计算出合力 $\boldsymbol{F}_R$ 在 $x$ 轴上的投影 $F_{Rx}$ 和在 $y$ 轴上的投影 $F_{Ry}$，就可以根据式(2.7)求出合力的大小和与 $x$ 轴正向所夹的夹锐角 $\theta$，即

$$\begin{aligned} F_R &= \sqrt{F_{Rx}^2 + F_{Ry}^2} = \sqrt{\left(\sum F_{ix}\right)^2 + \left(\sum F_{iy}\right)^2} \\ \tan\theta &= \left|\frac{F_{Ry}}{F_{Rx}}\right| = \left|\frac{\sum F_{iy}}{\sum F_{ix}}\right| \end{aligned} \tag{2.7}$$

运用式(2.7)时要根据投影 $F_{Rx}$ 和 $F_{Ry}$ 的正负号来判断合力 $\boldsymbol{F}_R$ 的指向。合力的作用线过力系的汇交点。

**3. 平面汇交力系平衡的解析条件**

由 2.1.1 节知，平面汇交力系平衡的必要和充分条件是力系的合力等于零。由式(2.7)可知，欲使合力 $\boldsymbol{F}_R$ 等于零，必须同时满足

$$\begin{cases} \sum_{i=1}^{n} F_{ix} = 0 \\ \sum_{i=1}^{n} F_{iy} = 0 \end{cases} \tag{2.8}$$

因此，平面汇交力系平衡的必要和充分的解析条件是：**力系的各力在两坐标轴上投影的代数和都等于零**。式(2.8)称为平面汇交力系的平衡方程，是两个独立的方程，可求解两个未知量。以后为了书写方便，将 $\sum_{i=1}^{n} F_{ix}$、$\sum_{i=1}^{n} F_{iy}$ 简写为 $\sum F_x$、$\sum F_y$。

下面举例说明平面汇交力系平衡方程的实际应用。

【例 2.2】 如图 2.5(a)所示，两直杆 $AB$、$AC$ 杆重不计。求两杆的受力。

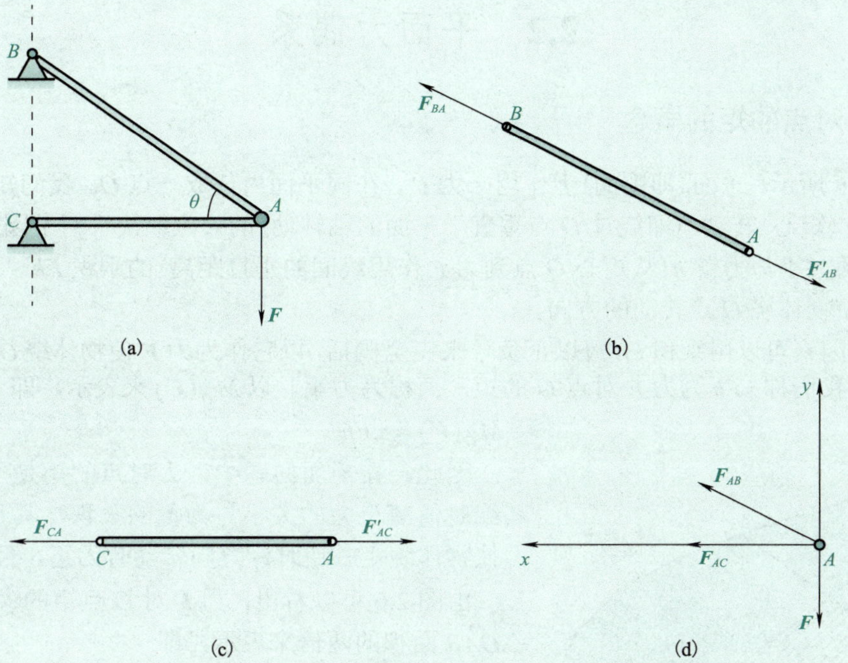


图 2.5

**解**：(1)取研究对象。由于杆 $AB$、$AC$ 都是二力杆件，假设两杆都受拉力，如图 2.5(b)、(c)所示。为了求出两杆所受的力，应该选取销钉 $A$ 为研究对象。

(2)画受力图。销钉 $A$ 的受力如图 2.5(d)所示。

(3)建立坐标系，列平衡方程。选取坐标轴如图 2.5(d)所示，得

$$\sum F_x = 0, \quad F_{AB}\cos\theta + F_{AC} = 0$$

$$\sum F_y = 0, \quad F_{AB}\sin\theta - F = 0$$

(4)求解上述方程组，得

$$F_{AB} = \frac{F}{\sin\theta}, \quad F_{AC} = -F\cot\theta$$

求得的结果 $F_{AB}$ 得正值，表示该力的实际指向与假设的结果相同，即杆 $AB$ 受拉力，$F_{AC}$ 得负值，表示该力的实际指向与假设的结果相反，即杆 $AC$ 受压力。

通过上述例题，可以总结出用解析法求解平面汇交力系平衡问题的主要步骤如下：

(1)根据题目要求，选取合适的研究对象。

(2)对研究对象进行受力分析画出其受力图；在这一步中应注意约束力的指向除了柔索约束和光滑接触面约束外，其他约束力的指向可以假设。

(3)建立坐标系，列平衡方程；在这一步中，建立坐标系的原则是尽量避免解联立方程组。

(4)求解方程组。在这一步中，应注意得正负值的力学含义。

# 2.2 平面力偶系

## 2.2.1 力对点的矩的概念

如图 2.6 所示，平面（即图面）上作用一力 $\boldsymbol{F}$，在同平面内任取一点 $O$。我们知道，力 $\boldsymbol{F}$ 使物体绕 $O$ 点（矩心）转动（即绕过 $O$ 点垂直于平面的轴转动）的效应取决于两个因素。

(1) 力的大小与力臂 $h$（从矩心 $O$ 点到力 $\boldsymbol{F}$ 作用线间的垂直距离）的乘积 $Fh$。

(2) 力使物体绕 $O$ 点转动的方向。

这两个因素可以用乘积 $Fh$ 冠以正负号来完全概括，以它作为力 $\boldsymbol{F}$ 使物体绕 $O$ 点转动的效应的度量。我们称 $\pm Fh$ 为力 $\boldsymbol{F}$ 对点 $O$ 的矩，简称为力矩，以 $M_O(\boldsymbol{F})$ 来表示，即

$$M_O(\boldsymbol{F}) = \pm Fh \tag{2.9}$$

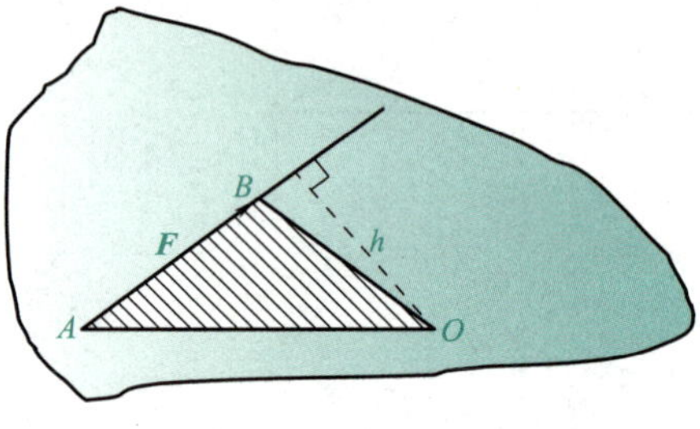

图 2.6

因此，在平面问题中，力对点的矩是一个代数量，其绝对值等于力的大小与力臂的乘积，其正负规定为：力使物体绕矩心逆时针方向转动时为正，反之为负。

由图 2.6 可以看出，力 $\boldsymbol{F}$ 对 $O$ 点矩的大小也可以用 $\triangle OAB$ 面积的两倍来表示，即

$$M_O(\boldsymbol{F}) = \pm 2A_{\triangle OAB} \tag{2.10}$$

力矩的法定计量单位是牛顿·米（N·m）等。

力矩在下列两种情况下等于零：①力等于零；②力的作用线过矩心，即力臂等于零。

**【例 2.3】** 图 2.7 所示的平面直角折杆 $ABC$，$AB=BC=L$，$D$ 为 $BC$ 的中点，在 $D$ 处沿竖直方向作用一力 $\boldsymbol{F}$。要求：分别计算力 $\boldsymbol{F}$ 对 $A$、$C$ 两点的矩。

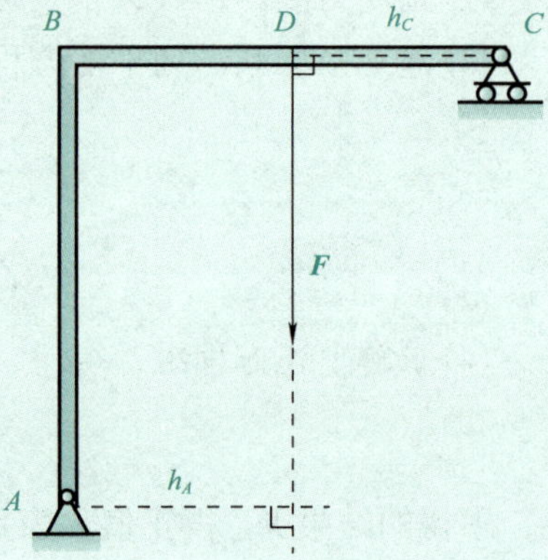

图 2.7

**解**：首先计算力臂，从点 $A$ 作力作用线的垂线，得到力臂 $h_A = \dfrac{L}{2}$；从点 $C$ 作力作用线的垂线，得到力臂 $h_C = DC = \dfrac{L}{2}$。又力 $\boldsymbol{F}$ 使物体绕矩心 $A$ 顺时针转动，力 $\boldsymbol{F}$ 使物体绕矩心 $C$ 逆时针转动。根据力对点的矩的定义，可得

$$M_A(\boldsymbol{F}) = -\frac{FL}{2}$$

$$M_C(\boldsymbol{F}) = \frac{FL}{2}$$

## 2.2.2 合力矩定理

对于平面汇交力系，合力矩定理为：平面汇交力系的合力对于平面内任一点之矩等于力系中所有各分力对于该点力矩的代数和。即

$$M_O(\boldsymbol{F}_R)=M_O(\boldsymbol{F}_1)+M_O(\boldsymbol{F}_2)+\cdots+M_O(\boldsymbol{F}_n)=\sum_{i=1}^{n}M_O(\boldsymbol{F}_i) \tag{2.11}$$

式中，$\boldsymbol{F}_R$是平面汇交力系$\boldsymbol{F}_1$、$\boldsymbol{F}_2$、……、$\boldsymbol{F}_n$的合力。

**需要说明的是**，该定理对于平面任意力系也是成立的，定理的证明从略。下面通过例题说明如何应用该定理。

**【例 2.4】** 图 2.8 所示的平面直角折杆 $ABC$，$AB=L$，$BC=a$，在 $C$ 处作用一力 $\boldsymbol{F}$。要求：计算力 $\boldsymbol{F}$ 对 $A$ 点的矩。

**解**：按照力对点的矩的定义，需要计算力臂。力臂不便于计算，可应用合力矩定理计算。将力 $\boldsymbol{F}$ 进行正交分解，则水平方向的力 $\boldsymbol{F}_x$ 的大小 $F_x=F\cos\theta$，竖直方向的力 $\boldsymbol{F}_y$ 的大小 $F_y=F\sin\theta$，根据合力矩定理，有

$$\begin{aligned}M_A(\boldsymbol{F})&=M_A(F_x)+M_A(F_y)\\&=-F_xL+F_ya=-F\cos\theta L+F\sin\theta a\end{aligned}$$

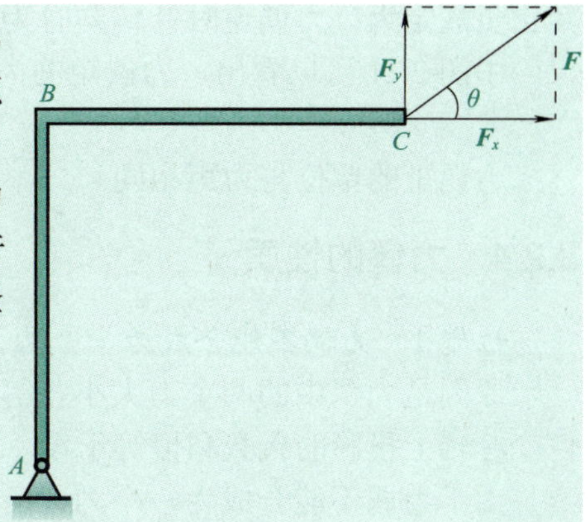

图 2.8

## 2.2.3 力偶和力偶矩

在生产和生活实际中，常可见到物体受到两个大小相等、方向相反且不共线的平行力的作用而转动。例如，汽车司机用双手转动方向盘，如图 2.9 所示，钳工用丝锥双手均匀用力攻螺纹，如图 2.10 所示，以及用手拧水龙头或旋转钥匙开锁等。

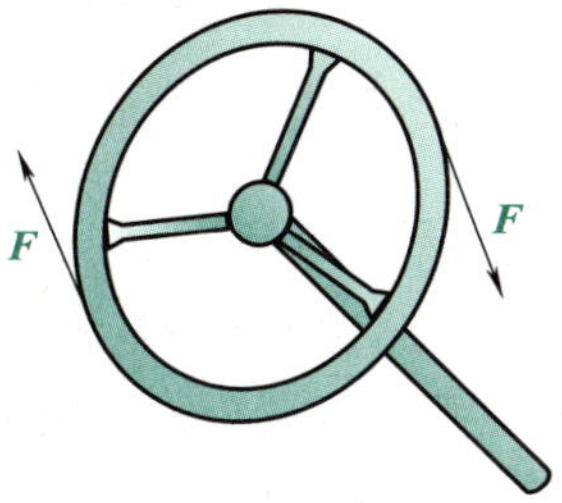

图 2.9

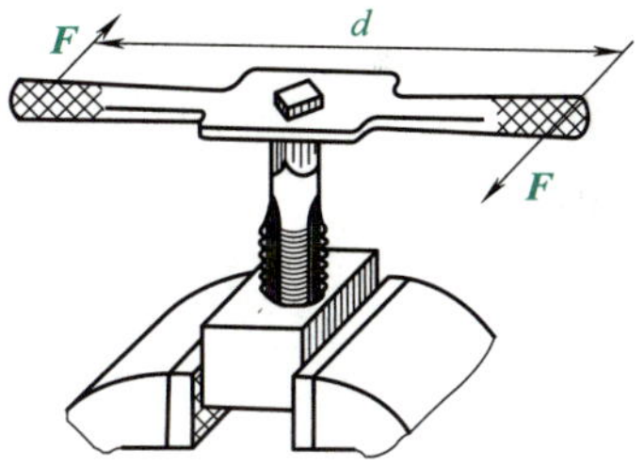

图 2.10

**两个大小相等、方向相反且不共线的平行力组成的力系称为力偶**，如图 2.11 所示，记作$(\boldsymbol{F},\boldsymbol{F}')$。

力偶中两力作用线间的距离称为**力偶臂**，用 $d$ 表示，如图 2.11 所示；力偶所在的平面称为力偶的作用面。力偶对物体只产生转动效应，而不产生移动效应。力偶使物体转动的效应取决于两个因素：①力的大小与力偶臂的乘积 $Fd$；②力偶在其作用面内的转向。

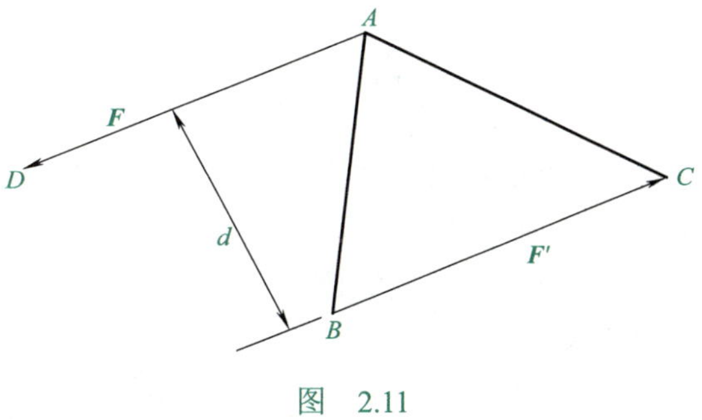

图 2.11

在平面问题中，这两个因素可以用乘积 $Fd$ 冠以正负号来完全概括，用它来作为力偶对物

体转动效应的度量，并称之为力偶矩，以 $M(\boldsymbol{F},\boldsymbol{F}')$ 或简写 $M$ 来表示，其中正负号表示力偶在作用面内的转向，即

$$M(\boldsymbol{F},\boldsymbol{F}') = \pm Fd \tag{2.12}$$

或

$$M = \pm Fd \tag{2.13}$$

因此，**在平面问题中，力偶矩是一个代数量，其绝对值等于力的大小与力偶臂的乘积，其正负规定为：力偶逆时针转向时为正，反之为负。**

由图 2.11 可以看出，力偶矩的大小也可以用三角形面积来表示，即

$$M = \pm 2A_{\triangle ABC} \tag{2.14}$$

力偶矩的单位与力矩相同。

### 2.2.4 力偶的性质

**性质 1 力偶不能合成为一个力。**

原因是力偶中的两个力大小相等，方向相反，作用线平行但不共线，因此这两个力在任何坐标轴上投影的代数和恒等于零。

由于力偶不能合成为一个力，所以力偶不能与一个力等效，也不能与一个力平衡，力偶只能与力偶平衡。力偶和力是静力学的两个基本要素。

**性质 2 力偶对其作用面内任一点的矩恒等于力偶矩，而与矩心的位置无关。**

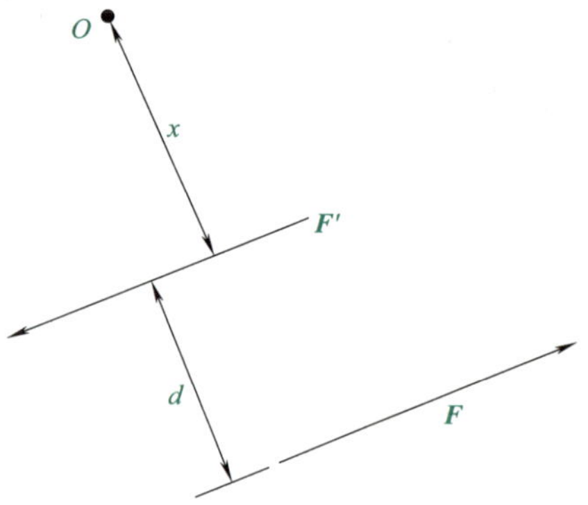

图 2.12

在力偶 $(\boldsymbol{F},\boldsymbol{F}')$ 的作用面内任取一点 $O$ 为矩心，如图 2.12 所示，力偶对点 $O$ 的矩就是力 $\boldsymbol{F}$ 和 $\boldsymbol{F}'$ 对 $O$ 点的矩的代数和。设力偶臂为 $d$，$O$ 点到力 $\boldsymbol{F}'$ 的距离为 $x$，则力 $\boldsymbol{F}$ 和 $\boldsymbol{F}'$ 对 $O$ 点的矩的代数和为

$$M(F,F') = F(d+x) - F'x$$

$$F = F'$$

所以

$$M(F,F') = Fd$$

计算结果就等于力偶矩。由于点 $O$ 是任取的，因此不论力偶对其作用面内的哪一点取矩，结果都是一样的。这表明力偶对物体的转动效应只取决于力偶矩(大小和正负)，而与矩心的位置无关。

### 2.2.5 平面内力偶的等效条件

由于力偶对物体只产生转动效应，而其转动效应又取决于力偶矩，于是得平面力偶的等效条件：**在同平面内的两个力偶，如果力偶矩相等，则两个力偶彼此等效。**

根据平面力偶的等效定理，又可得出下面两个推论。

**(1) 力偶可以在其作用面内任意移动和转动，而不改变它对物体的效应。换言之，力偶对物体的效应与其在作用面内的位置无关。**

**(2) 只要力偶矩保持不变，可以同时改变力偶中力的大小和力偶臂的长短，而不改变它对物体的效应。**

由于力偶对物体的效应只取决于力偶矩，因此，力偶矩可以用图 2.13 所示的三种形式来表示。

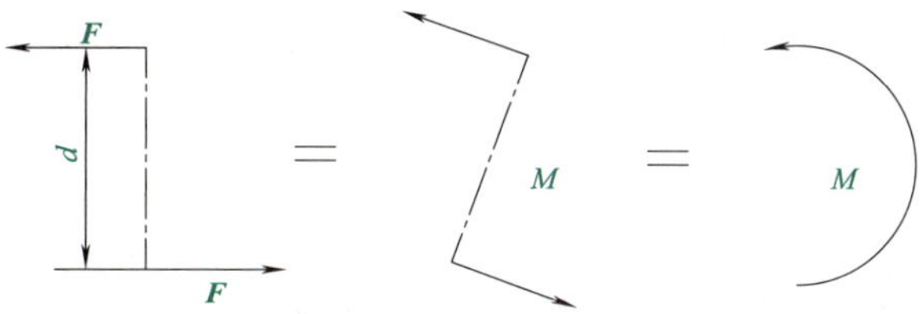


图 2.13

因此，可以得出结论：力偶矩是平面力偶作用的唯一度量。

平面力偶系：**作用面在同一平面内的若干力偶，称为平面力偶系。**

## 2.2.6 平面力偶系的合成

设在同一平面内作用有两个力偶 $(\boldsymbol{F}_1,\boldsymbol{F}_1')$ 和 $(\boldsymbol{F}_2,\boldsymbol{F}_2')$，它们的力偶臂分别为 $d_1$ 和 $d_2$，如图 2.14(a)所示。

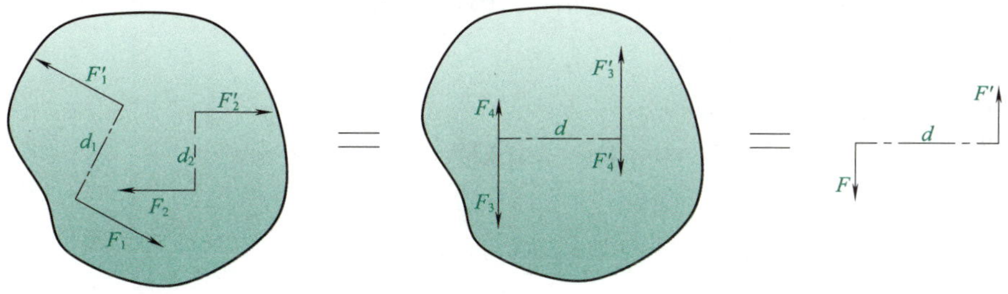


(a) (b) (c)

图 2.14

它们的力偶矩分别为 $M_1$ 和 $M_2$，则有

$$M_1 = F_1 d_1 , \qquad M_2 = -F_2 d_2$$

保持力偶矩不变，同时改变两个力偶力的大小和力偶臂的长短，并使它们具有相同的臂长 $d$，得到两个新力偶 $(\boldsymbol{F}_3,\boldsymbol{F}_3')$ 和 $(\boldsymbol{F}_4,\boldsymbol{F}_4')$，于是有

$$M_1 = F_3 d , \qquad M_2 = -F_4 d$$

然后将这两个力偶在平面内移转，使力的作用线两两重合，如图 2.14(b)所示。再将两边的力分别合成(设 $\boldsymbol{F}_3 > \boldsymbol{F}_4$)，得两个新的力 $\boldsymbol{F}$ 和 $\boldsymbol{F}'$，即

$$F = F_3 - F_4 , \qquad F' = F_3' - F_4'$$

由 $\boldsymbol{F}$ 和 $\boldsymbol{F}'$ 组成的力偶如图 2.14(c)所示，就是原来两个力的合力偶，其力偶矩为

$$M = Fd = (F_3 - F_4)d = F_3 d - F_4 d = M_1 + M_2$$

对有任意个力偶组成的平面力偶系，可同样照上述方法合成，于是得

$$M = M_1 + M_2 + \cdots + M_n = \sum M_i \tag{2.15}$$

即：**平面力偶系合成的结果是一个合力偶，合力偶矩等于力偶系中各个力偶矩的代数和。**

## 2.2.7 平面力偶系的平衡条件

由平面力偶系合成的结果是一个合力偶，可得平面力偶系平衡的必要和充分条件为：**合力偶矩等于零。**即：力偶系中各力偶矩的代数和等于零。亦即

$$\sum M_i = 0 \tag{2.16}$$

【例 2.5】 简单支撑梁 $AB$ 自重不计，长度为 4m。受力以及约束如图 2.15(a)所示。求：$A$、$B$ 处的支座约束力。

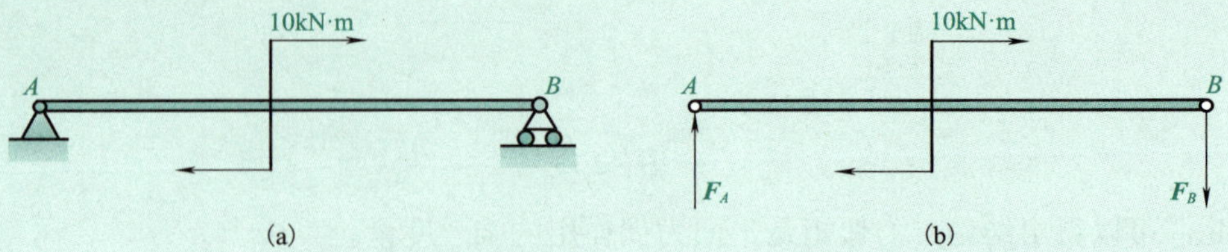


图 2.15

**解：**(1)取 $AB$ 为研究对象。

(2)画受力图。由于梁在主动力偶和支座 $A$、$B$ 约束力作用下处于平衡状态。由支座的性质可知，$\boldsymbol{F}_B$ 的方位铅直，$\boldsymbol{F}_A$ 的方位不定。根据力偶的性质，力偶只能与力偶相平衡，所以 $\boldsymbol{F}_B$ 与 $\boldsymbol{F}_A$ 组成一力偶，$\boldsymbol{F}_B$ 与 $\boldsymbol{F}_A$ 的指向假设如图 2.15(b)所示，且 $F_B = F_A$。

(3)列方程，并求解。

根据力偶的平衡条件

$$\sum M_i = 0，即\quad -10\text{kN}\cdot\text{m} - F_A \times 4\text{m} = 0$$

得到

$$F_A = F_B = -\frac{10\text{kN}\cdot\text{m}}{4\text{m}} = -2.5\text{kN}$$

求得的结果 $\boldsymbol{F}_B$ 与 $\boldsymbol{F}_A$ 为负值，表示该两力的实际指向与假设的结果相反。

【例 2.6】 在图 2.16(a)所示平面杆系中，各杆杆重不计。已知主动力偶矩为 $M$，几何关系为 $AC=CD=AB=L$。求 $A$、$B$ 处支座约束力($AD$ 杆水平)。

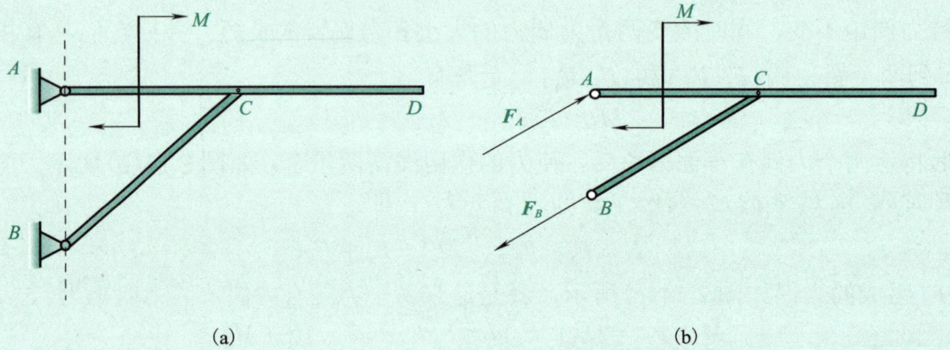


图 2.16

**解：**(1)取杆系为研究对象。

(2)画受力图。由于杆系在主动力偶和支座 $A$、$B$ 约束力作用下处于平衡状态。由支座的性质可知，$\boldsymbol{F}_B$ 和 $\boldsymbol{F}_A$ 的方位都不定。但杆 $BC$ 为二力杆，所以 $\boldsymbol{F}_B$ 的方位沿 $B$、$C$ 两点的连线，根据力偶的性质，力偶只能与力偶相平衡，故 $\boldsymbol{F}_B$ 与 $\boldsymbol{F}_A$ 组成一力偶，$\boldsymbol{F}_B$ 与 $\boldsymbol{F}_A$ 的指向假设如图 2.16(b)所示，且 $F_B = F_A$。

(3)列方程，并求解。

根据力偶的平衡条件

$$\sum M_i = 0\text{，即}\quad -M - F_A \times \frac{\sqrt{2}}{2}L = 0$$

得到

$$F_A = F_B = -\frac{\sqrt{2}}{L}M$$

求得的结果 $\boldsymbol{F}_B$ 与 $\boldsymbol{F}_A$ 为负值，表示该两力的实际指向与假设的结果相反。

通过以上两个例题，可以总结出根据平面力偶系的平衡条件求解平面力偶系平衡问题的主要步骤如下：

(1)根据题目要求，选取合适的研究对象。

(2)对研究对象进行受力分析画出其受力图；在这一步中应根据力偶的性质，首先确定出一处约束力的方位，另一处约束力的方位自然就确定了，约束力的指向可以假设。

(3)列平衡方程，并求解；在这一步中应该注意力偶臂的计算以及结果得正负值的含义。

## 2.3 平面任意力系

### 2.3.1 力的平移定理

设有一力 $\boldsymbol{F}$ 作用于刚体上的 $A$ 点，如图 2.17(a)所示，现将该力平移到刚体的另一点 $B$，该力到点 $B$ 的垂直距离为 $d$。为此，在 $B$ 点加一对平衡力 $\boldsymbol{F}'$ 和 $\boldsymbol{F}''$，使 $\boldsymbol{F}' = \boldsymbol{F} = -\boldsymbol{F}''$，如图 2.17(b)所示。而力 $\boldsymbol{F}$ 和 $\boldsymbol{F}''$ 又可视作一个力偶。上述过程是等效处理，即与原来的力 $\boldsymbol{F}$ 对物体的效应等效。这就相当于把力 $\boldsymbol{F}$ 平移到 $B$ 点，即力 $\boldsymbol{F}'$，同时要附加一个力偶，如图 2.17(c)所示，该力偶的矩 $M = Fd$，而原力 $\boldsymbol{F}$ 对 $B$ 点的矩 $M_B(\boldsymbol{F})$ 也等于 $Fd$，即

$$M = M_B(\boldsymbol{F}) = Fd$$

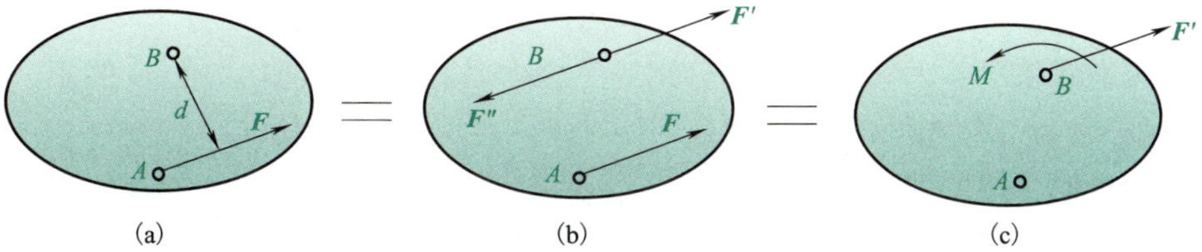


图 2.17

于是得到力的平移定理：作用在刚体上的力可以平移到刚体内的任一点，但必须附加一力偶，附加力偶的力偶矩等于原力对新作用点的矩。

根据这个定理，一个力可以分解为同平面的一个力和一个力偶；按图 2.17 的逆过程，同平面的一个力和一个力偶又可合成为一个力。

应当指出的是，力的平移定理只适用于刚体。

用力的平移定理可以解释一些力学现象。例如，攻丝时，若在扳手的一边用力 $\boldsymbol{F}$，如图 2.18(a)所示，丝锥相当于受到一个使它转动的力偶矩为 $M$ 的力偶和一个力 $\boldsymbol{F}'$ 的作用，如图 2.18(b)所示。正是这个力 $\boldsymbol{F}'$ 作用在丝锥上，使丝锥产生弯曲，甚至可能使丝锥折断。

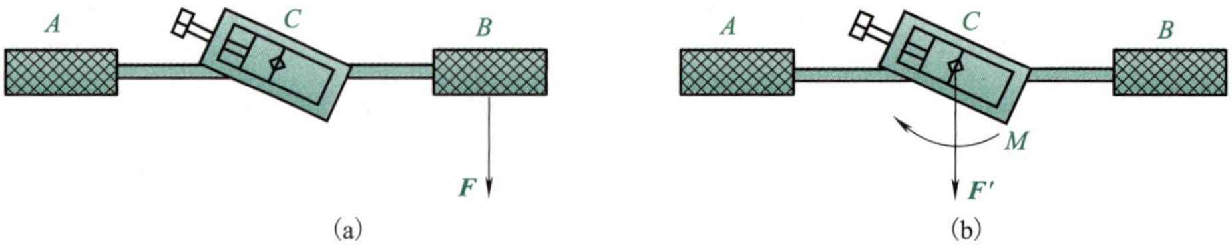


图 2.18

## 2.3.2 平面任意力系向一点简化·主矢与主矩

平面任意力系总可以用力的平行四边形法则将力系中的各力依次合成，直至求得最后的合成结果。但对于力的数目多的力系，这样做，显然十分烦琐。

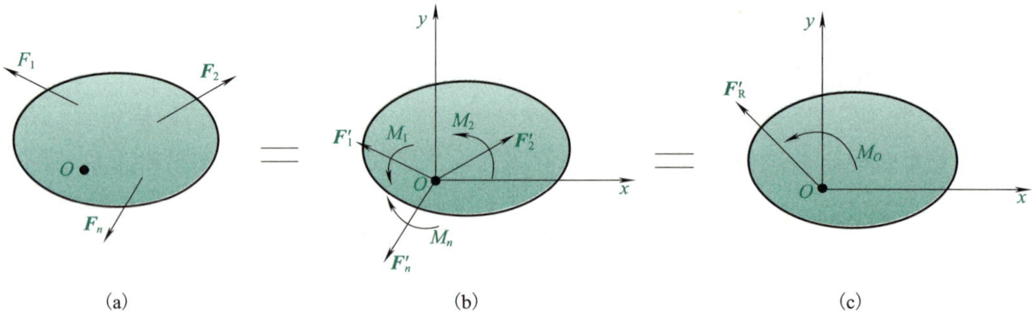


图 2.19

这里介绍的是一种简单而有普遍意义的简化方法。设物体上作用一平面任意力系 $\boldsymbol{F}_1$，$\boldsymbol{F}_2$，…，$\boldsymbol{F}_n$，如图 2.19(a)所示，在平面内任选一点 $O$，根据力的平移定理，将各力都平移到 $O$ 点，$O$ 点称为**简化中心**。每一力的平移都要附加一力偶。这样整个力系分解为两个力系：汇交于 $O$ 点的平面汇交力系 $\boldsymbol{F}_n'$，$\boldsymbol{F}_2'$，…，$\boldsymbol{F}_n'$ 和力偶矩分别为 $M_1$，$M_2$，…，$M_n$ 的附加的平面力偶系，如图 2.19(b)所示，平面汇交力系的各力与原力系相应的各力的大小相等、方向相同，即

$$\boldsymbol{F}_1'=\boldsymbol{F}_1,\quad \boldsymbol{F}_2'=\boldsymbol{F}_2,\quad \cdots,\quad \boldsymbol{F}_n'=\boldsymbol{F}_n$$

平面附加力偶系中各力偶的力偶矩分别等于原力系的各力对简化中心 $O$ 的矩，即

$$M_1=M_O(\boldsymbol{F}_1),\quad M_2=M_O(\boldsymbol{F}_2),\quad \cdots,\quad M_n=M_O(\boldsymbol{F}_n)$$

下面分别合成这两个力系。

平面汇交力系可合成为一个作用线过简化中心 $O$ 的力，如图 2.19(c)所示，它等于原力系各力的矢量和，即

$$\boldsymbol{F}_R'=\boldsymbol{F}_1'+\boldsymbol{F}_2'+\cdots+\boldsymbol{F}_n'=\boldsymbol{F}_1+\boldsymbol{F}_2+\cdots+\boldsymbol{F}_n=\sum\boldsymbol{F}_i \tag{2.17}$$

矢量 $\boldsymbol{F}_R'$ 称为原力系的**主矢**。

平面力偶系可合成为一个力偶，如图 2.19(c)所示，这个力偶的力偶矩 $M_O$ 等于原力系各力对 $O$ 点的矩的代数和，即

$$M_O=M_1+M_2+\cdots+M_n=M_O(\boldsymbol{F}_1)+M_O(\boldsymbol{F}_2)+\cdots+M_O(\boldsymbol{F}_n)=\sum M_O(\boldsymbol{F}_i) \tag{2.18}$$

$M_O$ 称为原力系对简化中心 $O$ 的**主矩**。

主矢取决于原力系的各力的大小和方向，与简化中心的位置无关。而主矩一般与简化中心的位置有关，原力系的各力对不同的简化中心的矩的代数和一般是不相等的。因此，当说

到主矩时，必须指明是哪一点的主矩。

综上所述，平面任意力系向平面内任一点简化的结果是：**力系简化为一个通过简化中心的力和一个力偶，这个力等于力系各力的矢量和，即力系的主矢；这个力偶的力偶矩等于力系各力对简化中心的矩的代数和，即力系对简化中心的主矩。**

主矢 $\boldsymbol{F}_{\mathrm{R}}'$ 的大小和方向还可以用解析法确定。建立坐标系 $Oxy$，与求平面汇交力系合力的大小和方向一样，主矢的大小和方向余弦分别为

$$F_R' = \sqrt{(\sum F_{ix})^2 + (\sum F_{iy})^2} \tag{2.19}$$

$$\cos\alpha = \frac{\sum F_{ix}}{F_R'} \ , \qquad \cos\beta = \frac{\sum F_{iy}}{F_R'} \tag{2.20}$$

在式(2.19)和式(2.20)中，$\sum F_{ix}$ 和 $\sum F_{iy}$ 分别是力系各力在 $x$ 轴和 $y$ 轴上投影的代数和；$\alpha$ 和 $\beta$ 分别是主矢 $\boldsymbol{F}_{\mathrm{R}}'$ 与 $x$ 轴和 $y$ 轴正向间的夹角(小于 180°)。主矢的方向可以用式(2.21)确定：

$$\tan\theta = \left|\frac{\sum F_{iy}}{\sum F_{ix}}\right| \tag{2.21}$$

式中，$\theta$ 是主矢 $\boldsymbol{F}_{\mathrm{R}}'$ 与 $x$ 轴所夹的锐角。

在学习了力系向一点简化的方法的基础上，现再介绍一种类型的约束——固定端约束。

固定端约束是经常见到的，如一端嵌入墙内的梁，如图 2.20(a)所示，夹紧在刀架上的车刀等，都是受固定端约束。这种约束的特点是既限制物体沿任何方向移动，又限制物体作任何转动。现以图 2.20(a)所示的梁为例，来分析固定端约束的约束反力。设梁的 $B$ 端受力 $\boldsymbol{F}$ 的作用，梁嵌入部分的每个与墙接触的点受到的约束反力的大小和方向都不一样，这些杂乱无章的约束反力组成了一个平面任意力系，如图 2.20(b)所示。但可将这个力系向 $A$ 点简化为一个力和一个力偶，如图 2.20(c)所示。这个力的大小和方向一般是未知的，故用两个未知的正交分力 $\boldsymbol{F}_{Ax}$、$\boldsymbol{F}_{Ay}$ 来表示，如图 2.20(d)所示。约束反力 $\boldsymbol{F}_{Ax}$、$\boldsymbol{F}_{Ay}$ 限制了梁的移动，约束反力偶 $M_A$ 限制了梁的转动。

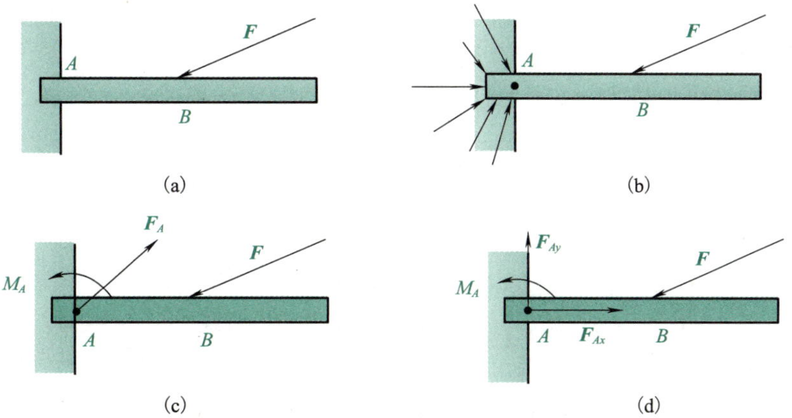


图 2.20

### 2.3.3 平面任意力系简化结果讨论

平面任意力系向任一点简化的结果，可能出现以下四种情况。

**1. 主矢 $\boldsymbol{F}_{\mathrm{R}}' = 0$，主矩 $M_O \neq 0$**

力系可简化为一个合力偶，合力偶的力偶矩等于力系对简化中心的主矩。

因为力偶对其作用面内任一点的矩恒等于力偶矩，而与矩心的位置无关，就是说，无论力系向哪一点简化，得到的都是一个力偶矩保持不变的力偶，所以，当力系简化为一个力偶时，主矩与简化中心的位置无关。

**2. 主矢 $F_R' \neq 0$，主矩 $M_O = 0$**

力系可简化为一个合力，合力的大小和方向等于力系的主矢，合力的作用线过简化中心。

**3. 主矢 $F_R' \neq 0$，主矩 $M_O \neq 0$**

这不是简化的最后结果，可按图 2.21 的过程进一步简化，保持力偶矩不变，将力偶矩为 $M_O$ 的力偶用 $\boldsymbol{F}_R$ 和 $\boldsymbol{F}_R''$ 两个力来表示，使 $\boldsymbol{F}_R = \boldsymbol{F}_R' = -\boldsymbol{F}_R''$，如图 2.21(b)所示，去掉一对平衡力 $\boldsymbol{F}_R'$ 和 $\boldsymbol{F}_R''$，只剩下一个作用线过点 $O'$ 的力 $\boldsymbol{F}_R$，如图 2.21(c)所示，这个力就是力系的合力。合力的大小和方向与主矢相同，合力的作用线到原简化中心的距离为

$$d = \left|\frac{M_O}{F_R'}\right|$$

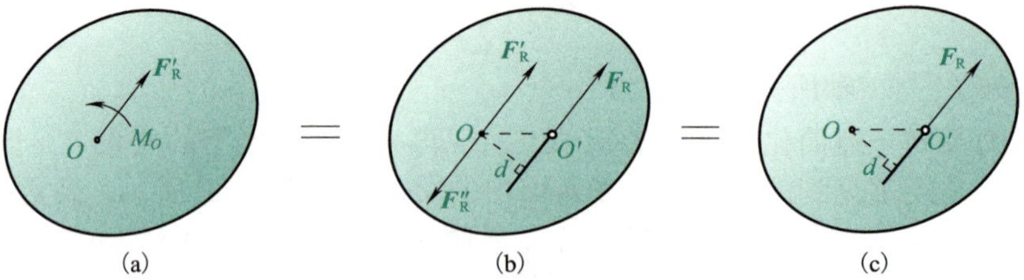


图 2.21

根据图 2.21(b)计算合力 $\boldsymbol{F}_R$ 对点 $O$ 的矩，再根据主矩的定义，可以证明平面任意力系的合力矩定理，证明过程略。

平面任意力系的合力矩定理：**平面任意力系的合力对作用面内任一点的矩等于力系的各力对同一点矩的代数和。**

**4. 主矢 $F_R' = 0$，主矩 $M_O = 0$**

力系是平衡力系。这种情况将在 2.3.4 节讨论。

根据上述分析过程可以看出，平面任意力系简化的最后结果或是一个力，或是一个力偶，或力系平衡。

根据平面任意力系的合力矩定理，可以将分布载荷进一步简化为一个合力。下面通过例题进行说明。

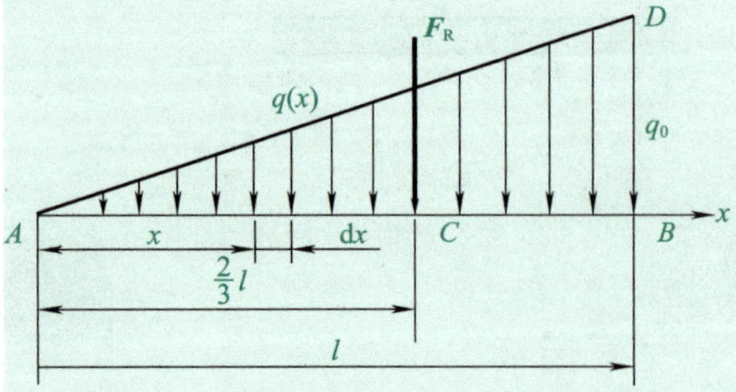


图 2.22

**【例 2.7】** 如图 2.22 所示为一作用在长度为 $L$ 的线段 $AB$ 上的线性分布载荷，其中 $A$ 处的载荷集度的大小为 0，$B$ 处的载荷集度的大小为 $q_0$，要求计算该线性分布载荷的合力的大小和合力作用点的位置。

**解：**(1)求合力的大小。

为了求该线性分布载荷的合力的大小，应用高等数学定积分的概念，设线段 $AB$ 上距离 $A$ 为 $x$ 处的载荷集度为 $q(x)$，从该处向右取一小微段 $\mathrm{d}x$，

并设该微段上的合力大小为 $F_R(x)$，则

$$F_R(x)=q(x)\mathrm{d}x$$

根据线性分布载荷的定义：

$$\frac{q(x)}{x}=\frac{q_0}{L}$$

则合力的大小为

$$F_R=\int_0^L q(x)\,\mathrm{d}x=\int_0^L\frac{q_0x}{L}\mathrm{d}x=\frac{1}{2}q_0L$$

(2) 求合力 $\boldsymbol{F}_R$ 的作用点 $C$ 的位置。

合力 $\boldsymbol{F}_R$ 的作用点的位置可以用合力矩定理确定。

首先，计算合力对 $A$ 点的矩，即

$$M_A(F_R)=-F_R\cdot AC \tag{a}$$

然后，计算分布载荷对 $A$ 点的矩，根据定积分的定义，分布载荷对 $A$ 点的矩为

$$M_A=-\int_0^L q(x)x\mathrm{d}x=-\int_0^L\frac{q_0}{L}x^2\mathrm{d}x \tag{b}$$

根据合力矩定理，两者对 $A$ 点的矩相等，即式(a)与式(b)相等，得到

$$AC=\frac{2}{3}L$$

合力 $\boldsymbol{F}_R$ 的作用线过 $AB$ 上的 $C$ 点，且 $AC=\frac{2}{3}L$，如图 2.22 所示。按照同样的道理，可以证明，在一长度为 $L$ 的线段 $AB$ 上，如图 2.23 所示，载荷集度大小为 $q$ 的均布载荷的合力大小为 $qL$，合力的作用线过 $AB$ 线上 $C$ 点，且 $AC=\frac{1}{2}L$。

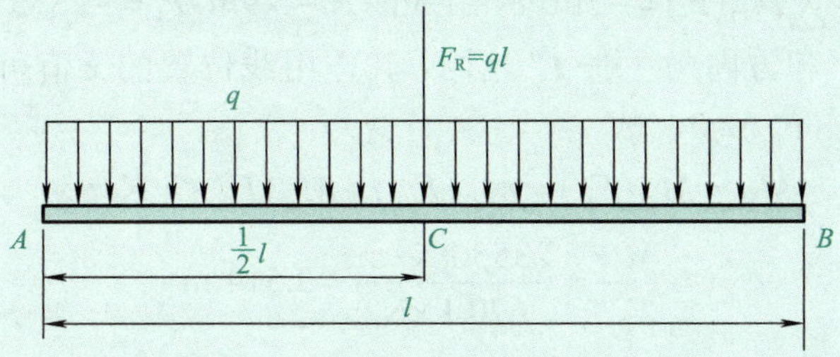


图 2.23

【例 2.8】 重力坝受力情形如图 2.24(a)所示。已知：$P_1=450\,\text{kN}$，$P_2=200\,\text{kN}$，$F_1=300\,\text{kN}$，$F_2=70\,\text{kN}$。求力系向点 $O$ 简化的结果，合力与基线 $OA$ 的交点到点 $O$ 的距离 $x$，以及合力作用线方程。

**解：** (1) 先将力系向点 $O$ 简化，求得其主矢 $\boldsymbol{F}_R'$ 和主矩 $M_O$(图 2.24(b))。由图 2.24(a)有

$$\theta=\angle ACB=\arctan\frac{AB}{CB}=16.7^\circ$$

主矢 $\boldsymbol{F}_R'$ 在 $x$、$y$ 轴上的投影为

$$\sum F_x=F_1-F_2\cos\theta=232.9\text{kN}$$

$$\sum F_y=-P_1-P_2-F_2\sin\theta=-670.1\text{kN}$$

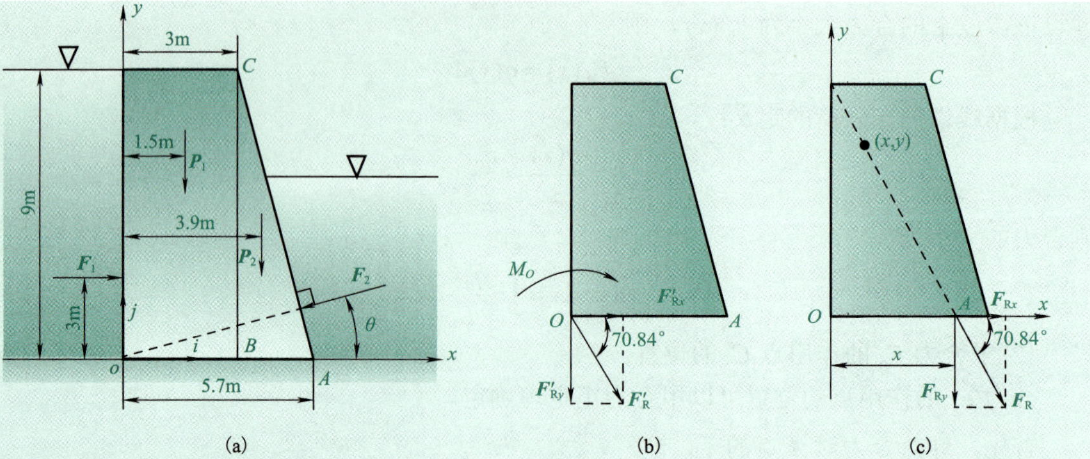


图 2.24

主矢 $F'_R$ 的大小为

$$F'_R = \sqrt{\left(\sum F_x\right)^2 + \left(\sum F_y\right)^2} = 709.4\text{kN}$$

主矢 $F'_R$ 的方向余弦为

$$\cos(F'_R, i) = \frac{\sum F_x}{F'_R} = 0.3283 , \qquad \cos(F'_R, j) = \frac{\sum F_y}{F'_R} = -0.9446$$

则有

$$\angle(F'_R, i) = \pm 70.84^\circ , \qquad \angle(F'_R, j) = 180^\circ \pm 19.16^\circ$$

故主矢 $F'_R$ 在第四象限内，与 $x$ 轴的夹角为 $-70.84^\circ$。

力系对 $O$ 的主矩为

$$M_O = \sum M_O(F) = -3\text{m} \cdot F_1 - 1.5\text{m} \cdot P_1 - 3.9\text{m} \cdot P_2 = -2355 \text{ kN} \cdot \text{m}$$

(2) 合力 $F_R$ 的大小和方向与主矢 $F'_R$ 相同。其作用线位置的 $x$ 值可根据合力矩定理求得(图 2.24(c))，由于 $M_O(F_{Rx})=0$，故

$$M_O = M_O(F_R) = M_O(F_{Rx}) + M_O(F_{Ry}) = F_{Ry} \cdot x$$

即

$$x = \frac{M_O}{F_{Ry}} = \frac{2355 \text{ kN} \cdot \text{m}}{670.1 \text{ kN}} = 3.514 \text{ m}$$

(3) 设合力作用线上任一点的坐标为 $(x,y)$，将合力作用于此点(图 2.24(c))，则合力 $F_R$ 对坐标原点的矩的解析表达式为

$$M_O = M_O(F_R) = xF_{Ry} - yF_{Rx} = x\sum F_y - y\sum F_x$$

将已求得的 $M_O$、$\sum F_x$、$\sum F_y$ 的代数值代入上式，得合力作用线方程为

$$670.1 \text{ kN} \cdot x + 232.9 \text{ kN} \cdot y - 2355 \text{ kN} \cdot \text{m} = 0$$

式中，若令 $y = 0$，可得 $x = 3.514$ m，与前述结果相同。

## 2.3.4 平面任意力系的平衡条件

主矢 $F'_R = 0$，主矩 $M_R = 0$。说明力系向任一点简化所得的平面汇交力系和平面力偶系分别是平衡力系，那么原力系一定是平衡力系。反之，若力系平衡，其主矢 $F'_R$ 和主矩 $M_R$ 都必

须等于零，否则力系就可简化为一个力或一个力偶，力系就不平衡了。由此，平面一般力系平衡的必要和充分条件是：**力系的主矢和力系对任一点的主矩都等于零**，即

$$\begin{cases} \boldsymbol{F}_R' = 0 \\ M_O = 0 \end{cases} \tag{2.22}$$

针对平面任意力系的平衡条件，即式(2.17)用解析式表示时，由式(2.18)和式(2.19)可得

$$\begin{cases} \sum F_{ix} = 0 \\ \sum F_{iy} = 0 \\ \sum M_O(\boldsymbol{F}_i) = 0 \end{cases} \tag{2.23}$$

于是，平面任意力系平衡的必要和充分的解析条件是：**力系的各力在两个坐标轴上投影的代数和都等于零，以及各力对任一点的矩的代数和也等于零。**

### 2.3.5 平面任意力系的平衡方程

#### 1. 平面任意力系平衡方程的一般式

式(2.23)中$\sum F_{ix}$、$\sum F_{iy}$、$\sum M_O(\boldsymbol{F}_i)$常简写为$\sum F_x$、$\sum F_y$、$\sum M_O$。

式(2.23)称为平面任意力系的平衡方程。三个独立方程，可求解三个未知量。

#### 2. 平面任意力系平衡方程的二力矩式和三力矩式

式(2.23)只是平面任意力系平衡方程的基本形式(两投影方程和一力矩方程)，还有以下两种形式。

三个方程中，有一个投影方程和两个力矩方程，即

$$\begin{cases} \sum F_x = 0 \\ \sum M_A = 0 \\ \sum M_B = 0 \end{cases} \tag{2.24}$$

其中$A$、$B$两点的连线不能与$x$轴垂直。原因请读者自行思考。

另一种形式是三个方程都是力矩方程，即

$$\begin{cases} \sum M_A = 0 \\ \sum M_B = 0 \\ \sum M_C = 0 \end{cases} \tag{2.25}$$

其中$A$、$B$、$C$三点不能共线。原因请读者自行思考。

三种形式究竟采用哪一种简便，要根据具体问题来决定。应当指出，不论哪种形式，平面任意力系只有三个独立的平衡方程，能求解三个未知量。

**【例 2.9】** 求图2.25(a)所示梁$ABC$的支座反力。几何尺寸关系为$AD=DB=BC=a$。

**解：**(1)取梁$ABC$为研究对象，画出其受力图如图2.25(b)所示。

(2)建立直角坐标系，列平衡方程为

$$\sum F_x = 0, \quad -F_{Ax} + P\cos\theta = 0$$

$$\sum F_y = 0, \quad F_{Ay} - qa + F_{NB} - P\sin\theta = 0$$

$$\sum M_A(\boldsymbol{F}) = 0, \quad -qa\frac{a}{2} - M + F_{NB}2a - P\sin\theta 3a = 0$$

(3)求解，得

$$F_{Ax} = P\cos\theta, \quad F_{Ay} = -\frac{1}{2}P\sin\theta - \frac{M}{2a} + \frac{3}{4}qa$$

$$F_{NB} = \frac{3}{2}P\sin\theta + \frac{M}{2a} + \frac{1}{4}qa$$

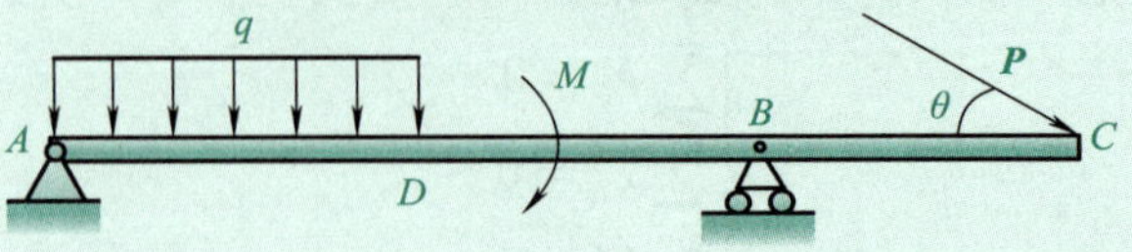

(a)

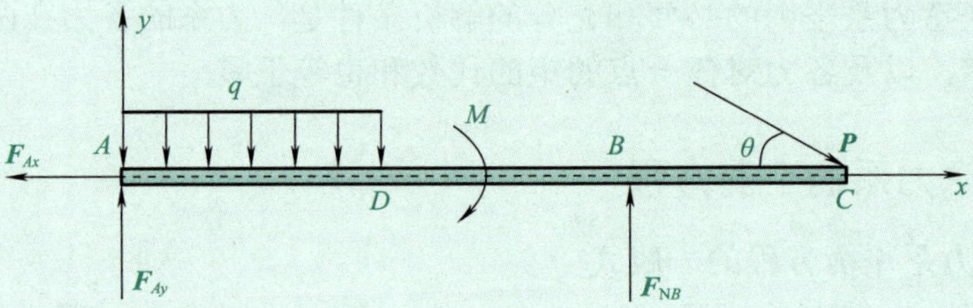

(b)

图 2.25

**【例 2.10】** 求图 2.26(a)所示不计自重的平面直角刚架 $ABC$ 的固定端 $A$ 处的约束反力。其中 $AB=a$，$BC=b$，$AB$ 位于水平位置，$BC$ 位于铅直位置。

**解：**(1)取刚架 $ABC$ 为研究对象，画出其受力图如图 2.26(b)所示，注意固定端的约束力除了两个正交分力外，还有一个矩为 $M_A$ 的约束力偶。

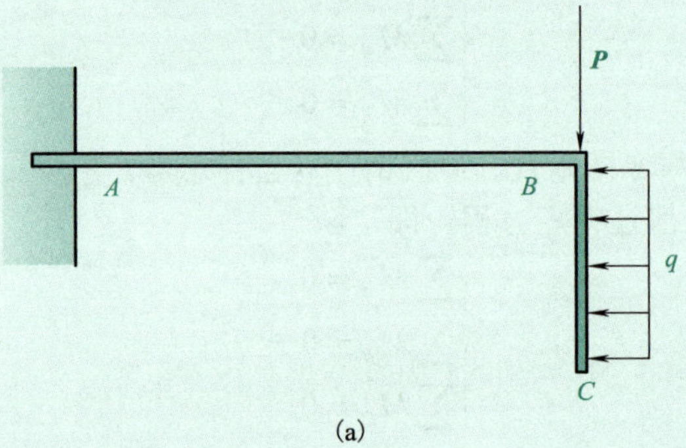

(a)

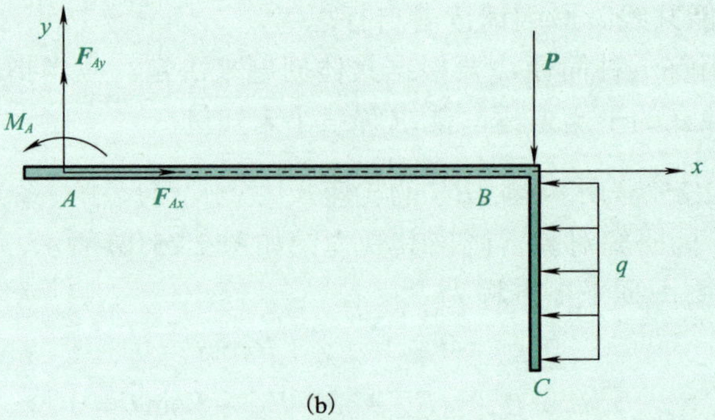

(b)

图 2.26

(2)建立直角坐标系，列平衡方程为

$$\sum F_x = 0, \quad F_{Ax} - qb = 0$$

$$\sum F_y = 0, \quad F_{Ay} - P = 0$$

$$\sum M_A(F) = 0, \quad M_A - Pa - qb\frac{b}{2} = 0$$

(3)求解，得

$$F_{Ax} = qb, \quad F_{Ay} = P$$

$$M_A = Pa + \frac{1}{2}qb^2$$

关于约束力偶得正(负)值的含义：得正值与假设转向相同，得负值与假设转向相反。

通过以上两个例题，可以总结出用平面任意力系平衡方程求解单个物体约束力问题的主要步骤如下：

(1)根据题目要求，选取合适的研究对象，对研究对象进行受力分析画出其受力图。在这一步中应注意平面固定端的约束力除了两个正交分力外，还有一个约束力偶。

(2)建立坐标系，列平衡方程。在这一步中应该注意分布载荷按其合力进行投影和计算对矩心的力矩，力偶的处理是力偶不能合成为一个力，也就是说，力偶在任一坐标轴上的投影都等于零；力偶矩与矩心的选取无关，也就是说力偶对任一点的矩都等于力偶矩；另外矩心一般选在未知力的交点，这样可以避免解联立方程。

(3)求解。在这一步中应该注意力臂的计算以及结果得正负值的含义。

### 2.3.6 平面平行力系的平衡方程

平面平行力系是平面任意力系的特殊情形，其平衡方程可以根据平面任意力系的平衡方程得出。设物体上作用一平面平行力系 $F_1$、$F_2$、…、$F_n$，如图 2.27 所示。建立一坐标系使 $x$ 轴与诸力垂直，则 $\sum F_x = 0$ 自然满足。因此平面平行力系独立的平衡方程就只有两个，即

$$\begin{cases} \sum F_y = 0 \\ \sum M_O(\boldsymbol{F}) = 0 \end{cases} \tag{2.26}$$

和平面任意力相似，平面平行力系的平衡方程也有二力矩式的形式，即

$$\begin{cases} \sum M_A(\boldsymbol{F}) = 0 \\ \sum M_B(\boldsymbol{F}) = 0 \end{cases} \tag{2.27}$$

其中 $A$、$B$ 两点连线不与力的作用线平行。

两个独立的平衡方程，可以求解两个未知量。

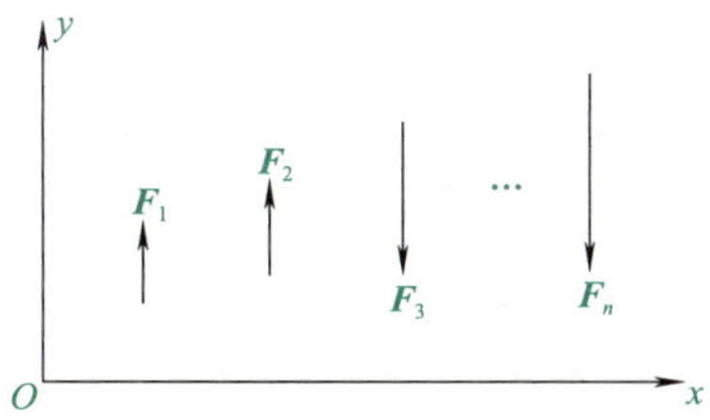

图 2.27

## 2.4 静定与超静定问题的概念·物体系统的平衡

### 2.4.1 静定与超静定问题的概念

我们知道，每一种力系都有一定数目的独立的平衡方程。在研究力系的平衡问题时，如

果未知量的数目不超过所能列出的独立的平衡方程的数目，则由平衡方程可以把未知量全部求出，这样的问题称为**静定问题**。如果未知量的数目超过所能列出的独立的平衡方程的数目，仅由平衡方程无法把未知量全部求出，这样的问题称为**静不定问题**或称**超静定问题**。

那么如何判断一个静力学问题是静定问题还是超静定问题呢？对于单个物体的判断，只要将未知量的数目与物体所能列出的独立的平衡方程的数目进行比较就可以判断了。如图 2.28(a)所示，固定端 $A$ 处的约束力有两个正交分力和一个约束力偶与主动力 $\boldsymbol{F}$ 组成平面任意力系，能列出三个独立的平衡方程，独立的平衡方程的数目与未知量的数目相等，故是静定问题。而对于如图 2.28(b)所示的问题而言，固定端 $A$ 处的约束力有两个正交分力与一个约束力偶，$B$ 处的活动铰链支座还有一个垂直方向的约束力，四个约束力与主动力 $\boldsymbol{F}$ 组成平面任意力系，能列出三个独立的平衡方程，未知量的数目多于独立的平衡方程的数目，故是超静定问题。

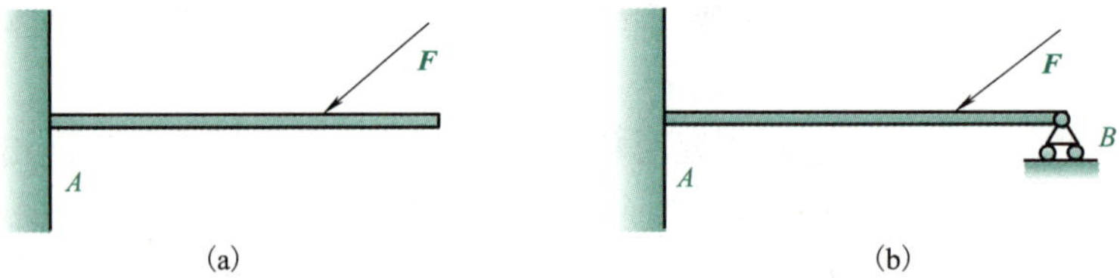


图 2.28

工程中有许多结构是由几个物体组成的物体系统，当物体系统平衡时，组成该系统的每一个物体都处于平衡状态，作用在物体上的平面力系的类型不同，所能列出的独立的平衡方程的数目就不同，最多三个。整个物系独立的平衡方程的数目是所有单个物体独立方程数目的总和。当然，若系统的未知量的数目不超过所能列出的平衡方程的数目，则系统是静定的，否则，就是超静定的。

如图 2.29(a)所示物体系统由杆件 $AC$ 和杆件 $CD$ 组成，能够列出的独立的平衡方程的数目共 6 个；未知量的数目是固定铰链支座 $A$ 处两个正交分力，$B$ 处的活动铰链支座一个垂直方向的约束力，$D$ 处的活动铰链支座一个垂直方向的约束力，$C$ 处的铰链两个正交分力，未知量的数目是 6 个；独立的平衡方程的数目等于未知量的数目是静定问题。而对于如图 2.29(b)所示的问题而言，能够列出的独立的平衡方程的数目共 6 个，但由于 $D$ 处是固定铰链支座，所以未知量的数目就是 7 个，未知量的数目多于独立的平衡方程的数目，故是超静定问题。

对于超静定问题，必须考虑物体因受力作用而产生的变形，补充足够的方程，这已超出刚体静力学的范围，将在材料力学部分学习。

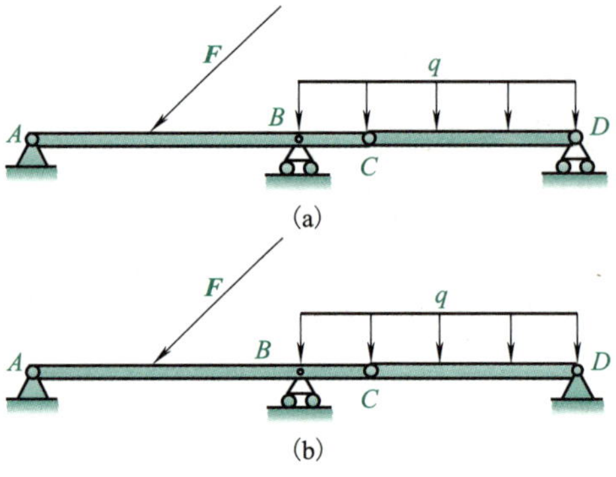


图 2.29

## 2.4.2 物体系统的平衡

在研究物体系统的平衡问题时，常常是不仅要求出系统作为整体所受的外力，还要求出系统内部物体间相互作用的内力。解决物体系统的平衡问题，没有新的理论，处理问题的依据是物体系统平衡时，其上的每个杆件都是平衡的，根据问题和求解过程的需要，既可以选取整个物体系统为研究对象，也可以选取物体系统中的单个物体或一部分物体的组合为研究对象。在选取研究对象和列平衡方程时，尽量使每个平衡方程中的未知量的数目尽可能少，最好是只含有一个未知量，以避免求解联立方程。下面通过例题来说明。

**【例 2.11】** 求图 2.30(a)所示多跨静定梁 $A$、$B$ 处的支座反力。其中 $F=40$ kN，$q=20$ kN/m，有关尺寸如图所示，单位为 m。

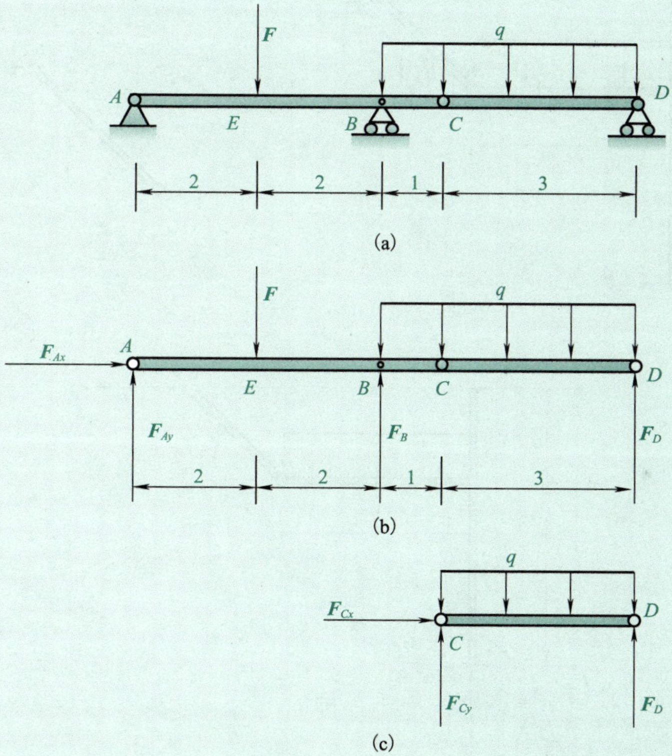


图 2.30

**解：** 本题是静定问题，未知量的数目是 6 个，两个物体共能列出 6 个独立的平衡方程。$A$、$B$ 处的约束力包含在系统当中，可以通过取系统为研究对象，解决之，对系统而言，只要活动铰链支座 $D$ 处的约束力求得，就可以求出 $A$、$B$ 处的约束力。而活动铰链支座 $D$ 处的约束力包含在 $CD$ 中，可以通过取 $CD$ 为研究对象求得。

(1) 取 $CD$ 为研究对象，画出其受力图如图 2.30(c)所示。列平衡方程为

$$\sum M_C(\boldsymbol{F})=0,\quad F_D\times 3-20\times 3\times\frac{3}{2}=0$$

解得 $F_D=30\text{kN}$。

(2) 取系统为研究对象，画出其受力图如图 2.30(b)所示，列平衡方程为

$$\sum F_x = 0, \quad F_{Ax} = 0$$

$$\sum M_A(\boldsymbol{F}) = 0, \quad F_D \times 8 + F_B \times 4 - 40 \times 2 - 20 \times 4 \times 6 = 0$$

$$\sum F_y = 0, \quad F_{Ay} + F_B + F_D - 40 - 20 \times 4 = 0$$

解得 $F_B = 80\text{ kN}$，$F_{Ay} = 10\text{ kN}$。

此题也可以先取 $CD$ 为研究对象，求出铰链 $C$ 处的约束力，再取 $ABC$ 为研究对象求出 $A$、$B$ 处的支座反力。

**【例 2.12】** 求图 2.31(a)所示不计杆重的系统固定端 $A$ 处的约束反力。其中 $F = 100\text{kN}$，$M = 160\text{kN}\cdot\text{m}$，$q = 40\text{kN/m}$；位置关系为折杆 $AEB$ 中，$DB$ 水平，$ADE$ 铅直，几何关系为 $AD = DB = a = 4\text{m}$，$DE = b = 2\text{m}$。

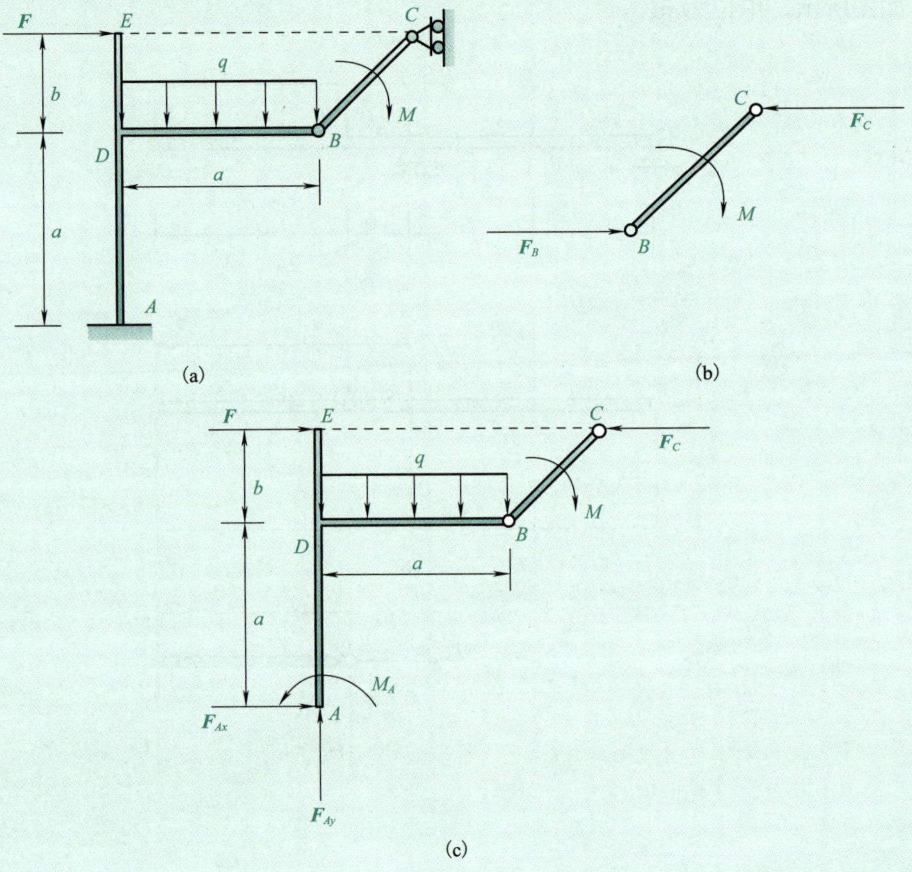


图 2.31

**解**：分析：本题是静定问题，未知量的数目是 6 个，两个物体共能列出 6 个独立的平衡方程。$A$ 处的约束力包含在系统当中，可以通过取系统为研究对象，解决之，对系统而言，只要活动铰链支座 $C$ 处的约束力求得，就可以求出 $A$ 处的约束反力。而活动铰链支座 $C$ 处的约束力包含在 $BC$ 中，可以通过取 $BC$ 为研究对象求得。

(1) 取 $BC$ 为研究对象，画出其受力图如图 2.31(b)所示。根据力偶平衡理论，可得平衡方程为

$$\sum M_i = 0, \quad F_C \times b - M = 0$$

代入数据，得到

$$F_C = 80\text{kN}$$

(2)取系统为研究对象，画出其受力图如图 2.31(c)所示，列平衡方程为

$$\sum F_x = 0, \quad F_{Ax} + F - F_C = 0 \tag{a}$$

$$\sum F_y = 0, \quad F_{Ay} - q \times a = 0 \tag{b}$$

$$\sum M_A(\boldsymbol{F}) = 0, \quad M_A - F \times (a+b) - q \times a \times \frac{a}{2} - M + F_C \times (a+b) = 0 \tag{c}$$

将 $F_C = 80\text{kN}$，$F = 100\text{kN}$，代入式(a)，到得

$$F_{Ax} = F_C - F = 80\text{kN} - 100\text{kN} = -20\text{kN}$$

由式(b)代入数据，得到

$$F_{Ay} = q \times a = 40\text{kN/m} \times 4\text{m} = 160\text{kN}$$

将式(c)代入数据，得到

$$\begin{aligned} M_A &= F \times (a+b) + q \times a \times \frac{a}{2} + M - F_C \times (a+b) \\ &= 100\text{kN} \times (4\text{m} + 2\text{m}) + 40\text{kN/m} \times 4\text{m} \times \frac{4\text{m}}{2} + 160\text{kN} \cdot \text{m} - 80\text{kN} \times (4\text{m} + 2\text{m}) \\ &= 600\text{kN} \cdot \text{m} \end{aligned}$$

此题也可以先取 $BC$ 为研究对象，求出铰链 $B$ 处的约束力，再取折杆 $AEB$ 为研究对象求出固定端 $A$ 处的约束反力。

**【例 2.13】** 图 2.32(a)所示三铰刚架由不计杆重的两平面直角折杆 $ADC$、$CEB$ 组成，求 $A$、$B$ 处的约束反力。其中 $F = 60\text{ kN}$，$q = 40\text{ kN/m}$；位置关系 $DC$、$CE$ 水平，$AD$、$BE$ 铅直，几何关系为 $AD = DC = CE = EB = a = 4\text{ m}$。

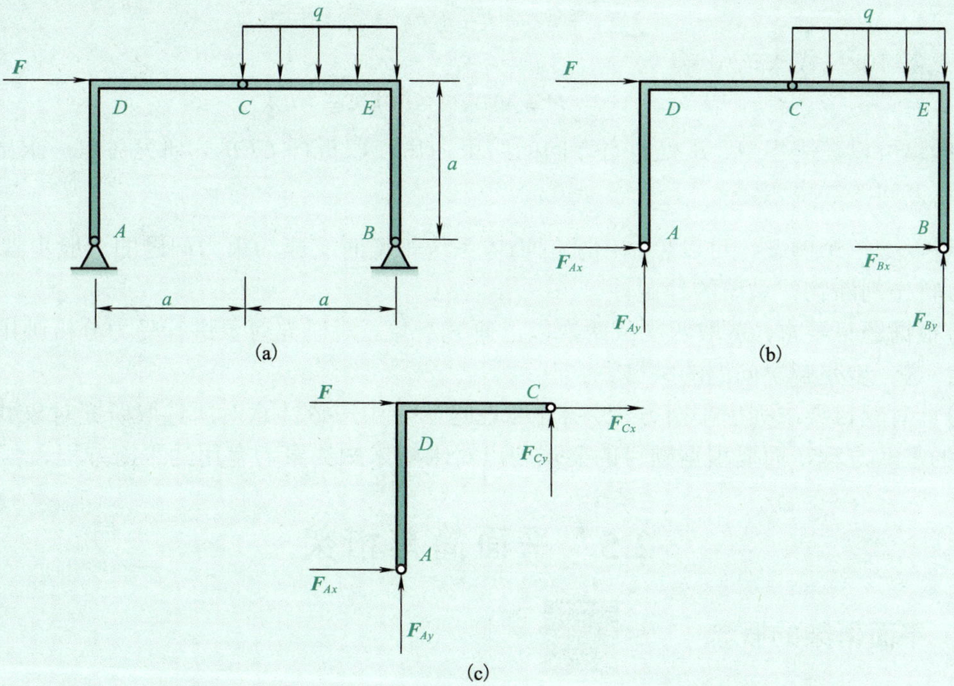


图 2.32

**解**：本题是静定问题，未知量的数目是 6 个，两个折杆共能列出 6 个独立的平衡方程。$A$、$B$ 处的约束反力包含在系统当中，可以通过取系统为研究对象，解决之，对系统而言，由于固定铰链支座 $A$、$B$ 在同一条水平线上，这样可通过取系统为研究对象，对 $A$ 点或 $B$ 点取矩求出 $B$、$A$ 处的竖直方向上的约束反力，再取折杆 $ADC$ 为研究对象求出 $A$ 处水平方向上的约束反力。

(1) 取系统为研究对象，画出其受力图如图 2.32(b) 所示。列平衡方程为

$$\sum M_A(F)=0\,,\quad -F\times a-q\times a\times\frac{3a}{2}+F_{By}\times(a+a)=0 \tag{a}$$

可得

$$F_{By}=\frac{F\times a+q\times a\times\frac{3}{2}\times a}{2\times a}=\frac{1}{2}F+\frac{3}{4}\times q\times a=\frac{60}{2}\text{kN}+\frac{3}{4}\times 40\text{kN/m}\times 4\text{m}=150\text{kN}$$

$$\sum F_y=0\,,\quad F_{Ay}+F_{By}-q\times a=0 \tag{b}$$

将 $F_{By}=150\,\text{kN}$ 代入式(b)得

$$F_{Ay}=-F_{By}+q\times a=-150\text{kN}+40\text{kN/m}\times 4\text{m}=10\text{kN}$$

(2) 取折杆 $ADC$ 为研究对象，画出其受力图如图 2.31(c) 所示。列平衡方程为

$$\sum M_C(\boldsymbol{F})=0\,,\quad F_{Ax}\cdot a-F_{Ay}\cdot a=0 \tag{c}$$

将 $F_{Ay}=10\text{kN}$ 代入式(c)得

$$F_{Ax}=F_{Ay}=10\text{kN}$$

(3) 再取系统为研究对象，即

$$\sum F_x=0\,,\quad F_{Ax}+F_{Bx}+F=0 \tag{d}$$

将 $F_{Ax}=10\text{kN}$ 代入式(d)得

$$F_{Bx}=-F_{Ax}-F=-10\text{kN}-60\text{kN}=-70\text{kN}$$

此题也可以在求出 $A$、$B$ 处竖直方向的约束力后，取折杆 $CEB$ 为研究对象，求出铰链 $B$ 处的水平方向的约束力。

通过以上三个例题，可以总结出求解物体系统平衡时支座约束力问题的一般步骤：

(1) 首先判断物体系统的静定性。

(2) 根据题目要求，选取两次或两次以上研究对象。对研究对象进行受力分析画出正确的受力图；这一步是解决问题的关键。

(3) 针对题目要求列出平衡方程并求解。在这一步中应该注意对所选取研究对象并不是列出全部的平衡方程，而要根据题目的要求列出对求解未知约束力有用的平衡方程。

## 2.5 平面简单桁架

### 2.5.1 平面桁架的概念

所谓**桁架**，是指由杆件彼此在两端用铰链连接形成的几何形状不变的结构。杆件连接的地方称为**节点**。由于桁架各杆件主要承受拉力或压力，材料的作用可得到充分的发挥，减轻

结构重量，因此，桁架结构在工程上，如桥梁、厂房、起重机、电视塔等，被广泛采用。各杆件在同一平面内的桁架称为平面桁架。

为简化桁架内力的计算，工程上一般作如下假设：

(1) 桁架中各杆件都是直杆。

(2) 各杆件间是用光滑铰链连接。

(3) 所有载荷都作用在节点上，并在桁架平面内。

(4) 各杆件自重忽略不计。在需要考虑自重时，可将自重作为载荷平均分配在杆件两端的节点上。

根据这些假设，桁架中杆件都可视为二力杆件，只受拉力或压力。这样的桁架称为理想桁架。

自然，实际桁架的情况与以上假设是有出入的，但按这些假设简化计算所得的结果，符合工程上的要求。

我们知道，三角形是其形状保持不变的最简单的图形，以三角形框架为基础，每增加两根杆件就增加一个节点，按这样的规则构成的平面桁架称为平面简单桁架。图 2.33 所示即为一种平面简单桁架。可以证明(证明略)，求解平面简单桁架内力的问题是静定问题，即平面简单桁架是静定桁架。

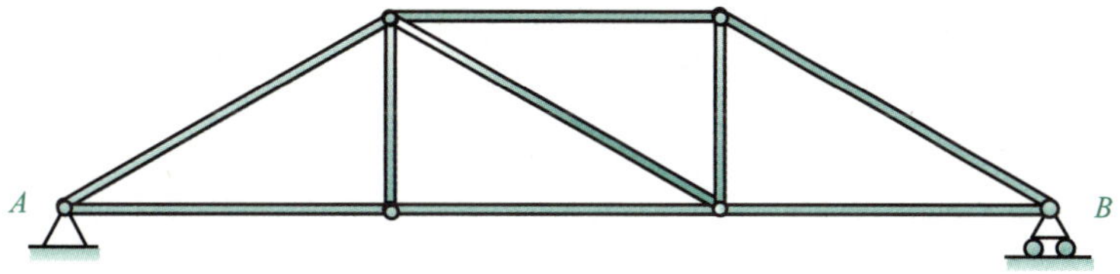


图 2.33

## 2.5.2 平面简单桁架的内力计算

下面通过例题介绍两种计算桁架内力的方法。

### 1. 节点法

即依次取桁架中的每一个节点为研究对象，求出桁架中全部内力的方法。

其原理是，桁架处于平衡状态，节点也是平衡的。每个节点都受平面汇交力系作用，根据平面汇交力系的平衡条件，可以依次取每个节点为研究对象，由已知力求出全部未知杆件的内力。

**【例 2.14】** 平面桁架的尺寸和支座如图 2.34(a)所示，在节点 $D$ 处受一个集中载荷 $F=10\text{kN}$ 的作用。试求桁架各杆件所受的内力。

**解：** (1) 求支座约束力。

先以整体为研究对象，受力如图 2.34(b)所示，桁架整体处于平衡状态，列平衡方程为

$$\sum F_x = 0, \quad -F_{Ax} = 0$$

$$\sum M_A(\boldsymbol{F}) = 0, \quad F \times 2\text{m} - F_{By} \times 4\text{m} = 0$$

$$\sum F_y = 0, \quad F_{Ay} + F_{By} - F = 0$$

求解得

$$F_{Ax} = 0, \quad F_{Ay} = F_{By} = 5\text{kN}$$

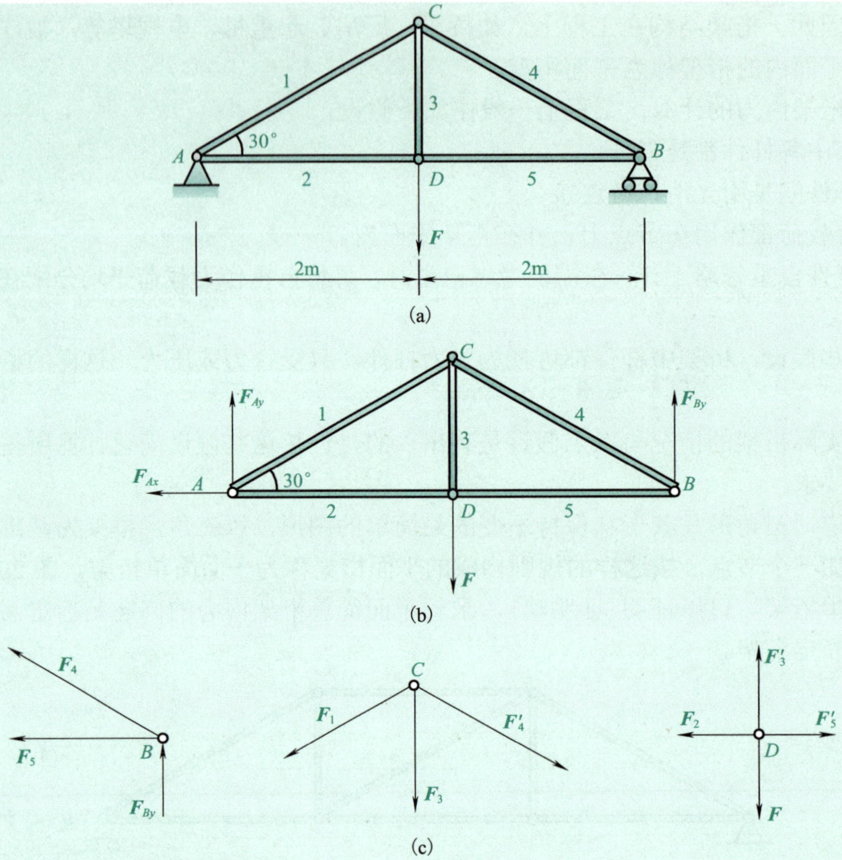


图 2.34

(2) 节点法求各杆所受的力。

各节点的受力图如图 2.34(c) 所示，其中假设各杆都受拉力，若结果为负值，说明杆受压力。由于平面汇交力系能列出两个独立的平衡方程，所以每次选取的节点最好只包含两个未知杆件的力。

先从节点 $B$ 开始，4 杆和 5 杆的内力 $F_4$ 和 $F_5$ 未知。对于直角坐标系，列平衡方程为

$$\sum F_y = 0, \quad F_{By} + F_4 \sin 30° = 0$$

将 $F_{By} = 5\text{kN}$ 代入，得到 $F_4 = -10\text{kN}$。再有

$$\sum F_x = 0, \quad -F_5 - F_4 \cos 30° = 0$$

将 $F_4 = -10\text{kN}$ 代入，得到 $F_5 = 8.66\text{kN}$。

对于节点 $C$，1 杆和 3 杆的内力 $F_1$ 和 $F_3$ 未知。列平衡方程为

$$\sum F_x = 0, \quad F_1 \cos 30° - F'_4 \cos 30° = 0$$

将 $F_4 = F'_4 = -10\text{kN}$ 代入，得到 $F_1 = -10\text{kN}$。再有

$$\sum F_y = 0, \quad -F_3 - F'_4 \sin 30° - F_1 \sin 30° = 0$$

将 $F'_4 = -10\text{kN}$ 以及 $F_1 = -10\text{kN}$ 代入，得到 $F_3 = 10\text{kN}$。

对于节点 $D$，2 杆的内力 $F_2$ 未知，列平衡方程为

$$\sum F_x = 0, \quad F'_5 - F_2 = 0$$

将 $F_5 = F_5' = 8.66\text{kN}$ 代入，得到 $F_2 = 8.66\text{kN}$ 。

(3)判断各杆的受力情况。

在分析各节点的受力时，假设各杆都受拉力，若结果为负值，说明杆受压力。根据计算结果，2 杆、3 杆和 5 杆的内力 $F_2$、$F_3$ 和 $F_5$ 为正值，说明 2 杆、3 杆和 5 杆受拉力；1 杆和 4 杆的内力 $F_1$ 和 $F_4$ 为负值，说明 1 杆和 4 杆受压力。

### 2. 截面法

即假想用一截面将桁架在适当地方截断，取其中一部分为研究对象，求被截断杆件受力的方法。

其原理是，桁架处于平衡状态，截断后的任一部分也是平衡的。对于截断后的任一部分，截断的未知杆件的内力以及主动力和支座约束力构成平面平衡的任意力系。利用平面任意力系的平衡方程，可以求出未知杆件的内力。

**【例 2.15】** 图 2.35(a)所示平面桁架，各杆长度均为 1m，在节点 $E$、$G$ 上分别作用荷载 $F_E = 10\text{kN}$ 、 $F_G = 7\text{kN}$ 。试求杆 1、2、3 的内力。

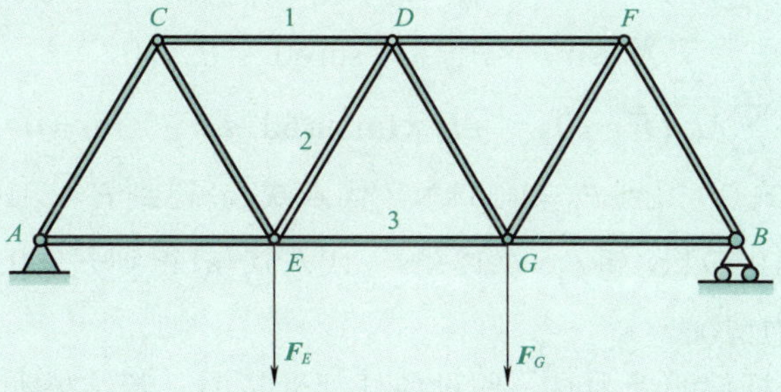


(a)

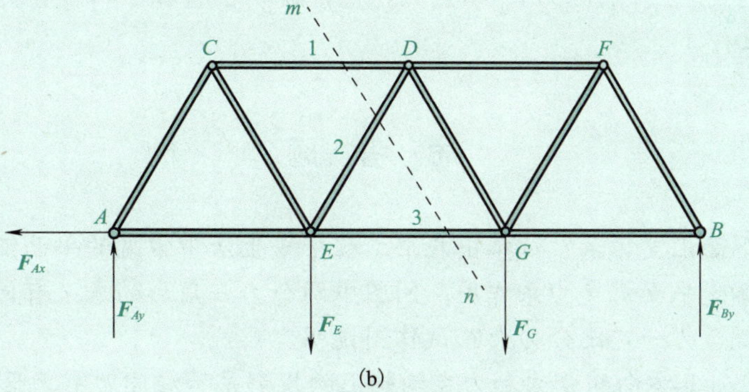


(b)

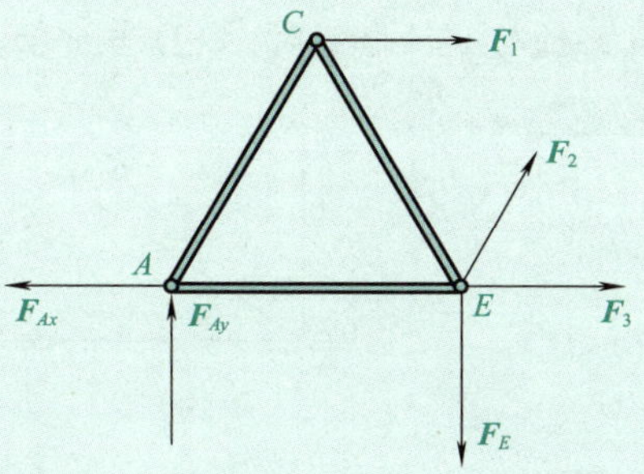


(c)

图 2.35

**解**：(1)求支座约束力。

先以整体为研究对象，受力如图 2.35(b)所示，桁架整体处于平衡状态。列平衡方程为

$$\sum F_x = 0, \quad -F_{Ax} = 0$$

$$\sum M_B(\boldsymbol{F}) = 0, \quad -F_{Ay} \times 3\text{m} + F_E \times 2\text{m} + F_G \times 1\text{m} = 0$$

求解得到 $F_{Ax} = 0$， $F_{Ay} = 9\text{kN}$。

(2)截面法求三杆的力。

为求三杆的力，假设用一个平面 $mn$ 将三个杆件截断如图 2.35(b)所示，这样桁架就被假想地分为两部分，取桁架的左半部分为研究对象，假设截断的三杆都受拉力，受力图如图 2.35(c)所示。由于平面任意力系只能列出三个独立的平衡方程，所以在取截面时，被截断的内力未知的杆件的数目一般情况下不宜超过三根。对于桁架的左半部分，在主动力 $\boldsymbol{F}_E$、$\boldsymbol{F}_G$ 和求得的约束力 $\boldsymbol{F}_{Ax}$、$\boldsymbol{F}_{Ay}$ 及截断的三根杆件的力 $\boldsymbol{F}_1$、$\boldsymbol{F}_2$ 和 $\boldsymbol{F}_3$ 的作用下处于平衡状态。建立直角坐标系，列平衡方程为

$$\sum F_x = 0, \quad -F_{Ax} + F_1 + F_2 \cos 60^\circ + F_3 = 0 \tag{a}$$

$$\sum F_y = 0, \quad F_{Ay} + F_2 \sin 60^\circ - F_E = 0 \tag{b}$$

$$\sum M_E(\boldsymbol{F}) = 0, \quad -F_1 \times 1\text{m} \sin 60^\circ - F_{Ay} \times 1\text{m} = 0 \tag{c}$$

将 $F_{Ay} = 9\,\text{kN}$ 代入式(b)得到 $F_2 = 1.15\,\text{kN}$，代入式(c)得到 $F_1 = -10.39\,\text{kN}$。

将 $F_{Ax} = 0$， $F_1 = -10.39\,\text{kN}$ 和 $F_2 = 1.15\,\text{kN}$，代入式(a)得到 $F_3 = 9.82\,\text{kN}$。

(3)判断各杆的受力情况。

在用截面法求三个杆件的受力时，假设各杆都受拉力，若结果为负值，说明杆受压力。根据计算结果，2 杆和 3 杆的内力 $\boldsymbol{F}_2$ 和 $\boldsymbol{F}_3$ 为正值，说明 2 杆和 3 杆受拉力；1 杆内力 $\boldsymbol{F}_1$ 为负值，说明 1 杆受压力。

## 思 考 题

**2-1** 什么是平面汇交力系？试举出几个工程中或生活中常见的平面汇交力系实例。

**2-2** 已知物体受平面汇交力系作用，问图中两个力三角形的意义有何不同？

**2-3** 能不能说合力一定比分力大？试作图说明。

**2-4** 力 $\boldsymbol{F}$ 沿 $x$、$y$ 方向的分力和力在两轴上的投影是否相同？有无区别？试以图中两种情况为例进行分析说明：(1)当 $x$ 轴与 $y$ 轴垂直时；(2)当 $x$ 轴与 $y$ 轴不垂直时。

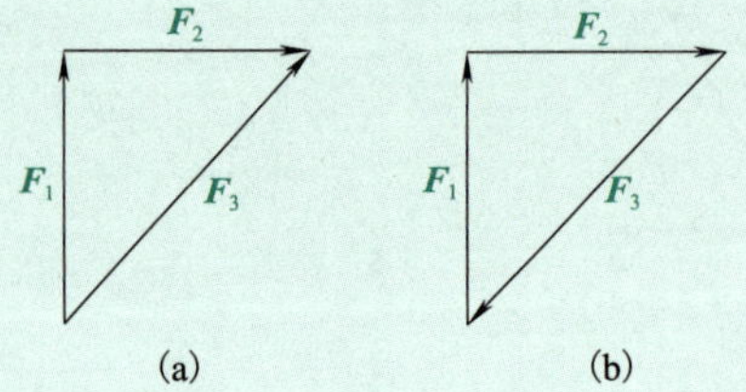


思考题 2-2 图

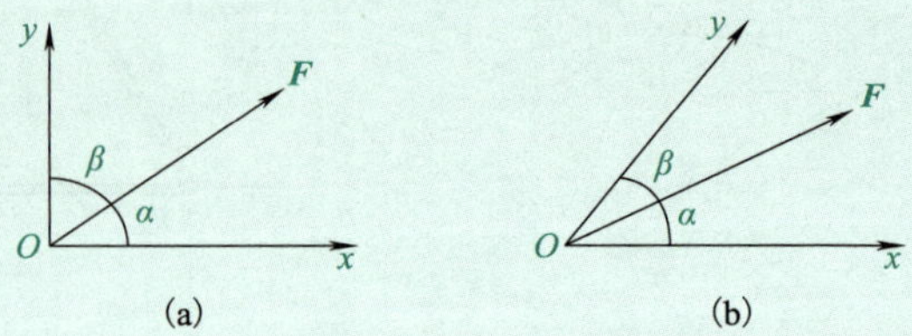


思考题 2-4 图

2-5 什么是合力投影定理？如何利用这个定理求力系的合力的大小？合力的方向如何确定？

2-6 平面汇交力系合成的方法有哪两种？它们各有什么特点？试作一分析比较。

2-7 平面汇交力系平衡的几何条件是什么？作力多边形时要注意什么？

2-8 什么是平面汇交力系平衡的解析条件？什么是平面汇交力系的平衡方程？

2-9 用平面汇交力系平衡方程解题时，一般有几个步骤？可以解出几个未知量？

2-10 在什么情况下，按平衡方程计算出来的未知力是负值？负号的意义是什么？

2-11 用平衡方程解题时，先要选取适当的投影坐标轴。怎样选取才能简化计算？

2-12 什么是力对点的矩？合力对某点的矩与其分力对该点的矩之间有什么定量的关系？

2-13 用手拔钉子拔不起，为什么用羊角钉锤就很容易拔出来？用手握钢丝钳，为什么不用很大的握紧力就能剪断铁丝？为什么用撬棒能够移动沉重的机床？

2-14 力偶的两力，大小相等，方向相反，与作用力和反作用力有什么不同？与二力平衡有什么不同？

2-15 能否用力在坐标轴上投影的代数和为零来判断力偶系是否平衡？如图所示的刚体上，作用二力偶$(\boldsymbol{P},\boldsymbol{P}')$和$(\boldsymbol{Q},\boldsymbol{Q}')$，它们在$x$轴和$y$轴上投影的代数和都等于零，刚体是否平衡？为什么？

2-16 同平面内两个力偶的等效条件是什么？等效力偶是否必须是力偶的力及力偶的臂都要相等？

2-17 如何求在同一平面内各力偶的合力偶矩？平面力偶系的平衡条件是什么？

2-18 半径为$r$的圆盘，在力偶矩$m=F_{\mathrm{T}}r$作用下转动。今在圆盘边缘上加一力$\boldsymbol{F}_{\mathrm{T}}$，圆盘是否能平衡？这是否说明力偶可以用一个力来平衡？

2-19 某平面力系向$A$、$B$两点简化的主矩皆为零，此力系最终简化结果可能是一个力吗？为什么？

2-20 某平面力系向平面内任一点简化的结果都相同，此力系的最终简化结果可能是什么？

2-21 如何判断一个问题是静定问题还是超静定问题？

2-22 如图所示的问题是静定问题还是超静定问题？说明原因。图示为铅直面内的结构，由三个自重不计的杆$AB$、$BC$和折杆$CDE$组成。

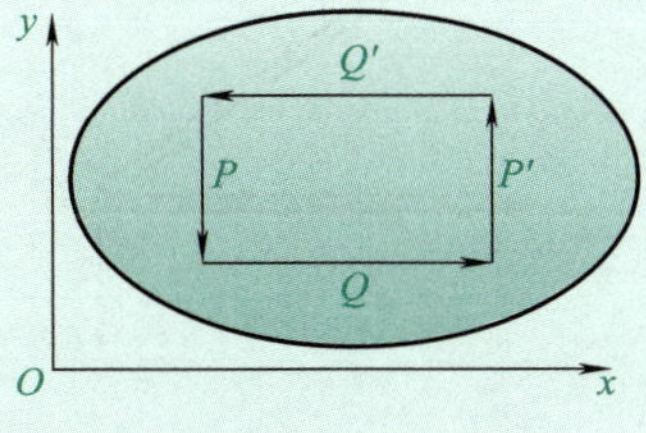

思考题 2-15 图

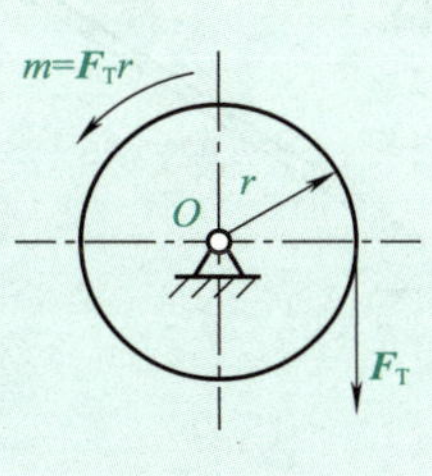

思考题 2-18 图

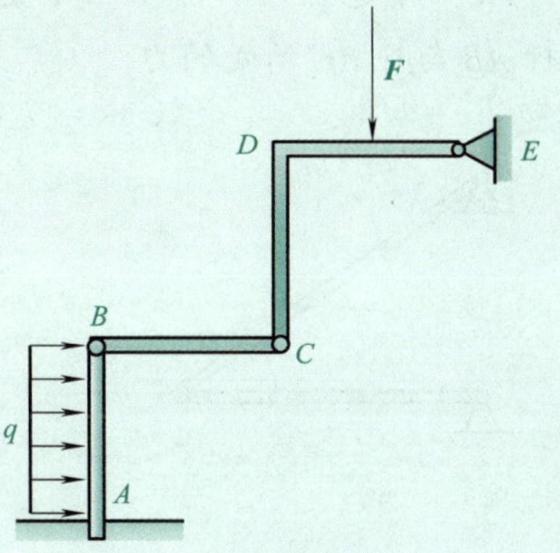

思考题 2-22 图

2-23 什么是桁架?

2-24 根据假设，桁架中的所有杆件的受力有什么特点?

2-25 如何计算桁架的内力?

2-26 计算桁架内力的节点法的核心是什么?

2-27 计算桁架内力的截面法的核心是什么?

## 习 题

**2.1** 习题2.1图示力系，已知$F_1 = 3\text{kN}$，$F_2 = 6\text{kN}$，$F_3 = 4\text{kN}$，$F_4 = 5\text{kN}$。求此力系的合力。

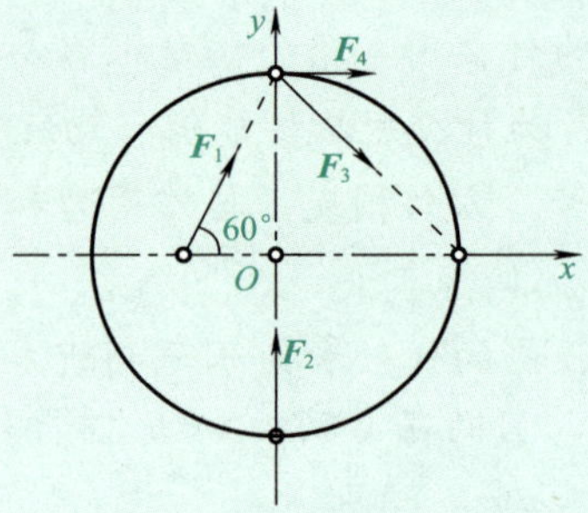


习题2.1图

**2.2** 图示构架由不计杆重的两直杆$AD$、$BC$组成，已知：$AC = AB = CD$，$F = 10\text{ kN}$，要求计算杆$BC$所受的力。

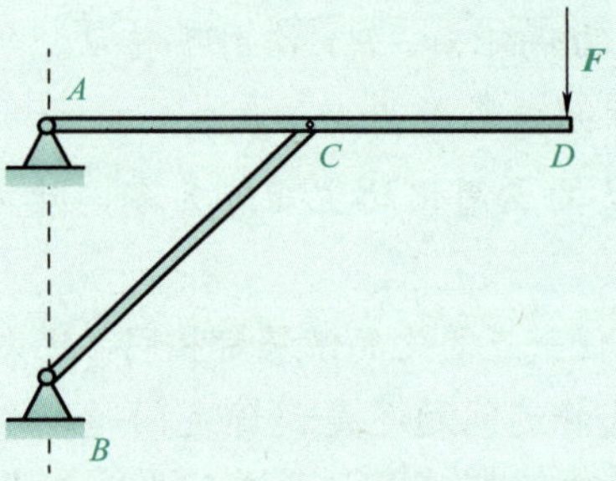


习题2.2图

**2.3** 习题2.3图所示的三个支架，各杆件的自重不计，在铰链$A$处作用集中力$F = 10\text{ kN}$，求杆$AB$与杆$AC$所受的力。

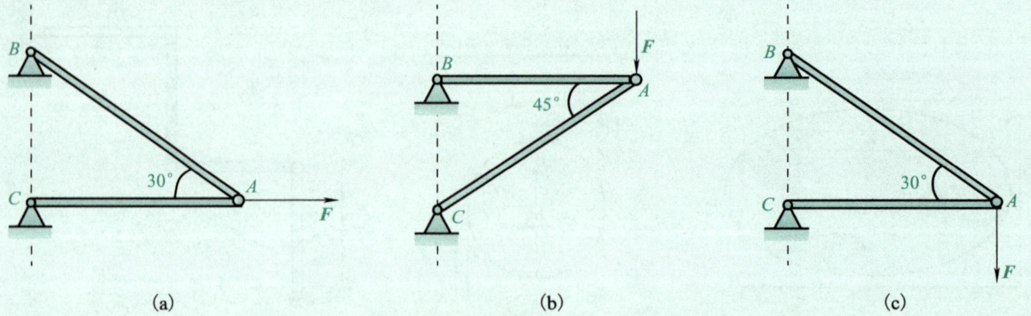


习题2.3图

2.4 试分别计算图(a)～(f)所示的力 $\boldsymbol{F}$ 对点 $O$ 的矩，设圆的半径为 $R$。

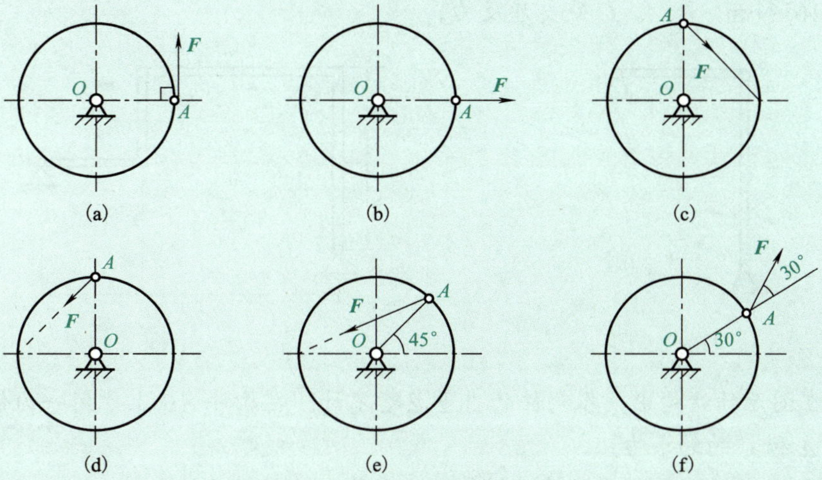


习题 2.4 图

2.5 求图示不计自重、长度为 6m 的梁 $AB$ 的支座反力。

习题 2.5 图

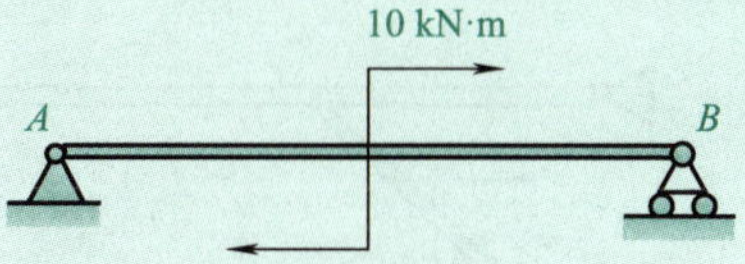


习题 2.6 图

2.6 已知横梁 $AB$ 自重不计，长度为 2m，求支座反力。

2.7 已知横梁 $AC$ 自重不计，长为 3m，$AB = 2$ m。要求计算支座 $A$、$B$ 处约束反力。

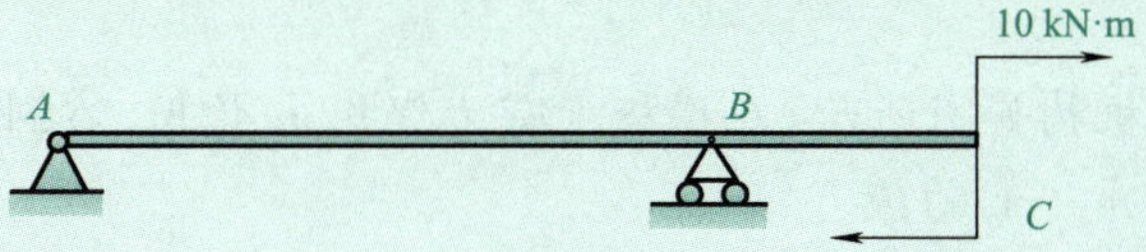


习题 2.7 图

2.8 不计自重的平面直角刚架 $ACB$，$AC = CB = L$，$BC$ 位于水平位置。力偶矩为 $M$。计算 $A$、$B$ 处支座反力。

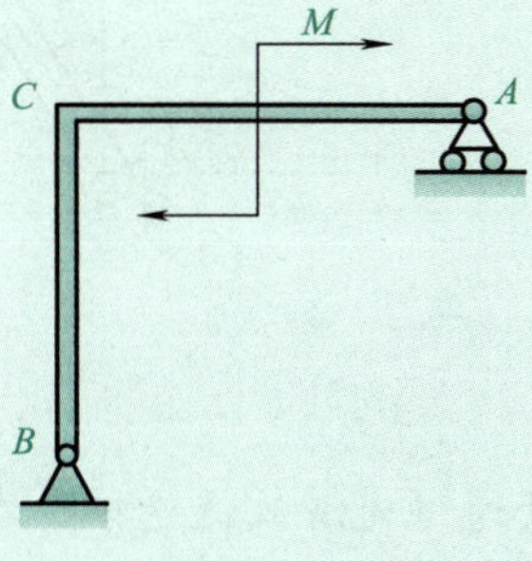


习题 2.8 图

2.9 构架由自重不计的铅直杆 $AB$ 与水平杆 $BC$ 组成，如图所示。$AB=3\,\text{m}$，$BC=2\,\text{m}$，力偶矩 $M=16\,\text{kN}\cdot\text{m}$，求 $A$、$C$ 处支座反力。

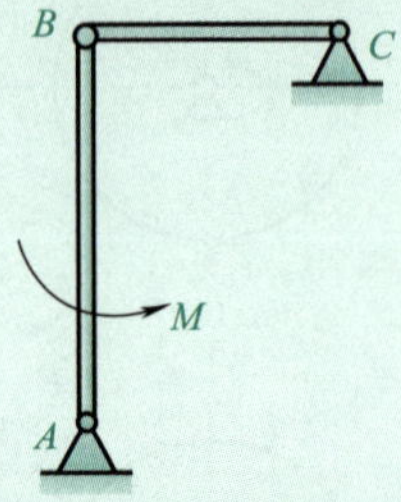


习题 2.9 图

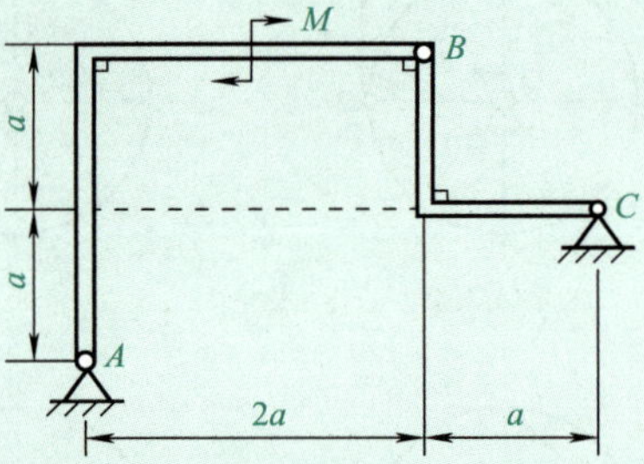


习题 2.10 图

2.10 在图示的结构中，各构件的自重忽略不计。在构件 $AB$ 上作用一力偶矩为 $M$ 的力偶，求支座 $A$ 和 $C$ 的约束力。

2.11 两杆 $AB$、$CD$ 自重不计，横杆 $AB$ 水平。几何关系为 $AC=CB=AD=L$，在斜杆 $CD$ 上与横杆 $AB$ 上分别作用一力偶矩为 $M$ 的平面力偶，如习题 2.11 图所示。试计算支座 $A$、$D$ 处的约束反力。

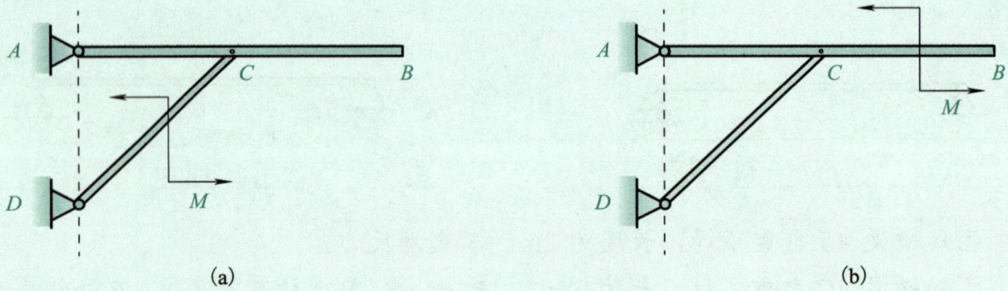


习题 2.11 图

2.12 有两种导杆机构如图所示，在横杆上有力偶矩 $m_1$ 作用，在斜杆上有力偶矩 $m_2$ 作用，试求在图示位置平衡时 $m_1/m_2$ 的值。

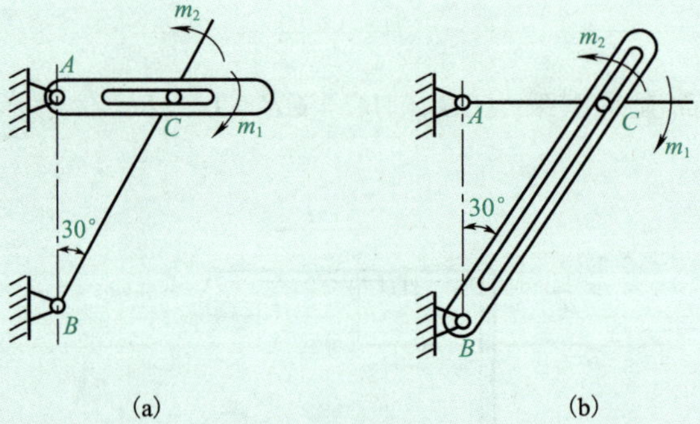


习题 2.12 图

2.13 曲杆 $ADB$、$BEC$ 在 $B$ 处通过光滑铰链连接，在曲杆 $ADB$ 上作用一平面力偶，其矩为 $M$；$\angle ADB$、$\angle CEB$ 均为直角，且 $AD=DB=BE=EC=a$，不计各杆杆重，计算固定铰链支座 $C$ 的约束力。

**2.14** 图示结构中，各构件的自重忽略不计。在构件 $AB$ 上作用一力偶矩为 $M$ 的力偶，尺寸如图所示，求支座 $A$ 的约束反力。

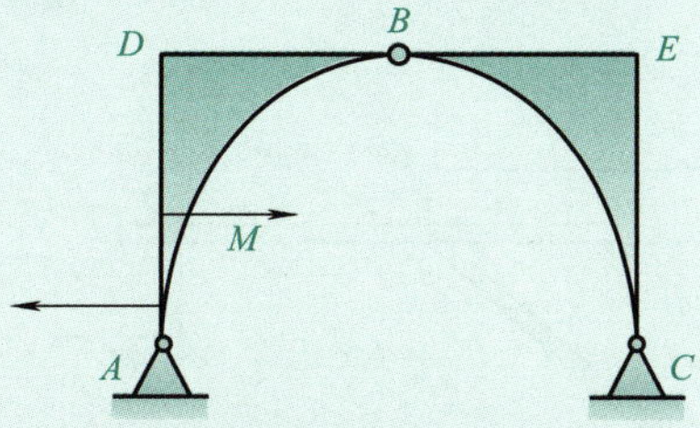


习题 2.13 图

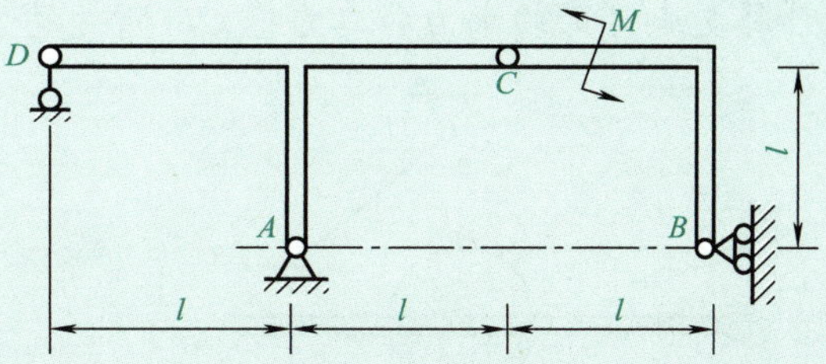


习题 2.14 图

**2.15** 图示平面任意力系中 $F_1 = 40\sqrt{2}\,\text{N}$，$F_2 = 80\,\text{N}$，$F_3 = 40\,\text{N}$，$F_4 = 110\,\text{N}$，$M = 2000\,\text{N·mm}$，各力作用位置如图所示。求：(1) 力系向 $O$ 点简化的结果；(2) 力系的合力大小、方向及合力作用线方程。

**2.16** 不计自重的平面直角刚架。各段的几何尺寸为 $BC = 2a$，$AB = 3a$；位置关系为 $BC$ 段水平，$AB$ 段铅直。求 $A$、$C$ 处反力。

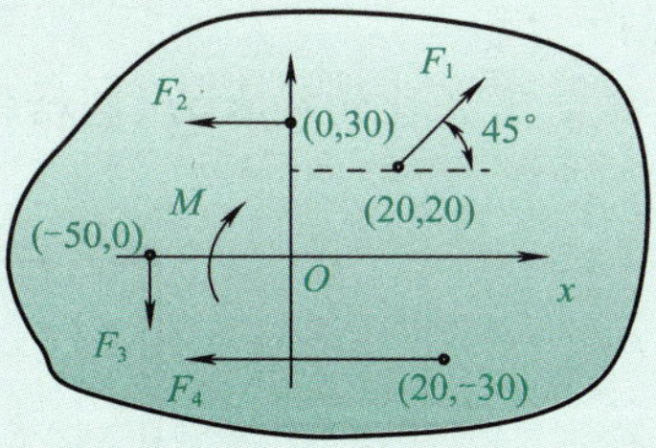


习题 2.15 图

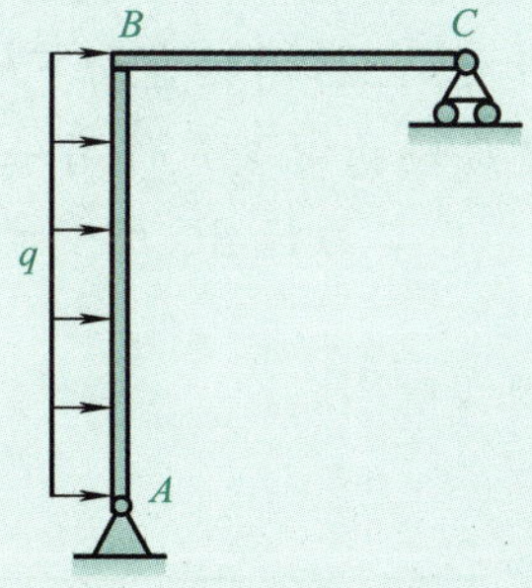


习题 2.16 图

**2.17** 梁自重不计，受力如图所示，其中 $P = 80\,\text{kN}$，$M = 70\,\text{kN·m}$，$AC = CD = DB = 1\,\text{m}$。计算求 $A$、$B$ 处反力。

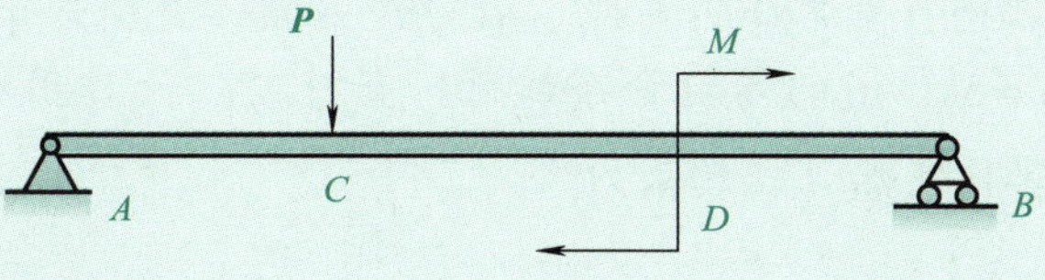


习题 2.17 图

**2.18** 不计自重的梁受力如图所示，$AB = BC = a$。求固定端支座 $A$ 处的约束力。

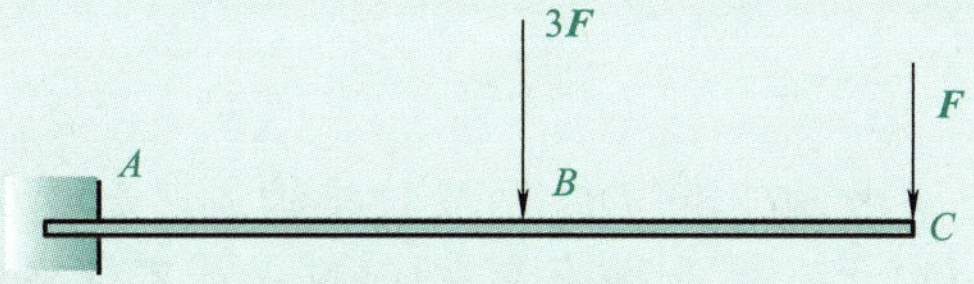


习题 2.18 图

**2.19** 如图不计自重的杆 $ABC$，$AB = BC = 30\,\text{cm}$。滑轮半径为 $R = 10\,\text{cm}$，$W = 1000\,\text{N}$，绳 $CD$ 与杆的夹角 $\varphi = 45°$，且不计绳与滑轮的重量。求 $A$ 处反力和 $CD$ 绳的张力。

2.20　如图所示两杆 $AB$、$CD$ 自重不计，横杆 $AB$ 水平。几何关系为 $AC=CB=AD=L$，在横杆 $AB$ 的 $AC$ 段作用一集度为 $q$ 的均布载荷，在其 $CB$ 段上作用一力偶矩为 $M$ 的平面力偶，要求计算支座 $A$ 的约束力和二力杆 $CD$ 所受的力。

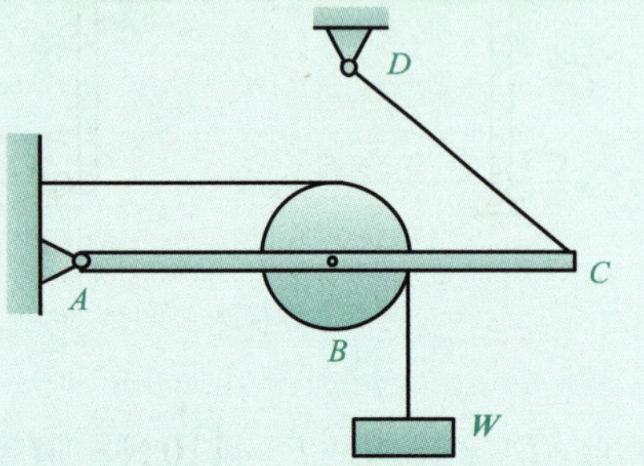


习题 2.19 图

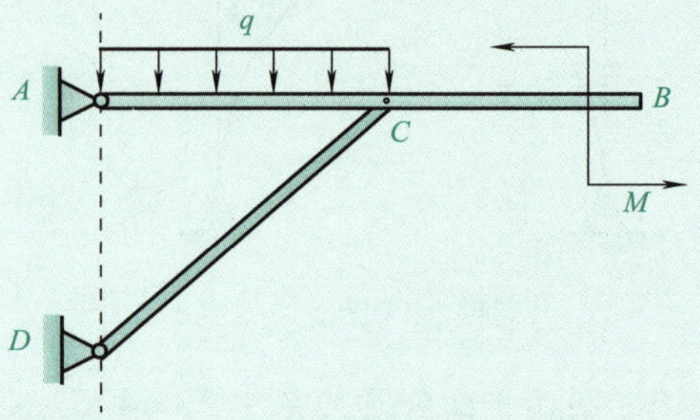


习题 2.20 图

2.21　图示结构由不计自重的 $AC$、$CD$ 杆组成，受力如图所示，其中 $AB=BC=CE=ED=2$ m，力 $\boldsymbol{P}$ 作用在 $AB$ 的中点。其中 $P=6$ kN，$q=2$kN/m，$M=4$ kN·m。求 $A$、$B$ 处反力。

2.22　图示铅直平面内的静定结构，由三个自重不计的杆 $AB$、$BC$ 和杆 $CD$ 组成。在长度为 $L$ 的水平杆 $AB$ 上作用铅直向下的集度为 $q$ 的均布载荷，铅直杆 $BC$ 的长度为 $L$；在长度为 $L$ 的水平杆 $CD$ 段的中点 $E$ 作用一集中力偶，矩为 $M$。

要求计算：(1)二力杆 $BC$ 所受的力；(2)固定端支座 $A$ 处的约束力(包括约束力偶)。

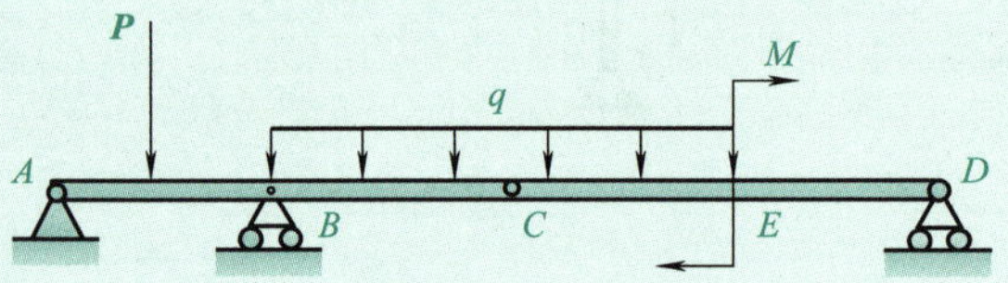


习题 2.21 图

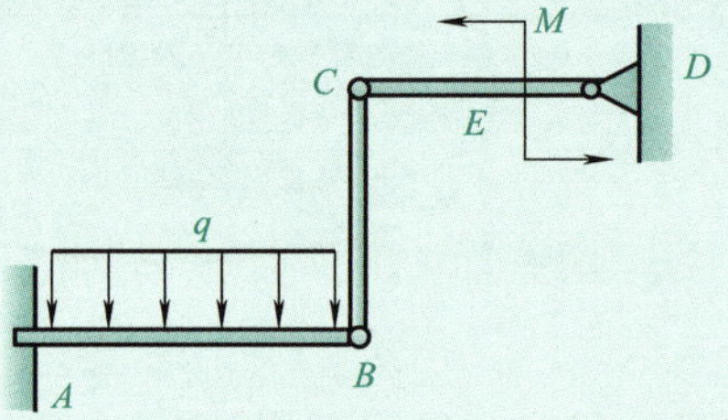


习题 2.22 图

2.23　图示平面结构由自重不计的直杆 $AB$、$BC$ 构成，几何尺寸关系为 $AB=BC=4$ m，在直杆 $AB$ 上作用有 $q=5$kN/m 的均匀分布载荷，直杆 $BC$ 上作用有一集中力偶，其矩为 $M=20$ kN·m。要求计算固定端 $A$ 处约束力。

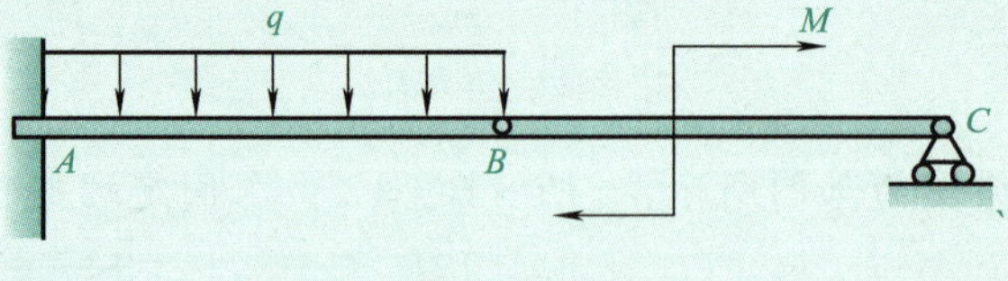


习题 2.23 图

2.24　如图所示，组合梁由 $AC$ 和 $DC$ 两段铰接构成，起重机放在梁上。已知起重机重 $P_1=50$kN，重心在铅直线 $EC$ 上，起重载荷 $P_2=10$kN。如不计梁重，求支座 $A$、$B$ 和 $D$ 三处的约束力。

2.25　图示构架中，物体重 1200 N，由细绳跨过滑轮 $E$ 再水平系于墙上，尺寸如图所示，不计杆和滑轮的重量以及滑轮的尺寸。求支撑 $A$ 和 $B$ 处的约束力，以及杆 $BC$ 的内力 $F_{BC}$。

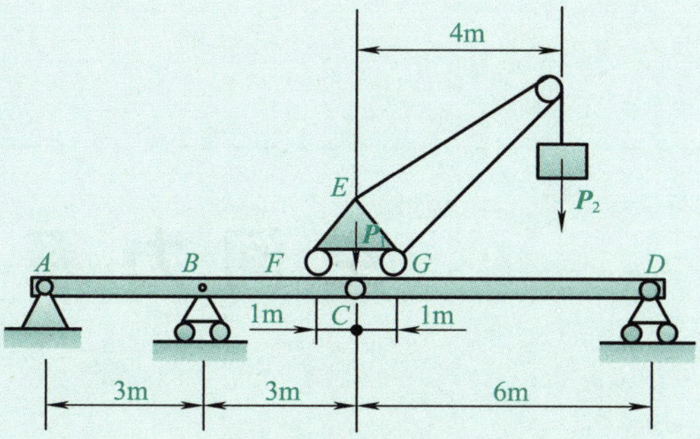


习题 2.24 图

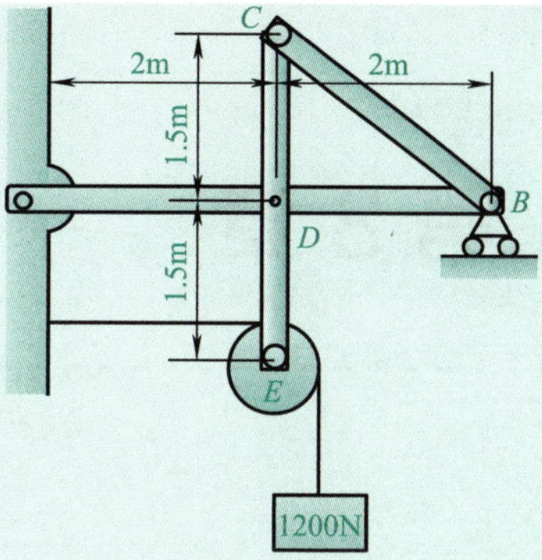


习题 2.25 图

**2.26** 图示结构位于铅垂面内，由杆 $AB$、$CD$ 及斜 T 形杆 $BCE$ 组成，不计各杆的自重。已知载荷 $\boldsymbol{F}_1$、$\boldsymbol{F}_2$，$M$ 以及尺寸 $a$，且 $M=F_1a$，$\boldsymbol{F}_2$ 作用于销钉 $B$ 上。求：(1) 固定端 $A$ 处的约束力；(2) 销钉 $B$ 对杆 $AB$ 及 T 形杆的作用力。

**2.27** 图示构架，由直杆 $BC$、$CD$ 及直角弯杆 $AB$ 组成，各杆自重不计，载荷分布及尺寸如图所示。销钉 $B$ 穿透 $AB$ 及 $BC$ 两构件，在销钉 $B$ 上作用一铅垂力 $\boldsymbol{F}$。已知 $q$、$a$、$M$，且 $M=qa^2$。求固定端 $A$ 的约束力及销钉 $B$ 对杆 $BC$、杆 $AB$ 的作用力。

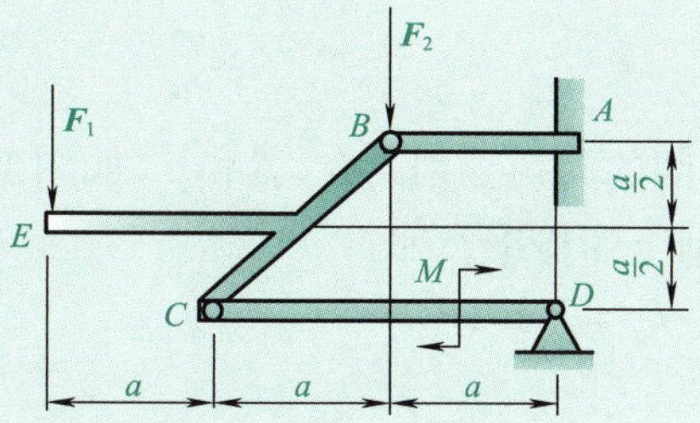


习题 2.26 图

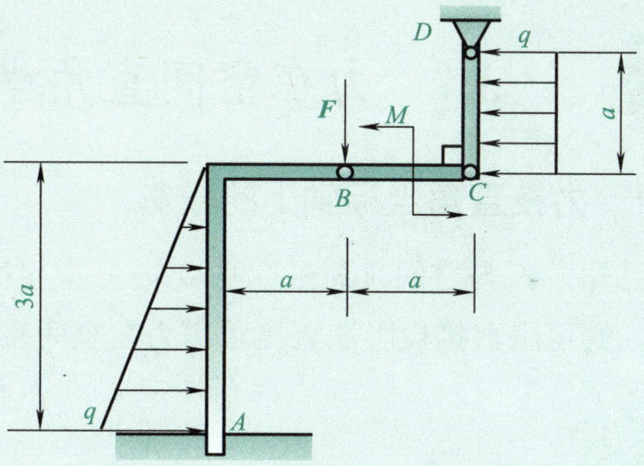


习题 2.27 图

**2.28** 如图所示，要求计算桁架中各杆的受力。其中 1、2、3 三杆的长度相等。

**2.29** 要求计算图示桁架中 1、2、3 三杆所受的力。其中 $F=6\,\text{kN}$，各竖直杆的长度相等为 3m，各水平杆的长度相等为 4m。

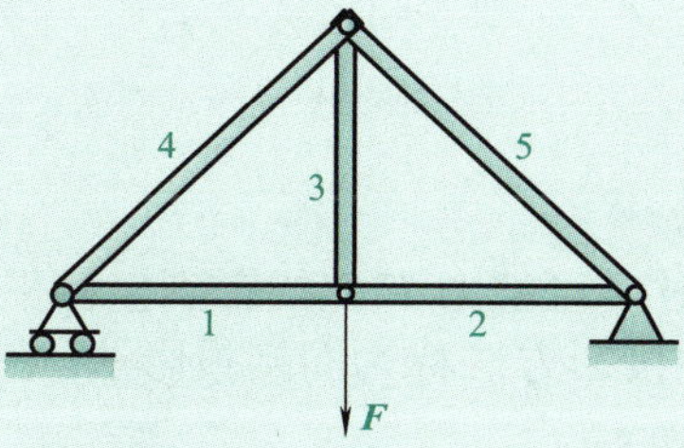


习题 2.28 图

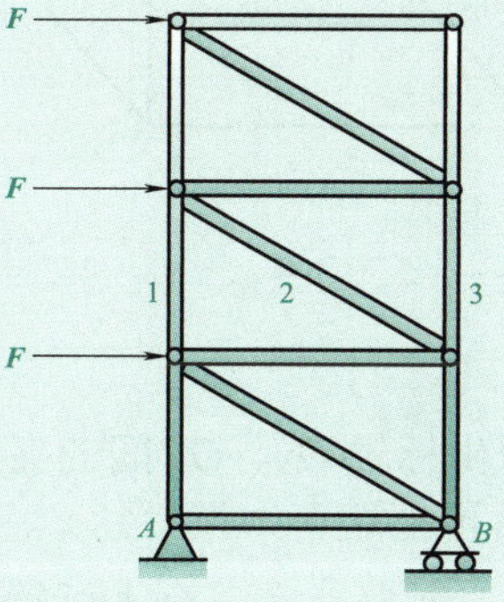


习题 2.29 图

# 第 3 章

# 空 间 力 系

空间力系包括空间汇交力系、空间平行力系、空间力偶系和空间任意力系，其中空间任意力系是最一般、最复杂的力系。本章主要内容包括：力在空间直角坐标轴上的投影及分解，空间汇交力系的合成与平衡，空间力对点之矩和对轴之矩以及它们之间的关系，空间力偶的等效定理，空间力偶的合成，空间任意力系的简化结果，空间任意力系的平衡方程及其应用，平行力系的中心及物体的重心等。核心知识点是空间任意力系的平衡方程及其应用。

## 3.1 力在空间直角坐标轴上的投影及分解

### 3.1.1 力在直角坐标轴上的投影

已知力 $\boldsymbol{F}$ 与空间直角坐标系 $Oxyz$ 三个坐标轴正向间的夹角分别为 $\alpha$、$\beta$ 和 $\gamma$，如图 3.1(a) 所示，则可用直接投影法直接求出力在空间直角坐标轴上的投影。即

$$F_x = F\cos\alpha,\quad F_y = F\cos\beta,\quad F_z = F\cos\gamma \tag{3.1}$$

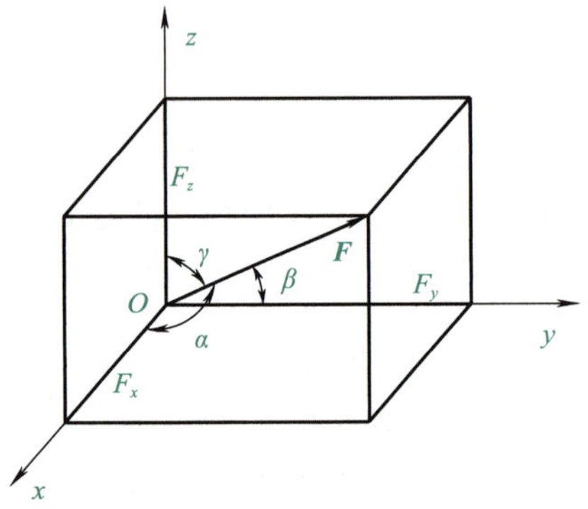


(a)

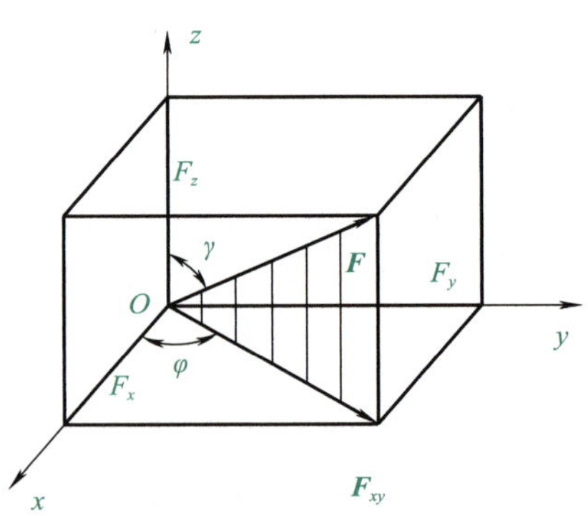


(b)

图 3.1

当力 $\boldsymbol{F}$ 与坐标轴 $Ox$、$Oy$ 间的夹角不易确定时，可把力 $\boldsymbol{F}$ 先投影到坐标平面 $Oxy$ 上，得到力 $\boldsymbol{F}_{xy}$，然后再把这个力投影到 $x$、$y$ 轴上，这种投影方法称为间接投影法。在图 3.1(b) 中，已知角 $\gamma$ 和 $\varphi$，则力 $\boldsymbol{F}$ 在三个坐标轴上的投影分别为

$$\begin{cases} F_x = F\sin\gamma\cos\varphi \\ F_y = F\sin\gamma\sin\varphi \\ F_z = F\cos\gamma \end{cases} \tag{3.2}$$

力在空间直角坐标轴上的投影亦为标量，其正负号规定与力在平面坐标轴上的投影相同。

**【例 3.1】** 边长为 $a$ 的正立方体，如图 3.2 所示。试求力 $\boldsymbol{F}$ 在 $x$、$y$、$z$ 三个坐标轴上的投影。

**解**：先将力 $\boldsymbol{F}$ 向 $z$ 轴和 $Oxy$ 平面投影，得

$$F_z = -F\sin\theta = -\frac{\sqrt{3}}{3}F,$$

$$F_{xy} = F\cos\theta = \frac{\sqrt{6}}{3}F$$

再将力 $F_{xy}$ 向 $x$、$y$ 轴投影，得

$$F_x = F_{xy}\cos\varphi = \frac{\sqrt{3}}{3}F,$$

$$F_y = F_{xy}\sin\varphi = \frac{\sqrt{3}}{3}F$$

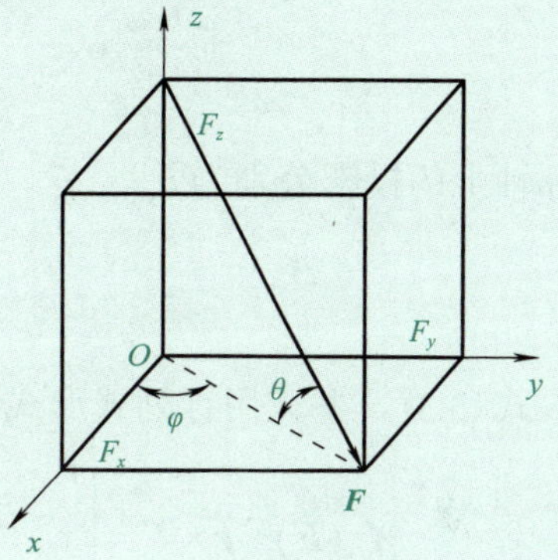

图 3.2

### 3.1.2 力沿空间直角坐标轴分解

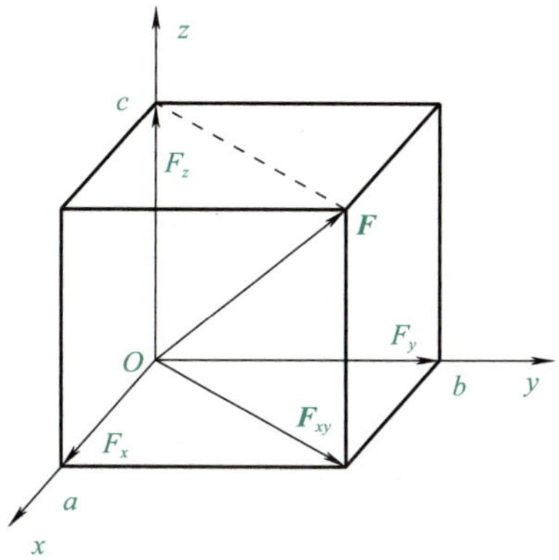

图 3.3

为了分析空间力对物体的作用，通常需要将其分解成三个互相垂直的分力。与平面力正交分解的方法一样，如果已知力与三个直角坐标轴的夹角，可用直接投影法，否则需要用间接投影法。如图 3.3 所示，可先将力沿 $z$ 轴分解和垂直于 $z$ 轴的 $Oxy$ 平面分解得分力 $\boldsymbol{F}_z$ 和 $\boldsymbol{F}_{xy}$，再将力 $\boldsymbol{F}_{xy}$ 在 $Oxy$ 平面内分解为 $\boldsymbol{F}_x$、$\boldsymbol{F}_y$。这样便可得到力 $\boldsymbol{F}$ 沿空间直角坐标轴的三个分力 $\boldsymbol{F}_x$、$\boldsymbol{F}_y$ 和 $\boldsymbol{F}_z$。

与平面力系的情况类似，力 $\boldsymbol{F}$ 沿空间直角坐标轴分解所得分力 $\boldsymbol{F}_x$、$\boldsymbol{F}_y$ 和 $\boldsymbol{F}_z$ 的大小，等于该力在相应坐标轴上投影的绝对值。但应注意分力是矢量，投影是代数量。

## 3.2 空间力对点之矩和力对轴之矩

### 3.2.1 空间力对点之矩以矢量表示——力矩矢

对于平面力系，用代数量表示力对点之矩足以概括它的全部要素。但是在空间情况下，不仅要考虑力矩的大小、转向，还要注意力与矩心所组成的平面(力矩作用面)的方位。方位不同，即使力矩大小一样，其作用效果也将完全不同。这三个因素可以用力矩矢 $\boldsymbol{M}_O(\boldsymbol{F})$ 来描述。其中，矢量的模，即 $|\boldsymbol{M}_O(\boldsymbol{F})| = F\cdot d = 2A_{\Delta OAB}$；矢量的方位和力矩作用面的法线方向相同；矢

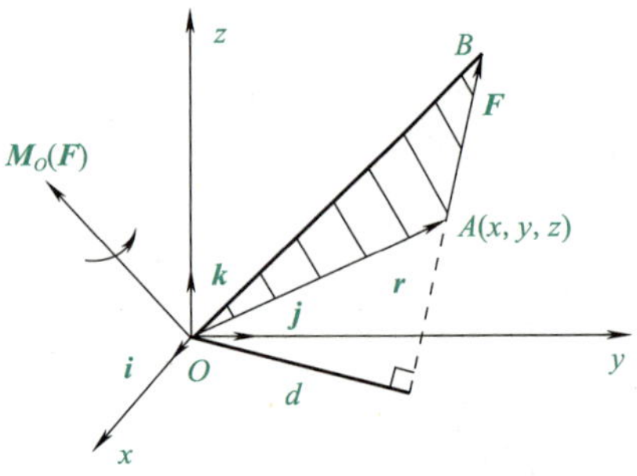


图 3.4

量的指向按右手螺旋法则来确定，如图 3.4 所示。

由图 3.4 易见，以 $\boldsymbol{r}$ 表示力作用点 $A$ 的矢径，则矢积的模等于三角形 $OAB$ 面积的两倍，其方向与力矩矢一致。因此可得

$$\boldsymbol{M}_O(\boldsymbol{F}) = \boldsymbol{r} \times \boldsymbol{F} \tag{3.3}$$

式(3.3)为空间力对点之矩的矢积表达式，即：力对点之矩矢等于矩心到该力作用点的矢径与该力的矢量积。

以矩心 $O$ 为坐标原点，作空间直角坐标系 $Oxyz$，如图 3.4 所示。设力作用点 $A$ 的坐标为 $A(x,y,z)$，力在三个坐标轴上的投影分别为 $F_x$、$F_y$、$F_z$。矢径 $\boldsymbol{r}$ 和力 $\boldsymbol{F}$ 分别表示为

$$\boldsymbol{r} = x\boldsymbol{i} + y\boldsymbol{j} + z\boldsymbol{k}$$

$$\boldsymbol{F} = F_x\boldsymbol{i} + F_y\boldsymbol{j} + F_z\boldsymbol{k}$$

代入式(3.3)，并采用行列式形式，得

$$\boldsymbol{M}_O(\boldsymbol{F}) = \boldsymbol{r} \times \boldsymbol{F} = \begin{vmatrix} \boldsymbol{i} & \boldsymbol{j} & \boldsymbol{k} \\ x & y & z \\ F_x & F_y & F_z \end{vmatrix} = (yF_z - zF_y)\boldsymbol{i} + (zF_x - xF_z)\boldsymbol{j} + (xF_y - yF_x)\boldsymbol{k} \tag{3.4}$$

由式(3.4)可知，单位矢量 $\boldsymbol{i}$、$\boldsymbol{j}$、$\boldsymbol{k}$ 前面的三个系数，分别表示力矩矢 $\boldsymbol{M}_O(\boldsymbol{F})$ 在三个坐标轴上的投影，即

$$\begin{cases} \left[\boldsymbol{M}_O\left(\boldsymbol{F}\right)\right]_x = yF_z - zF_y \\ \left[\boldsymbol{M}_O\left(\boldsymbol{F}\right)\right]_y = zF_x - xF_z \\ \left[\boldsymbol{M}_O\left(\boldsymbol{F}\right)\right]_z = xF_y - yF_x \end{cases} \tag{3.5}$$

由于力矩矢量 $\boldsymbol{M}_O(\boldsymbol{F})$ 的大小和方向都与矩心 $O$ 的位置有关，故力矩矢的始端必须在矩心，不可以任意挪动，这种矢量称为定位矢量。

### 3.2.2 力对轴之矩

工程中，经常遇到刚体绕定轴转动的情形，为了度量力对绕定轴转动刚体的作用效果，必须理解力对轴之矩的概念。

现计算作用在斜齿轮上的力 $\boldsymbol{F}$ 对 $z$ 轴的矩。将力 $\boldsymbol{F}$ 分解为 $\boldsymbol{F}_z$ 与 $\boldsymbol{F}_{xy}$，其中分力 $\boldsymbol{F}_z$ 平行于 $z$ 轴，不能使静止的齿轮转动，故它对 $z$ 轴之矩为零；只有垂直于 $z$ 轴的分力 $\boldsymbol{F}_{xy}$ 对轮心 $C$ 的矩(图 3.5(a))。一般情况下，可先将空间力 $\boldsymbol{F}$ 投影到垂直于转轴 $z$ 轴的 $Oxy$ 平面内，得力 $\boldsymbol{F}_{xy}$；再将力 $\boldsymbol{F}_{xy}$ 对平面与转轴交点 $O$ 取矩(图 3.5(b))。以符号 $M_z(\boldsymbol{F})$ 表示力对 $z$ 轴的矩，即

$$M_z\left(\boldsymbol{F}\right) = M_O\left(\boldsymbol{F}_{xy}\right) = \pm F_{xy}d = 2A_{\Delta Oab} \tag{3.6}$$

力对轴的矩定义如下：**力对轴的矩是力使物体绕该轴转动效果的度量，是一个代数量，其绝对值等于该力在垂直于该轴的平面内的投影对于这个平面与该轴的交点的矩。其正负号规定如下：从 $z$ 轴正向看，力使物体绕该轴逆时针转动，为正，反之为负；也可以按右手螺旋法则确定其正负号，伸出右手，掌心向轴，四指沿力的方向握过转轴，若大拇指指向与该轴的正向一致，力对轴的矩为正，反之为负，如图 3.5(c)所示。**

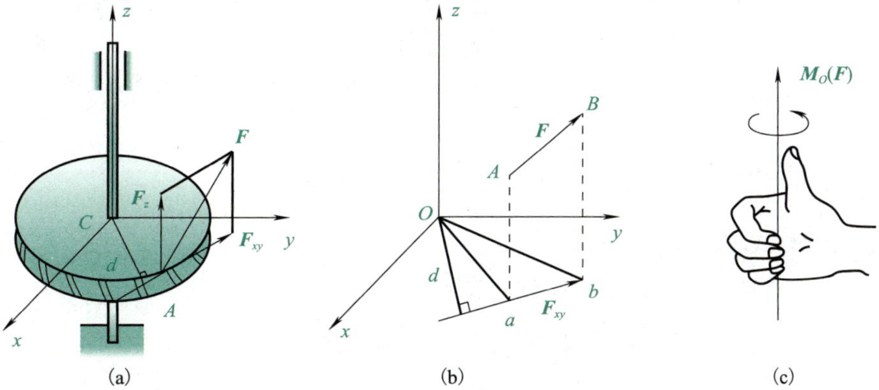


图 3.5

根据力对轴之矩的定义，可以得出下列结论：

(1)当力的作用线与轴平行(即 $F_{xy}=0$)或相交(即 $d=0$)时，或者说，当力与轴共面时，力对该轴之矩等于零。

(2)当力沿其作用线移动时，力对轴之矩不变。

(3)在平面力系中，力对力系所在平面内某点的矩，就是力对通过该点且与力系所在平面垂直的轴之矩。

力对轴之矩也可用解析式表示。设力 $\boldsymbol{F}$ 在三个坐标轴上的投影分别为 $F_x$、$F_y$、$F_z$，力作用点 $A$ 的坐标为 $x$、$y$、$z$，如图 3.6 所示。根据式(3.6)，得

$$M_z(\boldsymbol{F})=M_O(\boldsymbol{F}_{xy})=M_O(\boldsymbol{F}_x)+M_O(\boldsymbol{F}_y)$$

即

$$M_z(\boldsymbol{F})=xF_y-yF_x$$

同理可得其余二式。将此三式合写为

$$\begin{cases}M_x(\boldsymbol{F})=yF_z-zF_y\\ M_y(\boldsymbol{F})=zF_x-xF_z\\ M_z(\boldsymbol{F})=xF_y-yF_x\end{cases}\tag{3.7}$$

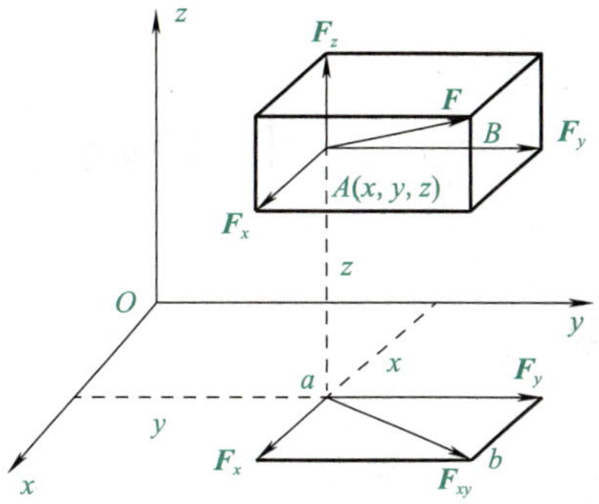


图 3.6

式(3.7)称为力对轴之矩的解析式。

**【例 3.2】** 手柄 $ABCDE$ 在平面 $Axy$ 内，在 $D$ 处作用一个力 $\boldsymbol{F}$，如图 3.7 所示，它在垂直于 $y$ 轴的平面内，偏离铅直线的角度为 $\theta$，如果 $CD=a$，杆 $BC$ 平行于 $x$ 轴，杆 $CE$ 平行于 $y$ 轴，$AB$ 和 $BC$ 的长度都等于 $l$。试求力 $\boldsymbol{F}$ 对 $x$、$y$、$z$ 三轴的矩。

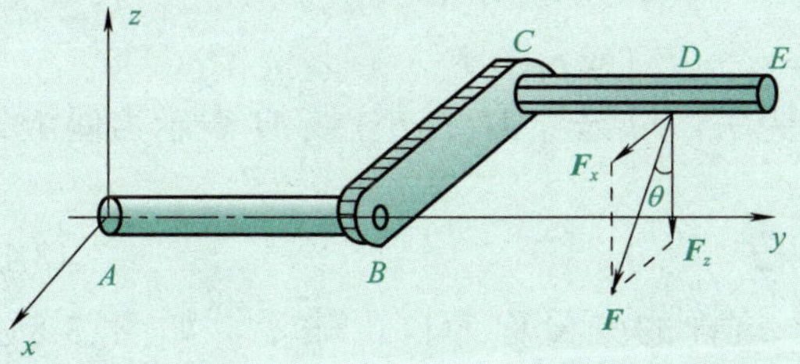


图 3.7

**解：** 力 $\boldsymbol{F}$ 在 $x$、$y$、$z$ 轴上的投影为

$$F_x=F\sin\theta,\quad F_y=0,\quad F_z=-F\cos\theta$$

力作用点 $D$ 的坐标为

$$x=-l,\quad y=l+a,\quad z=0$$

代入式(3.7)，得

$$M_x(\boldsymbol{F}) = yF_z - zF_y = (l+a)(-F\cos\theta) - 0 = -F(l+a)\cos\theta$$
$$M_y(\boldsymbol{F}) = zF_x - xF_z = 0 - (-l)(-F\cos\theta) = -Fl\cos\theta$$
$$M_z(\boldsymbol{F}) = xF_y - yF_x = 0 - (l+a)(F\sin\theta) = -F(l+a)\sin\theta$$

### 3.2.3 力对点之矩与力对通过该点的轴之矩的关系

比较式(3.5)与式(3.7)，可得

$$\begin{cases}\left[\boldsymbol{M}_O(\boldsymbol{F})\right]_x = M_x(\boldsymbol{F}) \\ \left[\boldsymbol{M}_O(\boldsymbol{F})\right]_y = M_y(\boldsymbol{F}) \\ \left[\boldsymbol{M}_O(\boldsymbol{F})\right]_z = M_z(\boldsymbol{F})\end{cases} \tag{3.8}$$

式(3.8)说明：**力对点之矩矢在通过该点的某轴上的投影，等于力对该轴之矩。**

式(3.8)建立了力对点之矩与力对轴之矩的关系。

如果力对通过点$O$的直角坐标轴$x$、$y$、$z$的矩是已知的，则可求得该力对点$O$之矩的大小和方向余弦为

$$\begin{cases}\left|\boldsymbol{M}_O(\boldsymbol{F})\right| = \left|\boldsymbol{M}_O\right| = \sqrt{\left[M_x(\boldsymbol{F})\right]^2 + \left[M_y(\boldsymbol{F})\right]^2 + \left[M_z(\boldsymbol{F})\right]^2} \\ \cos(\boldsymbol{M}_O, \boldsymbol{i}) = \dfrac{M_x(\boldsymbol{F})}{\left|\boldsymbol{M}_O(\boldsymbol{F})\right|} \\ \cos(\boldsymbol{M}_O, \boldsymbol{j}) = \dfrac{M_y(\boldsymbol{F})}{\left|\boldsymbol{M}_O(\boldsymbol{F})\right|} \\ \cos(\boldsymbol{M}_O, \boldsymbol{k}) = \dfrac{M_z(\boldsymbol{F})}{\left|\boldsymbol{M}_O(\boldsymbol{F})\right|}\end{cases} \tag{3.9}$$

## 3.3 空间力偶

### 3.3.1 力偶矩以矢量表示——力偶矩矢

空间力偶对刚体的作用效应，可用力偶矩矢来度量，即用力偶中的两个力对空间某点之矩的矢量和来度量。设有空间力偶$(\boldsymbol{F},\boldsymbol{F}')$，其力偶臂为$d$，如图3.8(a)所示。力偶对空间任一点$O$的矩矢为$\boldsymbol{M}_O(\boldsymbol{F},\boldsymbol{F}')$，则有

$$\boldsymbol{M}_O(\boldsymbol{F},\boldsymbol{F}') = \boldsymbol{M}_O(\boldsymbol{F}) + \boldsymbol{M}_O(\boldsymbol{F}') = \boldsymbol{r}_A \times \boldsymbol{F} + \boldsymbol{r}_B \times \boldsymbol{F}'$$

由于$\boldsymbol{F}' = -\boldsymbol{F}$，故上式可改写为

$$\boldsymbol{M}_O(\boldsymbol{F},\boldsymbol{F}') = (\boldsymbol{r}_A - \boldsymbol{r}_B) \times \boldsymbol{F} = \boldsymbol{r}_{BA} \times \boldsymbol{F}\ (或\ \boldsymbol{r}_{AB} \times \boldsymbol{F}')$$

计算表明，力偶对空间任一点的矩矢与矩心无关，以记号$\boldsymbol{M}(\boldsymbol{F},\boldsymbol{F}')$或$\boldsymbol{M}$表示力偶矩矢，则有

$$\boldsymbol{M} = \boldsymbol{r}_{BA} \times \boldsymbol{F} \tag{3.10}$$

由于力偶矩矢$\boldsymbol{M}$无须确定它的初端位置，这样的矢量称为自由矢量，如图3.8(b)所示。

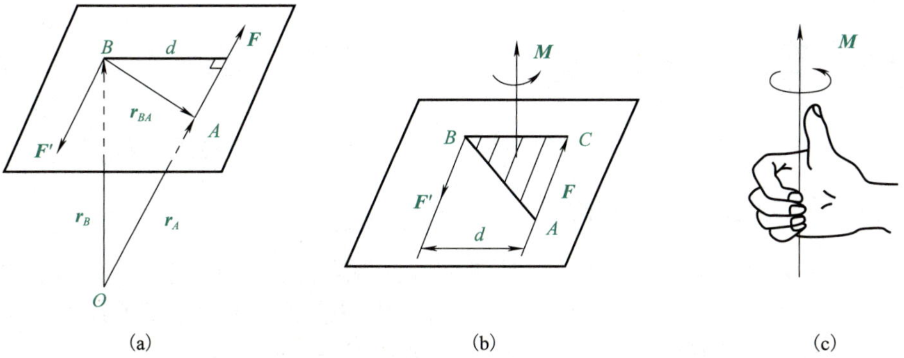


图 3.8

空间力偶对刚体的作用效果取决于下列三个因素：

(1)矢量的模，即力偶矩大小 $M = Fd = 2A_{\triangle ABC}$（图 3.8(b)）。

(2)矢量的方位，与力偶作用面相垂直(图 3.8(b))。

(3)矢量的指向，与力偶的转向的关系服从右手螺旋法则(图 3.8(c))。

### 3.3.2 空间力偶等效定理

由于空间力偶对刚体的作用效果完全由力偶矩矢来确定，而力偶矩矢是自由矢量，因此两个空间力偶不论作用在刚体的什么位置，也不论力的大小、方向及力偶臂的大小如何，只要力偶矩矢相等，这两个空间力偶就等效。这就是空间力偶等效定理，**即作用在同一刚体上的两个空间力偶，如果其力偶矩矢相等，则它们彼此等效。**

这一定理表明：**空间力偶可以平移到与其作用面平行的任意平面上而不改变力偶对刚体的作用效果；也可以同时改变力与力偶臂的大小或将力偶在其作用面内任意移转，只要力偶矩矢的大小、方向不变，其作用效果就不变。**可见，力偶矩矢是空间力偶作用效果的唯一度量。

### 3.3.3 空间力偶系的合成

任意多个空间分布的力偶可合成为一个合力偶，合力偶矩矢等于各分力偶矩矢的矢量和，即

$$\boldsymbol{M} = \boldsymbol{M}_1 + \boldsymbol{M}_2 + \cdots + \boldsymbol{M}_n = \sum \boldsymbol{M} \tag{3.11}$$

合力偶矩矢的解析表达式为

$$\boldsymbol{M} = M_x\boldsymbol{i} + M_y\boldsymbol{j} + M_z\boldsymbol{k} \tag{3.12}$$

将式(3.11)分别向 $x$、$y$、$z$ 轴投影，有

$$\begin{cases} M_x = M_{1x} + M_{2x} + \cdots + M_{nx} = \sum M_{ix} \\ M_y = M_{1y} + M_{2y} + \cdots + M_{ny} = \sum M_{iy} \\ M_z = M_{1z} + M_{2z} + \cdots + M_{nz} = \sum M_{iz} \end{cases} \tag{3.13}$$

即合力偶矩矢在 $x$、$y$、$z$ 轴上投影等于各分力偶矩矢在相应轴上的投影的代数和(为便于书写，下标 $i$ 可略去)。

# 3.4 空间任意力系向任一点简化·主矢和主矩矢

当空间力系中各力的作用线在空间中任意分布时，称其为空间任意力系。

## 3.4.1 空间任意力系向一点的简化

与平面任意力系一样，空间任意力系向某点简化时，仍然依据力的平移定理。所不同的是，力系中各力的作用线与简化中心所组成的平面不在同一平面，当一力向任一点平移时，应把力与附加力偶矩用矢量表示。

设一刚体受空间任意力系 $\boldsymbol{F}_1$，$\boldsymbol{F}_2$，…，$\boldsymbol{F}_n$ 作用，如图 3.9(a)所示。为了简化此力系，在刚体内任取一点 $O$ 作为简化中心。应用力的平移定理，依次将力 $\boldsymbol{F}_1$，$\boldsymbol{F}_2$，…，$\boldsymbol{F}_n$ 平移到 $O$ 点，并各附加一个相应的力偶，这样原力系变换成一个作用于简化中心 $O$ 的空间汇交力系 $\boldsymbol{F}_1'$，$\boldsymbol{F}_2'$，…，$\boldsymbol{F}_n'$ 和一个由力偶矩矢分别为 $\boldsymbol{M}_1$，$\boldsymbol{M}_2$，…，$\boldsymbol{M}_n$ 的附加力偶所组成的空间力偶系，如图 3.9(b)所示。其中

$$\boldsymbol{F}_1=\boldsymbol{F}_1',\quad \boldsymbol{F}_2=\boldsymbol{F}_2',\quad \cdots,\quad \boldsymbol{F}_n=\boldsymbol{F}_n'$$

$$\boldsymbol{M}_1=\boldsymbol{M}_O(\boldsymbol{F}_1),\quad \boldsymbol{M}_2=\boldsymbol{M}_O(\boldsymbol{F}_2),\quad \cdots,\quad \boldsymbol{M}_n=\boldsymbol{M}_O(\boldsymbol{F}_n)$$

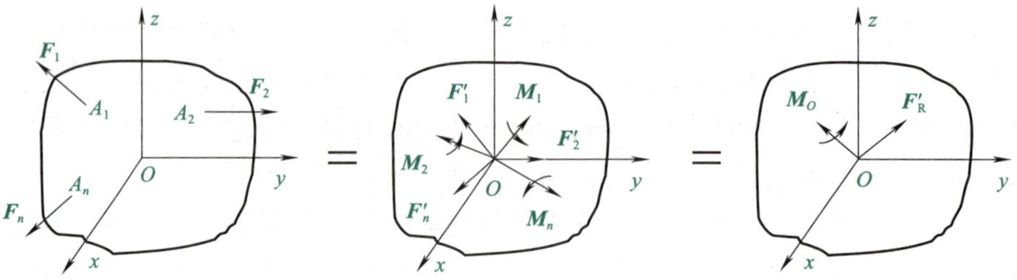


图 3.9

空间汇交力系 $\boldsymbol{F}_1'$、$\boldsymbol{F}_2'$、…、$\boldsymbol{F}_n'$ 一般可合成为作用于 $O$ 点的一个力 $\boldsymbol{F}_\mathrm{R}'$，即

$$\boldsymbol{F}_\mathrm{R}'=\boldsymbol{F}_1'+\boldsymbol{F}_2'+\cdots+\boldsymbol{F}_n'=\sum\boldsymbol{F}_i' \tag{3.14}$$

式(3.14)中，$\boldsymbol{F}_\mathrm{R}'$ 称为原力系的主矢。

$$F_{\mathrm{R}x}'=\sum F_x'=\sum F_x,\quad F_{\mathrm{R}y}'=\sum F_y'=\sum F_y,\quad F_{\mathrm{R}z}'=\sum F_z'=\sum F_z$$

由此可得主矢 $\boldsymbol{F}_\mathrm{R}'$ 的大小为

$$F_\mathrm{R}'=\sqrt{(F_{\mathrm{R}x}')^2+(F_{\mathrm{R}y}')^2+(F_{\mathrm{R}z}')^2}=\sqrt{\left(\sum F_x\right)^2+\left(\sum F_y\right)^2+\left(\sum F_z\right)^2} \tag{3.15}$$

方向余弦为

$$\cos(\boldsymbol{F}_\mathrm{R}',\boldsymbol{i})=\frac{\sum F_x}{|F_\mathrm{R}'|},\quad \cos(\boldsymbol{F}_\mathrm{R}',\boldsymbol{j})=\frac{\sum F_y}{|F_\mathrm{R}'|},\quad \cos(\boldsymbol{F}_\mathrm{R}',\boldsymbol{k})=\frac{\sum F_z}{|F_\mathrm{R}'|}$$

由力偶矩矢分别为 $\boldsymbol{M}_1$，$\boldsymbol{M}_2$，…，$\boldsymbol{M}_n$ 组成的附加空间力偶系，一般可合成为一个合力偶(图 3.9(c))。这个合力偶的力偶矩矢等于附加分力偶矩矢的矢量和，即

$$\boldsymbol{M}_O=\sum\boldsymbol{M}_i=\boldsymbol{M}_O(\boldsymbol{F}_1)+\boldsymbol{M}_O(\boldsymbol{F}_2)+\cdots+\boldsymbol{M}_O(\boldsymbol{F}_n)=\sum\boldsymbol{M}_O(\boldsymbol{F}_i) \tag{3.16}$$

式中，$\boldsymbol{M}_O$ 称为原力系对简化中心的主矩矢。

设 $M_{Ox}$、$M_{Oy}$、$M_{Oz}$ 分别表示主矩矢 $\boldsymbol{M}_O$ 在 $x$、$y$、$z$ 轴上的投影。则

$$M_{Ox}=\sum M_x(F_i)=\sum(y_iF_{iz}-z_iF_{iy})$$
$$M_{Oy}=\sum M_y(F_i)=\sum(z_iF_{ix}-x_iF_{iz})$$
$$M_{Oz}=\sum M_z(F_i)=\sum(x_iF_{iy}-y_iF_{ix})$$

主矩矢 $M_O$ 的大小为

$$M_O=\sqrt{M_{Ox}^2+M_{Oy}^2+M_{Oz}^2}=\sqrt{\left[\sum M_x(F_i)\right]^2+\left[\sum M_y(F_i)\right]^2+\left[\sum M_z(F_i)\right]^2} \tag{3.17}$$

方向余弦为

$$\cos(\boldsymbol{M}_O,\boldsymbol{i})=\frac{M_{Ox}}{|\boldsymbol{M}_O|},\quad \cos(\boldsymbol{M}_O,\boldsymbol{j})=\frac{M_{Oy}}{|\boldsymbol{M}_O|},\quad \cos(\boldsymbol{M}_O,\boldsymbol{k})=\frac{M_{Oz}}{|\boldsymbol{M}_O|}$$

综上所述：**空间任意力系向一点简化，一般可以简化为一个力和一个力偶；这个力的大小和方向等于原力系的主矢 $\boldsymbol{F}_R'$，其作用线通过简化中心 $O$；这个力偶的矩矢 $\boldsymbol{M}_O$ 等于原力系中各力对简化中心的主矩矢。与平面任意力系一样，主矢 $\boldsymbol{F}_R'$ 只取决于原力系中各力的大小和方向，与简化中心的位置无关；而主矩矢 $\boldsymbol{M}_O$ 一般与简化中心的位置有关。**

### 3.4.2 空间任意力系的简化结果分析

与平面任意力系的简化结果相同，空间任意力系向一点简化可能出现下列四种情况：① $\boldsymbol{F}_R'=0$，$\boldsymbol{M}_O\neq0$；② $\boldsymbol{F}_R'\neq0$，$\boldsymbol{M}_O=0$；③ $\boldsymbol{F}_R'\neq0$，$\boldsymbol{M}_O\neq0$；④ $\boldsymbol{F}_R'=0$，$\boldsymbol{M}_O=0$。现分别加以讨论。

**1. $\boldsymbol{F}_R'=0$，$\boldsymbol{M}_O\neq0$**

当空间任意力系向任一点简化时，若 $\boldsymbol{F}_R'=0$，$\boldsymbol{M}_O\neq0$，这时空间任意力系简化为一合力偶，其合力偶矩矢等于原力系对简化中心的主矩矢。由于力偶矩矢与矩心位置无关，因此，这种情况下，主矩矢与简化中心的位置无关。

**2. $\boldsymbol{F}_R'\neq0$，$\boldsymbol{M}_O=0$**

当空间任意力系向任一点简化时，若 $\boldsymbol{F}_R'\neq0$，$\boldsymbol{M}_O=0$，这时空间任意力系简化为一合力，合力的作用线通过简化中心 $O$，其大小和方向等于原力系的主矢。

**3. $\boldsymbol{F}_R'\neq0$，$\boldsymbol{M}_O\neq0$**

当空间任意力系向任一点简化时，若 $\boldsymbol{F}_R'\neq0$，$\boldsymbol{M}_O\neq0$，这种情况下，可分为以下三种情况进行讨论。

**1) $\boldsymbol{F}_R'\neq0$，$\boldsymbol{M}_O\neq0$，且 $\boldsymbol{F}_R'\perp\boldsymbol{M}_O$**

如图 3.10(a) 所示，这时，力 $\boldsymbol{F}_R'$ 和力偶矩矢为 $\boldsymbol{M}_O$ 的力偶 $(\boldsymbol{F}_R'',\boldsymbol{F}_R)$ 在同一平面内（图 3.10(b)），可将力 $\boldsymbol{F}_R'$ 和力偶 $(\boldsymbol{F}_R'',\boldsymbol{F}_R)$ 进一步合成，得作用于点 $O'$ 的一个力 $\boldsymbol{F}_R$（图 3.10(c)）。此力即为原力系的合力，其大小和方向等于原力系的主矢，作用线离简化中心 $O$ 的距离为

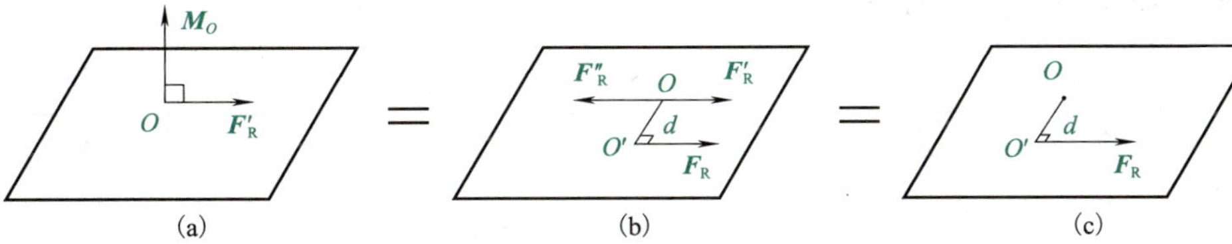


图 3.10

$$d = \frac{|M_O|}{F'_R} \tag{3.18}$$

当空间任意力系简化为一合力时，由于合力与力系等效，因此：**合力对空间任一点的矩等于力系中各分力对同一点的矩的矢量和。**这就是空间力系的合力矩定理。

**2) $F'_R \neq 0$，$M_O \neq 0$，且 $F'_R \parallel M_O$**

如果空间任意力系向任一点简化后，$F'_R \neq 0$，$M_O \neq 0$，且 $F'_R \parallel M_O$，这时空间任意力系简化为力螺旋，如图 3.11 所示。所谓力螺旋就是一力和一力偶组成的力系，其中的力垂直于力偶的作用面。

力螺旋是由静力学的两个基本要素力和力偶组成的最简单的力系，不能再进一步合成。力偶的转向和力的指向符合右手螺旋法则的称为右螺旋(图 3.11(a))，符合左手螺旋法则的称为左螺旋(图 3.11(b))。力螺旋的作用线称为该力螺旋的中心轴。在上述情况下，中心轴通过简化中心。

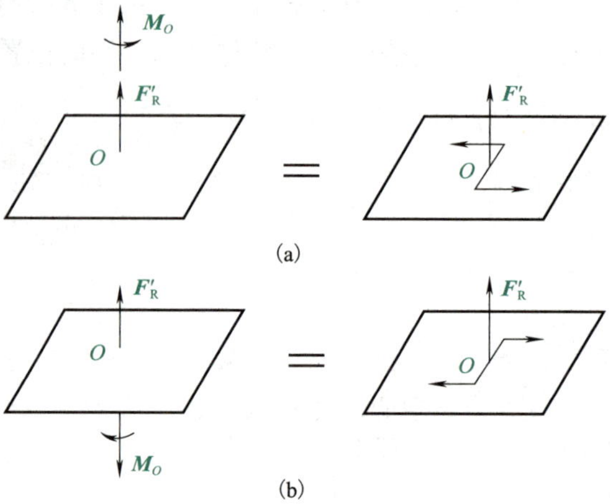


图 3.11

**3) $F'_R \neq 0$，$M_O \neq 0$，$F'_R$ 与 $M_O$ 既不平行又不垂直**

如图 3.12(a)所示，此时可将 $M_O$ 分解为两个分力偶矩矢 $M''_O$ 和 $M'_O$，它们分别垂直于 $F'_R$ 和平行于 $F'_R$(图 3.12(b))，则 $M''_O$ 和 $F'_R$ 可用作用于点 $O'$ 的力 $F_R$ 来代替。由于力偶矩矢是自由矢量，故可将 $M'_O$ 平行移动，使之与 $F_R$ 共线。这样便得一力螺旋，其中心轴不在简化中心 $O$，而是通过另一点 $O'$，如图 3.12(c)所示。$O$、$O'$ 两点间的距离为

$$d = \frac{|M''_O|}{F'_R} = \frac{M_O \sin\theta}{F'_R} \tag{3.19}$$

可见，一般情况下空间任意力系可合成为力螺旋。

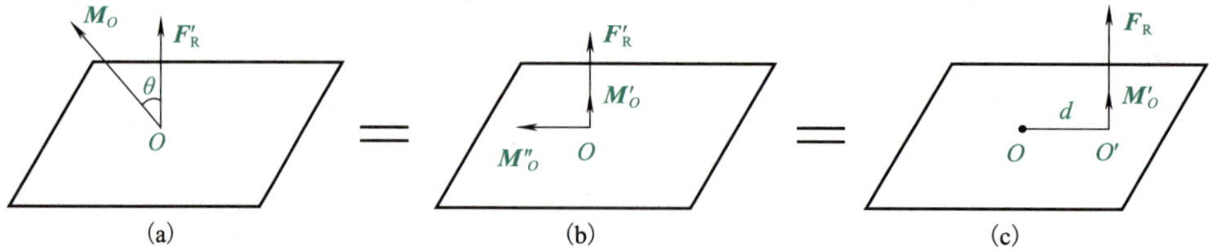


图 3.12

4. $F'_R=0$，$M_O=0$

当空间任意力系向任一点简化时，若$F'_R=0$，$M_O=0$，这是空间任意力系平衡的情形，将在3.5节详细讨论。

# 3.5 空间任意力系的平衡方程及其应用

## 3.5.1 空间任意力系的平衡方程式

在一般情况下，空间任意力系向任意一点简化的结果可得一主矢$F'_R$和一主矩$M_O$。因此，要使力系平衡，则必须使主矢$F'_R$和主矩$M_O$都等于零。若主矢$F'_R$等于零，表示作用于简化中心$O$的空间汇交力系平衡；若主矩$M_O$等于零，表示空间力偶系平衡。因此，空间任意力系平衡的必要和充分条件是：力系的主矢和力系对任意一点的主矩都等于零，即

$$F'_R=0，\quad M_O=0$$

由式(3.15)及式(3.17)得到

$$\begin{cases}\sum F_x=0\\ \sum F_y=0\\ \sum F_z=0\\ \sum M_x(\boldsymbol{F})=0\\ \sum M_y(\boldsymbol{F})=0\\ \sum M_z(\boldsymbol{F})=0\end{cases}\tag{3.20}$$

因此，空间任意力系平衡的必要与充分条件是：力系中所有各力在直角坐标系中每一个轴上投影的代数和等于零，以及这些力对每一坐标轴之矩的代数和也等于零。式(3.20)称为空间任意力系的平衡方程。式(3.20)中的6个方程是彼此独立的，故求解空间任意力系平衡问题时，每个研究对象可求解6个未知量。

由空间任意力系的平衡方程，可以推导出空间特殊力系的平衡方程如下。

### 1. 空间力偶系

因为空间力偶系各力在$x$、$y$、$z$轴上投影的代数和恒等于零，即

$$\sum F_x\equiv 0，\quad \sum F_y\equiv 0，\quad \sum F_z\equiv 0$$

故空间力偶系的平衡方程只有三个独立方程，即

$$\begin{cases}\sum M_x(\boldsymbol{F})=0\\ \sum M_y(\boldsymbol{F})=0\\ \sum M_z(\boldsymbol{F})=0\end{cases}\tag{3.21}$$

### 2. 空间平行力系

设力系中各力的作用线平行$z$轴。各力在$x$、$y$轴上的投影及各力对$z$轴之矩恒等于零，即

$$\sum F_x\equiv 0，\quad \sum F_y\equiv 0，\quad \sum M_z(\boldsymbol{F})\equiv 0$$

故空间平行力系的平衡方程为

$$\begin{cases}\sum F_z = 0 \\ \sum M_x(\boldsymbol{F}) = 0 \\ \sum M_y(\boldsymbol{F}) = 0\end{cases} \tag{3.22}$$

力系与 $x$ 轴或 $y$ 轴平行时的平衡方程以此类推。

**3. 空间汇交力系**

设空间力系中各力作用线交于 $x$、$y$、$z$ 轴的交点 $O$，则这些力对 $x$、$y$、$z$ 轴之矩恒等于零，即

$$\sum M_x(\boldsymbol{F}) \equiv 0 \;,\; \sum M_y(\boldsymbol{F}) \equiv 0 \;,\; \sum M_z(\boldsymbol{F}) \equiv 0$$

故空间汇交力系的平衡方程为

$$\begin{cases}\sum F_x = 0 \\ \sum F_y = 0 \\ \sum F_z = 0\end{cases} \tag{3.23}$$

求解空间力系的平衡问题时解题步骤与求解平面力系平衡问题相同。在应用平衡方程求解时，应尽可能灵活选择投影轴的方向和取矩轴的位置，使一个方程只含一个未知量，以简化解题过程。

### 3.5.2 空间约束

一般情况下，刚体约束中约束力的未知量可能有 1～6 个，确定每种约束的约束力未知量个数的基本方法是：观察被约束物体在空间可能的 6 种独立的位移中(沿 $x$、$y$、$z$ 轴的移动和绕此三轴的转动)，有哪几种位移被约束所阻碍。阻碍移动的是约束力；阻碍转动的是约束力偶。现将几种常见的约束及其相应的约束力综合列表，如表 3.1 所示。

表 3.1 常见空间约束及其约束力表示

| 序号 | 约束类型 | 简化符号 | 约束力 |
|---|---|---|---|
| 1 | 环形铰链 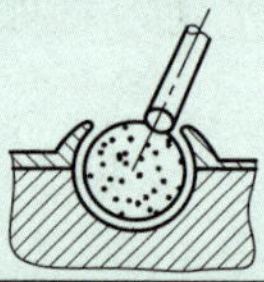 | 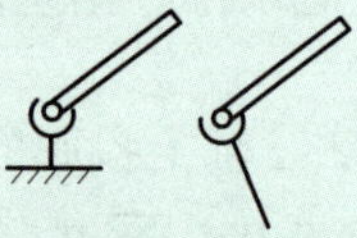 | 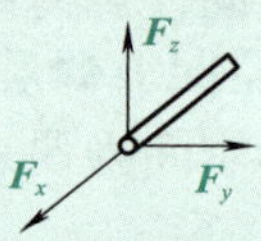  |
| 2 | 向心轴承 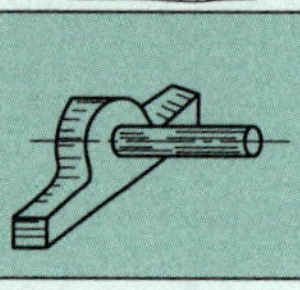 | 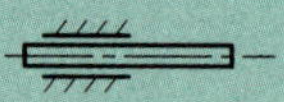 | 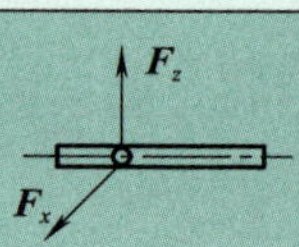  |
| 3 | 向心推力轴承 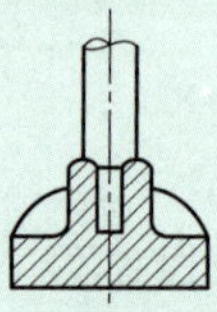 |  | 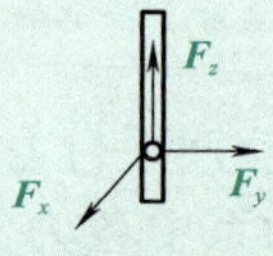  |
| 4 | 空间固定端  |  | 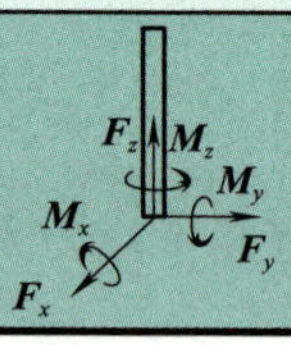  |

### 3.5.3 空间力系平衡方程的应用

**【例 3.3】** 如图 3.13(a)所示，用起重杆吊起重物。起重杆的 $B$ 端用球铰链固定在地面上，$A$ 端则用位于同一水平面的绳索 $AC$ 和 $AD$ 拉住，两绳分别系在墙上的点 $C$ 和 $D$。已知：物重 $P=10000\ \text{N}$，$CE=ED=12\ \text{cm}$，$EA=24\ \text{cm}$，$\beta=45^\circ$。不计起重杆的重量，试求绳索的拉力和起重杆所受的压力。

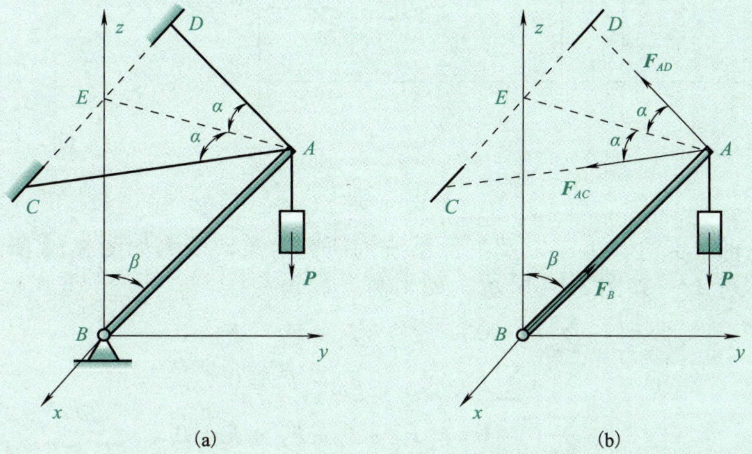


图 3.13

**解**：取起重杆 $AB$ 和重物为研究对象，其上受主动力 $\boldsymbol{P}$，$A$ 处受绳拉力 $\boldsymbol{F}_{AC}$ 和 $\boldsymbol{F}_{AD}$，球铰链 $B$ 的约束力方向一般不能预先确定，可用三个正交分力表示。本题中，由于起重杆重量不计，又只在 $A$、$B$ 两端受力，故起重杆 $AB$ 为二力杆，球铰 $B$ 对杆 $AB$ 的约束力 $\boldsymbol{F}_B$ 必沿 $B$、$A$ 连线。$\boldsymbol{P}$、$\boldsymbol{F}_{AC}$、$\boldsymbol{F}_{AD}$ 和 $\boldsymbol{F}_B$ 四个力汇交于 $A$ 点，为一空间汇交力系，其受力图如图 3.13(b)所示。

取坐标轴如图所示，列平衡方程为

$$\sum F_x=0,\quad F_{AC}\sin\alpha-F_{AD}\sin\alpha=0$$

$$\sum F_y=0,\quad F_B\sin\beta-F_{AC}\cos\alpha-F_{AD}\cos\alpha=0$$

$$\sum F_z=0,\quad F_B\cos\beta-P=0$$

求解上面的三个平衡方程，得

$$F_B=1414\ \text{N},\quad F_{AC}=F_{AD}=559\ \text{N}$$

$F_B$ 为正值，说明图中所设 $\boldsymbol{F}_B$ 的方向正确，起重杆 $AB$ 受压力。

**【例 3.4】** 车床主轴如图 3.14 所示。已知车刀对工件的切削力为：径向切削力 $F_x=4.25\ \text{kN}$，纵向切削力 $F_y=6.8\ \text{kN}$，主切削力(切向) $F_z=17\ \text{kN}$，方向如图所示。在直齿轮 $C$ 上有切向力 $F_\text{t}$ 和径向力 $F_\text{r}$，且 $F_\text{r}=0.36F_\text{t}$。齿轮 $C$ 的节圆半径 $R=50\ \text{mm}$，被切削工件的半径 $r=30\ \text{mm}$。卡盘及工件等自重不计，其余尺寸如图示。当主轴匀速转动时，试求：(1)齿轮啮合力 $F_\text{t}$ 和 $F_\text{r}$；(2)径向轴承 $A$ 和止推轴承 $B$ 的约束力。

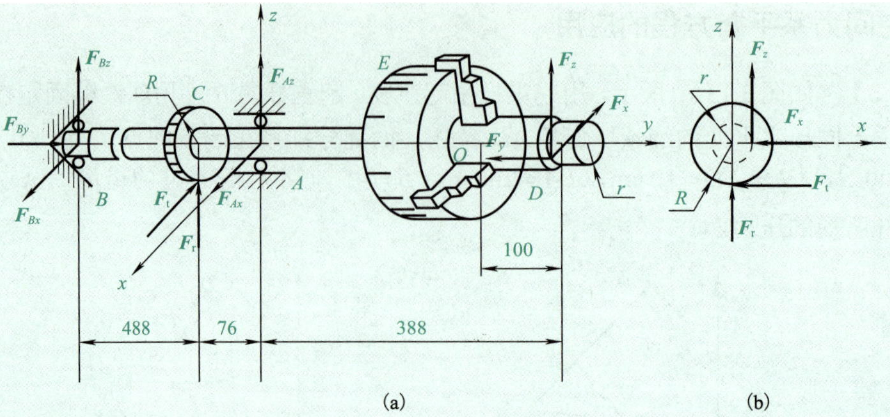


图 3.14

**解**：先取主轴、卡盘、齿轮以及工件系统为研究对象，受力如图 3.14 所示，为一空间任意力系。取坐标系 *Axyz* 如图 3.14 所示。列平衡方程为

$$\sum F_x = 0, \quad F_{Bx} - F_t + F_{Ax} - F_x = 0$$

$$\sum F_y = 0, \quad F_{By} - F_y = 0$$

$$\sum F_z = 0, \quad F_{Bz} + F_r + F_{Az} + F_z = 0$$

$$\sum M_x(F) = 0, \quad -(488+76)\cdot F_{Bz} - 76\cdot F_r + 388\cdot F_z = 0$$

$$\sum M_y(F) = 0, \quad F_t R - F_z r = 0$$

$$\sum M_z(F) = 0, \quad (488+76)\cdot F_{Bx} - 76\cdot F_t - 30\cdot F_y + 388\cdot F_x = 0$$

又按题意有

$$F_r = 0.36 F_t$$

以上共有 7 个方程，可解出全部 7 个未知量，即

$$F_t = 10.2\,\text{kN}, \quad F_r = 3.67\,\text{kN}, \quad F_{Ax} = 15.64\,\text{kN}, \quad F_{Az} = -31.87\,\text{kN},$$

$$F_{Bx} = -1.19\,\text{kN}, \quad F_{By} = 6.8\,\text{kN}, \quad F_{Bz} = 11.2\,\text{kN}$$

**【例 3.5】** 水平传动轴上装有两胶带轮 *C* 和 *D*，如图 3.15 所示。若 $r_1 = 20\,\text{cm}$，$r_2 = 25\,\text{cm}$，$a = b = 50\,\text{cm}$，$c = 100\,\text{cm}$，胶带轮 *C* 上的胶带是水平的，上下胶带的拉力分别为 $\boldsymbol{F}_{T1}$ 和 $\boldsymbol{F}'_{T1}$，且 $F_{T1} = 2F'_{T1} = 5\,\text{kN}$，胶带轮 *D* 上的胶带和铅垂线成角 $\alpha = 30°$，两侧胶带的拉力分别为 $\boldsymbol{F}_{T2}$ 和

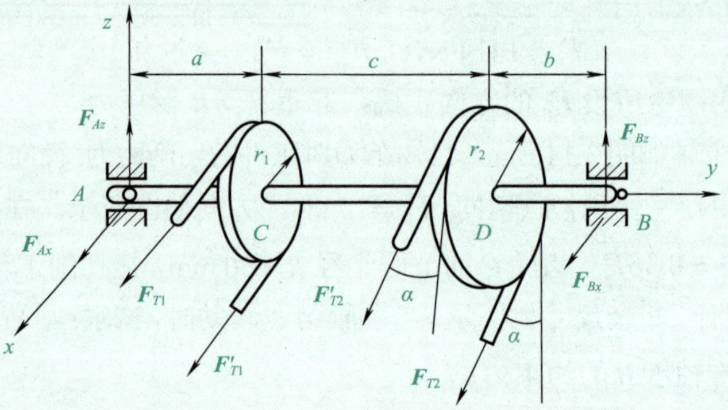


图 3.15

$F'_{T2}$，$F_{T2}=2F'_{T2}$。当传动轴平衡时，试求胶带拉力$\boldsymbol{F}_{T2}$、$\boldsymbol{F}'_{T2}$的值和轴承$A$、$B$的约束力。

**解：** 取轴和两传动带轮整体作为研究对象，受力分析如图3.15所示。这是一个空间任意力系，未知量有$\boldsymbol{F}_{Ax}$、$\boldsymbol{F}_{Az}$、$\boldsymbol{F}_{Bx}$、$\boldsymbol{F}_{Bz}$、$\boldsymbol{F}_{T2}$及$\boldsymbol{F}'_{T2}$。有5个独立平衡方程及已知关系式$F_{T2}=2F'_{T2}$，故可解。空间力系解题时要注意优先考虑使用力对轴之矩，特别是对类似本题的传动轴$y$之矩，这是因为作用在传动轴上的作用线通过$y$轴的力对该轴之矩为零，可简化计算过程。

$$\sum M_y(F)=0,\ (F_{T1}-F'_{T1})r_1-(F_{T2}-F'_{T2})r_2=0$$

将已知关系式$F_{T2}=2F'_{T2}$与上式联立解，得

$$F_{T2}=4\,\text{kN},\quad F'_{T2}=2\,\text{kN}$$

由

$$\sum M_x(F)=0,\ -(F_{T2}+F'_{T2})\cos\alpha(a+c)+F_{Bz}(a+b+c)=0$$

解得

$$F_{Bz}=3.897\,\text{kN}$$

由

$$\sum M_z(F)=0,\ -(F_{T1}+F'_{T1})a-(F_{T2}+F'_{T2})\sin\alpha(a+c)-F_{Bx}(a+b+c)=0$$

解得

$$F_{Bx}=-4.125\,\text{kN}$$

由

$$\sum F_z=0,\ F_{Az}+F_{Bz}-(F_{T2}+F'_{T2})\cos\alpha=0$$

解得

$$F_{Az}=1.3\,\text{kN}$$

由

$$\sum F_x=0,\ F_{Ax}+F_{Bx}+F_{T1}+F'_{T1}+(F_{T2}+F'_{T2})\sin\alpha=0$$

解得

$$F_{Ax}=-6.375\,\text{kN}$$

在工程实际和后续有关课程中，经常将空间力系转化为几个平面力系来处理，即将力投影到$xy$平面、$yz$平面或$xz$平面上(需要几个投影图根据题意选取)，然后按平面力系计算。

如例3.5题，可先作$xy$平面受力图(图3.16(a))，用$\sum M_A(F)=0$解出$F_{Bx}$；再用$\sum F_x=0$解出$F_{Ax}$。然后作$yz$平面受力图(图3.16(b))，用$\sum M_A(F)=0$解出$F_{Bz}$，再用$\sum F_z=0$解出$F_{Az}$。

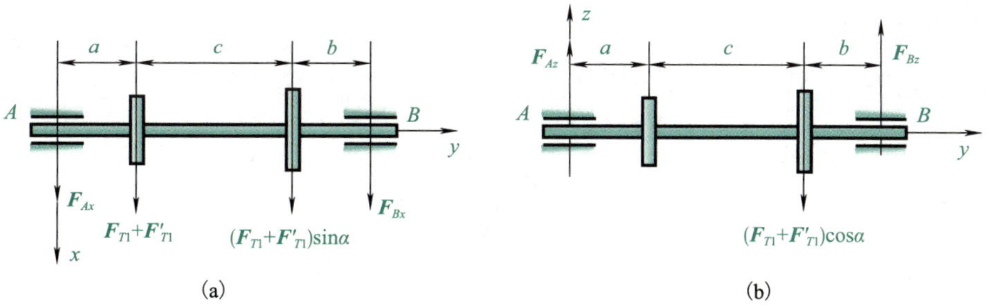


图 3.16

空间任意力系有6个独立的平衡方程，可求解6个未知量，但其平衡方程并不局限于式(3.20)所示的形式；还有其他形式，如四力矩式、五力矩式和六力矩式。与平面任意力系一样，它们对投影和力矩轴有一定的限制条件。为使解题简便，每个方程中最好只包含一个未知量。因此，在选择力投影轴时应尽量与其余未知量垂直，在选取力矩轴时应尽量与其余

未知力平行或相交。投影轴不必相互垂直，选取矩的轴也不必与投影轴重合，力矩方程的数目可取 3～6 个。

# 3.6 平行力系的中心及物体的重心

## 3.6.1 平行力系的中心

平行力系合力的作用点称为平行力系中心。设有三个同向平行力 $\boldsymbol{F}_1$、$\boldsymbol{F}_2$ 和 $\boldsymbol{F}_3$ 分别作用在刚体上 $A_1$、$A_2$ 和 $A_3$ 三点，如图 3.17 所示，求其合力 $\boldsymbol{F}_R$。

先将力 $\boldsymbol{F}_1$ 和 $\boldsymbol{F}_2$ 合成得合力 $\boldsymbol{F}_{R1}$，即 $\boldsymbol{F}_{R1}=\boldsymbol{F}_1+\boldsymbol{F}_2$，其作用线与 $A_1A_2$ 相交于 $C_1$ 点，且 $C_1A_1:C_1A_2=F_2:F_1$，然后再将 $\boldsymbol{F}_{R1}$ 与 $\boldsymbol{F}_3$ 合成，得合力 $\boldsymbol{F}_R$，即 $\boldsymbol{F}_R=\boldsymbol{F}_{R1}+\boldsymbol{F}_3=\boldsymbol{F}_1+\boldsymbol{F}_2+\boldsymbol{F}_3$，其作用线与 $C_1A_3$ 相交于 $C$ 点，且 $CC_1:CA_3=F_3:F_{R1}$。以此类推，可将 $n$ 个平行力系进行合成。

若将原有各力绕其作用点转过同一角度，使其仍互相平行，则合力 $\boldsymbol{F}_R$ 仍与各力平行，且绕其作用点 $C$ 点转过相同角度，合力 $\boldsymbol{F}_R$ 的作用点 $C$ 不变(图 3.17)。

由此可知：$C$ 点的位置仅与各平行力的大小和作用点的位置有关，与各平行力方向无关。

设有同向平行力 $\boldsymbol{F}_1$，$\boldsymbol{F}_2$，…，$\boldsymbol{F}_n$ 分别作用于刚体上 $A_1$，$A_2$，…，$A_n$ 点，建立直角坐标系 $Oxyz$，各力作用点的坐标为 $(x_1,y_1,z_1)$，$(x_2,y_2,z_2)$，…，$(x_n,y_n,z_n)$，设平行力系中心点 $C$ 的坐标为 $(x_C,y_C,z_C)$，合力为 $\boldsymbol{F}_R$，如图 3.18 所示。

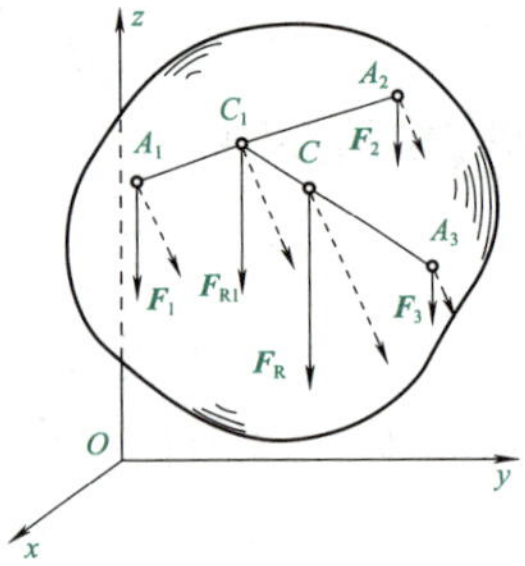


图 3.17

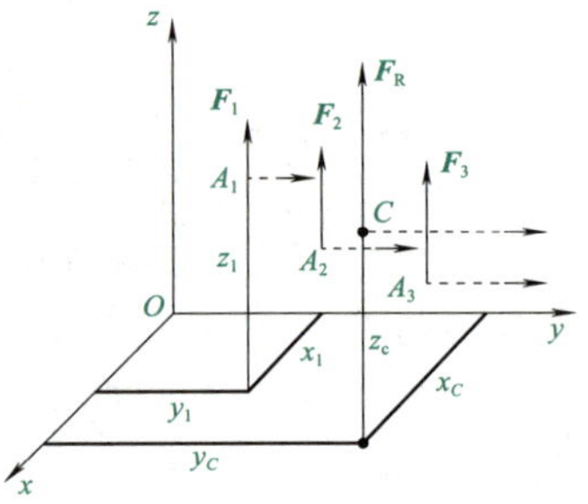


图 3.18

根据合力矩定理，有

$$M_x(\boldsymbol{F}_R)=\sum M_x(\boldsymbol{F}_i)=F_1y_1+F_2y_2+\cdots+F_ny_n=\sum F_iy_i$$

又

$$M_x(\boldsymbol{F}_R)=F_Ry_C=\left(\sum F_i\right)y_C$$

故

$$y_C=\frac{\sum F_iy_1}{\sum F_i} \tag{3.24a}$$

同理，对 $y$ 轴取矩，得

$$x_C=\frac{\sum F_ix_1}{\sum F_i} \tag{3.24b}$$

将力系中各力绕其各自的作用点转过 90° 与 $y$ 轴平行(图 3.18)，对 $x$ 轴取矩，得

$$z_C=\frac{\sum F_iz_1}{\sum F_i} \tag{3.24c}$$

以上三式合起来就是平行力系中心的坐标公式。

### 3.6.2 重心

在工程实际中，常需计算物体的重心。例如，为了顺利吊装机械设备，就必须要知道其重心的位置；再如，水坝以及汽车行驶都涉及确定重心位置问题。

靠近地球的物体，每一微小部分都要受到重力的作用。严格说，这些力的作用线都汇交于一点，组成空间汇交力系；但由于所研究的物体远比地球小得多，且离地心很远，故可认为物体上各点重力的作用线是平行的，即这些重力组成一个空间平行力系。

如以$\Delta V_i$表示物体上任一微小部分的体积，其重力以$\boldsymbol{G}_i$表示，各微小部分的重力$\boldsymbol{G}_1$，$\boldsymbol{G}_2$，…，$\boldsymbol{G}_n$组成一空间平行力系，其合力的大小$\boldsymbol{G}=\sum \boldsymbol{G}_i$称为物体的重量。合力的作用线总是通过物体上一个确定的点$C$，这个点$C$称为物体的**重心**。

实践证明，形状不变的物体，其重心在该物体内的相对位置不变，与该物体在空间上的位置无关，即不论物体如何放置，其重力的作用线总是通过物体的重心。

### 3.6.3 物体的重心坐标公式

建立坐标系$Oxyz$，如图 3.19 所示，使$z$轴与重力平行，设每一小块的重力为$\boldsymbol{G}_i$，其作用点为$M_i(x_i, y_i, z_i)$，则重力$\boldsymbol{G}$为

$$\boldsymbol{G}=\sum \boldsymbol{G}_i$$

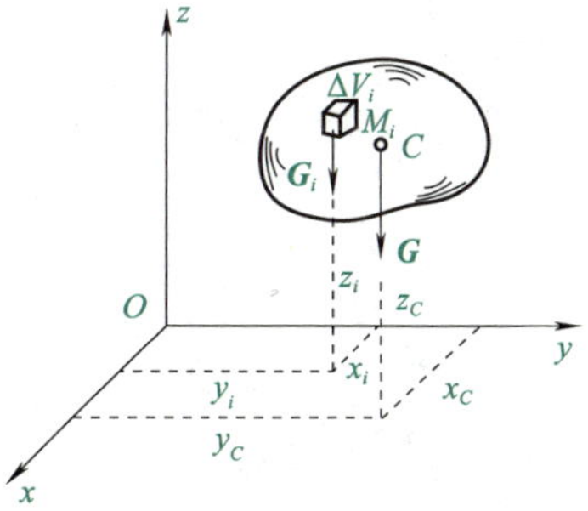


图 3.19

设物体重心坐标为$C(x_C, y_C, z_C)$，则由式(3.24)，得

$$\begin{cases} x_C=\dfrac{\sum G_i x_i}{\sum G_i} \\ y_C=\dfrac{\sum G_i y_i}{\sum G_i} \\ z_C=\dfrac{\sum G_i z_i}{\sum G_i} \end{cases} \tag{3.25}$$

如果物体是均质的，设其密度为$\rho$，任一微小部分的体积为$\Delta V_i$，则整个物体的体积为

$$V=\sum \Delta V_i$$

因为

$$G_i=\rho \Delta V_i g,\quad G=\sum G_i=\rho V g$$

代入式(3.25)，得

$$\begin{cases} x_C=\dfrac{\sum \Delta V_i x_i}{V} \\ y_C=\dfrac{\sum \Delta V_i y_i}{V} \\ z_C=\dfrac{\sum \Delta V_i z_i}{V} \end{cases} \tag{3.26a}$$

显然物体分割的微小单元越多，则每个微小单元的体积越小，求得重心$C$的位置就越准确。在极限情况下，均质物体重心的坐标公式可写成积分形式，即

$$\begin{cases} x_C = \dfrac{\int_V x\mathrm{d}V}{V} \\ y_C = \dfrac{\int_V y\mathrm{d}V}{V} \\ z_C = \dfrac{\int_V z\mathrm{d}V}{V} \end{cases} \tag{3.26b}$$

由式(3.26a)和式(3.26b)可以看出，均质物体的重心位置完全取决于物体的几何形状，与物体重量无关。由物体几何形状和尺寸所决定的物体几何中心，称为物体的**形心**。因此，均质物体的重心也就是该物体的几何形体的形心。

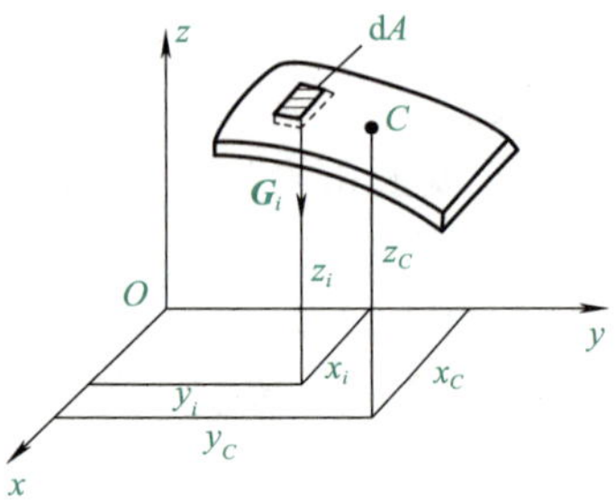

图 3.20

如果均质物体是等厚薄板，如图3.20所示。设其面积为$A$，厚度为$\delta$，则薄板的总体积$V=A\delta$，任一微小部分的体积为$\Delta V_i=\Delta A_i\delta$，将上述关系式代入式(3.26)，可得均质等厚薄板的重心(形心)坐标公式为

$$\begin{cases} x_C = \dfrac{\sum \Delta A_i x_i}{A} \\ y_C = \dfrac{\sum \Delta A_i y_i}{A} \\ z_C = \dfrac{\sum \Delta A_i z_i}{A} \end{cases} \tag{3.27a}$$

写成积分形式为

$$\begin{cases} x_C = \dfrac{\int_A x\mathrm{d}A}{A} \\ y_C = \dfrac{\int_A y\mathrm{d}A}{A} \\ z_C = \dfrac{\int_A z\mathrm{d}A}{A} \end{cases} \tag{3.27b}$$

若物体是均质等截面细长线段，其截面尺寸比其长度小得多，如图3.21所示。则其重心(形心)坐标公式为

$$\begin{cases} x_C = \dfrac{\int_l x\mathrm{d}l}{l} \\ y_C = \dfrac{\int_l y\mathrm{d}l}{l} \\ z_C = \dfrac{\int_l z\mathrm{d}l}{l} \end{cases} \tag{3.28}$$

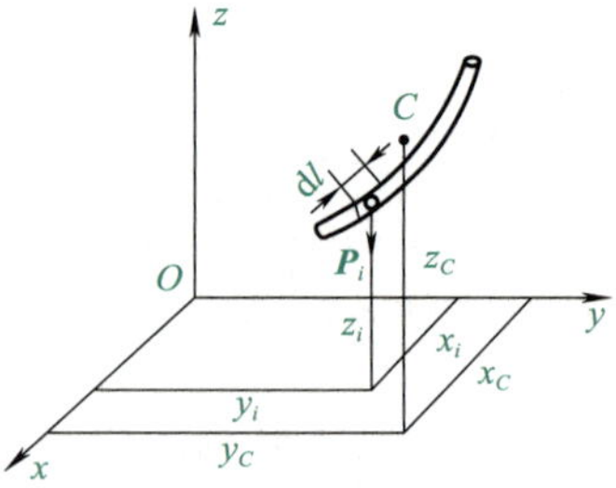

图 3.21

### 3.6.4 确定物体重心的方法

#### 1. 简单几何形状物体的重心

若均质物体有对称面，或对称轴，或对称中心，不难看出，该物体的重心必相应地在这个对称面，或对称轴，或对称中心上。例如，正方形、长方形或三角形的中心都在其几何中心上，平行四边形的重心在其对角线的交点上。形状规则的简单物体，其重心可从工程手册上查到，表 3.2 列出了几种常见的简单形状物体的重心。

表 3.2 均质简单形体的重心

| 图 形 | 重心位置 | 图 形 | 重心位置 |
|---|---|---|---|
| 扇形 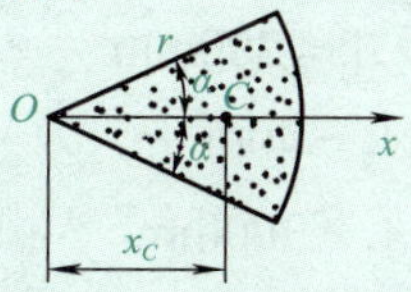 | $x_C=\frac{2}{3}\frac{r\sin\alpha}{\alpha}$ 对于半圆 $x_C=\frac{4r}{3\pi}$ | 三角形 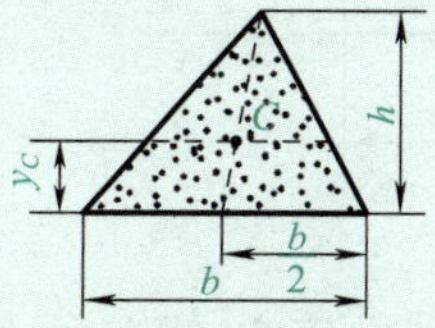 | 在中线的交点 $y_C=\frac{1}{3}h$ |
| 部分圆环 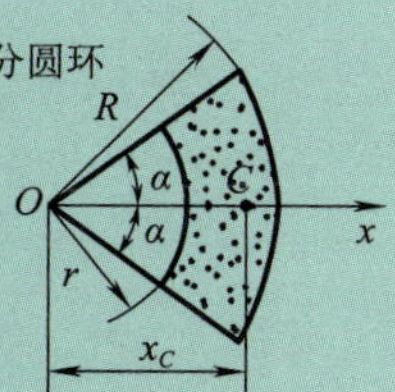 | $x_C=\frac{2}{3}\frac{(R^3-r^3)}{(R^2-r^2)}\frac{\sin\alpha}{\alpha}$ | 梯形 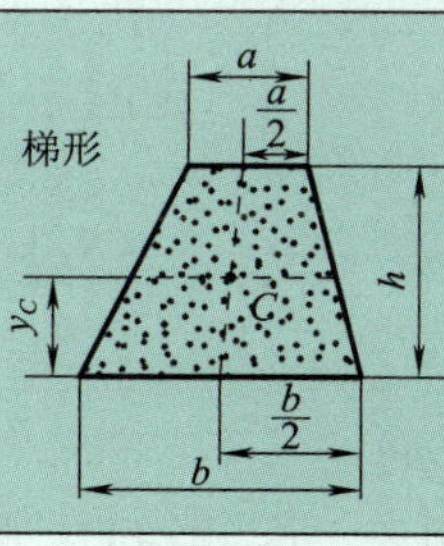 | $y_C=\frac{h(2a+b)}{3(a+b)}$ |
| 抛物线面 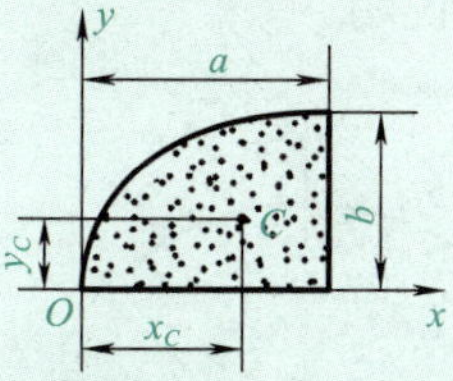 | $x_C=\frac{5}{8}a$ $y_C=\frac{2}{5}b$ | 圆弧 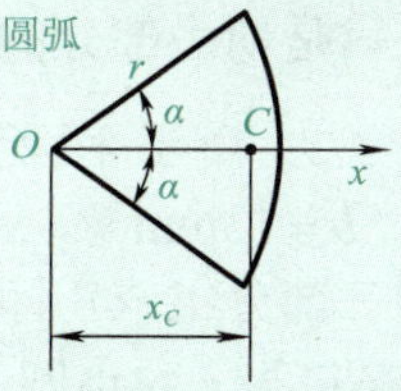 | $x_C=\frac{r\sin\alpha}{\alpha}$ 对于半圆弧 $x_C=\frac{2r}{\pi}$ |
| 抛物线面 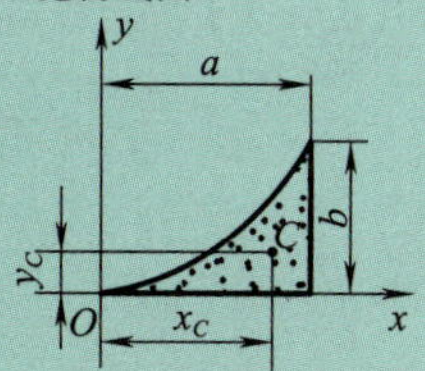 | $x_C=\frac{3}{4}a$ $y_C=\frac{3}{10}b$ | 弓形 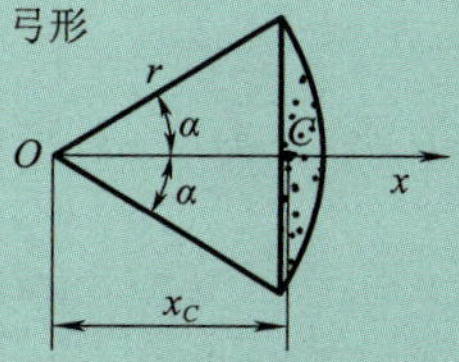 | $x_C=\frac{2}{3}\frac{r^3\sin^3\alpha}{A}$ 面积 $A$ $A=\frac{r^2(2a-\sin 2\alpha)}{2}$ |
| 锥形筒体 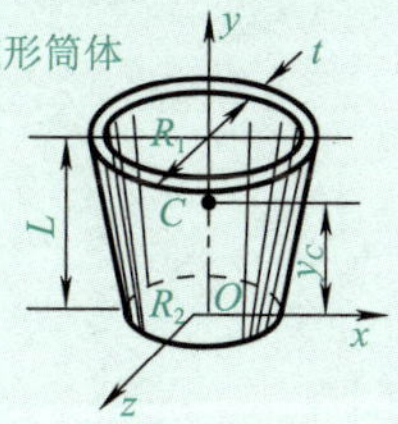 | $y_C=\frac{4R_1+2R_2-3t}{6(R_1+R_2-t)}L$ | 半球体 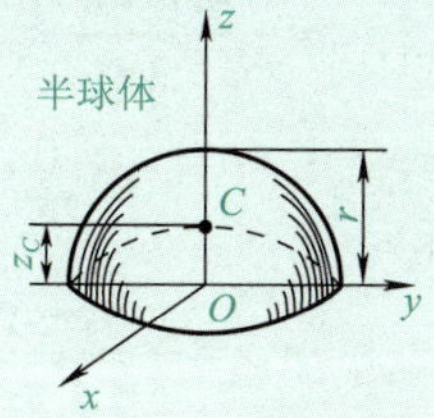 | $z_C=\frac{3}{8}r$ |

### 2. 用组合法求平面图形的重心

#### 1) 分割法

若一个均质物体由几个简单形状的物体组合而成，而这些物体的重心是已知的，那么整个物体的重心即可用式(3.27a)求出。

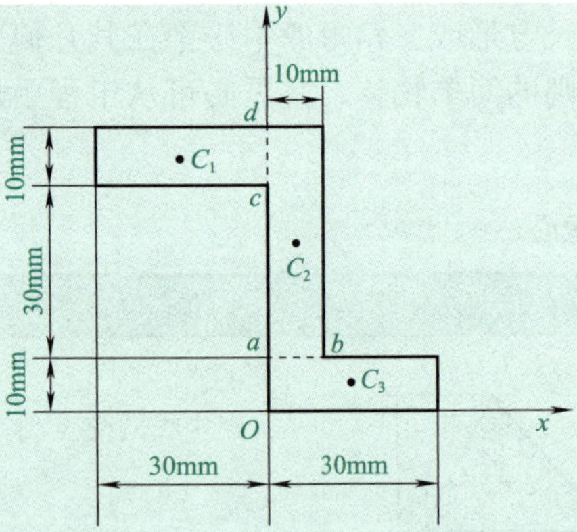


图 3.22

**【例 3.6】** 试求 $Z$ 形截面重心的位置，其尺寸如图 3.22 所示。

**解：** 取坐标轴如图所示，将该图形分割为三个矩形(如用 $ab$ 和 $cd$ 两线分割)。以 $C_1$、$C_2$、$C_3$ 表示这些矩形的重心，而以 $A_1$、$A_2$、$A_3$ 表示它们的面积。以 $(x_1,y_1)$、$(x_2,y_2)$、$(x_3,y_3)$ 分别表示 $C_1$、$C_2$、$C_3$ 的坐标，由图得

$$x_1=-15\text{mm},\quad y_1=45\text{mm},\quad A_1=300\text{mm}^2$$
$$x_2=5\text{mm},\quad y_2=30\text{mm},\quad A_2=400\text{mm}^2$$
$$x_3=15\text{mm},\quad y_3=5\text{mm},\quad A_3=300\text{mm}^2$$

由式(3.27a)求得该截面重心的坐标 $x_C$、$y_C$ 为

$$x_C=\frac{x_1A_1+x_2A_2+x_3A_3}{A_1+A_2+A_3}=2\text{mm}$$

$$y_C=\frac{y_1A_1+y_2A_2+y_3A_3}{A_1+A_2+A_3}=27\text{mm}$$

#### 2) 负面积法(负体积法)

若在物体或薄板内切去一部分(如有空穴或孔的物体)，则这类物体的形心仍可应用与分割法相同的公式来求得，只是切去部分的体积或面积应取负值。以下例说明。

**【例 3.7】** 试求图 3.23 所示平面图形的重心。已知：$R=100\text{mm}$，$r=17\text{mm}$，$b=13\text{mm}$。

**解：** 将图形看成是由三部分组成，即半径为 $R$ 的半圆 $A_1$、半径为 $r+b$ 的半圆 $A_2$ 和半径为 $r$ 的小圆 $A_3$。因 $A_3$ 是切去的部分，所以面积应取负值。建立坐标轴如图 3.23 所示，由于图形关于 $y$ 轴对称，则有 $x_C=0$。

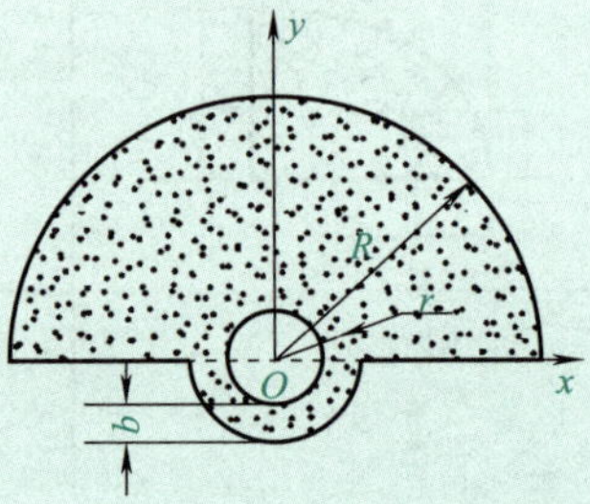


图 3.23

设 $y_1$、$y_2$、$y_3$ 分别是 $A_1$、$A_2$、$A_3$ 重心的坐标，由表 3.2 可知半圆形重心位置为

$$y_1=\frac{4R}{3\pi}=\frac{400}{3\pi}\text{mm},\quad A_1=5000\text{mm}^2$$

$$y_2=-\frac{4(r+b)}{3\pi}=-\frac{40}{\pi}\text{mm},\quad A_2=450\text{mm}^2$$

$$y_3=0,\quad A_3=-289\text{mm}^2$$

于是，偏心块重心的坐标为

$$y_C=\frac{y_1A_1+y_2A_2+y_3A_3}{A_1+A_2+A_3}=40.01\text{mm}$$

### 3. 实验法求物体的重心

对于形状不规则的物体，或者不便于用公式计算其重心的物体，工程上常用实验方法测定其重心位置。常用的实验法有悬挂法和称重法两种。

**1) 悬挂法**

对某些形状复杂或体积较小的物体，常用悬挂法确定物体的重心。如确定图 3.24 所示物体的重心，可将其用细绳悬挂起来，过悬挂点 $A$ 画一铅垂线 $AA'$。由二力平衡原理知，物体重心必在 $AA'$ 线上。然后将物体旋转一个角度(不能是 180°)，换一个悬挂点 $B$ 再悬挂一次，再过悬挂点 $B$ 画铅垂线 $BB'$，则重心也必在 $BB'$ 上。$AA'$ 与 $BB'$ 的交点就是该物体的重心。

**2) 称重法**

对某些形状复杂或体积较大的物体，常用称重法确定重心位置。如图 3.25 所示，连杆具有对称面，则其重心必在其对称面内，即在连杆中心线 $AB$ 上。至于在 $AB$ 线上的确切位置，可用下面方法确定：先称出连杆的重量 $\boldsymbol{G}$，然后将连杆的一端 $B$ 放在台秤上，另一端 $A$ 搁在水平面上，使中心线 $AB$ 处于水平位置，读出台秤上的读数 $\boldsymbol{G}_1$，并量出 $AB$ 间距离 $l$。

由力矩平衡方程

$$\sum M_A(F)=0,\quad G_1 l - G x_C = 0$$

得

$$x_C = \frac{G_1}{G} l$$

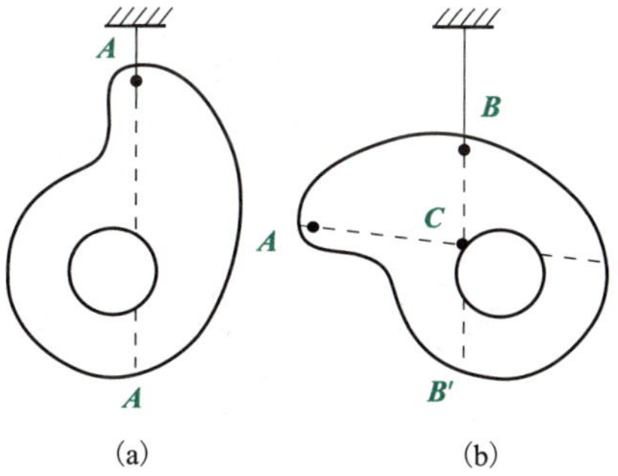


图 3.24

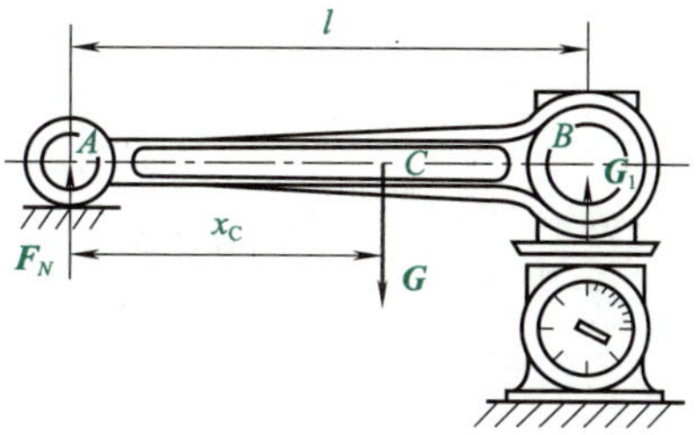


图 3.25

## 思考题

**3-1** 已知力 $F$ 的大小和它与 $x$、$y$ 轴的夹角，能否求得它在 $z$ 轴上的投影？

**3-2** 在正方体的顶角 $A$ 和 $B$ 处，分别作用力 $\boldsymbol{F}_1$ 和 $\boldsymbol{F}_2$，如图所示。试求此两力在 $x$、$y$、$z$ 轴上的投影和对 $x$、$y$、$z$ 轴的矩。试将图中的力 $\boldsymbol{F}_1$ 和 $\boldsymbol{F}_2$ 向点 $O$ 简化，并用解析式计算其大小和方向。

**3-3** 一个空间力系平衡问题可转化为三个平面力系问题，那么为什么不能求得九个未知量？

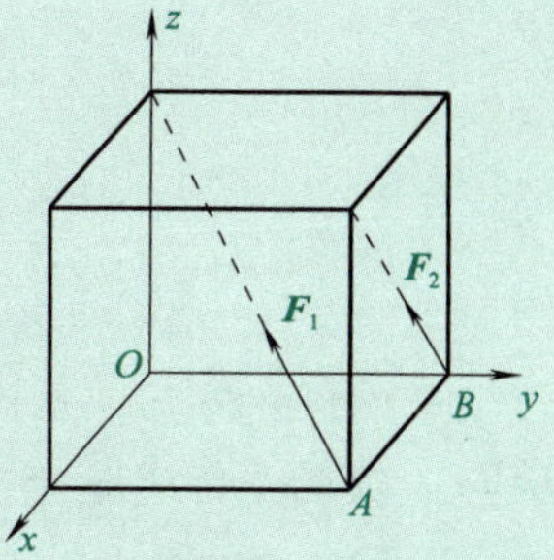


思考题 3-2 图

3-4 空间任意力系总可以用两个力来平衡，为什么？

3-5 某一空间力系对不共线的三个点的主矩都等于零，问此力系是否一定平衡？

3-6 (1)空间力系中各力的作用线平行于某一固定平面；(2)空间力系中各力的作用线分别汇交于两个固定点。试分析这两种力系最多各有几个独立的平衡方程。

3-7 物体的重心是否一定在物体内？

3-8 一均质等截面直杆的重心在哪里？若把它弯成半圆形，重心的位置是否改变？

## 习 题

3.1 正六面体受力如图所示。已知：$F_1=3\text{kN}$，$F_2=2\text{kN}$，$F_3=1\text{kN}$。设正六边形边长为 1m。试求此力系向点 $O$ 简化的结果。

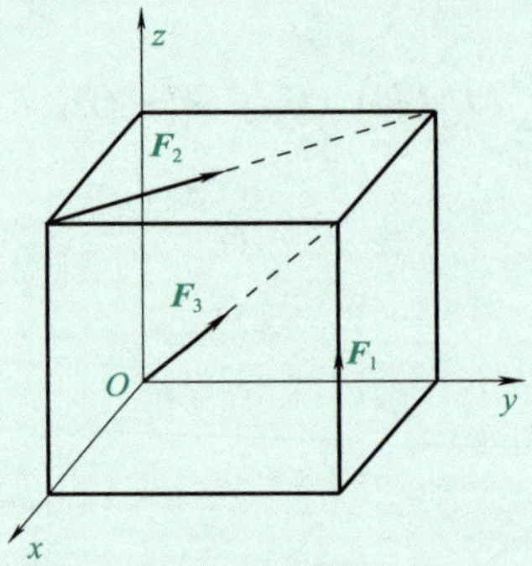


习题 3.1 图

3.2 正方形边长 $a=0.2\text{m}$，在顶点 $A$ 和 $B$ 处沿各棱边分别作用有六个大小都等于 100N 的力，其方向如图所示。试求此力系向点 $O$ 简化的结果。

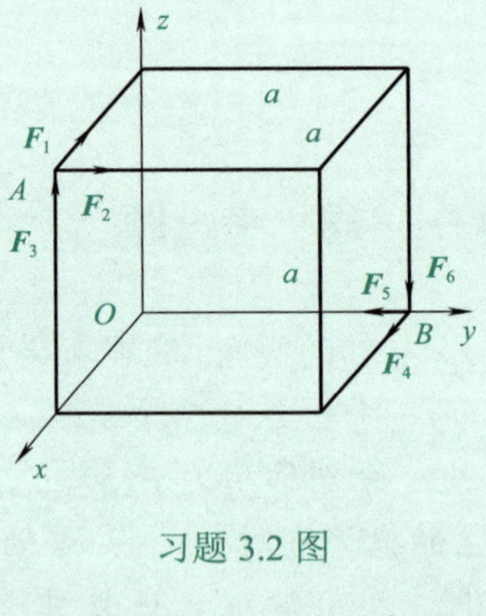


习题 3.2 图

3.3 水平轮上 $A$ 点作用一力 $\boldsymbol{F}$，力 $\boldsymbol{F}$ 位于 $A$ 处的切平面内，并与过 $A$ 点的切线成 $60^\circ$ 角，$OA$ 与 $y$ 轴的平行线成 $45^\circ$ 角，如图所示。已知 $F=1000\text{N}$，$h=r=1\text{m}$。试求力 $\boldsymbol{F}$ 对各轴之矩。

3.4 如图所示，支架由 $AB$、$AC$ 和 $AD$ 三杆组成，已知 $AB=AC=2\text{m}$，$ABC$ 平面为水平面，$AD$ 与垂线之间的夹角为 $30^\circ$，在 $A$ 点悬挂一重物，该物重量 $G=10\text{kN}$。试求 $AB$、$AC$ 和 $AD$ 三杆所受的力。

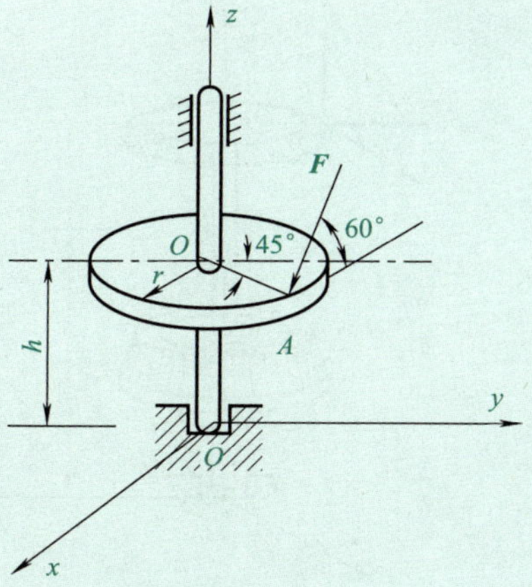

习题 3.3 图

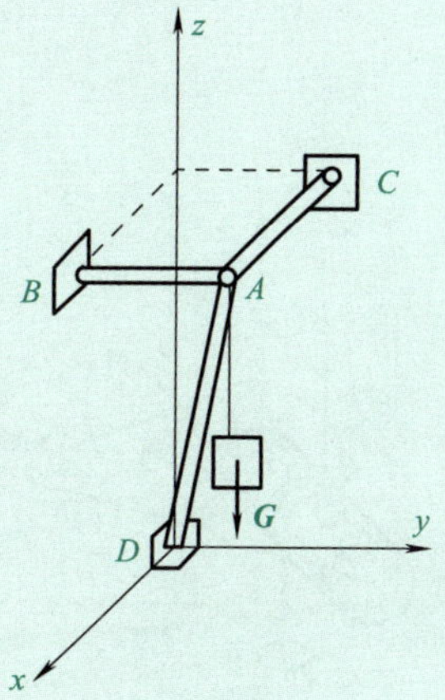

习题 3.4 图

3.5 结构受力如图所示，已知 $F=1000\text{N}$，试求力 $F$ 对于 $z$ 轴的力矩。

3.6 如图所示，镗刀杆刀头上受切削力 $F_z=500\text{N}$，径向力 $F_x=150\text{N}$，轴向力 $F_y=75\text{N}$，刀尖位于 $Oxy$ 平面内，其坐标 $x=75\text{mm}$，$y=200\text{mm}$。工件重量不计，试求被切削工件左端 $O$ 处的约束力。

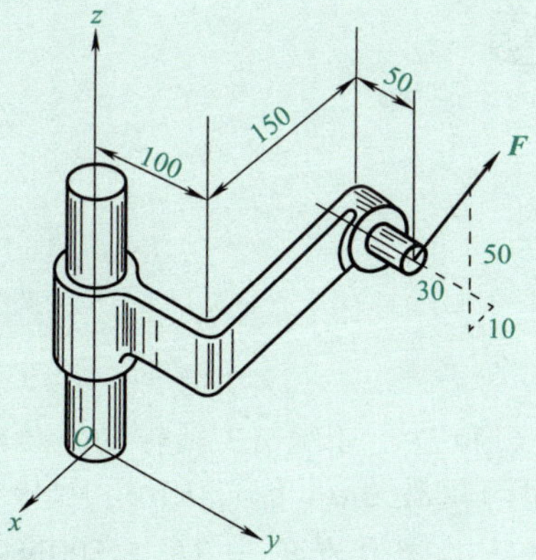

习题 3.5 图

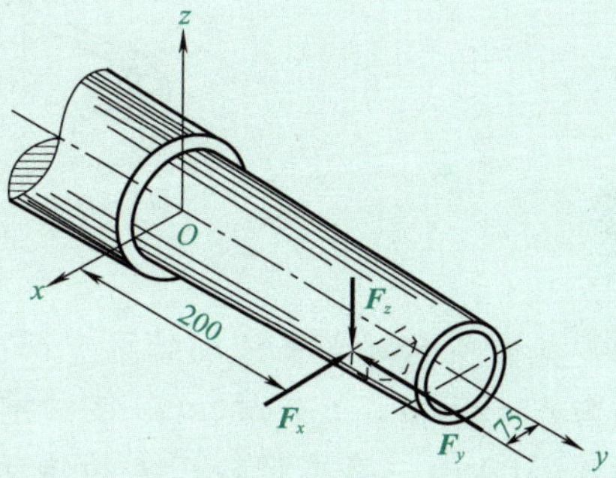

习题 3.6 图

3.7 电动机以转矩 $M$ 通过链条传动将重物 $W$ 等速提起，链条与水平线成 $30°$ 角(直线 $O_1x_1$ 平行于直线 $Ax$)，如图所示。已知：$r=100\text{mm}$，$R=200\text{mm}$，$W=10\text{kN}$，链条主动边（下边)的拉力为从动边拉力的两倍。轴及轮重不计，试求支座 $A$ 和 $B$ 的约束力以及链条的拉力。

3.8 使水涡轮转动的力偶矩为 $M_z=1200\text{N}\cdot\text{m}$。在锥齿轮 $B$ 处受到的力分解为三个分力：切向力 $\boldsymbol{F}_\text{t}$、轴向力 $\boldsymbol{F}_\text{a}$ 和径向力 $\boldsymbol{F}_\text{r}$。这些力的比例为 $\boldsymbol{F}_\text{t}:\boldsymbol{F}_\text{a}:\boldsymbol{F}_\text{r}=1:0.32:0.17$，已知水涡轮连同轴和锥齿轮的总重为 $G=12\text{kN}$，其作用线沿轴 $Cz$，锥齿轮的平均半径 $OB=0.6\text{m}$，其余尺寸如图所示。试求止推轴承 $C$ 和轴承 $A$ 的约束力。

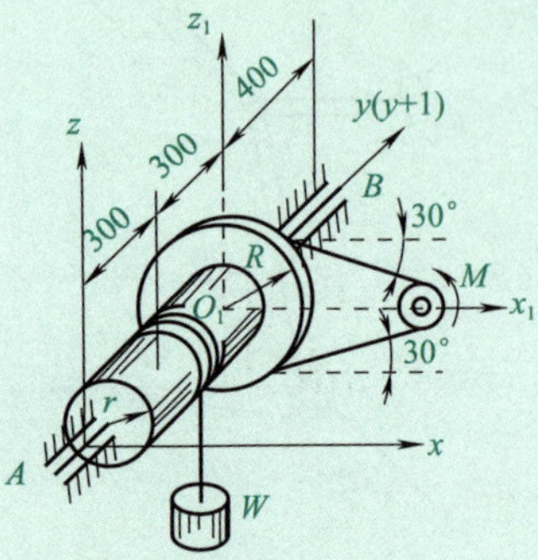


习题 3.7 图

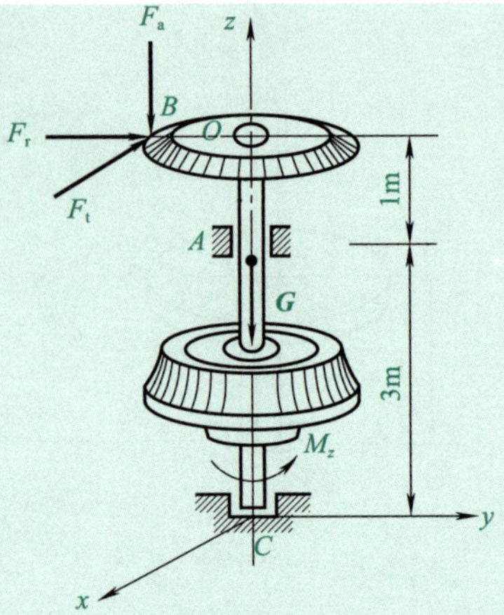


习题 3.8 图

3.9 如图所示，水平轴 $AB$ 上装有两个凸轮，凸轮上分别作用已知力 $F_1 = 80\text{N}$ 和未知力 $\boldsymbol{F}$。若该轴处于平衡状态，试求力 $\boldsymbol{F}$ 的大小和轴承的反力。

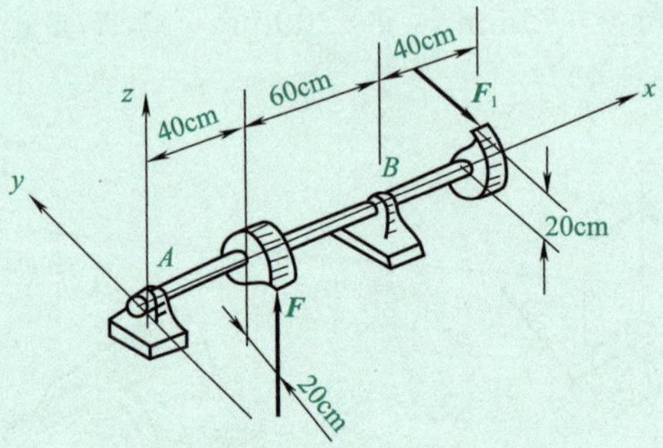


习题 3.9 图

3.10 如图所示，水平传动轴承有两个传动带轮 $C$ 和 $D$，可绕 $AB$ 轴转动。传动带轮的半径分别为 $r_1 = 20\text{cm}$，$r_2 = 25\text{cm}$，传动带轮与轴承间的距离为 $a = b = 50\text{cm}$，两传动带轮间的距离为 $c = 100\text{cm}$。套在带轮 $C$ 上的传动带是水平的，其张力为 $F_{T1} = 2F_{t1} = 500\text{N}$，套在带轮 $D$ 上的传动带和铅垂线成角 $\alpha = 30°$，其张力为 $F_{T2} = 2F_{t2}$。试求在平衡情况下，张力 $F_{T2}$ 和 $F_{t2}$ 的值，以及 $A$、$B$ 两轴承的反力。

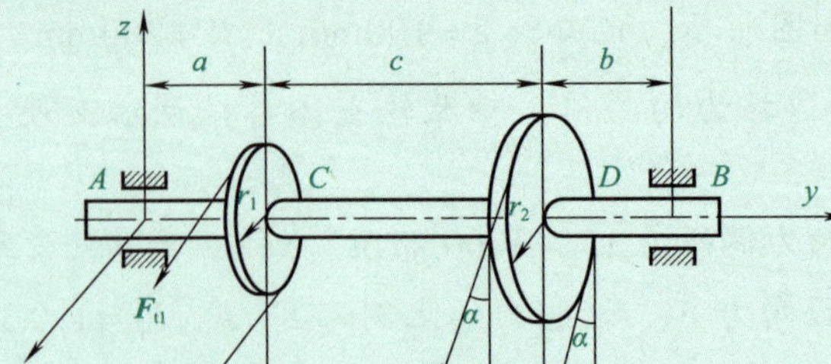


习题 3.10 图

3.11 试求图示工字钢截面的形心。

3.12 在半径为 $R$ 的圆面积内挖一半径为 $r$ 的圆孔，如图所示。求剩余面积的形心。

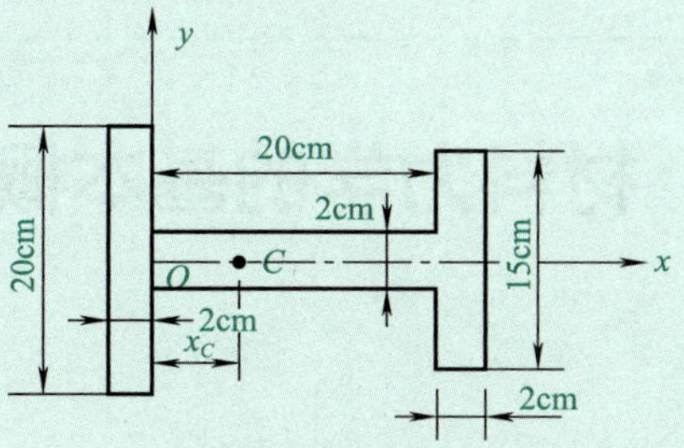


习题 3.11 图

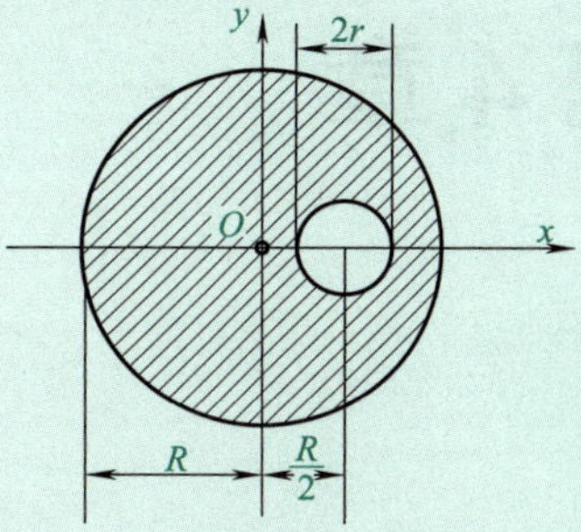


习题 3.12 图

3.13 试求图示各图形形心的位置(长度单位为 mm)。

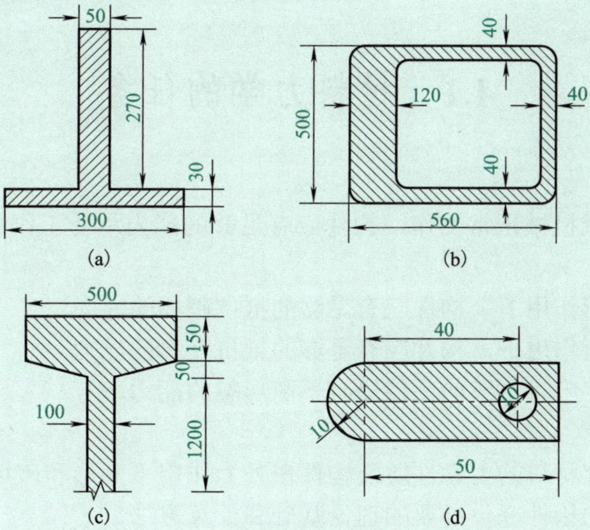


习题 3.13 图

# 第4章 材料力学的基本概念

本章介绍材料力学的任务、研究方法，变形固体的基本假设，内力、应力、应变的概念以及杆件变形的基本形式等。核心知识点是强度、刚度、稳定性的概念以及变形固体的基本假设。

## 4.1 材料力学的任务

### 1. 对构件的要求

为保证工程结构或机械正常工作，构件应有足够的能力承受工作中的各种载荷。因此，它应当满足以下要求。

强度要求：在载荷作用下，构件应有足够的抵抗破坏的能力。

刚度要求：在载荷作用下，构件应有足够的抵抗变形的能力。

稳定性要求：构件应有足够的保持原有平衡形态的能力。

### 2. 材料力学的任务

材料力学主要研究材料的力学性质及构件在外力作用下变形和破坏的规律，它的任务是：为设计既经济又安全的构件提供必要的理论基础和计算方法。

研究构件的强度、刚度和稳定性时，一方面应了解材料在外力作用下表现出来的变形和破坏等方面的性能，即材料的力学性能，而力学性能需要实验测定。另一方面，经过简化得出的理论是否可信，也要由实验来验证。还有一些尚无理论结果的问题，需借助实验方法来解决。所以，实验分析和理论研究同是材料力学解决问题的方法。

### 3. 材料力学的研究方法

材料力学的研究方法可以归纳为“一个基础、三大关系”。

(1)“一个基础”：以实验观察为基础。材料力学是以实验为基础的学科。材料的主要力学性能参数是通过实验手段得到的，而这些参数是构件强度和变形计算的基础；在强度、刚度的变形研究中，均是通过实验观察试件的变形特点，进而提出变形假设，然后建立强度和刚度的计算公式。

(2)“三大关系”之一：静力平衡关系。在外力作用下，处于平衡状态的构件，其整体及其任意部分都是静力平衡的，都可以建立相应的静力平衡方程。

(3)“三大关系”之二：变形协调关系。变形协调是指构件上所有的点在变形过程中不发生分离和重叠，原来相邻的点在变形过程中始终保持相邻，而且各点的变形量之间满足一定的数量关系。

(4)“三大关系”之三：物理关系。静力平衡关系和变形协调关系均不涉及构件的材料性质，而构件的强度、刚度和稳定性与构件的材料性能又是密切相关的，因此在分析过程中必须引入描述材料力学性能的关系式。

# 4.2　变形固体的基本假设

### 1. 变形固体

固体因外力作用而发生变形，故称为变形固体或可变形固体。构件在载荷作用下会发生形状和尺寸的变化，材料力学部分的研究内容与构件的变形密切相关，所以在材料力学部分将所研究的构件简化为变形固体模型。

### 2. 变形固体的基本假设

由于变形固体组成的多样性以及内部微观结构的复杂性，为了便于研究构件的强度、刚度和稳定性的问题，突出与研究问题有关的主要因素，略去次要因素，对变形固体作如下基本假设。

#### 1) 连续均匀性假设

假设组成固体的物质不留空隙地充满了固体的体积，且各点处的力学性质完全相同。实际上从微观角度上看，粒子之间并不连续，是有空隙的，物体的力学性质也不是各点处都相同。但粒子之间空隙与所研究物体的尺寸比较而言，极其微小，另外数量极大的粒子之间是无序排列的，因此从宏观角度上看，完全可以将所研究的物体假设为连续均匀的。

根据连续均匀性假设，我们可以取物体的任何微小的部分来进行研究。

#### 2) 各向同性假设

认为无论沿任何方向，固体的力学性能都是相同的。实际上，工程中常用的金属物体是由晶粒组成的，从微观上看，就金属的单一晶粒而言，其力学性质具有明显的方向性；但由于晶粒的数目极多，排列又极不规则，所以从宏观角度上看，就可以将其假设为各个方向同性的，具有这种属性的材料称为各向同性材料，如钢、铁和玻璃等。

沿不同的方向力学性能不同的材料称为各向异性材料，如木材、胶合板等。

#### 3) 小变形条件

变形固体在外力作用下会产生变形，根据变形的性质不同，可以分为弹性变形和塑性变形。弹性变形是指卸载后能够自行消失的变形；塑性变形又称为残余变形，是指卸载后不能消失的变形。

材料力学中所研究的实际构件的变形一般是极其微小的，因而认为无论是变形或因变形引起的位移，其大小都远小于构件的最小尺寸。因此在进行外力分析时，可以忽略构件的变形，认为外力作用点和作用方向不因构件变形而改变，这种方法称为原始尺寸原理，它的前提是构件的变形很小即小变形条件。

连续均匀性假设、各向同性假设和小变形条件，使一些复杂的力学问题的计算得到很大简化，并且也能满足工程上的要求。

## 4.3 内力、截面法和应力

### 1. 内力的概念

物体因受外力作用而变形，因其内部各部分之间相对位置改变而引起的相互作用称为内力。材料力学中的内力，是指物体内部各部分之间因外力而引起的附加相互作用力，即“附加内力”。内力随外力的增加而增加，达到某一限度时就会引起构件破坏，因此，内力不会无限制地增加。

为了显示构件在外力作用下 *mm* 截面(在材料力学中一般用横截面，书中常简称为截面)上的内力，用该截面假想地把构件分成Ⅰ、Ⅱ两部分，如图 4.1(a)所示。任取其中一部分，如Ⅱ，作为研究对象。在部分Ⅱ上作用的外力有 $\boldsymbol{F}_3$ 和 $\boldsymbol{F}_4$，欲使Ⅱ保持平衡，Ⅰ必然有力作用于Ⅱ的 *mm* 截面上，以与Ⅱ所受的外力平衡，如图 4.1(b)所示。根据作用与反作用定律可知，Ⅱ必然也以大小相等、方向相反且沿同一作用线的力作用于Ⅰ上。上述Ⅰ与Ⅱ间相互作用的力就是构件在 *mm* 截面上的内力。按照连续性假设，在 *mm* 截面上各处都有内力作用，所以内力是分布于截面上的一个分布力系。把这个分布内力系向截面上某一点(如形心)简化后，得到的合力和合力偶称为截面上的内力。

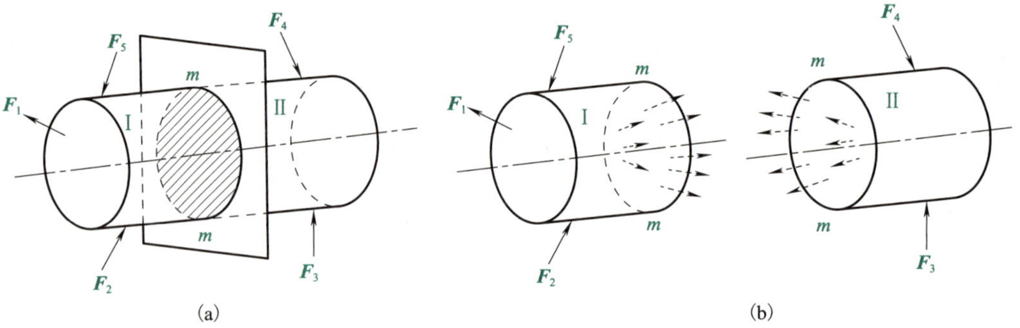


图 4.1

### 2. 截面法计算内力

计算内力的方法——截面法。即用假想的截面将构件分成两部分，以显示并确定内力的方法。可分为以下三个步骤。

(1)截开并选取：欲求某一截面上的内力，沿该截面假想地把构件分成两部分，任选其中的一部分作为研究对象。

(2)代替：用作用于截面上的内力代替舍去部分对保留部分的作用。

(3)平衡并求解：建立保留部分的平衡方程，确定未知内力。

### 3. 应力的概念

仅仅确定出截面上的内力，并不能反映内力在某一点处的强弱程度。例如，在变截面杆件的两端施加一对轴向拉力，各段的面积不同，但内力是相同的。经验告诉我们，逐步增大外力，杆件会在较细的部分发生破坏。因此，引入应力的概念，即分布内力在一点处的集度。

为了研究应力，在某个受外力作用且平衡的杆件上的 $mm$ 截面上围绕一点 $C$ 取微小面积 $\Delta A$，如图 4.2(a) 所示，设微小面积 $\Delta A$ 上的分布内力的合力为 $\Delta F$。则定义

$$\boldsymbol{p}_{\mathrm{m}} = \frac{\Delta \boldsymbol{F}}{\Delta A} \tag{4.1}$$

为微小面积 $\Delta A$ 上的平均应力。$\boldsymbol{P}_{\mathrm{m}}$ 是一个矢量，表示在 $\Delta A$ 面积上内力的平均集度。当 $\Delta A$ 趋于零时，$\boldsymbol{P}_{\mathrm{m}}$ 的大小和方向都将趋于一定极限。这样得到

$$\boldsymbol{P} = \lim_{\Delta A \to 0} \boldsymbol{P}_{\mathrm{m}} = \lim_{\Delta A \to 0} \frac{\Delta \boldsymbol{F}}{\Delta A} \tag{4.2}$$

式中，$\boldsymbol{P}$ 称为 $C$ 点的应力，它反映了内力在 $C$ 点的强弱程度。

$\boldsymbol{P}$ 是一个矢量，称为一点的全应力。一般将 $\boldsymbol{P}$ 分解为垂直于截面的分量 $\sigma$ 和切于截面的分量 $\tau$，$\sigma$ 称为正应力，$\tau$ 称为切应力。

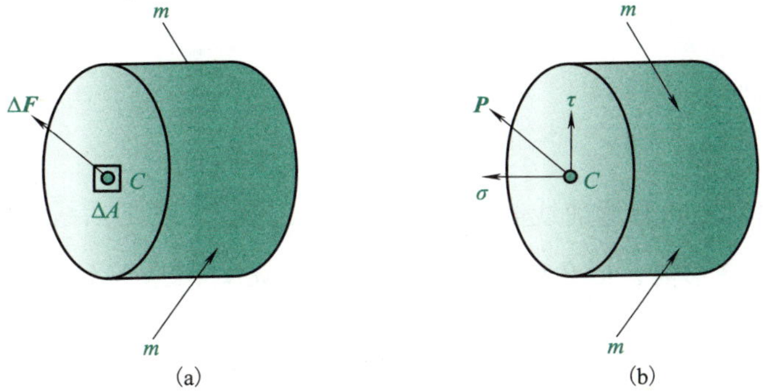


图　4.2

在国际单位制中，应力的单位为 Pa（$1\mathrm{Pa} = 1\mathrm{N/m^2}$），工程中，常采用 MPa（$1\mathrm{MPa} = 10^6\mathrm{Pa}$）。

应力的量纲是[力][长度]$^{-2}$，计量单位常用 MPa。在计算时，如果力用牛顿(N)为单位，长度用毫米(mm)为单位，得到的应力单位就是 MPa。

## 4.4　线应变与切应变

### 1. 一点的位移

假设一受有约束的变形体，在外力作用下体内任一点 $M$ 因变形位移到 $M'$，$MM'$ 即为 $M$ 点的位移，如图 4.3 所示。

### 2. 一点的线应变

为了研究构件的变形以及其内部的应力分布规律，需要了解构件内部各点处的变形情况。为此，围绕点 $M$ 附近取一微小六面体，边长为 $\Delta x$、$\Delta y$、$\Delta z$，变形后的六面体的边长和棱边与棱边之间的夹角都将发生变化，取 $xOy$ 平面上的投影，如图 4.4 所示，设未变形前线段 $MN$ 与 $x$ 轴平行，长度为 $\Delta x$，受力变形后，$M$ 点因变形位移到 $M'$ 点，$N$ 点因变形位移到 $N'$ 点，线段 $M'N'$ 的长度为 $\Delta x+u$，则称 $\varepsilon_{\mathrm{m}} = \dfrac{\overline{M'N'} - \overline{MN}}{\overline{MN}} = \dfrac{u}{\Delta x}$ 为线段 $MN$ 的平均线应变；当 $\Delta x$ 趋于零时，$\varepsilon_{\mathrm{m}}$ 的极限值为

$$\varepsilon_x = \lim_{MN \to 0} \frac{\overline{M'N'} - \overline{MN}}{\overline{MN}} = \lim_{\Delta x \to 0} \frac{u}{\Delta x} \tag{4.3}$$

式中，$\varepsilon_x$ 表示 $M$ 点沿 $x$ 方向的线应变。同理，沿 $y$、$z$ 方向的线应变可用 $\varepsilon_y$、$\varepsilon_z$ 表示，也可以按照同样的方法计算。应该指出，若线段 $MN$ 内各点的变形程度是均匀的，则平均应变就是 $M$ 点沿 $x$ 方向的线应变。

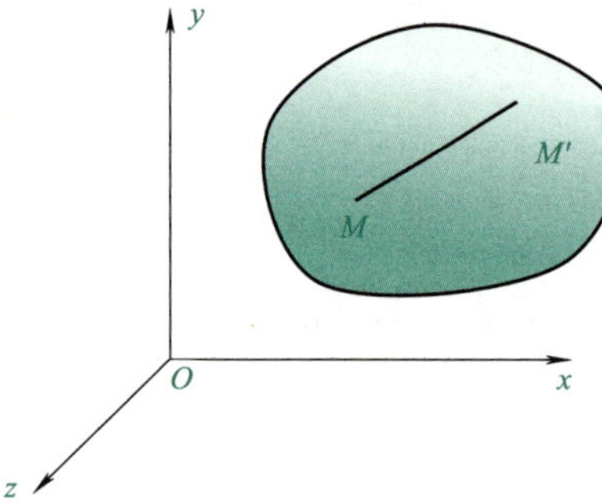


图 4.3

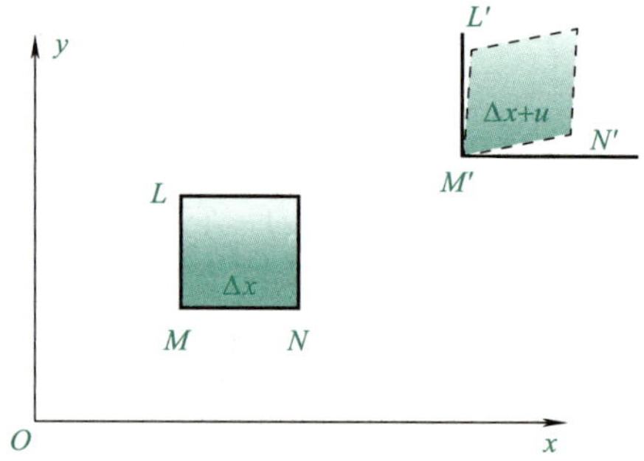


图 4.4

### 3. 一点的切应变

从图 4.4 中可以看出，变形前线段 $MN$ 与线段 $ML$ 正交，变形后线段 $M'N'$ 与 $M'L'$ 之间的夹角变为 $\angle L'M'N'$，变形前、后角度的变化为 $\frac{\pi}{2} - \angle L'M'N'$，当 $N$ 和 $L$ 分别趋近于 $M$ 时，有

$$\gamma_{xy} = \lim_{\overline{MN} \to 0,\ \overline{ML} \to 0} \left( \frac{\pi}{2} - \angle L'M'N' \right) \tag{4.4}$$

式中，$\gamma_{xy}$ 称为点 $M$ 在 $xy$ 平面的切应变或角应变。同理，$\gamma_{yz}$、$\gamma_{zx}$ 分别为点 $M$ 在 $yz$、$zx$ 平面的切应变。

线应变 $\varepsilon$ 和切应变 $\gamma$ 是度量一点处变形程度的两个基本量，它们均为无量纲量。

## 4.5 杆件变形的基本形式

### 1. 构件的分类

任何机械设备和工程结构都是由零件、部件组成的，这些零件、部件在工程力学中称为构件。构件的形状多种多样，大致可以分为四类：杆件、板、壳和块体。材料力学部分主要研究杆件的变形，纵向尺寸远大于横向尺寸的构件件称为杆件，杆件各横截面形心的连线称为杆的轴线；轴线是直线的杆称为直杆，轴线是曲线的杆称为曲杆。根据横截面的面积是否相等又分为等截面杆和变截面杆。

### 2. 杆件变形的基本形式

杆件受力有各种情况，相应的变形就有各种形式，杆件变形的基本形式有以下四种。

#### 1) 轴向拉伸、压缩

如图 4.5(a) 和 (b) 所示，当杆件受到沿轴线方向的合外力的作用时，杆件在轴线方向产生伸长或缩短的变形方式，称为轴向拉伸或轴向压缩变形。

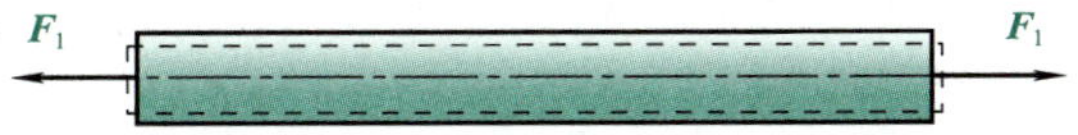

(a) 拉伸

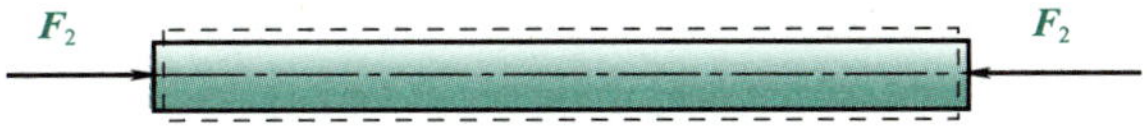

(b) 压缩

图 4.5

**2) 剪切**

如图 4.6(a)所示表示一铆钉连接，铆钉即受到剪切。即构件受大小相等、方向相反、作用线相互平行且距离较近的力的作用；在变形上表现为受剪切的构件的两部分沿外力作用方向相对错动，如图 4.6(b)所示。

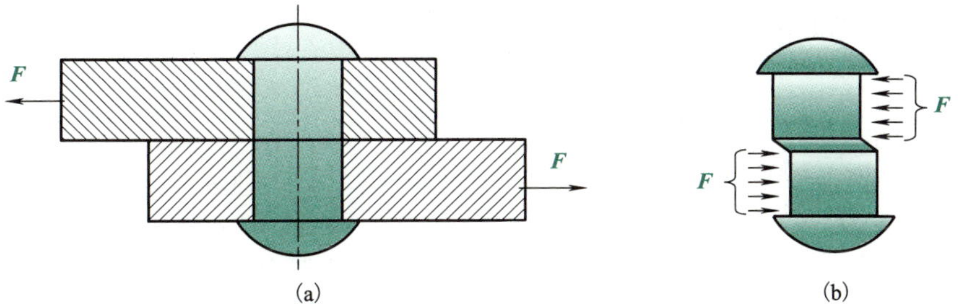


图 4.6

**3) 扭转**

如图 4.7 所示，按照右手法则，当外力偶矩 $M_e$ 的矢量方向与杆件轴线平行时，杆件横截面绕其轴线发生相对转动的变形方式，称为扭转变形。

**4) 弯曲**

如图 4.8 所示，当外力偶矩 $M_e$ 的矢量方向与杆件轴线垂直或者力 $F$ 的作用方向与杆件轴线垂直时，杆件的轴线由直线变为曲线的变形形式，称为弯曲变形。

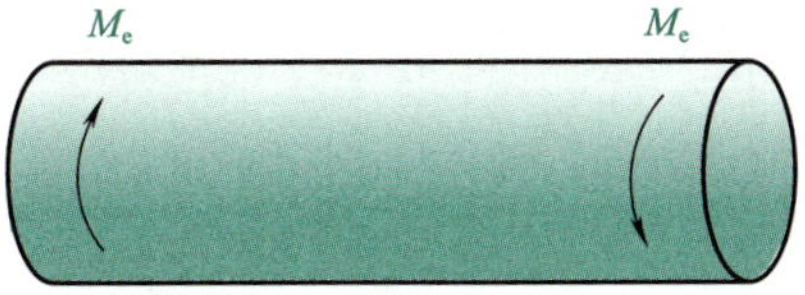


图 4.7

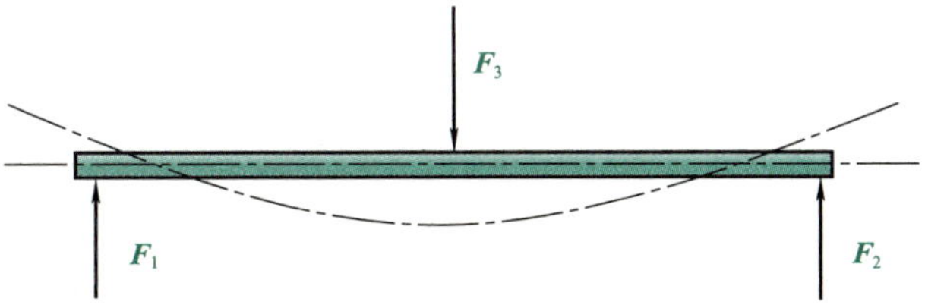


图 4.8

在工程实际问题中，杆件的变形都比较复杂，经过合理的力学简化，复杂的变形可以简化为上述一种基本变形或多种基本变形的组合。

## 思考题

**4-1** 材料力学的研究对象是刚体还是变形固体？

4-2　材料力学对变形固体做了哪些假设?

4-3　什么是应力?应力如何分类?

4-4　应力的单位是什么?

4-5　什么是杆件?

4-6　杆件变形的基本形式有几种?

## 习　题

讨论以下问题:

4.1　材料力学对所研究的杆件提出了哪三方面的要求?

4.2　用截面法计算内力的步骤是什么?

4.3　举例说明生产和生活实际中哪些问题和杆件的强度和刚度或者稳定性有关系。

4.4　材料力学的任务是什么?

# 第 5 章

## 轴向拉伸和压缩

轴向拉伸和压缩是杆件基本受力与变形形式中最简单的一种，它涉及的一些基本原理与方法虽然比较简单，但是在材料力学中有一定的普遍意义。因此，本章的内容可以使读者对材料力学部分的内容有一个初步的、较全面的了解。

本章主要介绍轴向拉伸和压缩的基本问题，包括外力、内力、应力、变形，材料在拉伸和压缩时的力学性能，轴向拉伸和压缩的强度设计，轴向拉伸和压缩的变形计算。核心知识点是应力的分布规律及其计算，强度设计以及变形的胡克定律。

## 5.1 轴向拉伸与压缩的概念

### 1. 实例和概念

承受轴向载荷的拉(压)杆在工程中应用非常广泛。例如，一些机器中所用的各种紧固螺栓，图 5.1(a)所示即为其中的一种，在紧固时，要对螺栓加预紧力，这时，螺栓承受轴向拉力，将发生伸长变形。图 5.1(b)所示汽车发动机中的气缸、活塞、连杆所组成的结构中，连杆承受轴向压力。另外悬索桥上的钢索，桥梁桁架结构中的杆件等，也都是承受轴向拉力或压力的杆件。

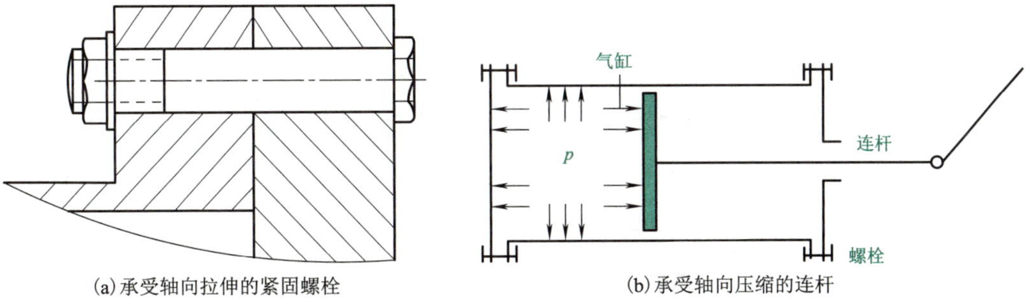


(a)承受轴向拉伸的紧固螺栓　　(b)承受轴向压缩的连杆

图 5.1

上述杆件的共同特点是：杆件受到沿轴线方向的合外力的作用，在变形上表现为杆件在轴线方向上的伸长或缩短。这样的变形形式称为轴向拉伸或轴向压缩变形，具有这种受力和变形特点的杆件称为轴向拉伸或压缩杆件，简称为拉杆或压杆。

### 2. 受力简图

根据拉伸或压缩杆件的受力和变形特点，轴向拉伸或压缩杆件受力简图如图 5.2 所示。其中虚线表示杆件受力变形后的形状。

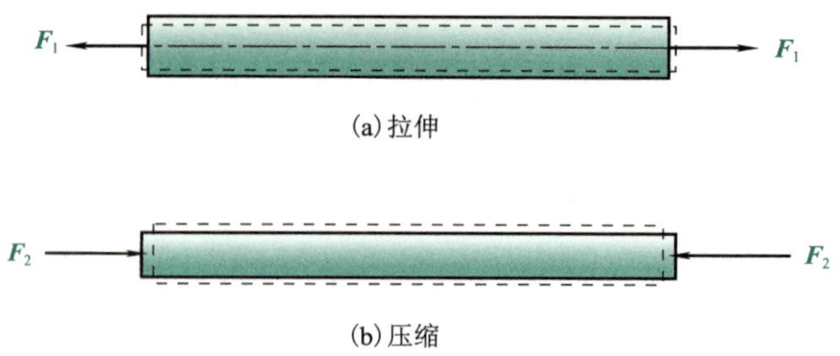


图 5.2

作用线沿轴线方向的外力，称为轴向外力或轴向载荷，如图 5.2 中的 $F_1$ 和 $F_2$。

## 5.2 轴向拉伸与压缩横截面上的内力

### 5.2.1 轴力

如图 5.3(a)所示为一受两个轴向载荷 $\boldsymbol{F}$ 作用的直杆，$mm$ 为任一横截面，为了求该截面的内力，采用截面法。按照截面法求内力的步骤，首先用一假想的平面将杆件在 $mm$ 截面处截断分成左、右两部分，任取其中一部分为研究对象，如选取左半部分为研究对象。其次用内力代替，杆件的两部分在横截面上相互作用的内力，是作用力和反作用力之间的关系，且为分布的力系，由于杆件在轴向载荷作用下处于平衡状态，截断后任取其中的一部分也应该是平衡的，又因为外力是轴向载荷，所以分布内力系的合力必然沿杆件的轴线方向，沿杆件轴线方向的合内力称为轴力，用 $F_N$ 表示。如图 5.3(b)所示。最后对左半部分列平衡方程：$\sum F_x = 0$，$F_N - F = 0$ 得到 $F_N = F$。通常规定：轴力实际的指向(根据平衡方程所得到的指向)离开所取的横截面时，即轴力是拉力时为正；轴力实际的指向(根据平衡方程所得到的指向)朝向所取的横截面时，即轴力是压力时为负。

根据轴力的正负号规定，无论取哪一部分为研究对象，求得的轴力的大小和正负号都是相同的。如果选取右半部分为研究对象，如图 5.3(c)所示，求得的结果与左半部分完全相同。

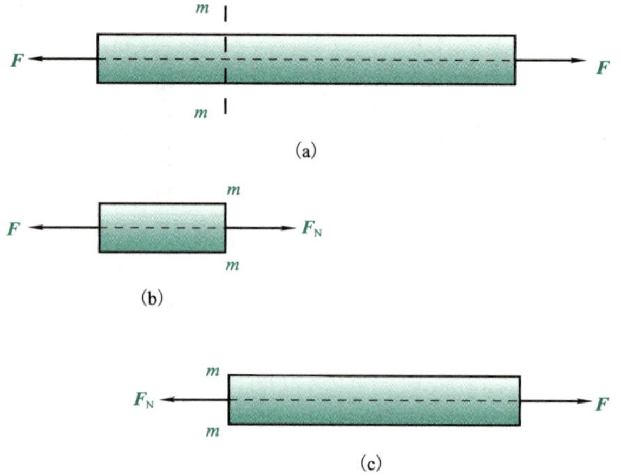


图 5.3

### 5.2.2　轴力图

当杆受到多个轴向外力作用时，在杆的不同部分横截面上的轴力各不相同。对杆件做强度计算时，都要以杆的最大轴力为依据，为此就必须知道杆的各个横截面上的轴力，以确定其最大轴力。用平行于杆轴线的坐标表示横截面的位置，用垂直于杆轴线的坐标表示横截面上轴力的数值，从而绘出表示轴力与截面位置关系的图线，称为轴力图。从该图上即可确定最大轴力的数值及其所在横截面的位置。习惯上，将正值的轴力画在上侧，负值的轴力画在下侧。

下面通过例题说明如何通过截面法求轴力以及轴力图的画法。

**【例 5.1】**　图 5.4(a)所示右端固定的变截面直杆，承受两轴向载荷作用，$F_1=20\,\text{kN}$，$F_2=50\,\text{kN}$。试画出轴力图。

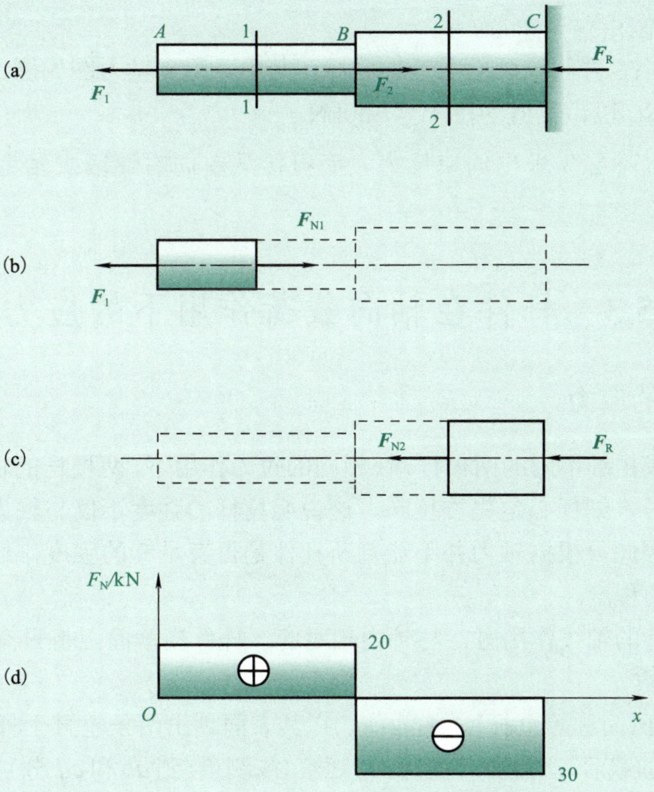


图　5.4

**解：**(1)确定约束力。

设杆固定端约束力为 $F_R$，由整体平衡条件，求得 $F_R=30\,\text{kN}$。

(2)分段。

*A*、*B* 两处有集中力作用，*C* 处有约束力，因此 *A* 截面、*B* 处左右两侧截面及 *C* 截面为控制面。

(3)确定各段轴力。

*A* 截面和 *B* 左侧截面之间的所有横截面上轴力都相同；*B* 右侧截面和 *C* 截面之间所有横截面上轴力相同。

采用截面法，从 $A$、$B$ 之间任意 1-1 截面处截开，考察左边部分的平衡，在截开的截面上假设轴力为拉力，如图 5.4(b)所示。由平衡方程

$$\sum F_x = 0 \text{，} \quad F_{N1} - F_1 = 0$$

求得

$$F_{N1} = F_1 = 20\,\text{kN}$$

从 $B$、$C$ 之间任意 2-2 截面处截开，考察右边部分的平衡，在截开的截面上假设轴力为拉力，如图 5.4(c)所示。由平衡方程

$$\sum F_x = 0 \text{，} \quad -F_{N2} - F_R = 0$$

求得

$$F_{N2} = -F_R = -30\,\text{kN}$$

上述计算中，对于截开截面上的轴力，都假设为拉力，即正的轴力。如果计算结果为正值，表明假设轴力方向正确，即为拉力；如果计算结果为负值，表明实际轴力与假设的轴力方向相反，表明该截面上轴力为压力。本例中的 $F_{N2}$ 为负值，表明 2-2 截面上的轴力为压力。

(4)建立坐标系画出轴力图。

建立 $F_N$-$x$ 坐标系，并将控制面上的轴力标在其中，得到轴力图如图 5.4(d)所示。绝对值最大的轴力发生在 $BC$ 段，其值为 $|F_N|_{max} = 30\text{kN}$。

当然，本题可以不必先求出约束反力，而直接从左向右逐段求轴力，比上述求解过程简便。

## 5.3 杆件在轴向载荷作用下的应力

### 5.3.1 横截面上的应力

用同一材料制成粗细不同的两根杆，在相同的拉力作用下，两根杆的轴力自然是相同的。但当拉力逐渐增大时，细杆必定先被拉断。这说明拉杆的强度不仅与轴力的大小有关，而且与横截面积有关。因此只根据轴力并不能判断杆件是否有足够的强度，通常用横截面上的应力来度量杆件的受力程度。

当外力沿着杆件的轴线作用时，与轴力相对应，杆件横截面上将只有正应力。

**1. 变形规律分析**

取一等截面直杆(简称等直杆)，加载前，在其表面划出两条垂直于杆轴线的横向线 $ab$ 和 $cd$，如图 5.5 所示。加载后，产生拉伸变形，可观察(或测量)到 $ab$ 和 $cd$ 分别平移到 $a'b'$ 和 $c'd'$，且仍为垂直于杆轴线的直线。由表及里，作出平面假设：变形前为平面的横截面，变形后仍为垂直于杆轴线的平面。由此可知，杆件横截面上各点变形是均匀的。

**2. 应力分布规律及其计算公式**

因为材料是均匀的，变形是均匀的。所以应力分布也一定是均匀的，如图 5.5(b)所示。

设杆的横截面面积为 $A$，$F_N$ 为横截面上的轴力，这时横截面上的正应力为

$$\sigma = \frac{F_N}{A} \tag{5.1a}$$

式(5.1a)同样可用于 $F_N$ 为压力时的压应力计算。不过，细长杆受压时容易被压弯，属于稳定性问题，将在本书的后续内容介绍。这里所指的受压杆是未被压弯的情况。

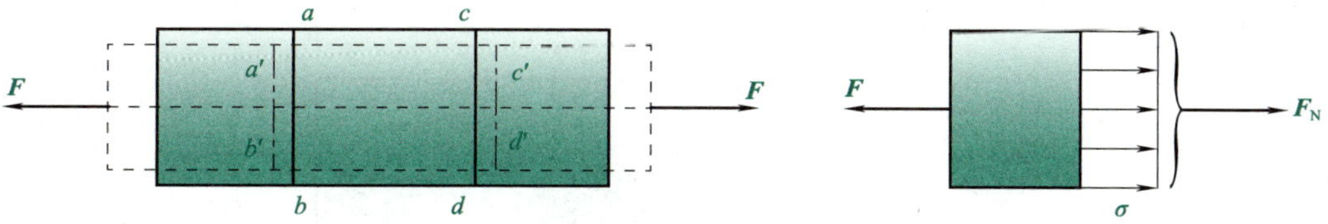


(a)　　　(b)

图　5.5

关于正应力的符号，规定**拉应力为正，压应力为负。**

如果杆之截面沿轴线有“缓慢”变化，而外力合力作用线仍与轴线重合，可用式(5.1b)计算应力：

$$\sigma = \frac{F_N(x)}{A(x)} \tag{5.1b}$$

式中，$A(x)$为坐标 $x$ 处横截面的面积；$F_N(x)$为坐标 $x$ 处的轴力。

如果杆之截面沿轴线有“突然”变化，则在“突变”处，应力急剧变大，这种现象称为应力集中。有应力集中时，式(5.1)不再适用。工程中为了避免应力集中，截面的变化都是逐渐过渡的。

在载荷作用点处，载荷的作用形式(分布力、集中力等)会影响到其附近的应力分布规律，但离原力系作用区域较远处，其影响可忽略不计，这就是著名的圣维南原理。

小链接

圣维南，法国力学家。1797 年生于福尔图瓦索，1886 年 1 月 6 日卒于圣旺。圣维南的研究领域主要集中于固体力学和流体力学，特别是在材料力学和弹性力学方面作出很大贡献，提出和发展了求解弹性力学的半逆解法，1868 年他以力学权威被选为法国科学院院士。他一生重视理论研究成果应用于工程实际，他认为只有理论与实际相结合，才能促进理论研究和工程进步。

## 5.3.2　拉(压)杆斜截面上的应力

拉压杆的破坏并不总是沿横截面发生，有时却是沿斜截面发生的，因此，应进一步讨论斜截面上的应力。

仍以一受轴向拉伸的等直杆为例，如图 5.6(a)所示。设等直杆受轴向载荷 $\boldsymbol{F}$ 的作用，其横截面积为 $A$，研究与横截面成 $\alpha$ 角的斜截面 $kk$ 上的应力。

设该斜截面的面积为 $A_\alpha$，则有：

横截面上的正应力 $\sigma$ 为

$$\sigma = \frac{F_N}{A} = \frac{F}{A} \tag{a}$$

斜截面的面积为

$$A_\alpha = \frac{A}{\cos\alpha} \tag{b}$$

仍然按照研究横截面上的应力的方法步骤研究斜截面上的应力。首先研究斜截面上的内力，按照截面法，将杆件沿 $kk$ 截断，取左半部分为研究对象，以 $F_\alpha$ 表示斜截面上的内力，如图 5.6(b)所示。根据左段的平衡，可以求得

$$F_\alpha = F \tag{c}$$

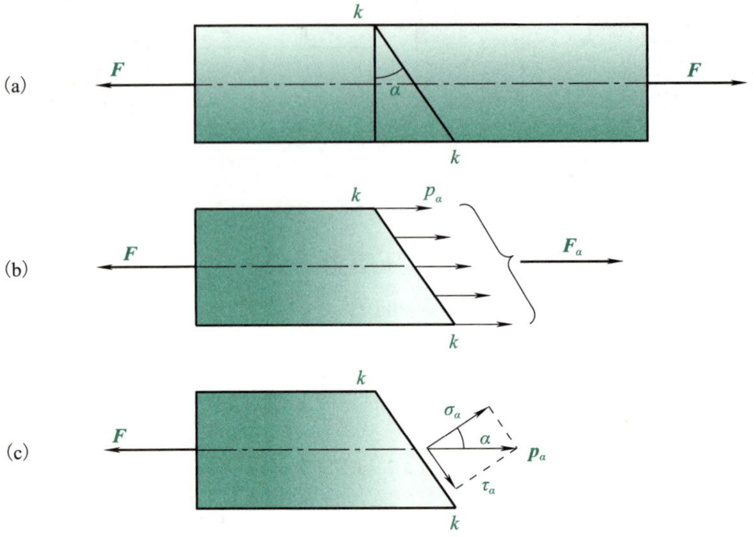


图 5.6

其次研究斜截面上的应力分布规律，可以得到斜截面上的应力 $P_\alpha$ 也是均匀分布的，其方向与杆件的轴线平行。则斜截面上的应力 $P_\alpha$ 为

$$P_\alpha = \frac{F_\alpha}{A_\alpha} \tag{d}$$

将式(c)和式(b)同时代入式(d)，并由式(a) 可得

$$P_\alpha = \frac{F_\alpha}{A_\alpha} = \sigma\cos\alpha \tag{e}$$

将 $p_\alpha$ 正交分解，如图 5.6(c)所示，则有

$$\begin{cases} \sigma_\alpha = \sigma\cos^2\alpha \\ \tau_\alpha = \dfrac{1}{2}\sigma\sin 2\alpha \end{cases} \tag{5.2}$$

由此可见，轴向拉伸或压缩时，斜截面上不仅存在正应力，还存在切应力，随着截面方位的变化，正应力和切应力都在变化。

当 $\alpha = 0$ 时，正应力存在最大值，$\sigma_{\alpha\max} = \sigma$，说明横截面上无切应力，这也和平面假设相吻合。

当 $\alpha = 45^\circ$ 时，斜截面上的切应力最大，$\tau_{\alpha\max} = \dfrac{1}{2}\sigma$，即最大切应力发生在与轴线成 45° 的斜截面上，对于某些结构，切应力使得拉压杆沿斜截面发生破坏。

当 $\alpha = 90^\circ$ 时，斜截面上的切应力和正应力分别等于零，即与轴线平行的纵向截面上无应力。

**【例 5.2】** 三角架结构尺寸及受力图如图 5.7 所示。其中 $F_P = 22.2\ \text{kN}$，钢杆 $BD$ 的直径 $d_1 = 25.4\ \text{mm}$，钢梁 $CD$ 的横截面积 $A_2 = 2.32 \times 10^3\ \text{mm}^2$。试求 $BD$ 与 $CD$ 的横截面上的正应力(结构中 $BD$ 与 $CD$ 的重量不计)。

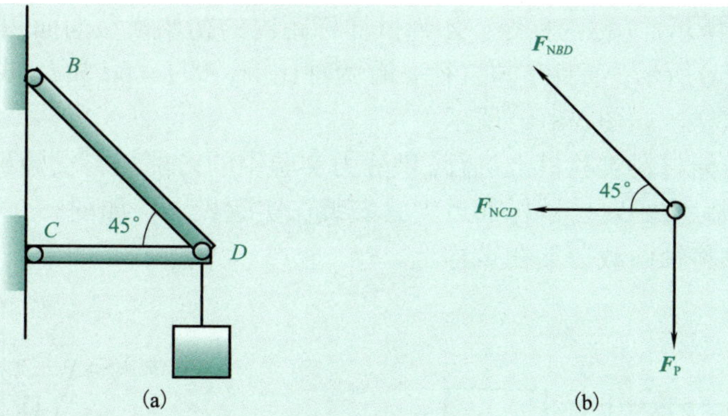


图　5.7

**解**：(1)受力分析，确定各杆的轴力。

首先对组成三脚架结构的构件作受力分析，因为 $B$、$C$、$D$ 三处均为销钉连接，故 $BD$ 与 $CD$ 均为二力杆，受力图如图 5.7(b)所示，为平面汇交力系平衡问题，由平衡方程 $\sum F_x = 0$ 和 $\sum F_y = 0$ 解得两杆的轴力分别为

$$F_{NBD} = \sqrt{2}F_P = \sqrt{2} \times 22.2\text{kN} = 31.40\text{kN}$$

$$F_{NCD} = -F_{NBD} \cos 45° = -22.2\text{kN}$$

其中，负号表示压力。

(2)计算各杆的应力。

应用拉(压)杆横截面上的正应力公式(5.1)，$BD$ 杆与 $CD$ 杆横截面上的正应力分别为

$BD$ 杆：
$$\sigma = \frac{F_{NBD}}{A_{BD}} = \frac{F_{NBD}}{\dfrac{\pi d_1^2}{4}} = \frac{4 \times 31.4 \times 10^3}{\pi \times 25.4^2 \times 10^{-6}}\text{Pa} = 62.0\text{MPa}$$

$CD$ 杆：
$$\sigma = \frac{F_{NCD}}{A_{CD}} = \frac{F_{NCD}}{A_2} = \frac{-22.2 \times 10^3}{23.2 \times 10^3 \times 10^{-6}}\text{Pa} = -9.75\text{MPa}$$

式中，负号表示压应力。

## 5.4　拉伸和压缩时材料的力学性能

材料的力学性能，也称机械性能，是指材料在外力作用下表现出的变形、破坏方面的特性。要确定材料的力学性能，实验是主要方法，通过实验可以直接揭示材料在受力过程中所表现出的与试件几何尺寸无关的材料本身特性，如变形特性、破坏特性等。研究材料的力学性能的目的是确定在变形和破坏情况下的一些重要性能指标，以作为选用材料，计算强度、刚度的依据。本节介绍用常温(指室温)静载(指缓慢平稳地加载)实验来测定材料的力学性能。

低碳钢和铸铁是两种有代表性的材料，我们主要研究这两种材料在拉伸和压缩时的力学性能。

### 5.4.1　拉伸试样和设备

拉伸实验是研究材料力学性能最常用的实验。为了便于比较实验结果，国家实验标准规定中对试样的形状、加工精度和加载速度等有严格的要求。在试样上取长度为 $l$ 的一段作为

实验段，如图 5.8 所示，$l$ 称为标距。$A$ 为试样标距内的初始横截面面积。拉伸试样可以是圆柱形的，如图 5.8(a)所示，标距 $l$ 与直径 $d$ 有两种比例，即 $l=5d$ 和 $l=10d$；若实验材料为板材，则采用板状试样，如图 5.8(b)所示。

拉伸实验在万能材料实验机上进行。供静力实验用的万能材料实验机有液压式、机械式、电子机械式等类型。实验时，试样通过夹具安装在实验机上，如图 5.9 所示。实验机通过上下夹头的相对位移将轴向载荷加在试样上。

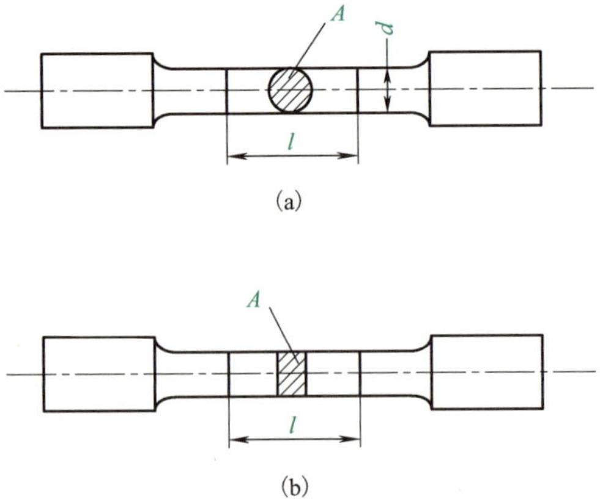


图 5.8

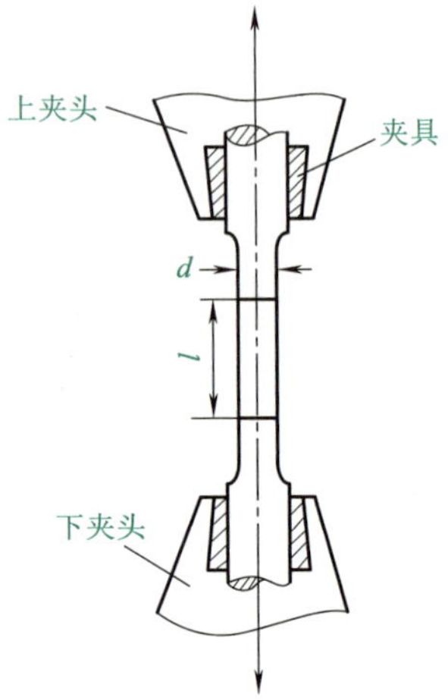


图 5.9

启动实验机，缓慢加载，使试样受到轴向静载荷的拉力 $\boldsymbol{F}$ 作用，直至试样拉断。随着载荷 $\boldsymbol{F}$ 的增大，试样逐渐被拉长，实验段的轴向伸长量用 $\Delta l$ 表示。轴向拉力 $\boldsymbol{F}$ 与轴向伸长量 $\Delta l$ 之间的关系称为拉伸图。图 5.10 所示为低碳钢的拉伸图。

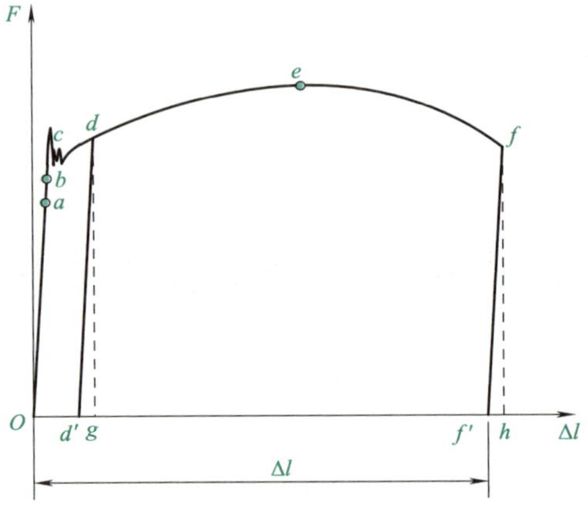


图 5.10

显然，拉伸图不仅与试样的材料有关，还与试样的横截面面积以及标距的大小有关。试样的横截面面积越大，将其拉断所需要的拉力越大；在同样的拉力作用下，标距越大，轴向伸长量越大。为了消除试样尺寸的影响，反映材料本身的性质，以 $\boldsymbol{F}$ 除以试样的原始横截面面积 $A$，得到 $\sigma$，以轴向伸长量 $\Delta l$ 除以实验段的原长 $l$，得到 $\varepsilon$（标距内各点的变形均匀）；以 $\sigma$ 为纵坐标，$\varepsilon$ 为横坐标得到材料的应力-应变图或 $\sigma$-$\varepsilon$ 曲线。图 5.11 所示为低碳钢拉伸时的 $\sigma$-$\varepsilon$ 曲线。

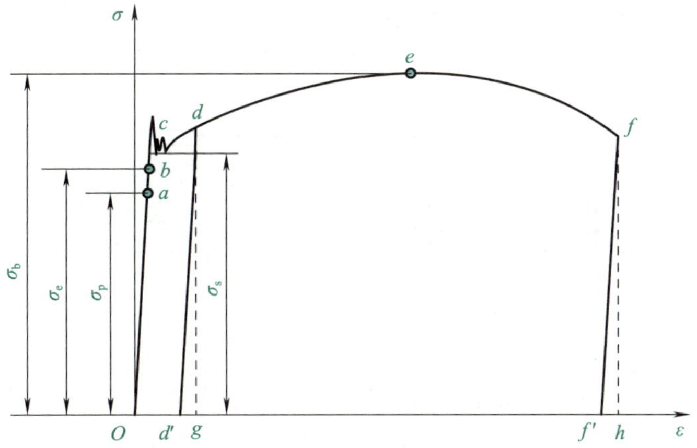


图　5.11

## 5.4.2　低碳钢在拉伸时的力学性能

根据图 5.11 并结合实验过程中所观察到的实验现象，介绍低碳钢拉伸时的力学性能。

**1. 弹性阶段**

*Ob* 段：在这个阶段内，材料的变形全部是弹性变形，*b* 点是材料只产生弹性变形的最高点，所以 *b* 点对应的应力称为材料的弹性极限，用 $\sigma_e$ 表示。超过 *b* 点，变形就由弹性变形和塑性变形(或残余变形)两部分组成。

弹性阶段内的直线段 *Oa*，称为比例阶段，即在该段内，应力与应变成正比例关系，*a* 点对应的应力称为材料的比例极限，用 $\sigma_p$ 表示。直线的斜率表示材料的弹性模量 *E*，弹性模量的常用单位为 GPa。因此，在比例阶段有

$$\sigma = E\varepsilon \tag{5.3}$$

式(5.3)称为拉伸或压缩的**胡克定律**，只有应力不超出材料的比例极限，材料才服从胡克定律。超过比例极限后，从 *a* 点到 *b* 点，$\sigma$ 与 $\varepsilon$ 之间的关系不再是直线，但卸载拉力后，变形仍可完全消失，这种变形称为弹性变形。在 $\sigma$-$\varepsilon$ 曲线上，*a*、*b* 两点相距很近，所以工程上对弹性极限和比例极限并不严格区分。

> **小链接**
>
> 罗伯特·胡克，英国科学家，1635 年 7 月 18 日生于英国怀特岛的弗雷斯沃特村，1703 年 3 月 3 日卒于伦敦。1678 年胡克发表了题为《弹簧》的论文，里面记录了胡克关于弹性体的实验结果。文章这样描述他的实验：“取一根 20、30 或 40 英尺长的金属丝，上端用钉子固定，下端系一称盘以承受砝码。用两脚规量取秤盘底至地面的距离，把这一距离记下来。再将若干砝码加到秤盘上，并按顺序记下金属丝的伸长量。最后比较这些伸长量，便可以看到砝码与砝码引起的伸长量彼此之间存在着同样的比例。”

**2. 屈服阶段**

应力超过弹性极限后继续加载，会出现一种现象，即应力增加很少或不增加，应变迅速增加，这种现象称为屈服或流动。屈服阶段最低点对应的应力，称为材料的屈服极限，用 $\sigma_s$ 表示，又称屈服强度。在屈服阶段应力不变而应变不断增加，材料似乎失去了抵抗变形的能力，因此产生了显著的塑性变形，所以 $\sigma_s$ 是衡量材料强度的重要指标。Q235 钢的屈服极限为 235MPa。

表面磨光的低碳钢试样屈服时，表面将出现与轴线成 45°夹角的条纹，这是材料内部晶格相对滑移形成的，称为滑移线，如图 5.12 所示。由于拉伸时与轴线成 45°倾角的斜截面上，切应力出现最大值，所以屈服现象的出现与最大切应力有关。

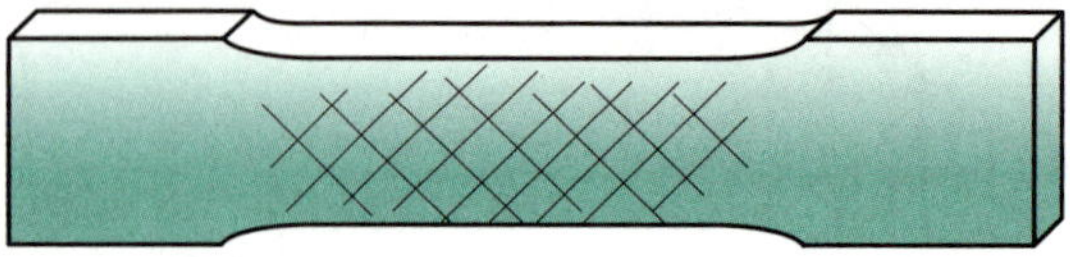

图 5.12

### 3. 强化阶段

越过屈服阶段后，如果要让试样继续变形，必须增加拉力，这种现象称为材料的强化。强化阶段的最高点 $e$ 点所对应的应力称为材料的强度极限，用 $\sigma_b$ 表示。强度极限是材料所能承受的最大应力。Q235 钢的强度极限 $\sigma_b \approx 400$ MPa。

### 4. 局部变形阶段

过 $e$ 点后，即应力达到强度极限后，试样局部发生剧烈收缩的现象，称为颈缩，如图 5.13 所示。截面的收缩使得试样继续变形所需要的拉力越来越小，直至最后试样在颈缩处被拉断。

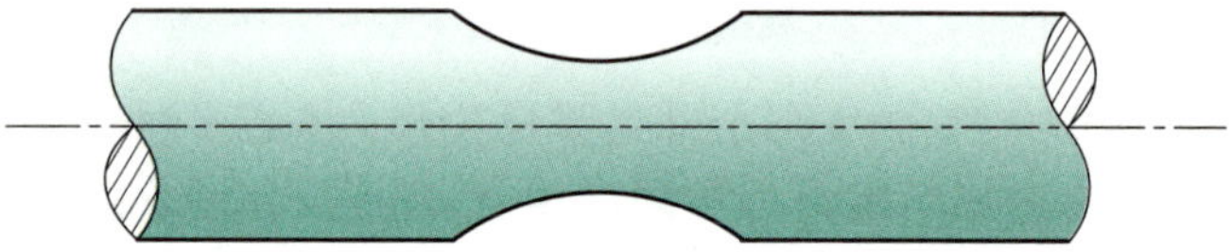

图 5.13

根据低碳钢拉伸时的 $\sigma$-$\varepsilon$ 曲线，可以看出在整个拉伸过程中，材料经历了弹性、屈服、强化和颈缩四个阶段，并存在四个特征点，相应的应力依次为比例极限、弹性极限、屈服极限和强度极限。

### 5. 延伸率和断面收缩率

为度量材料塑性变形的能力，定义延伸率为

$$\delta = \frac{l_1 - l}{l} \times 100\% \tag{5.4}$$

式中，$l$ 为试样标线间的标距；$l_1$ 为试样断裂后量得的标距间的长度。

定义断面收缩率为

$$\psi = \frac{A - A_1}{A} \times 100\% \tag{5.5}$$

式中，$A$ 为试样原始横截面面积；$A_1$ 为断裂后试样颈缩处面积。对于 Q235 钢，$\delta \approx 25\% \sim 30\%$，$\psi \approx 60\%$。延伸率和断面收缩率这两个值越大，说明材料塑性越好。

工程上按延伸率的大小把材料分为两类：$\delta > 5\%$ 为塑性材料，$\delta < 5\%$ 为脆性材料。

### 6. 卸载定律及冷作硬化

实验中发现，试样加载到超过屈服极限后的 $d$ 点逐步卸载，卸载线 $\overline{dd'}$ 大致平行于 $\overline{Oa}$ 线，即在卸载过程中，应力和应变按直线规律变化，这就是卸载定律。此时 $\overline{Og} = \overline{Od'} + \overline{d'g} = \varepsilon_p + \varepsilon_e$，其中 $\varepsilon_e$ 为卸载过程中恢复的弹性应变，$\varepsilon_p$ 为卸载后的塑性变形(残余变形)。

卸载至 $d'$ 点后若短期内继续再加载，加载线仍沿 $d'd$ 直线上升，到 $d$ 点后，沿曲线 $d'def$

变化，直到试样被拉断。

比较曲线 *Oabcef* 和曲线 *d'def*，发现卸载后再次加载，材料的比例极限提高了而塑性变形能力降低了，这一现象称为材料的冷作硬化。

### 5.4.3　其他塑性材料在拉伸时的力学性能

图 5.14 给出了其他塑性材料在拉伸时的 $\sigma$-$\varepsilon$ 曲线。比较曲线可以发现黄铜 H62、高碳钢 T10A 等没有明显的屈服阶段。对于 $\sigma$-$\varepsilon$ 曲线没有屈服阶段的塑性材料，工程上规定取对应于试样卸载后产生 0.2%塑性应变时的应力作为材料的屈服极限，称为名义屈服极限，用 $\sigma_{0.2}$ 表示，如图 5.15 所示。

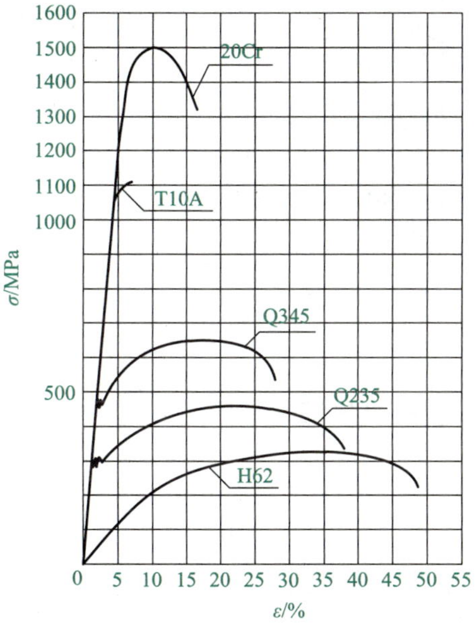


图　5.14

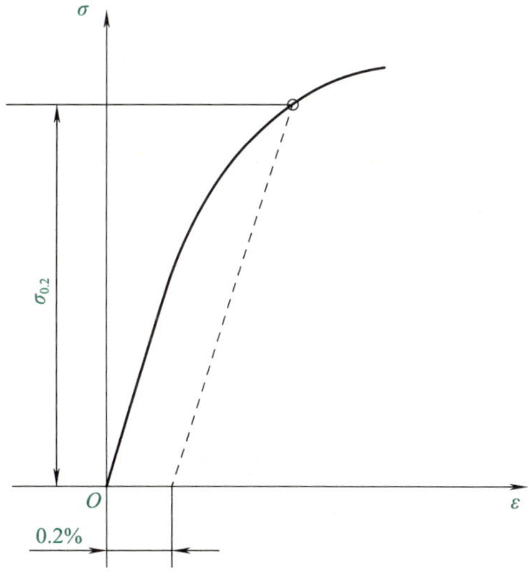


图　5.15

### 5.4.4　铸铁在拉伸时的力学性能

图 5.16 所示为灰口铸铁拉伸时的 $\sigma$-$\varepsilon$ 曲线，它只有一个强度指标，即抗拉强度 $\sigma_{bt}$；且抗拉强度较低；在断裂破坏前，几乎没有塑性变形；断裂时的应变不超过 0.5%，因此铸铁是典型的脆性材料。

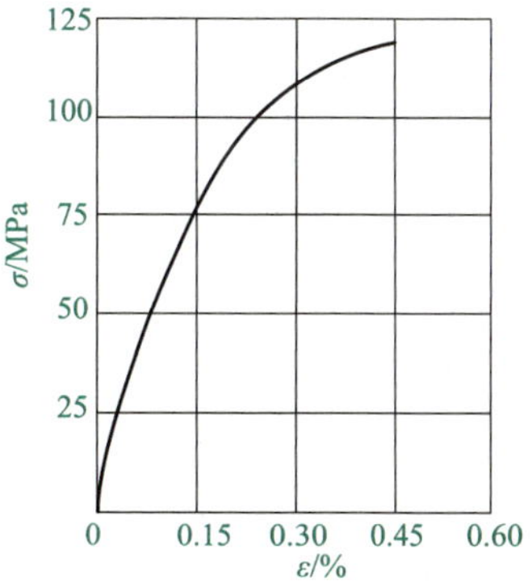


图　5.16

### 5.4.5　材料在压缩时的力学性能

#### 1. 压缩试样与设备

金属材料的压缩试样一般为短圆柱，为了避免压弯，其高度与直径之比为 1.5～3。压缩实验在万能材料实验机上进行。

#### 2. 低碳钢压缩时的力学性能

低碳钢压缩时的 $\sigma$-$\varepsilon$ 曲线如图 5.17 所示，其中虚线为低碳钢拉伸时的 $\sigma$-$\varepsilon$ 曲线。从图 5.17 可以看出，在屈服阶段之前两曲线大致重合，故弹性模量 $E$、比例极限 $\sigma_p$ 和屈服极限 $\sigma_s$ 与拉伸时大致相同。超过屈服阶段，试样越压越扁，故抗压缩能力不断提高，因而得不到压缩时的强度极限。

**3. 铸铁压缩时的力学性能**

灰口铸铁压缩时的 $\sigma$-$\varepsilon$ 曲线如图 5.18(a)所示。其压缩强度极限 $\sigma_{bc}$ 远高于拉伸强度极限 $\sigma_{bt}$ (3～4 倍)，其他脆性材料如混凝土和石料等也具有上述特点，所以脆性材料适宜用作承压构件。灰口铸铁在压缩时的破坏形式如图 5.18(b)所示。破坏时试样的断口沿与轴线大约成 50° 的斜面断开。

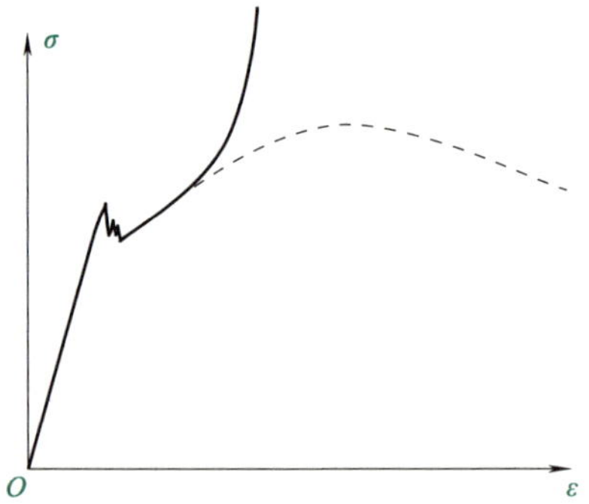


图 5.17

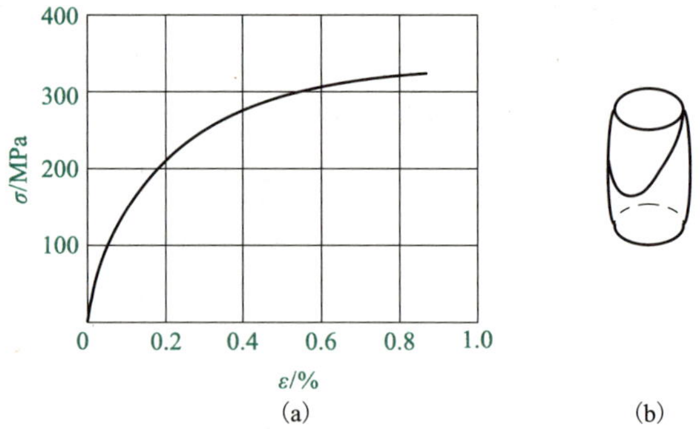


图 5.18

## 5.5 拉压杆件的强度计算

### 5.5.1 失效、安全因数与许用应力

构件因强度、刚度或稳定性不足而丧失其正常工作能力的现象，统称为**失效**。构件工作时发生断裂或产生显著的塑性变形，一般都是不允许的。所以从强度方面看，断裂是构件强度不足失效的一种形式，同样，屈服或出现显著的塑性变形，也是构件强度不足失效的一种形式。

构件强度不足而失效时材料的应力，称为该材料的极限应力，用 $\sigma_0$ 表示。

对于塑性材料，屈服极限 $\sigma_s$ 就是其极限应力，对于某些无明显屈服极限的塑性材料，其极限应力就是 $\sigma_{0.2}$；对于脆性材料，断裂时的应力是强度极限 $\sigma_b$，则 $\sigma_0=\sigma_b$。

构件工作时因载荷而产生的应力，称为构件的工作应力。将材料的极限应力除以一个大于 1 的因数得到材料的许用应力，用 $[\sigma]$ 表示。

对于塑性材料：

$$[\sigma]=\frac{\sigma_s}{n_s} \tag{5.6}$$

对于脆性材料：

$$[\sigma]=\frac{\sigma_b}{n_b} \tag{5.7}$$

式中，$n_s$、$n_b$ 分别为塑性材料和脆性材料的安全因数。

安全因数或许用应力的选定应根据有关规定或查阅国家有关规范或设计手册。通常在**静**

**载荷**（载荷从零缓慢加载到最终值）设计中取 $n_s = 1.5 \sim 2.0$，有时可取 $n_s = 1.25 \sim 1.50$，$n_b = 2.5 \sim 3.0$，有时甚至大于 3.5。

## 5.5.2　拉伸或压缩杆件的强度计算

为了保证零件或杆件的正常工作能力，不发生强度失效，需要对零件或构件横截面上的最大应力加以限制，即

$$\sigma_{max} \leqslant [\sigma] \tag{5.8}$$

此即杆件在轴向载荷作用下的**强度设计准则**，又称为**强度条件**。其中 $\sigma_{max}$ 为最大工作应力，$[\sigma]$ 为材料的许用应力。

### 1. 三类强度计算的问题

强度计算的依据是强度条件，据此，可以解决以下三类强度问题。

**1) 强度校核**

当作用在构件或结构上的载荷、构件的横截面尺寸及材料的许用应力均为已知时，校核构件中的最大工作应力是否满足强度条件。

**2) 设计截面**

当作用在构件或结构上的载荷及材料的许用应力为已知时，应用强度条件，计算结构所必需的横截面面积，进而设计出构件横截面各部分的尺寸。这一类强度问题，又称为截面设计或尺寸设计。

如果因为某种原因，截面尺寸不能达到设计要求，则可按强度条件求出所需的许用应力值，然后选择合适的材料。这类问题称为材料选择。

**3) 确定许可载荷**

当构件的横截面尺寸及材料的许用应力均为已知时，要求确定构件或结构在强度安全的条件下所能承受的最大载荷。这一载荷称为许可载荷。

### 2. 强度计算过程

解决上述三类强度问题时一般应按下列步骤进行。

(1) 外力分析。对于移动载荷，应分析载荷在什么位置时结构或构件受力为最大。当结构中存在两根以上的杆件时，如果材料相同则应根据受力、截面尺寸判断哪一根最危险；如果材料也不同，则应综合考虑三种因素，确定可能的危险杆件。保证了危险杆件的强度是安全的，其余杆件必然是安全的。因而，只需对危险杆件进行强度计算。

(2) 应用截面法计算内力。当沿杆件轴线方向有两个以上的外力作用时，则需要画出轴力图，并根据截面变化确定可能的危险截面，只需对危险截面进行强度计算。

(3) 应用强度条件，进行计算。

### 3. 强度计算举例

**【例 5.3】**　结构尺寸及受力图如图 5.19(a) 所示。设 *AB*、*CD* 均为刚体，*BC* 和 *EF* 为圆截面杆，杆直径均为 $d = 25\,\text{mm}$，杆的材料为 Q235 钢，其许用应力 $[\sigma] = 160\,\text{MPa}$，已知载荷 $F_P = 39\,\text{kN}$。试校核此结构的强度是否安全。

**解：** (1) 分析危险状态。

该结构的强度与杆 *BC* 和杆 *EF* 的强度有关，在校核结构强度之前，应先判断哪一根杆最危险。

现两杆直径及材料均相同，故受力大的杆最危险。

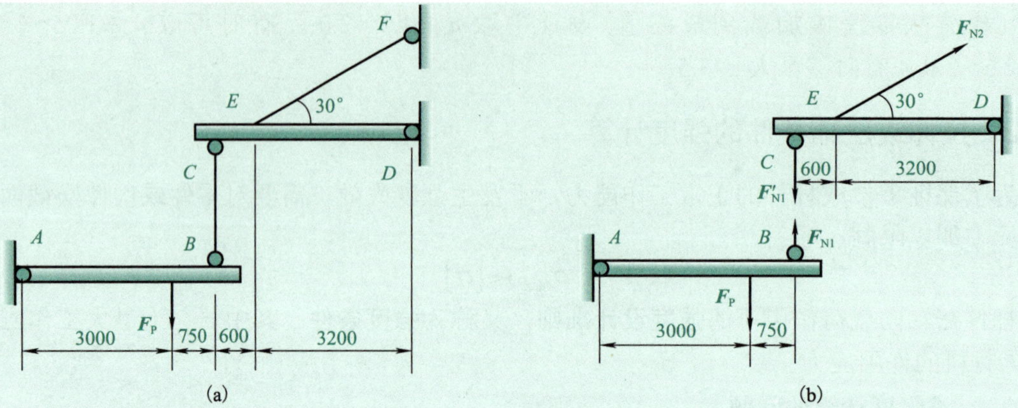


(a) (b)

图 5.19

为确定危险杆，需先作受力分析。根据图 5.19(b)所示受力图，应用平衡方程$\sum M_A=0$和$\sum M_D=0$得

$$F_{N1}\times 3.75-F_P\times 3=0$$

$$F'_{N1}\times 3.8-F_{N2}\times 3.2\times\sin 30^\circ=0$$

$$F'_{N1}=F_{N1}$$

由此解出

$$F_{N1}=\frac{F_P\times 3\text{m}}{3.75\text{m}}=\frac{39\text{kN}\times 3\text{m}}{3.75\text{m}}=31.2\text{kN}$$

$$F_{N2}=\frac{F'_{N1}\times 3.8\text{m}}{3.2\text{m}\times\sin 30^\circ}=\frac{F_{N1}\times 3.8\text{m}}{3.2\text{m}\times\sin 30^\circ}=\frac{31.2\text{kN}\times 3.8\text{m}}{3.2\text{m}\times\sin 30^\circ}=74.1\text{kN}$$

可见，杆 $EF$ 受力最大，故为危险杆。

(2)计算危险杆的应力。

杆 $EF$ 横截面上的应力为

$$\sigma=\frac{F_{N2}}{A_2}=\frac{F_{N2}}{\dfrac{\pi d^2}{4}}=\frac{4\times 74.1\times 10^3}{\pi\times 25^2\times 10^{-6}}\text{Pa}=151\text{MPa}$$

(3)校核危险构件是否满足强度条件。

因为材料的许用应力$[\sigma]=160$ MPa，而危险构件的最大工作压力为 151MPa，满足强度条件

$$\sigma_{max}\leqslant[\sigma]$$

所以，危险构件 $EF$ 杆的强度是安全的，即整个结构的强度是安全的。

**【例 5.4】** 例 5.3 中若杆 $BC$ 和杆 $EF$ 的直径均未知，其他条件不变，试设计两杆所需的直径。

**解**：两杆材料相同，受力不同，故所需直径也不同。设杆 $BC$ 和杆 $EF$ 的直径分别为 $d_1$ 和 $d_2$，则由强度条件可以得到

$$\sigma_{BC}=\frac{F_{N1}}{\dfrac{\pi d_1^2}{4}}\leqslant[\sigma]$$

$$\sigma_{EF}=\frac{F_{N2}}{\dfrac{\pi d_2^2}{4}}\leqslant[\sigma]$$

应用上例中受力分析的结果，将 $F_{N1}=31.2\,\text{kN}$，$F_{N2}=74.1\,\text{kN}$ 代入上述两式，得到

$$d_1 \geqslant \sqrt{\frac{4F_{N1}}{\pi[\sigma]}}=\sqrt{\frac{4\times 31.2\times 10^3}{\pi\times 160\times 10^6}}\text{mm}=15.8\text{mm}$$

$$d_2 \geqslant \sqrt{\frac{4F_{N2}}{\pi[\sigma]}}=\sqrt{\frac{4\times 74.1\times 10^3}{\pi\times 160\times 10^6}}\text{mm}=24.3\text{mm}$$

**【例 5.5】**　若例 5.3 中杆 $BC$ 和杆 $EF$ 直径均为 $d=30\,\text{mm}$，$[\sigma]=160\,\text{MPa}$，其他条件不变。试确定此时结构所能承受的许可载荷 $[F_P]$。

**解：**根据例题 5.3 中的分析，$EF$ 杆为危险杆，由平衡方程求出受力为

$$F_{N1}=\frac{F_P\times 3}{3.75}$$

$$F_{N2}=\frac{F'_{N1}\times 3.8\text{m}}{3.2\text{m}\times\sin 30^\circ}=\frac{F_{N1}\times 3.8\text{m}}{3.2\text{m}\times\sin 30^\circ}=\frac{F_P\times 10^3\times 3.8\text{m}}{3.2\text{m}\times\sin 30^\circ}=1.9F_P$$

应用强度条件

$$\sigma_{\max}=\frac{F_{N2}}{\dfrac{\pi d^2}{4}}\leqslant[\sigma]$$

得到

$$\frac{F_{N2}}{\dfrac{\pi d^2}{4}}=\frac{4\times 1.9\times F_P}{\pi d^2}\leqslant[\sigma]$$

于是有

$$F_P\leqslant\frac{\pi\times 30^2\times 10^{-6}\times 160\times 10^6}{4\times 1.9}\text{N}=59.52\times 10^3\text{N}=59.52\,\text{kN}$$

即结构的许可载荷为

$$[F_P]=59.52\,\text{kN}$$

以上三例的结果都是载荷 $F_P$ 的位置不变时得到的。如果载荷 $F_P$ 可以在刚体 $AB$ 上水平移动，上述三例中的结果将会有什么变化？这个问题留给读者思考。

# 5.6　拉(压)杆的变形分析

## 5.6.1　轴向变形与胡克定律

直杆在轴向拉力的作用下，将引起轴向尺寸增大同时横向尺寸缩小。反之，在轴向压力的作用下，将引起轴向尺寸缩小同时横向尺寸增大。

如图 5.20 所示，设等直杆的原长为 $l$，横截面面积为 $A$。在轴向载荷 $F$ 作用下，长度由 $l$ 变为 $l_1$。杆件在轴线方向的绝对变形为伸长，即轴向绝对变形为

$$\Delta l=l_1-l \tag{a}$$

杆件轴线方向的线应变为

$$\varepsilon=\frac{\Delta l}{l} \tag{b}$$

而杆件横截面上的应力为

$$\sigma = \frac{F_N}{A} \tag{c}$$

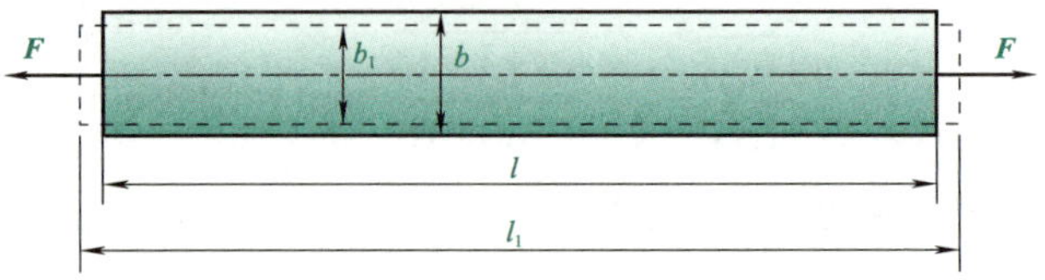


图 5.20

轴向拉伸与压缩的实验表明，工程上使用的大多数材料，当应力不超过材料的比例极限时，应力与应变成正比，满足胡克定律，即

$$\sigma = E\varepsilon$$

将式(b)和式(c)代入胡克定律得到

$$\Delta l = \frac{F_N l}{EA} \tag{5.9}$$

式(5.9)表明：当应力不超过材料的比例极限时，杆件的伸长 $\Delta l$ 与轴力 $F_N$ 和杆件的原长 $l$ 成正比，与横截面面积 $A$ 成反比。这是胡克定律的另一种表达形式。式中 $EA$ 是材料弹性模量与拉压杆件横截面面积乘积，$EA$ 越大，则变形越小，将 $EA$ 称为**抗拉(压)刚度**。

对于图 5.21(a)中所承受几个轴向载荷的情形，需要分段计算各段的轴向变形，然后将各段变形的代数值相加，得到总的轴向变形为

$$\Delta l = \sum_{i=1}^{n} \frac{F_{Ni} l_i}{E_i A_i} \tag{5.9a}$$

对于图 5.21(b)中所承受沿轴向均匀分布载荷的情形，因为轴力沿轴向变化 $F_N = F_N(x)$，所以需要考察微段 d$x$ 的变形，即

$$\Delta(\mathrm{d}x) = \frac{F_N(x)}{EA}\mathrm{d}x$$

通过积分方法，得到杆件的总变形为

$$\Delta l = \int_0^l \frac{F_N(x)}{EA}\mathrm{d}x \tag{5.9b}$$

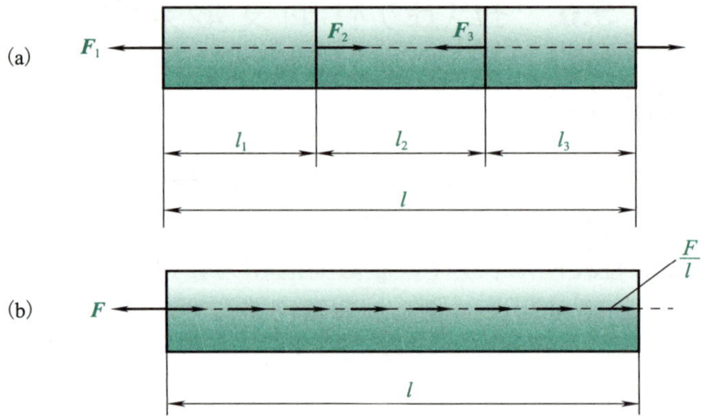


图 5.21

## 5.6.2　轴向变形与泊松比

### 1. 横向变形

如图 5.20 所示，设变形前杆件的横向尺寸为$b$，变形后相应尺寸变为$b_1$，则横向绝对变形为

$$\Delta b = b_1 - b \tag{5.9d}$$

横向线应变可定义为

$$\varepsilon' = \frac{\Delta b}{b} \tag{5.9e}$$

### 2. 泊松比

由实验证明：当应力不超过材料的比例极限时，横向应变$\varepsilon'$与轴向应变$\varepsilon$之比的绝对值是一个常数，即

$$\left|\frac{\varepsilon'}{\varepsilon}\right| = \mu \tag{5.10}$$

称为泊松比或横向变形系数，是一个无量纲的常数。

因为当杆件轴向伸长时横向缩小，而轴向缩短时横向增大，所以，$\varepsilon'$和$\varepsilon$的符号相反，因此，$\varepsilon'$和$\varepsilon$的关系可以表示为

$$\varepsilon' = -\mu\varepsilon \tag{5.11}$$

**【例 5.6】**　已知阶梯形直杆受力如图 5.22 所示。材料的弹性模量$E = 200\,\text{GPa}$，杆各段的横截面面积分别为$A_1 = A_2 = 2500\,\text{mm}^2$，$A_3 = 1000\,\text{mm}^2$，杆 $AB$、$BC$、$CD$ 段的长度分别为 300mm、300mm、400mm。试求

(1) 杆 $AB$、$BC$、$CD$ 段横截面上的正应力。

(2) 杆 $AB$ 段上与杆轴线夹角为 45° (逆时针方向) 斜截面上的正应力和切应力。

(3) 杆 $AD$ 沿轴线方向的总伸长量。

**解：** (1) 计算各段杆横截面上的正应力。

因为杆各段的轴力不等，而且横截面面积也不完全相同，因而，首先必须分段计算各段横截面上的轴力。分别对 $AB$、$BC$、$CD$ 段杆应用截面法，由平衡条件求得各段的轴力分别如下。

$AB$ 段：$F_{\text{N1}} = 400\,\text{kN}$

$BC$ 段：$F_{\text{N2}} = -100\,\text{kN}$

$CD$ 段：$F_{\text{N3}} = 200\,\text{kN}$

进而，求得各段横截面上的正应力分别如下。

$AB$ 段：$\sigma_{AB} = \dfrac{F_{\text{N1}}}{A_1} = \dfrac{400 \times 10^3}{2500 \times 10^{-6}}\,\text{Pa} = 160\,\text{MPa}$

$BC$ 段：$\sigma_{BC} = \dfrac{F_{\text{N2}}}{A_2} = \dfrac{-100 \times 10^3}{2500 \times 10^{-6}}\,\text{Pa} = -40\,\text{MPa}$

$CD$ 段：$\sigma_{CD} = \dfrac{F_{\text{N3}}}{A_3} = \dfrac{200 \times 10^3}{1000 \times 10^{-6}}\,\text{Pa} = 200\,\text{MPa}$

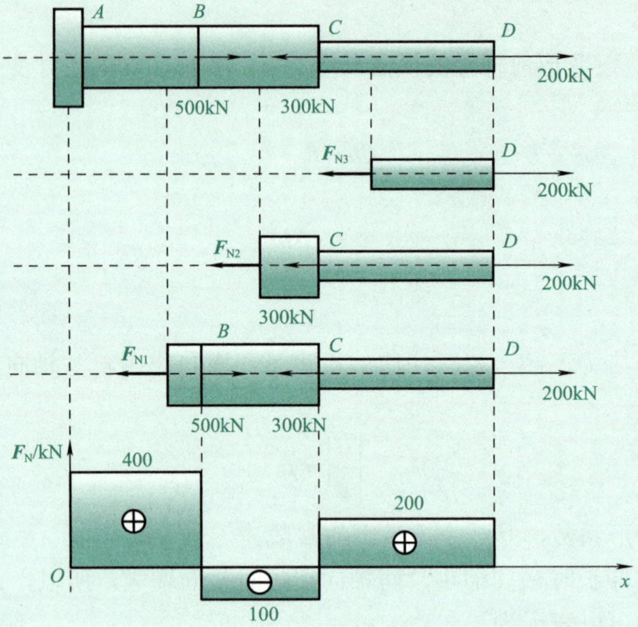


图 5.22

(2)计算 $AB$ 段斜截面上的正应力和切应力。

$AB$ 段杆横截面上的正应力 $\sigma_{AB}=160\,\text{MPa}$，应用拉伸和压缩杆件斜截面上的应力公式，与杆轴线夹 45° 角(逆时针方向)的斜截面($\alpha=45°$)上的正应力和切应力分别为

$$\sigma_{45°}=\sigma_{AB}\cos^2\alpha=160\times\cos^2 45°\text{MPa}=80\text{MPa}$$

$$\tau_{45°}=\frac{1}{2}\sigma_{AB}\sin 2\alpha=\frac{1}{2}\times 160\times\sin(2\times 45°)\text{MPa}=80\text{MPa}$$

(3)计算杆的总伸长量。

因为杆各段的轴力不等，且横截面面积也不完全相同，因而必须分段计算各段的变形，然后相加。

应用杆件承受轴向载荷时的轴向变形公式，计算各段杆的轴向变形分别为

$$\Delta l_1=\frac{F_{N1}l_1}{EA_1}=\frac{400\times10^3\times300\times10^{-3}}{200\times10^9\times2500\times10^{-6}}\text{m}=0.24\times10^{-3}\text{m}=0.24\text{mm}$$

$$\Delta l_2=\frac{F_{N2}l_2}{EA_2}=\frac{-100\times10^3\times300\times10^{-3}}{200\times10^9\times2500\times10^{-6}}\text{m}=-0.06\times10^{-3}\text{m}=-0.06\text{mm}$$

$$\Delta l_3=\frac{F_{N3}l_3}{EA_3}=\frac{200\times10^3\times400\times10^{-3}}{200\times10^9\times1000\times10^{-6}}\text{m}=0.4\times10^{-3}\text{m}=0.4\text{mm}$$

杆的总伸长量为

$$\Delta l=\sum_{i=1}^{3}\Delta l_i=(0.24-0.06+0.4)\text{mm}=0.58\text{mm}$$

### 5.6.3 静定结构节点的位移计算

节点的位移是指结构变形前后节点位置的直线距离。计算时必须计算节点所连各杆的变形量，然后根据变形协调条件作出位移图，即结构的变形图。再由位移图的几何关系计算出位移值。

**【例 5.7】** 图 5.23 为一简单托架。*BC* 杆为圆钢，横截面直径 $d$=20mm；*BD* 杆为 8 号槽钢。求 *B* 点的位移。设 $F$=60kN，钢的弹性模量 $E$=200GPa。

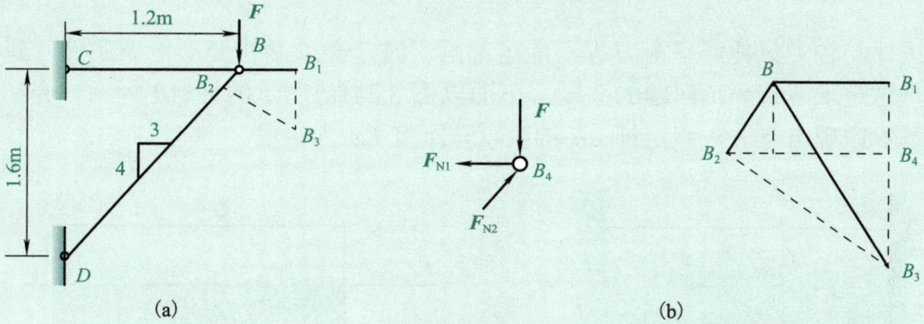


图 5.23

**解：** 三角形 *BCD* 三边的长度比为 $\overline{BC}:\overline{CD}:\overline{BD}=3:4:5$，由此求出 $\overline{BD}=2\,\text{m}$。并根据 *B* 点的平衡方程，求得 *BC* 杆的轴力 $\boldsymbol{F}_{\text{N1}}$ 和 *BD* 杆的轴力 $\boldsymbol{F}_{\text{N2}}$ 分别为

$$F_{\text{N1}}=\frac{3}{4}F=45\,\text{kN}\ (\text{拉}),\qquad F_{\text{N2}}=\frac{5}{4}F=75\,\text{kN}\ (\text{压})$$

*BC* 杆圆截面的面积为 $A_1=314\times10^{-6}\,\text{m}^2$。*BD* 杆为 8 号槽钢，由附录Ⅱ型钢表中查得截面面积为 $A_2=1020\times10^{-6}\,\text{m}^2$。根据胡克定律，求出 *BC* 和 *BD* 两杆的变形分别为

$$\overline{BB_1}=\Delta l_1=\frac{F_{\text{N1}}l_1}{EA_1}=\frac{45\times10^3\,\text{N}\times1.2\text{m}}{200\times10^9\,\text{Pa}\times314\times10^{-6}\,\text{m}^2}=0.86\times10^{-3}\,\text{m}$$

$$\overline{BB_2}=\Delta l_2=\frac{F_{\text{N2}}l_2}{EA_2}=\frac{75\times10^3\,\text{N}\times2\text{m}}{200\times10^9\,\text{Pa}\times1020\times10^{-6}\,\text{m}^2}=0.732\times10^{-3}\,\text{m}$$

这里 $\Delta l_1$ 为拉伸变形，而 $\Delta l_2$ 为压缩变形。设想将托架在节点 *B* 拆开。*BC* 杆伸长变形后变为 $B_1C$，*BD* 杆压缩后变为 $B_2D$。分别以 *C* 点和 *D* 点为圆心，$\overline{CB_1}$ 和 $\overline{DB_2}$ 为半径，作弧相交于 $B_3$ 点。$B_3$ 点即为托架变形后 *B* 点的位置。因为变形很小，$B_1B_3$ 和 $B_2B_3$ 是两段极其微小的短弧，因而可用分别垂直于 *BC* 和 *BD* 的直线段来代替，这两段直线的交点即为 $B_3$，所以 $\overline{BB_3}$ 即为 *B* 点的位移。

也可以用解析法求位移 $\overline{BB_3}$。注意到三角形 *BCD* 三边的长度比为 3:4:5，由图 5.23(b) 可以求出

$$\overline{B_2B_4}=\Delta l_2\times\frac{3}{5}+\Delta l_1$$

*B* 点的垂直位移为

$$\overline{B_1B_3}=\overline{B_1B_4}+\overline{B_4B_3}=\overline{BB_2}\times\frac{4}{5}+\overline{B_2B_4}\times\frac{3}{4}=\Delta l_2\times\frac{4}{5}+\left(\Delta l_2\times\frac{3}{5}+\Delta l_1\right)\frac{3}{4}=1.56\times10^{-3}\,\text{m}$$

$B$ 点的水平位移为

$$\overline{BB_1}=\Delta l_1=0.86\times10^{-3}\,\mathrm{m}$$

最后求出位移 $\overline{BB_3}$ 为

$$\overline{BB_3}=\sqrt{\left(\overline{B_1B_3}\right)^2+\left(\overline{BB_1}\right)^2}=1.78\times10^{-3}\,\mathrm{m}$$

## 5.7 拉压超静定问题

当拉压杆的轴力只凭静平衡方程不能全部解出时，必须寻找变形协调条件，建立足够的补充方程，这是求解超静定问题的关键。下面以图 5.24(a)所示的杆 $AB$ 为例，介绍求解超静定问题的基本原理与方法，假定杆 $AB$ 抗拉(压)刚度 $EA$ 为常量。

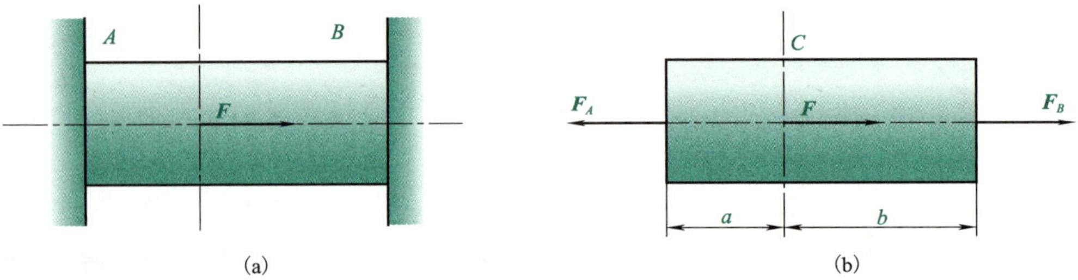


图 5.24

### 1. 静力学方面

设 $A$、$B$ 端的约束反力分别为 $F_A$、$F_B$，如图 5.24(b)所示，则平衡方程为

$$\sum F_x=0,\qquad -F_A+F+F_B=0 \tag{a}$$

两个未知力，一个独立的平衡方程，故为一次超静定。

### 2. 几何方面

根据杆两端刚性固定可知，$AB$ 杆在受力时，总长度不变，即

$$\Delta L=0$$

设 $\Delta L_{AC}$ 和 $\Delta L_{CB}$ 分别为杆 $AC$ 段和 $CB$ 段的绝对变形，则杆的变形协调方程为

$$\Delta L=\Delta L_{AC}+\Delta L_{CB}=0 \tag{b}$$

### 3. 物理方面

根据拉压胡克定律

$$\Delta L=\frac{F_{\mathrm{N}}L}{EA}$$

便可得到补充方程。

由图 5.24(a)可见，$AC$、$CB$ 段均为等直杆，轴力也处处相等，设轴力分别为 $F_{\mathrm{N1}}$ 和 $F_{\mathrm{N2}}$，则 $F_{\mathrm{N1}}=F_A$，$F_{\mathrm{N2}}=F_B$，它们的变形为

$$\Delta L_{AC}=\frac{F_{\mathrm{N1}}L_1}{EA}=\frac{F_Aa}{EA}$$

$$\Delta L_{CB}=\frac{F_{\mathrm{N2}}L_2}{EA}=\frac{F_Bb}{EA} \tag{c}$$

将式(c)代入几何方程(b)，得到外力之间关系的补充方程为

$$\Delta L=\frac{F_A a}{EA}+\frac{F_B b}{EA}=0$$

即

$$F_A a=-F_B b \tag{d}$$

将式(a)、式(d)联立求解，便得

$$F_A=\frac{b}{a+b}F,\qquad F_B=-\frac{a}{a+b}F$$

$F_B$ 为负值，说明它的方向与假设方向相反，即 $CB$ 段受压。

超静定问题在求得未知力后，其强度、刚度计算与静定问题完全相同。

综上所述，求解超静定结构必须考虑以下三个方面：满足静平衡条件；满足变形协调条件；符合力与变形之间的物理关系(在拉压超静定问题中，符合胡克定律)。概括地说，即应综合考虑静力学方面、几何方面和物理方面。材料力学的许多基本理论，也正是从这三个方面进行综合分析后建立起来的。

综上，超静定问题的解题步骤如下：

(1)首先判断是否是超静定问题，如果是，确定超静定次数。

(2)根据需要列出独立的静力平衡方程。

(3)写出变形协调方程，推导出补充方程。

(4)联立静力平衡方程和补充方程，求解。

**【例 5.8】**　图 5.25 所示结构，杆 $AC$、$DE$ 弹性模量 $E$ 和横截面面积 $A$ 相同，横梁 $BD$ 为刚体，载荷 $F=50\,\text{kN}$，$AB=BC=CD=DE=L$，杆材料的许用应力 $[\sigma]=120\,\text{MPa}$，试确定各杆的横截面面积。

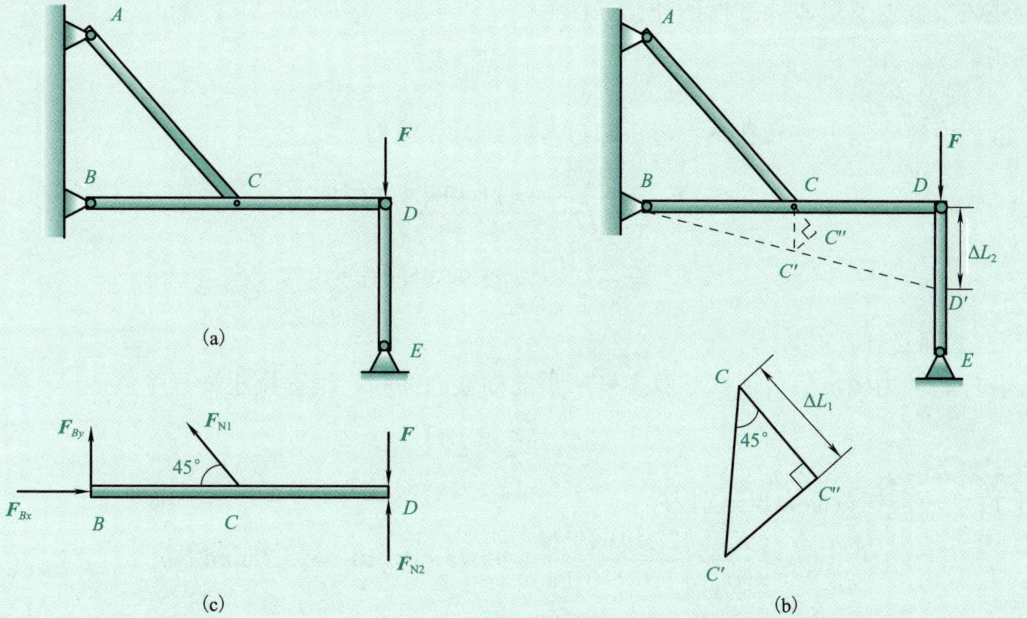


图　5.25

**解：**(1)受力分析。

由横梁 $BD$ 的受力图 5.25(c)可以看出，共有四个未知力，但是独立的静平衡方程数目只有三个，故为一次超静定问题。

(2)建立静平衡方程。

$$\sum M_B = 0,\quad F_{N1}L\sin 45^\circ + 2F_{N2}L - 2FL = 0,\quad F_{N1} + 2\sqrt{2}F_{N2} - 2\sqrt{2}F = 0$$

在本例中，只需求轴力 $F_{N1}$ 和 $F_{N2}$，故另外两个平衡方程可不必列出。

(3)补充方程。

① 变形协调关系。

在载荷 $F$ 作用下，设横梁 $BD$ 绕 $B$ 点沿顺时针方向作微小转动，结构的变形如图 5.25(b)所示。$D$ 点位移到 $D'$ 点，$C$ 点位移到 $C''$ 点，因变形很小可认为 $\angle BAC''=45^\circ$，连接 $AC''$；以 $A$ 为圆心，以 $AC''$ 为半径做弧，与以 $B$ 为圆心，以 $BC$ 为半径的弧线交于 $C'$ 点，用垂直于 $AC'$ 的直线 $C'C''$ 代替弧线，在 $\triangle BCC'$ 以及 $\triangle BDD'$ 中有

$$\overline{DD'} = 2\overline{CC'}$$

$$\Delta L_1 = \overline{CC'}\cos 45^\circ$$

$$\Delta L_2 = \overline{DD'}$$

所以变形协调方程为

$$\Delta L_2 = 2\sqrt{2}\Delta L_1$$

② 物理关系。

根据胡克定律，变形 $\Delta L_1$、$\Delta L_2$ 与所求轴力 $F_{N1}$、$F_{N2}$ 间的物理关系为

$$\Delta L_1 = \frac{F_{N1}L_1}{EA} = \frac{F_{N1}\sqrt{2}L}{EA}$$

$$\Delta L_2 = \frac{F_{N2}L_2}{EA} = \frac{F_{N2}L}{EA}$$

将上述关系代入变形协调方程得补充方程为

$$F_{N2} = 4F_{N1}$$

(4)轴力计算。

联立求解平衡方程和补充方程，即得各杆轴力分别为

$$F_{N1} = \frac{2\sqrt{2}F}{8\sqrt{2}+1} = 11.49\ \text{kN}(拉力)$$

$$F_{N2} = \frac{8\sqrt{2}F}{8\sqrt{2}+1} = 45.94\ \text{kN}\ (压力)$$

(5)截面设计。

各杆的轴力确定后，现在计算各杆所需的横截面面积，根据拉压杆强度条件

$$\sigma = \frac{F_N}{A} \leqslant [\sigma]$$

得杆 1、2 所需横截面面积分别为

$$A_1 \geqslant \frac{F_{N1}}{[\sigma]} = \frac{11.49\times10^3\,\text{N}}{120\times10^6\,\text{Pa}} = 95.75\times10^{-6}\,\text{m}^2 = 95.75\text{mm}^2$$

$$A_2 \geqslant \frac{F_{N2}}{[\sigma]} = \frac{45.9\times10^3\,\text{N}}{120\times10^6\,\text{Pa}} = 382.5\times10^{-6}\,\text{m}^2 = 382.5\text{mm}^2$$

但是，由于已选定 $A_1 = A_2$，故应取

$$A_1 = A_2 = 382.5\text{mm}^2$$

需要强调指出，在画受力图和变形图时，应注意使受力图中的拉力或压力分别与变形图中的伸长或缩短一一对应，这样在建立变形与轴力之间的物理关系时，只需考虑它们的绝对值即可。

最后，应指出在小变形的条件下，通常可按结构的原有几何形状和尺寸进行计算，并可采用切线代圆弧的方法计算位移。

**【例 5.9】** 图5.26所示的结构。假设横梁$AE$为刚体。已知各吊杆的长度为$L_1 = L_2 = L_3 \sin\alpha L$，各杆材料的弹性横量$E$及横截面面积$A$均相同；已知：$a_1$、$a_2$、$a_3$及$L$和$F$,试求各吊杆的轴力。

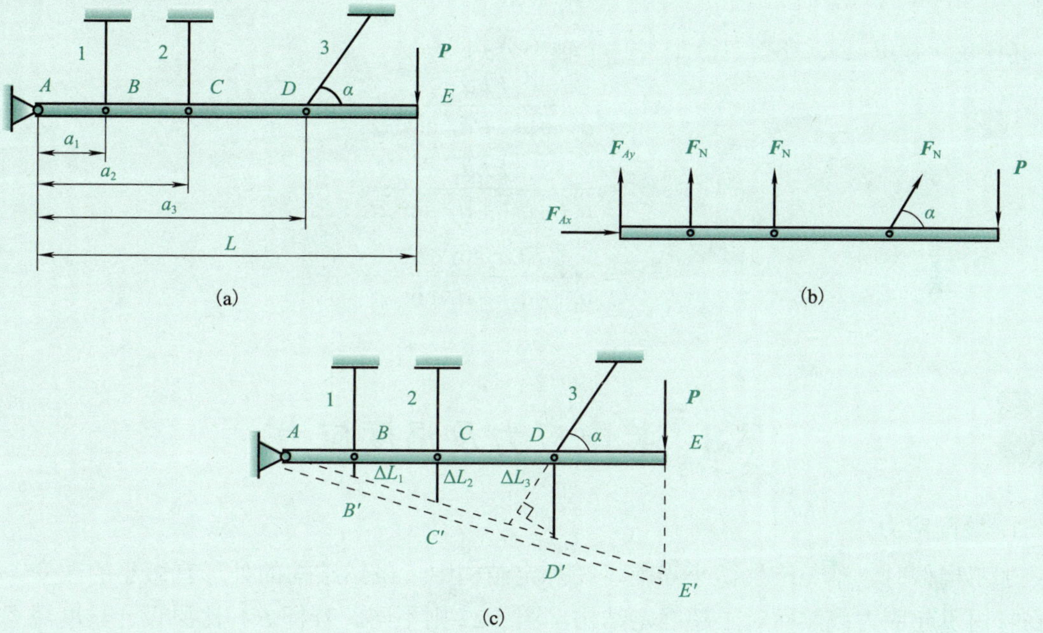


图 5.26

**解：**(1)受力分析。

横梁$AE$受力图如图5.26(b)所示，由图可以看出，结构有两个多余约束，故为二次超静定结构。

(2)建立静力平衡方程。

$$\sum M_A = 0$$

$$F_{N1}a_1 + F_{N2}a_2 + F_{N3}a_3 \sin\alpha - FL = 0 \tag{a}$$

(3)建立补充方程。

因为结构为二次超静定结构，需建立两个补充方程。

① 变形协调关系。

横梁$AE$为刚体，设在力$F$作用下，$AE$绕$A$点转一微小角度，$B$、$C$、$D$各点沿铅垂方向分别移至$B'$、$C'$、$D'$位置，由变形图5.26(c)得，1、2、3杆变形分别为$\Delta L_1$、$\Delta L_2$、$\Delta L_3$，于是两个变形协调方程分别为

$$\frac{\Delta L_2}{\Delta L_1} = \frac{a_2}{a_1}, \qquad \frac{\Delta L_3}{\Delta L_1} = \frac{a_3}{a_1}\sin\alpha$$

② 物理关系。

根据胡克定律，$\Delta L_1$、$\Delta L_2$、$\Delta L_3$ 与轴力 $F_{N1}$、$F_{N2}$、$F_{N3}$ 间的物理关系为

$$\Delta L_1=\frac{F_{N1}L_1}{EA},\quad \Delta L_2=\frac{F_{N2}L_2}{EA},\quad \Delta L_3=\frac{F_{N3}L_3}{EA}$$

将以上三式代入变形协调方程，得补充方程为

$$\frac{F_{N2}}{F_{N1}}=\frac{a_2}{a_1} \tag{b}$$

$$\frac{F_{N3}}{F_{N1}}=\frac{a_3}{a_1}\sin^2\alpha \tag{c}$$

(4)联立方程(a)、(b)、(c)求得三个轴力分别为

$$F_{N1}=\frac{FLa_1}{a_1^{\ 2}+a_2^{\ 2}+a_3^{\ 2}\sin^3\alpha}$$

$$F_{N2}=\frac{FLa_2}{a_1^{\ 2}+a_2^{\ 2}+a_3^{\ 2}\sin^3\alpha}$$

$$F_{N3}=\frac{FLa_3\sin^2\alpha}{a_1^{\ 2}+a_2^{\ 2}+a_3^{\ 2}\sin^3\alpha}$$

## 5.8 装配应力及温度应力

### 1. 装配应力

加工构件时，难免产生微小误差，在静定结构中，虽然结构的外形有微小的改变，但不会在杆内引起应力；然而对于超静定结构，图 5.27 则不同。若杆 $BA_1$ 比原设计长度短 $\delta$，装配时需将其拉长，而将其他两杆压短，方能强制性地将三杆结合于 $A_0$ 点，此时在 $BA_1$ 杆中产生拉力，在其他两杆中产生压力。这种由于装配而产生的内力，称为装配内力，与之相应的应力称为装配应力。装配应力是在结构承受载荷之前就已存在的应力，故又称为预应力。

若装配应力的方向与载荷产生的应力方向一致，则杆的应力增大，承载能力降低；反之，杆的应力可减小。工程上常采用这一点减小构件的应力。

**【例 5.10】** 图 5.27 所示结构中，$A_1B$ 杆比原设计长度 $L_1$ 稍短 $\delta_0$（$\delta_0 \leqslant L_1$），强行装配后，三杆连接于 $A$ 点，各杆材料相同，$E$=200GPa，$\alpha$=30°，$L_1=2$m，$A_1$=$A_2$=$A_3$=2cm²，如果设 $\delta_0=1.5$ mm，试计算各杆中的预应力值。

**解：**(1)画受力图如图 5.27(c)所示，设 1、2、3 杆的内力分别为 $F_{N1}$、$F_{N2}$、$F_{N3}$，列静力平衡方程

$$\sum F_x=0,\quad F_{N2}\sin\alpha-F_{N3}\sin\alpha=0 \tag{a}$$

$$\sum F_y=0,\quad F_{N1}-F_{N2}\cos\alpha-F_{N3}\cos\alpha=0 \tag{b}$$

可见结构为一次超静定。

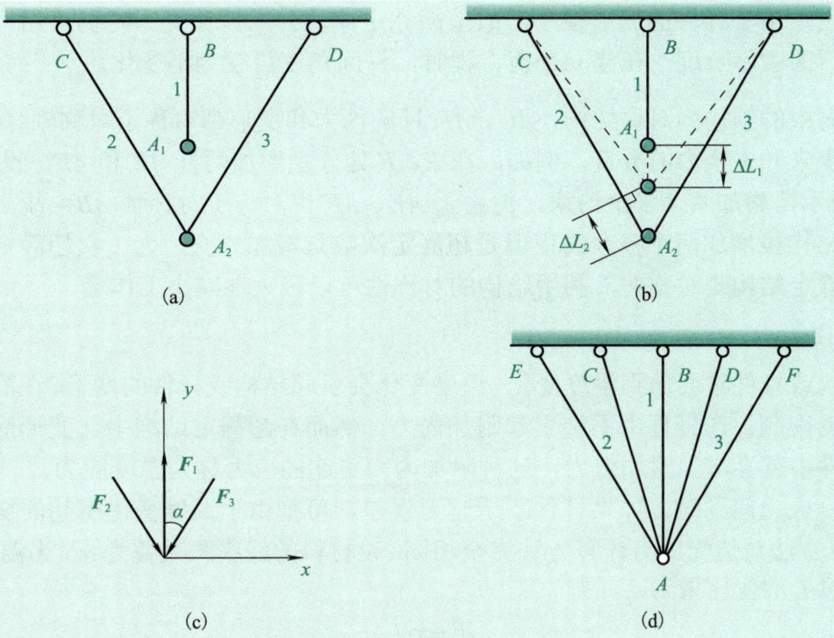


图　5.27

(2) 列出补充方程。由结构变形图 5.27(b)，可知

$$\Delta L_1 + \Delta L_2' = \delta_0$$

即变形协调方程为

$$\Delta L_1 + \frac{\Delta L_2}{\cos\alpha} = \delta_0$$

根据胡克定律

$$\Delta L = \frac{F_N L}{EA}$$

得补充方程

$$\frac{F_{N1}L_1}{EA_1} + \frac{F_{N2}L_2}{EA_2\cos a} = \delta_0 \quad \text{(c)}$$

(3) 联立方程(a)、(b)、(c)解得

$$F_{N1} = \frac{2EA_1\cos^3 a\delta_0}{L_1(1+2\cos^3 a)}，\quad F_{N2} = F_{N3} = \frac{EA_1\cos^2 a\delta_0}{L_1(1+2\cos^3 a)}$$

代入数值得

$$F_{N1} = \frac{2\times 200\times 10^9\ \text{N/ m}^2\times 2\times 10^{-4}\ \text{m}^2\cdot\cos^3\alpha\times 1.5\times 10^{-3}\ \text{m}}{2\text{m}\times(1+2\cos^3 a)} = 16.96\times 10^3\ \text{N}$$

同理，可得 $F_{N2} = F_{N3} = 9.79\text{kN}$。

(4) 求预应力。

$$\sigma_1 = \frac{F_{N1}}{A_1} = \frac{16.956\times 10^{3}\ \text{N}}{2\times 10^{-4}\ \text{m}^2} = 84.78\times 10^6\ \text{Pa} = 84.78\,\text{MPa}\ (\text{拉应力})$$

$$\sigma_2 = \sigma_3 = \frac{F_{N2}}{A_2} = \frac{9.79\times 10^3\ \text{N}}{2\times 10^{-4}\ \text{m}^2} = 48.95\times 10^6\ \text{Pa} = 48.95\,\text{MPa}\ (\text{压应力})$$

应该指出，由于杆件的变形很小，故按胡克定律及公式计算变形时仍可用杆的原长，而不必用变形后的实际长度。在建立平衡方程时，杆间角度可视为不变化。

上述例题中的结构为对称结构，$AC$、$AD$ 杆的内力和变形都对称于对称轴 $AB$，利用这种特性可以减少未知多余力的数目，例如，在 $E$、$F$ 处分别增加两杆 $AE$ 和 $AF$，设 $AE=AF$，如图 5.27(d)所示，增加两个多余约束，但由于 $AE$、$AF$ 也对称于对称轴 $AB$，故 $AE$、$AF$ 内力相同，所以结构虽增加两个多余约束但是超静定次数只增加一次，为二次超静定，在工程实际中很多超静定结构是对称的，利用结构的对称性可以极大地减小工作量。

### 2. 温度应力

工程结构或杆件常会遇到温度变化，温度变化会引起结构或杆件的变形。在静定结构中，由于变形不受限制，在杆件中不会引起附加内力，然而在超静定结构中，变形受到多余约束的限制，杆件中就会产生附加内力，这种附加内力引起的应力称为温度应力。

求解温度应力问题时，如果杆件制造时无误差，可把由于温度变化引起的变形看成制造误差，则计算方法与装配应力计算方法完全相同。设材料的线膨胀系数为 $\alpha$，当温度改变 $\Delta t$ ℃时，构件长度 $L$ 的变化量为 $\delta_t$，则

$$\delta_t = \alpha L \Delta t \tag{5.12}$$

**【例 5.11】** 图 5.28 为输送蒸汽的管道，材料为钢，安装时温度 $t_1$ 为 20℃，工作时温度 $t_2$ 为 100℃。其线膨胀系数 $\alpha = 120\times10^{-7}$ 1/℃，材料的弹性模量 $E = 200\text{GPa}$，试求工作时管内横截面上的温度应力(设管道横截面面积为 $A$)。

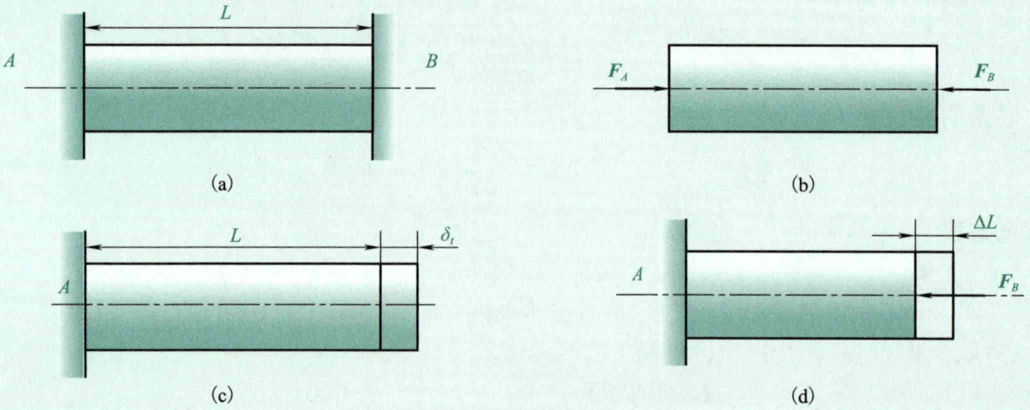


图 5.28

**解：**(1)画受力图如 5.28(b)所示，列静力平衡方程

$$\sum F_x = 0, \quad F_A - F_B = 0$$

即

$$F_A = F_B \tag{a}$$

可见结构为一次超静定。

(2)列出补充方程。

当温度升高时，杆件膨胀伸长，但被两端固定支座所阻止，从而使杆受到压力 $F_B$ 作用。

解题时，假想地解除 $B$ 端约束使杆自由膨胀，伸长 $\delta_t$ 如图 5.28(c)所示；然后在力 $F_B$ 作用下，使杆缩短 $\Delta L$，由于总长度不变，所以杆的变形协调方程为

$$\Delta L = \delta_t$$

根据胡克定律公式以及式(5.12)可得

$$\Delta L = \frac{F_N L}{EA} = \frac{F_A L}{EA}$$

$$\delta_t = \alpha L \Delta t = \alpha L(t_2 - t_1)$$

于是得补充方程

$$\frac{F_A L}{EA} = \alpha L(t_2 - t_1) \tag{b}$$

(3)联立方程(a)、(b)解得

$$F_A = F_B = EA\alpha(t_2 - t_1)$$

(4)求管道横截面上的应力为

$$\sigma = \frac{F_A}{A} = E\alpha(t_2 - t_1) = 192\text{MPa}\ (\text{压应力})$$

另外，由上述例题可见温度应力往往很大，应设法避免。因此，常采用一些措施，例如，较长的杆能自由伸缩，将蒸汽管道弯成环形，铁路两段钢轨间留有“伸缩缝”，支承长轴的轴承中应有一只可相对机架沿轴向移动等，以减小或消除温度应力。

## 思考题

**5-1** 区分下列概念：内力与应力，变形与应变，工作应力、极限应力、许用应力。

**5-2** 轴向拉伸、压缩构件横截面上应力是如何推导的？

**5-3** 轴力和截面积均相等、材料不同的拉杆，它们的应力和变形是否相同？

**5-4** 试用拉(压)杆斜截面应力计算公式分析低碳钢颈缩现象和铸铁压缩破坏现象。

**5-5** 已知低碳钢材料的弹性模量 $E = 200\text{GPa}$，比例极限 $\sigma_p = 200\text{MPa}$。当低碳钢试件拉伸到轴向线应变 $\varepsilon = 0.002$ 时，能否用胡克定律 $\sigma = E\varepsilon$ 来计算正应力？为什么？

**5-6** 公式 $\Delta l = \frac{F_N l}{EA}$，$\sigma = E\varepsilon$ 的适用条件是什么？

**5-7** 一托架如思考题 5-7 图所示。现有低碳钢和铸铁两种材料，若斜杆用低碳钢制造，横杆用铸铁制造，是否合理？请说明理由。

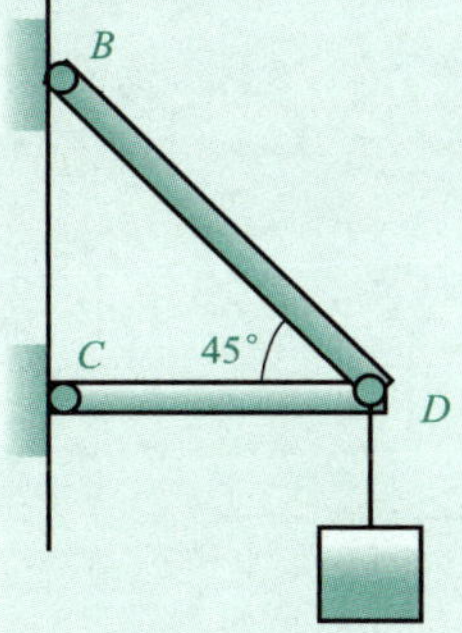


思考题 5-7 图

## 习　题

**5.1**　试做下图所示各杆的轴力图。

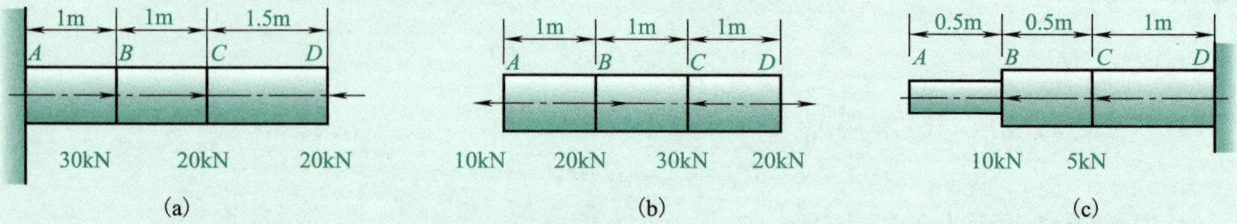


习题 5.1 图

**5.2**　试求图示直杆横截面 1-1、2-2 和 3-3 上的轴力，并作轴力图。横截面面积 $A=200\text{mm}^2$，试求各横截面上的应力。

**5.3**　下图所示直杆，横截面面积 $A=100\,\text{mm}^2$，载荷 $F=10\,\text{kN}$，求 $\alpha=60°$ 斜截面上的正应力和切应力。

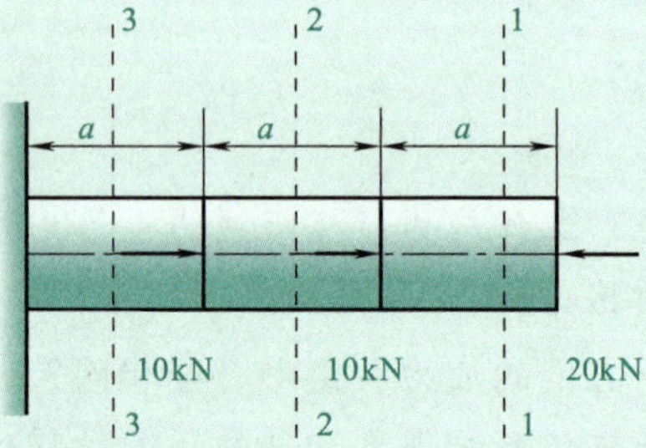


习题 5.2 图

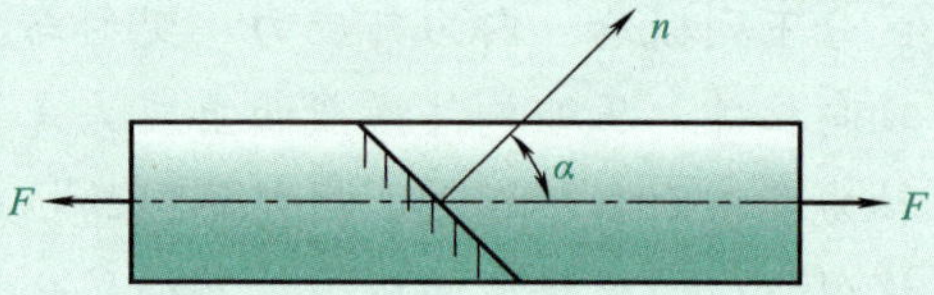


习题 5.3 图

**5.4**　如图示结构，各杆的横截面面积均为 $A=3000\,\text{mm}^2$，$F=100\,\text{kN}$。试求各杆横截面上的应力。

**5.5**　已知一矩形截面拉杆在杆端承受拉力 $F=1100\,\text{kN}$。该拉杆截面的高度与宽度之比为 $\dfrac{h}{b}=1.4$。材料的许用应力 $[\sigma]=50\,\text{MPa}$，试确定截面高度 $h$ 和宽度 $b$。

**5.6**　如图所示结构 $AC$、$BC$ 杆均为直径 $d=20\,\text{mm}$ 的圆截面直杆，材料许用应力 $[\sigma]=160\,\text{MPa}$，试求此结构的许可载荷。

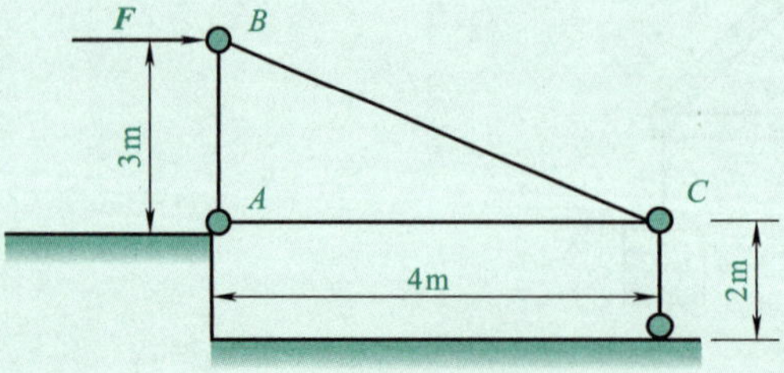


习题 5.4 图

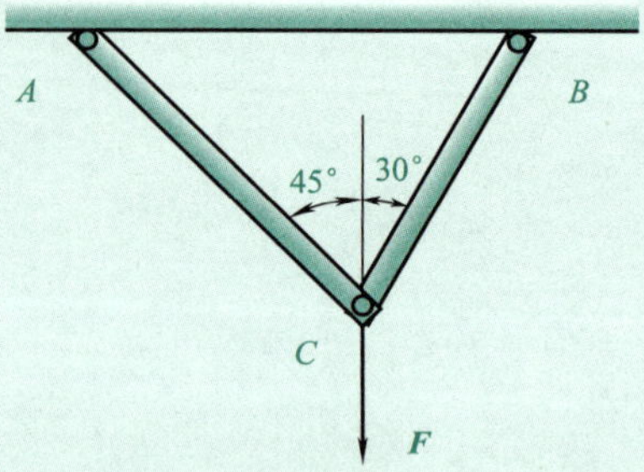


习题 5.6 图

5.7　悬臂吊车如下图所示，杆 $CD$ 由两根 $36\times36\times4$ 等边角钢组成，其许用应力为 $[\sigma]=140\text{MPa}$，且杆 $CD$ 与刚性杆 $AB$ 的夹角为 30°。试校核 $CD$ 杆的强度。

5.8　两根直径不同的实心截面杆，在 $B$ 处焊接在一起，弹性模量均为 $E=200\,\text{GPa}$，受力和杆的尺寸等如图所示。试求：(1) 画结构轴力图；(2) 杆的轴向变形总量。

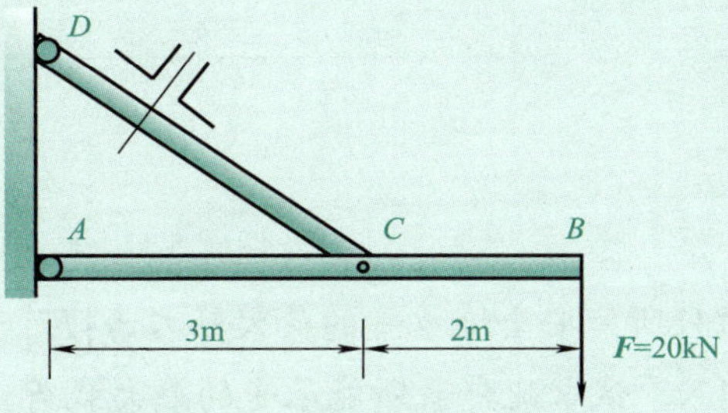

习题 5.7 图

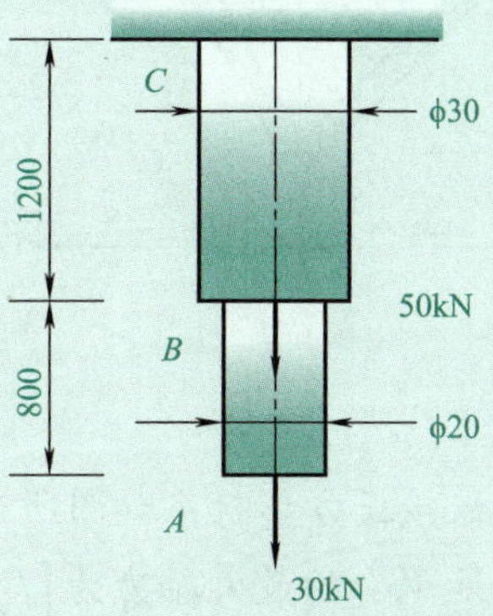

习题 5.8 图

5.9　如图所示钢杆 $AB$，已知 $F=10\,\text{kN}$，$L_1=L_2=400\,\text{mm}$，$A_1=2A_2=100\,\text{mm}^2$，$E=200\,\text{GPa}$。试求杆 $AB$ 的轴向伸长量。

5.10　如图示结构，杆 $AB$ 的重量和变形可忽略不计。杆 1 和杆 2 的弹性模量分别为 $E_1=200\,\text{GPa}$，$E_2=100\,\text{GPa}$，$F=60\,\text{kN}$。试求杆 $AB$ 保持水平时载荷 $F$ 的位置及此时杆 1、杆 2 横截面上的正应力。

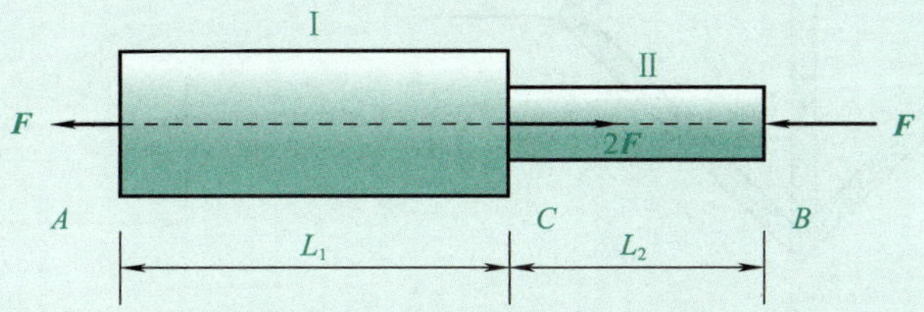

习题 5.9 图

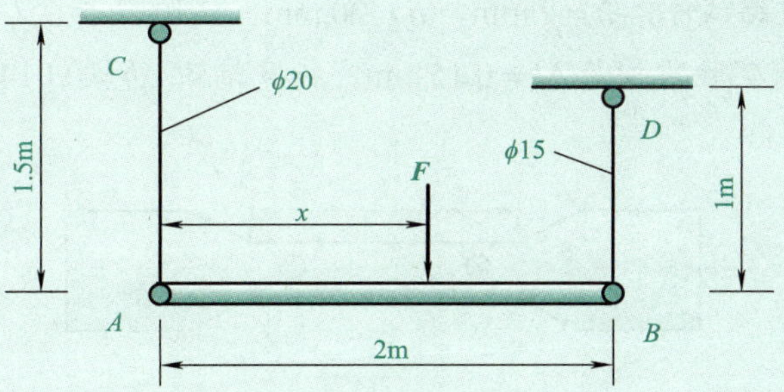

习题 5.10 图

5.11　如图示结构钢杆 1 和钢杆 2 的弹性模量均为 $E=210\,\text{GPa}$，求节点 $A$ 铅直方向的位移。

5.12　如图示结构，$AB$ 为水平放置的刚性杆，斜杆 $CD$ 为直径 $d=20\,\text{mm}$ 的实心圆杆，其弹性模量 $E=200\,\text{GPa}$，$[\sigma]=160\,\text{MPa}$。试求：(1) 许可载荷 $[F]$；(2) 许可载荷作用下 $B$ 点的铅直位移。

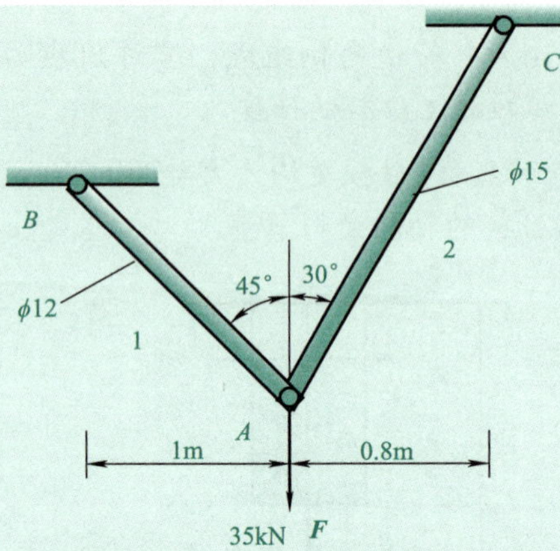


习题 5.11 图

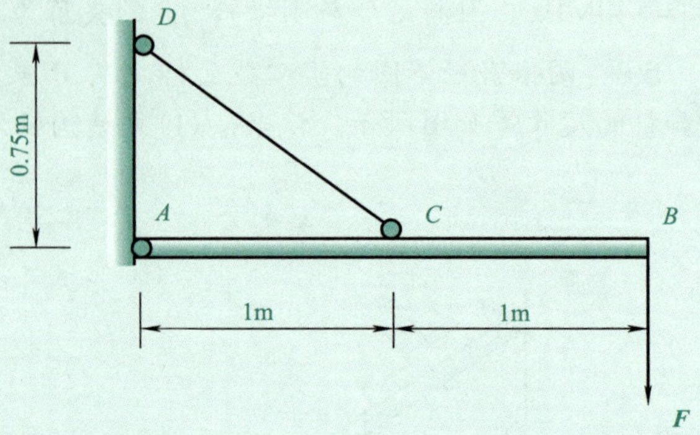


习题 5.12 图

**5.13** 铰接正方形杆系如图所示。各拉杆所能安全地承受的最大轴力为$[F_t]=125\,kN$，压杆所能安全地承受的最大轴力为$[F_c]=150\,kN$。试求此杆系所能承受的最大载荷。

**5.14** 在图示杆系中，$BC$和$BD$两杆的材料相同，且抗拉和抗压许用应力相等，同为$[\sigma]$。为使杆系使用的材料最省，试求夹角$\theta$值。

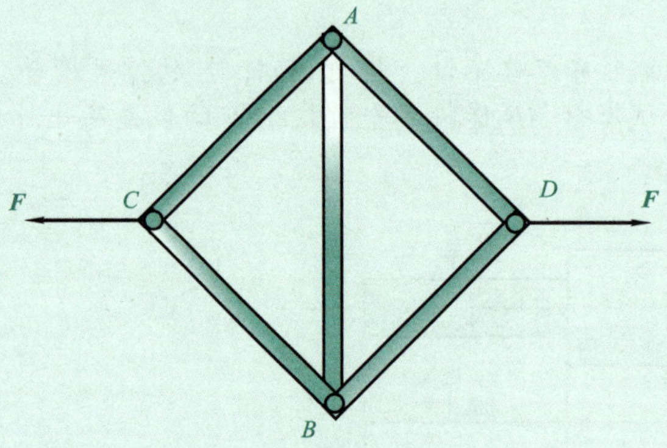


习题 5.13 图

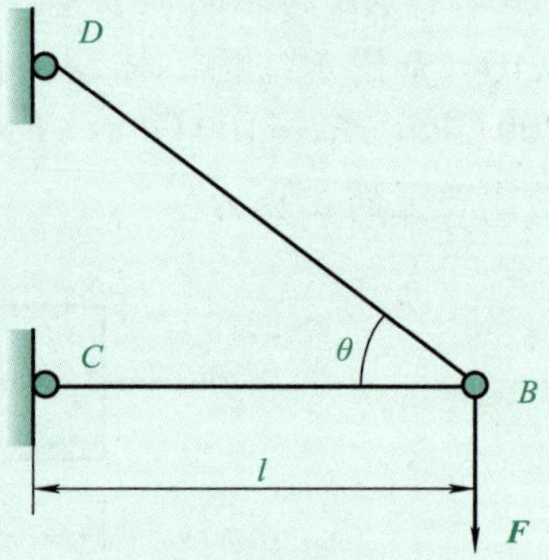


习题 5.14 图

**5.15** 如下图为硬铝试件，$h=2\,mm$，$b=20\,mm$。实验段长度$l_0=70\,mm$。在轴向拉力$F=6\,kN$作用下，测得实验段伸长$\Delta l=0.15\,mm$，板宽缩短$\Delta b=0.014\,mm$。试计算硬铝的弹性模量$E$和泊松比$\mu$。

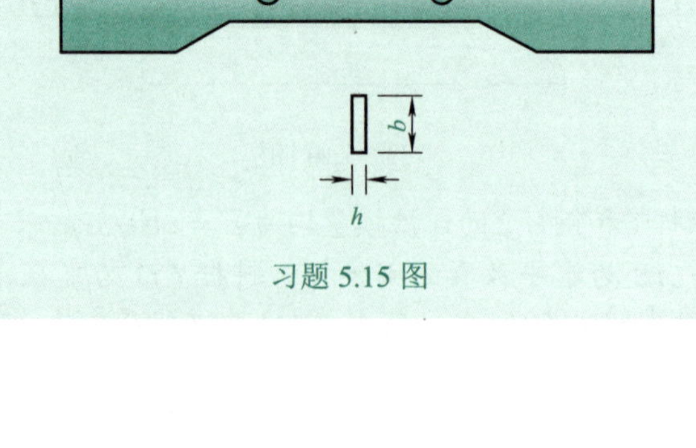


习题 5.15 图

# 第6章 剪切与挤压的实用计算

有些工程结构是由构件通过某种形式相互连接组成的。例如，钢轨和枕木是利用高强螺栓连接，木结构是通过榫齿连接，钢结构中常用铆钉连接或焊接连接等。这些起连接作用的螺栓、铆钉、销钉、键块、榫头等，统称为连接件。

连接件的几何形状、受力和变形复杂。在工程设计中，为简化计算，对连接件的受力根据实际破坏情况做了一些假设，再根据这些假设利用实验方法确定极限应力，从而建立强度条件。这种简化的计算方法称为“**实用计算法**”或“**假定计算法**”。这种计算方法，通过工程实践检验能保障结构的安全，所以广泛应用于连接件设计。

本章主要介绍连接件中剪切和挤压的实用计算。

## 6.1 剪切的实用计算

### 1. 概念和实例

承受剪切的构件其受力和变形与轴向拉压不同。图 6.1(a)所示连接两块钢板的铆钉，当给钢板施加拉力 $\boldsymbol{F}$ 时，铆钉两侧受到一组大小相等、方向相反、相距很近的横向力 $\boldsymbol{F}$ 的作用，如图 6.1(b)所示。作用于铆钉两侧的力，意图使铆钉的上下两部分沿 $mm$ 截面发生相对错动，如图 6.1(c)所示。构件的这种变形称为**剪切**，发生相对错动的截面，如图 6.1(c)所示的 $mm$ 截面称为**剪切面**。

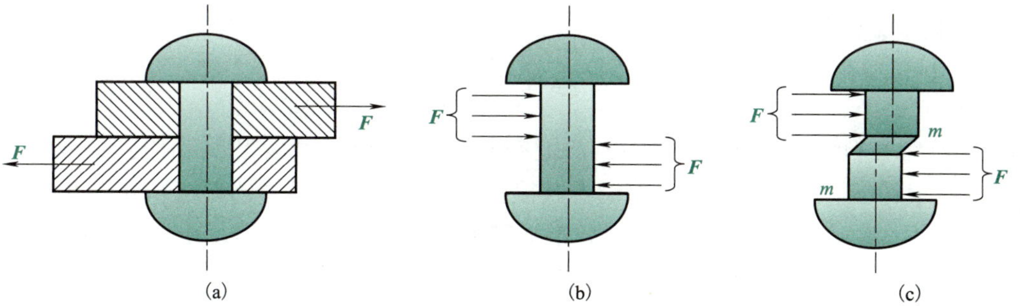


图 6.1

为了进一步分析承受剪切的构件的受力特点和变形特点，再以钢杆受剪为例说明，如图 6.2(a)所示。上、下两个刀刃以大小相等、方向相反、作用线相距很近的两个力 $\boldsymbol{F}$ 作用于钢杆上，使得钢杆在 $nn$ 截面的左、右两部分发生沿 $nn$ 截面相对错动的变形，如图 6.2(b)所示。

钢杆的这种变形称为**剪切**，发生相对错动的 $nn$ 截面称为**剪切面**。当外力 $\boldsymbol{F}$ 增大到一定数值时，钢杆即沿剪切面被剪断。

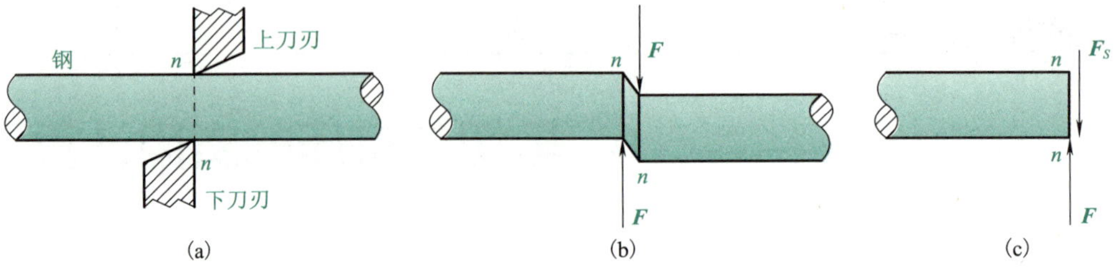


图 6.2

通过以上两个实例可以看出，工程上承受剪切的杆件有以下特点。

受力特点：杆件两侧作用大小相等、方向相反、相互平行、作用线相距很近的外力。

变形特点：沿两外力作用线间的截面发生错动或者有相对错动趋势。

工程上常用的其他连接件，如铆钉、销钉、键以及螺栓等都是承受剪切的典型构件。

### 2. 剪切的实用计算

仍以钢杆受剪切为例说明剪切的实用计算。首先需要确定剪切面上的内力，以剪切面 $nn$ 将钢杆分成两部分，任取其中一部分，如取左半部分为研究对象，如图 6.2(c)所示。由于该段上的外力 $\boldsymbol{F}$ 垂直于钢杆的轴线，故 $nn$ 截面上的内力一定与截面相切，这样的内力称为剪力，用 $\boldsymbol{F}_S$ 表示。根据平衡方程，即可求得

$$F_S = F$$

工程上应用的是实用计算，在实用计算中，假设剪切面上只有剪切应力且均匀分布，于是受剪面上的切应力为

$$\tau = \frac{F_S}{A} \tag{6.1}$$

式中，$\boldsymbol{F}_S$ 为剪力；$A$ 为剪切面面积；$\tau$ 为名义切应力。

实际上，某些受剪切构件的变形还伴随其他形式的变形，所以剪切面上的应力分布情况很复杂，不仅有切应力，还有正应力。

为保证受剪切构件不发生剪切破坏，剪切面上的剪切应力不能超出材料的许用剪切应力 $[\tau]$，剪切强度条件可表示为

$$\tau = \frac{F_S}{A} \leqslant [\tau] \tag{6.2}$$

式(6.2)中材料的许用剪切应力 $[\tau]$，由材料的极限切应力 $\tau_u$ 除以适当的安全因数得到。而材料的极限切应力要通过材料的剪切实验得出，实验时要求试样的形状和受力要尽可能与实际情况一致。将试样放在实验机上加载至被剪断，测出极限载荷 $F_b$，计算出极限剪力 $F_{Sb}$，根据式(6.1)计算出极限切应力 $\tau_u$。

**【例 6.1】** 图 6.3(a)所示为一销钉连接的挂钩，销钉材料为 20 钢，$[\tau] = 30\text{MPa}$，直径 $d = 20\text{mm}$，力 $F = 15\text{kN}$。试校核销钉的剪切强度。

**解：** (1)取销钉为研究对象。

分析销钉的受力，如图 6.3(b)所示。根据受力情况，销钉中段相对于上、下两段沿 1-1 面和 2-2 面向右错动，所以有 1-1 和 2-2 两个剪切面，这种情况称为**双剪切**。

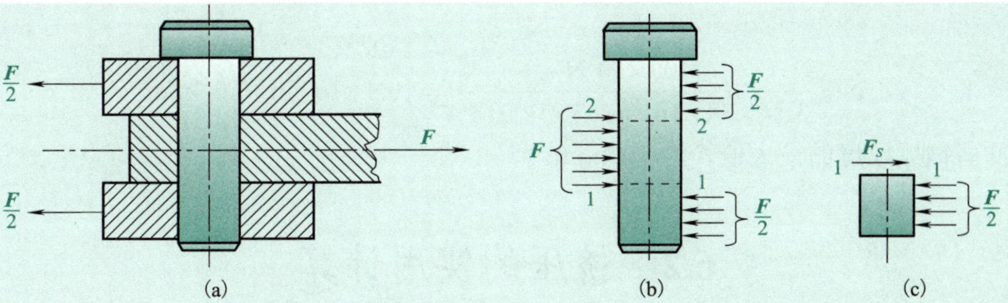


图　6.3

(2)计算剪切面上的剪力。

假想沿剪切面 1-1 面将销钉剪断，取下半部分为研究对象，由平衡条件，可以求得 1-1 面上的剪力 $F_{S1-1}=\dfrac{F}{2}$。同理可求得 2-2 面上的剪力 $F_{S2-2}=\dfrac{F}{2}$。

(3)计算剪切面上的剪切应力。

$$\tau=\frac{F_S}{A}=\frac{\dfrac{F}{2}}{\dfrac{\pi}{4}\times d^2}=\frac{7.5\times10^3\text{N}}{\dfrac{\pi}{4}\times(20\times10^{-3}\text{m})^2}=23.9\times10^6\text{Pa}=23.9\text{MPa}<[\tau]$$

所以销钉满足剪切强度条件。

**【例 6.2】**　冲床的冲模如图 6.4(a)所示，其最大冲力 $F_{max}=400\text{kN}$，冲头直径 $d=34\text{mm}$，冲剪钢板材料的极限剪切应力 $\tau_u=360\text{MPa}$，求能冲剪钢板厚度的最大值 $\delta$。

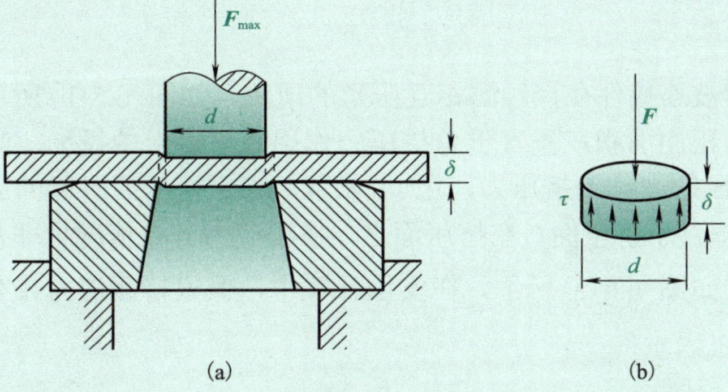


图　6.4

**解：**(1)取冲剪下来的厚度为 $\delta$、直径为 $d$ 的圆柱体为研究对象。

分析圆柱体受力，如图 6.4(b)所示。根据受力情况可知，冲剪力等于最大冲力，即 $F_S=F_{max}$。而剪切面为圆柱体的侧面，其面积为 $A=\pi d\delta$。

(2)计算冲剪钢板厚度的最大值 $\delta$。

这是破坏问题，生产上称为落料。也就是说只有剪切应力 $\tau=\dfrac{F_S}{A}\geqslant\tau_u$ 时，才会有落料产生。代入数据

$$\tau=\frac{400\times10^3\text{N}}{\pi\times34\times10^{-3}\text{m}\times\delta}\geqslant360\times10^6\text{Pa}$$

得到

$$\delta \leqslant \frac{400\times10^{3}\text{N}}{3.14\times34\times10^{-3}\text{m}\times360\times10^{6}\text{Pa}}=10.4\times10^{-3}\text{m}=10.4\text{mm}$$

所以能冲剪钢板厚度的最大值 $\delta$ 为 10.4mm。

## 6.2 挤压的实用计算

某些连接件除可能发生剪切破坏外，还可能发生挤压破坏。如图 6.5(a)所示的连接两块钢板的铆钉，钢板的铆钉孔和铆钉的接触面互相挤压，有可能使铆钉孔或铆钉在接触处局部产生明显的塑性变形，而影响连接的牢固性。图 6.5(b)所示即为铆钉孔被挤压成长圆孔的情况。因此为避免挤压破坏，也要进行挤压强度的计算。挤压是伴随剪切出现的，构件是由哪个因素引起的破坏，要由具体情况来定。

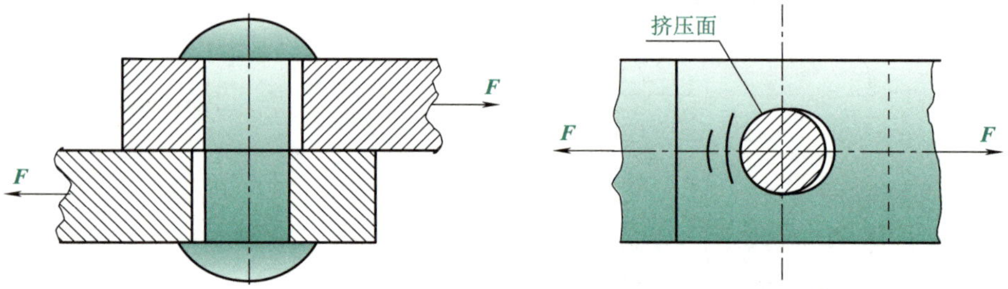


(a) (b)

图 6.5

**挤压**是连接件和被连接件在接触面相互压紧的现象，如图 6.5(b)所示就是铆钉孔被挤压成长圆孔的情况。挤压面面积在垂直于总挤压力作用线平面上的投影，叫做**有效挤压面积**，用 $A_{bs}$ 表示。引起挤压的力称为挤压力，用 $F_{bs}$ 表示。由于挤压而引起的应力称为挤压应力，用 $\sigma_{bs}$ 表示，其方向垂直于挤压面。在挤压面上，挤压应力分布情况也非常复杂，沿半圆柱挤压面的分布情况大致如图 6.6(a)所示。在实用计算中，假设挤压应力在有效挤压面积上是均匀分布的，即

$$\sigma_{bs}=\frac{F_{bs}}{A_{bs}} \tag{6.3}$$

式中，$A_{bs}$ 要根据接触面的情况来确定。若接触面为平面，则 $A_{bs}$ 即为接触面的面积；若接触面为半圆柱面，则 $A_{bs}$ 为圆柱的直径平面的面积，即图 6.6(b)所示的画阴影线的面积，$A_{bs}=\delta d$。这样按照式(6.3)计算所得的挤压应力与实际最大的挤压应力(如图 6.6(a)所示的最大数值)相接近。而最大应力处是发生显著塑性变形处，因此，挤压强度条件为

$$\sigma_{bs}=\frac{F_{bs}}{A_{bs}}\leqslant[\sigma_{bs}] \tag{6.4}$$

式中，$[\sigma_{bs}]$ 为材料许用挤压应力。材料的许用挤压应力 $[\sigma_{bs}]$ 也是通过实验确定的，需要时可以查阅有关设计手册。

必须指出，当相互挤压的构件材料不同时，应对抵抗挤压能力弱的材料进行挤压强度计算，另外若连接件或被连接件有多处受挤压，应对最危险处进行挤压的强度计算。

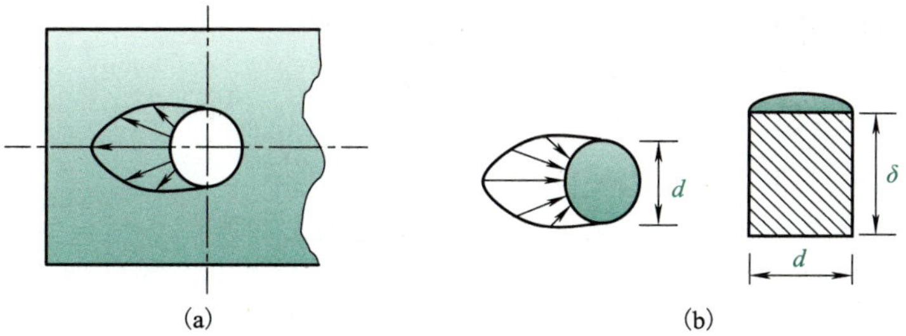


图　6.6

【例 6.3】　图 6.7(a)所示，为齿轮用平键与轴连接(图中只画了轴)，已知轴的直径 $d=70\text{mm}$，键的尺寸为 $b\times h\times l=20\times12\times100$ mm，传递的扭转力偶矩 $M_e=2\text{kN}\cdot\text{m}$，键材料的许用剪切应力 $[\tau]=60\text{MPa}$，许用挤压应力 $[\sigma_{bs}]=100\text{MPa}$，试校核键的强度。

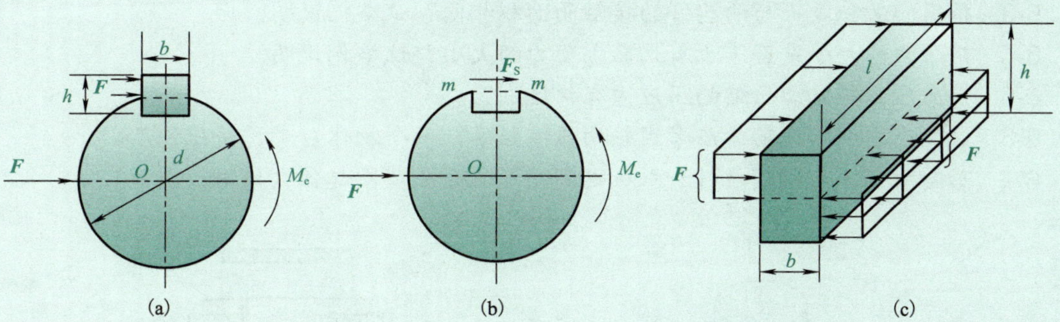


图　6.7

**解：**(1)取平键为研究对象。

根据实际情况分析连接件平键的受力，如图 6.7(c)所示，其中 $F$ 是轴和轮对键的作用力。根据受力可知，平键的剪切面面积 $A=b\times l$，挤压面为平面，有效挤压面面积 $A_{bs}=\dfrac{h}{2}\times l$，剪力 $F_S=F$，挤压力 $F_{bs}=F$。

(2)计算剪力 $F_S$ 和挤压力 $F_{bs}$。

假设将平键沿剪切面剪断分成两部分，并将其下半部分和轴连成一体取为研究对象，如图 6.7(b)所示。根据力偶平衡理论，由 $\sum M=0$，得

$$F_S\times\frac{d}{2}-M_e=0$$

$$F_S=\frac{2M_e}{d}=\frac{2\times2000\text{N}\cdot\text{m}}{70\times10^{-3}\text{m}}=57.14\times10^3\text{N}$$

进一步可求得，$F=F_S=F_{bs}=57.14\times10^3\text{N}$。

(3)校核键的剪切强度。

$$\tau=\frac{F_S}{A}=\frac{57.14\times10^3\text{N}}{20\times10^{-3}\text{m}\times100\times10^{-3}\text{m}}=28.6\text{MPa}$$

$$\tau=28.6\text{MPa}<[\tau]$$

所以键满足剪切强度。

(4) 校核键的挤压强度。

$$\sigma_{bs} = \frac{F_{bs}}{A_{bs}} = \frac{57.14 \times 10^3 \text{N}}{\dfrac{12 \times 10^{-3} \text{m}}{2} \times 100 \times 10^{-3} \text{m}} = 95.2 \text{MPa}$$

$$\sigma_{bs} = 95.2 \text{MPa} < [\sigma_{bs}]$$

所以键也满足挤压强度条件。所以，此键安全。

## 思　考　题

6-1　剪切变形中切应力如何分布？剪切实用计算中，假定剪切应力在剪切面上是如何分布的？

6-2　挤压的实用计算中假定挤压应力在挤压面上是如何分布的？

6-3　挤压面面积是否与两构件的接触面面积相同？试举例说明。

6-4　挤压力的大小是否等于剪切面上剪力的大小？试举例说明。

6-5　挤压应力与轴向压缩的压应力有何区别？

6-6　试指出图中哪个物体应考虑轴向压缩强度，哪个物体应考虑挤压强度。

6-7　如图所示，在钢制拉杆和木板之间放置的金属垫圈起什么作用？

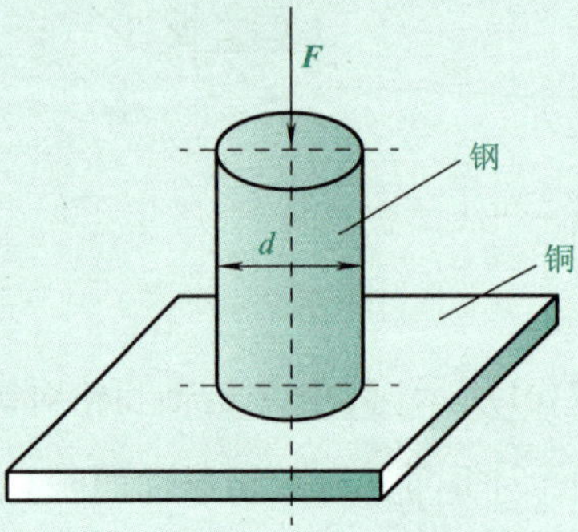

思考题 6-6 图

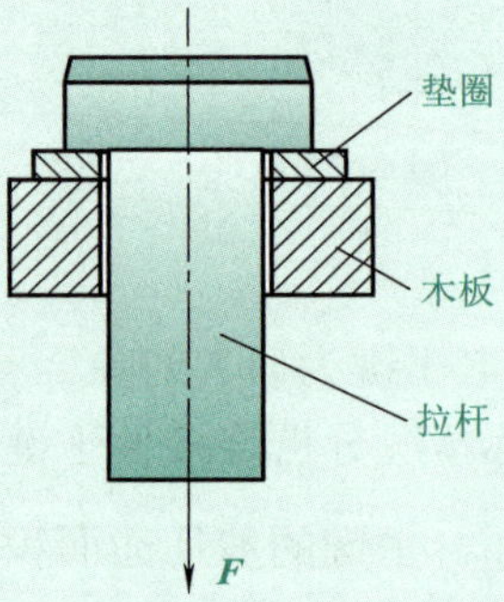

思考题 6-7 图

## 习　题

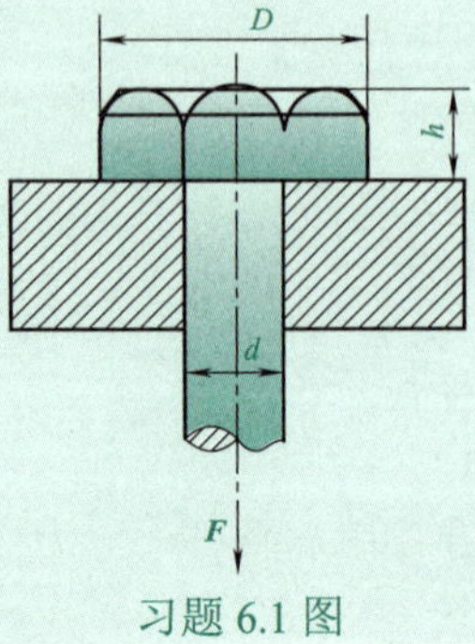

习题 6.1 图

6.1　如图所示的连接，两物体的接触面是一个环形平面，试计算拉杆的剪切面面积和挤压面面积及名义剪切应力和名义挤压应力。

6.2　如图所示为榫头连接，试计算其剪切面面积和挤压面面积。

6.3　试校核图所示连接销钉的剪切强度。已知 $F = 95\text{kN}$，销钉的直径 $d = 30\text{mm}$，材料的许用剪切应力 $[\tau] = 60\text{MPa}$。若强度不够，应该用多大直径的销钉？

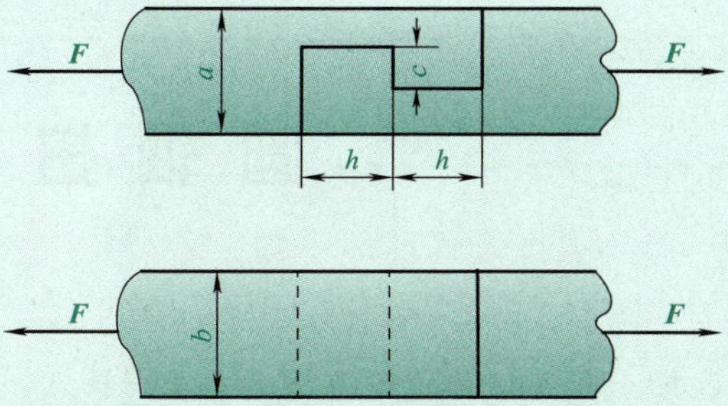


习题 6.2 图

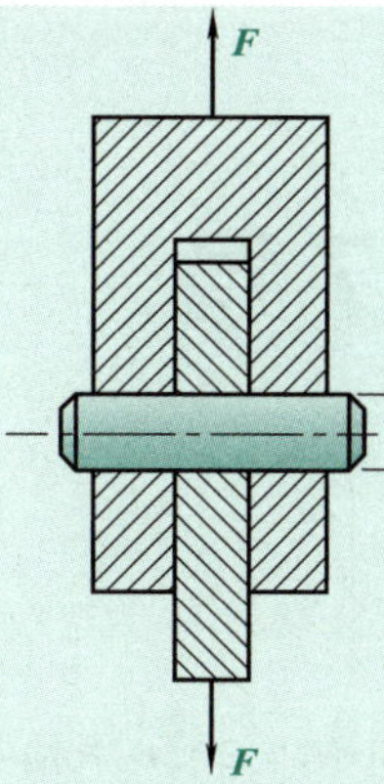


习题 6.3 图

6.4　冲床的冲模如图所示，已知冲头直径 $d=34\text{mm}$，冲剪钢板材料的极限剪切应力 $\tau_u=360\text{MPa}$，钢板厚度 $\delta=12\text{mm}$。计算冲床所需要的冲力 $F$。

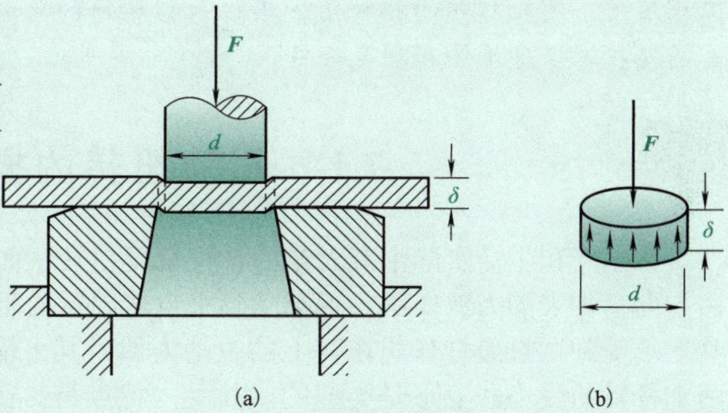


习题 6.4 图

6.5　电瓶车挂钩由插销连接，如图所示。插销材料为 20 钢，许用剪切应力 $[\tau]=30\text{MPa}$，许用挤压应力 $[\sigma_{bs}]=100\text{MPa}$，直径 $d=20\text{mm}$。挂钩及被连接的板件的厚度分别为 $\delta=8\text{mm}$ 和 $1.5\delta=12\text{mm}$。牵引力 $F=15\text{kN}$。试校核插销的强度。

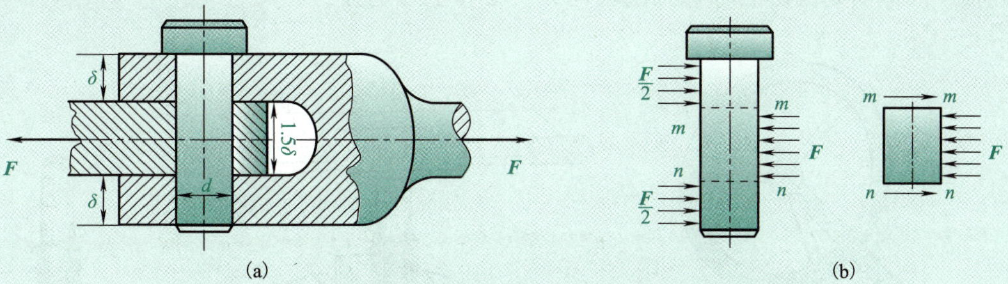


习题 6.5 图

6.6　如图所示，一螺栓将厚度为 15mm 的拉杆与厚度为 8mm 的两块盖板连接起来。已知各零件材料相同，许用拉应力 $[\sigma]=80\text{MPa}$，许用切应力 $[\tau]=60\text{MPa}$，许用挤压应力 $[\sigma_{bs}]=100\text{MPa}$。若拉力 $F=120\text{kN}$，试计算螺栓直径 $d$ 及拉杆宽度 $b$。

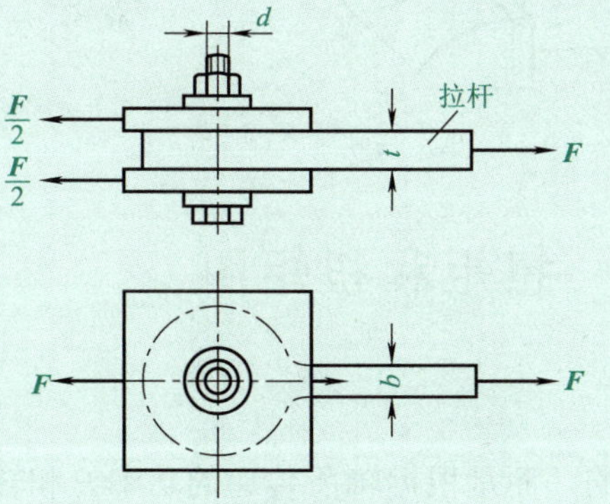


习题 6.6 图

# 第7章 圆轴扭转

本章主要介绍圆轴扭转相关知识，包括：圆轴扭转的受力特点、变形特点，外力偶矩的计算和扭矩图的绘制，切应力互等定理，横截面切应力分布规律及计算公式，强度条件及其工程应用，圆轴扭转的扭转角、单位长扭转角的计算，刚度条件及其工程应用。核心知识点是圆轴扭转强度条件和刚度条件。

## 7.1 圆轴扭转的概念和实例

在生产和生活实际中有大量的杆件承受扭转。如图 7.1 所示的汽车转向轴，上端受到经由方向盘传来的力偶作用，下端受到来自转向器的阻抗力偶作用。再如图 7.2 所示的丝锥，其上端受到通过绞杠作用在其上的主动力偶，其下端则受到来自工件的阻抗力偶的作用。这两个杆件的受力和变形是类似的，其受力特点是：在杆件两端垂直于杆轴线的平面内作用一对大小相等、转向相反的外力偶，称为扭力偶，其矩称为外力偶矩。在变形上表现为任意两个横截面都产生绕轴线的相对转动，这样的变形形式称为扭转。以扭转为主要变形形式的杆件称为轴，横截面为圆形的轴称为圆轴，有实心和空心之分。

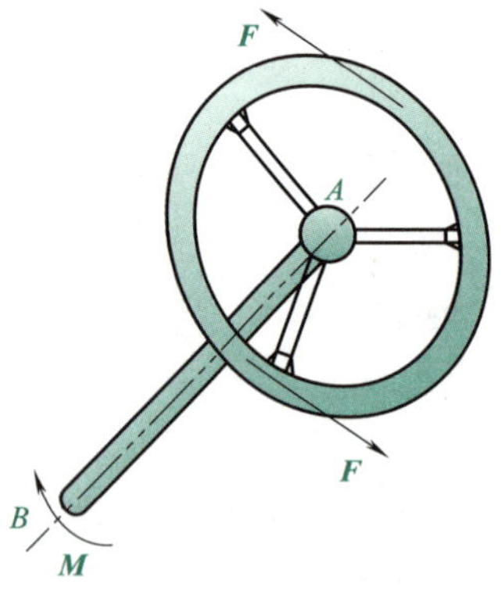

图 7.1

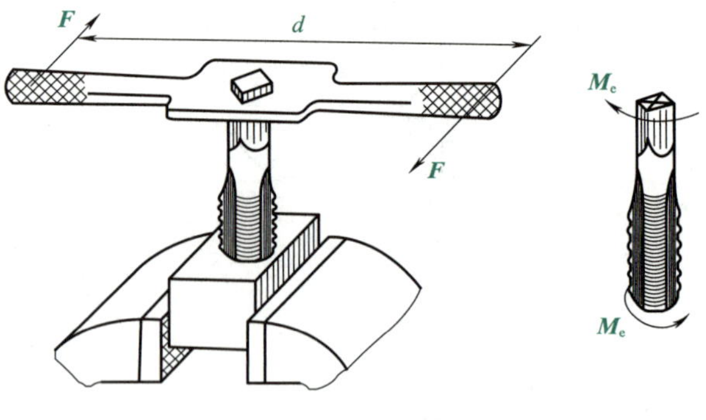

图 7.2

## 7.2 外力偶矩的计算 扭矩和扭矩图

### 7.2.1 外力偶矩的计算

通常作用在轴上的外力偶矩 $M_e$ 不是直接给出的，而是根据轴所传递的功率 $P$ 和转速 $n$，

由下列关系计算得到

$$M_e = 9549\frac{\{P\}}{\{n\}} \tag{7.1}$$

式中，功率的单位为 kW；转速 $n$ 的单位为 r/min。

## 7.2.2 扭矩和扭矩图

求出扭转外力偶矩 $M_e$ 后，可用截面法研究横截面上的内力。如图 7.3(a)所示受扭圆轴，为求截面 $nn$ 上的内力，假设用一平面在截面 $nn$ 处将轴分成左、右两部分，并取左半部分为研究对象，如图 7.3(b)所示。由于轴是平衡的，所以截断后分成的两部分也是平衡的，又根据力偶的性质，可知截面 $nn$ 的内力必定是一矢量方向与横截面垂直的力偶，该力偶的矩称为扭矩，用 $T$ 表示。根据左半部分的平衡，有

$$T - M_e = 0$$

$$T = M_e$$

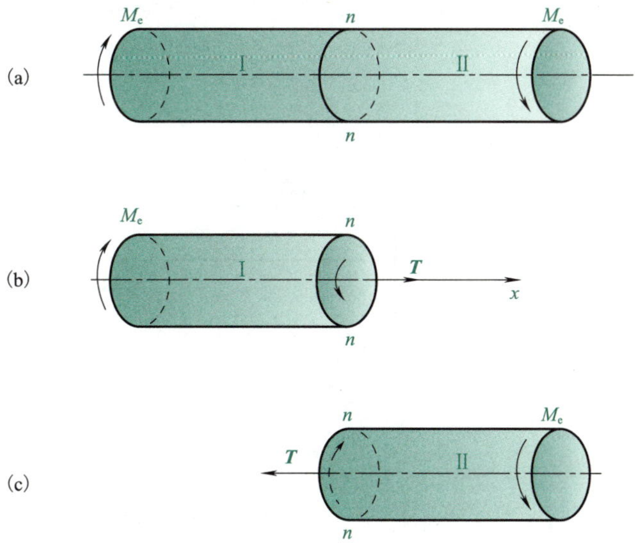


图 7.3

通常规定：将扭矩的实际转向(根据平衡方程所得到的转向)按照右手螺旋法则表示成矢量，该矢量背离所取的横截面时为正，反之为负。

按上述规定，无论取哪一部分为研究对象，求得的扭矩的大小和正负号都是相同的。如果选取右半部分为研究对象，如图 7.3(c)所示，求得的结果与取左半部分得到的结果完全相同。

与轴力图类似，为了形象地表示扭矩随横截面位置变化的情况，常采用图线表示。表示扭矩随横截面位置变化情况的图线，称为扭矩图。作图时以平行于杆件轴线的坐标表示横截面的位置，垂直于杆件轴线的坐标表示横截面上的扭矩。下面通过例题说明扭矩图的画法。

**【例 7.1】** 传动轴如图 7.4(a)所示，主动轮 $A$ 输入功率 $P_A = 36\,\text{kW}$，从动轮 $B$、$C$ 输出功率分别为 $P_B = 22\,\text{kW}$，$P_C = 14\,\text{kW}$，轴的转速为 $n = 300\,\text{r/min}$。试画出轴的扭矩图，并求出绝对值最大的扭矩。

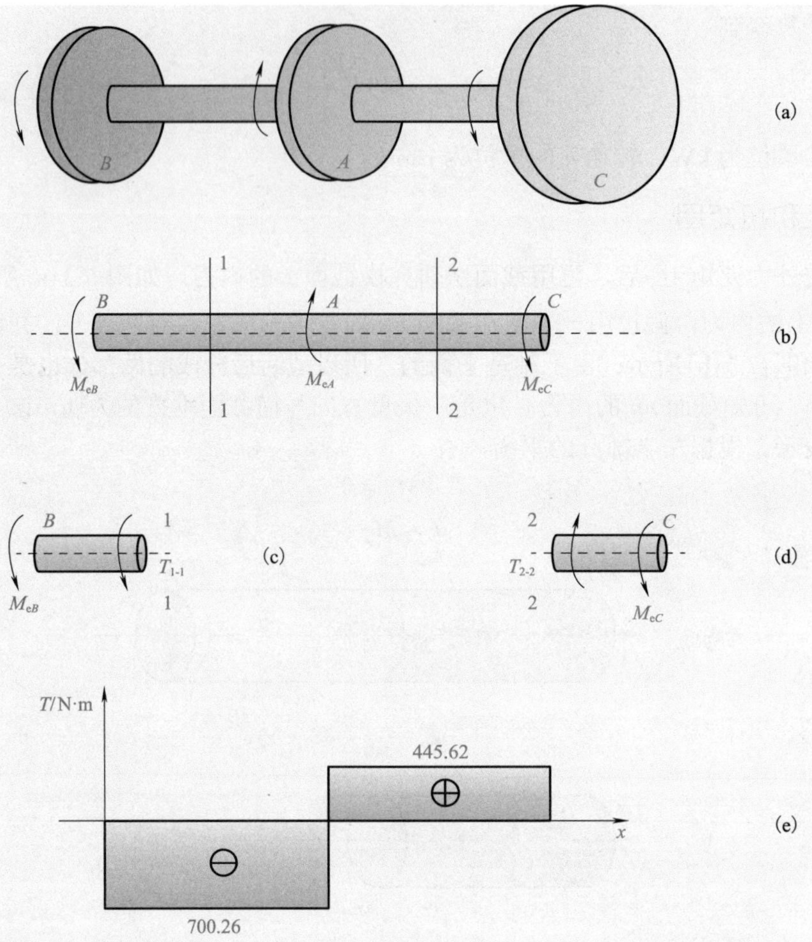


图 7.4

**解：** (1)计算外力偶矩。

根据各轮输入和输出的功率，按照式(7.1)可以计算出外力偶矩分别为

$$M_{eA}=9549\times\frac{36\text{kW}}{300\text{r/min}}=1145.88\,\text{N·m}$$

$$M_{eB}=9549\times\frac{22\text{kW}}{300\text{r/min}}=700.26\,\text{N·m}$$

$$M_{eC}=9549\times\frac{14\text{kW}}{300\text{r/min}}=445.62\,\text{N·m}$$

(2)将轴简化为图 7.4(b)所示的计算简图。

(3)分段计算每一段的扭矩。

根据外力偶矩的情况将轴分为 *BA*、*AC* 两段，假设 *BA*、*AC* 段的扭矩都为正，并分别用 $T_{1-1}$ 和 $T_{2-2}$ 表示，如图 7.4(c)和图 7.4(d)所示，根据各自的平衡可以求得

$$T_{1-1}=-700.26\text{N}\cdot\text{m}，\ T_{2-2}=445.62\text{N}\cdot\text{m}$$

求得的 $T_{1-1}$ 为负值，说明 *BA* 段的扭矩的实际转向与假设为正的转向相反。

(4)画扭矩图。

建立坐标系后，根据求得的扭矩，画出杆件的扭矩图，如图 7.4(e)所示。

(5)确定绝对值最大的扭矩。

根据轴的扭矩图，绝对值最大的扭矩为$|T_{max}| = 700.26\,N\cdot m$，发生于 $BA$ 段内。

# 7.3 圆轴扭转时的应力

## 7.3.1 切应力互等定理

图 7.5(a)所示为一等厚薄壁圆筒，受扭前在表面上用圆周线和纵向线画出方格。实验结果表明，扭转变形后由于截面 $qq$ 对截面 $pp$ 的相对转动，使方格的左、右两边发生相对错动，但圆筒沿轴线及周线的长度都没有变化。这表明，圆筒横截面和包含轴线的纵向截面上都没有正应力，横截面上只有切于界面的切应力$\tau$，它组成与外加扭转力偶(其矩为$M_e$)相平衡的内力系。因为圆筒的厚度$\delta$很小，可以认为沿筒壁厚度方向切应力不变。又因在同一圆周上各点状况完全相同，应力也就相同(图 7.5(c))。这样，横截面上内力系对 $x$ 轴的力矩应为$2\pi r\delta\cdot\tau\cdot r$。这里 $r$ 是圆筒的平均半径。对 $qq$ 截面以左部分圆筒列平衡方程，如图 7.5(c)所示，由$\sum M_x = 0$，得

$$M_e = 2\pi r\delta\cdot\tau\cdot r$$

$$\tau = \frac{M_e}{2\pi r^2\delta}$$

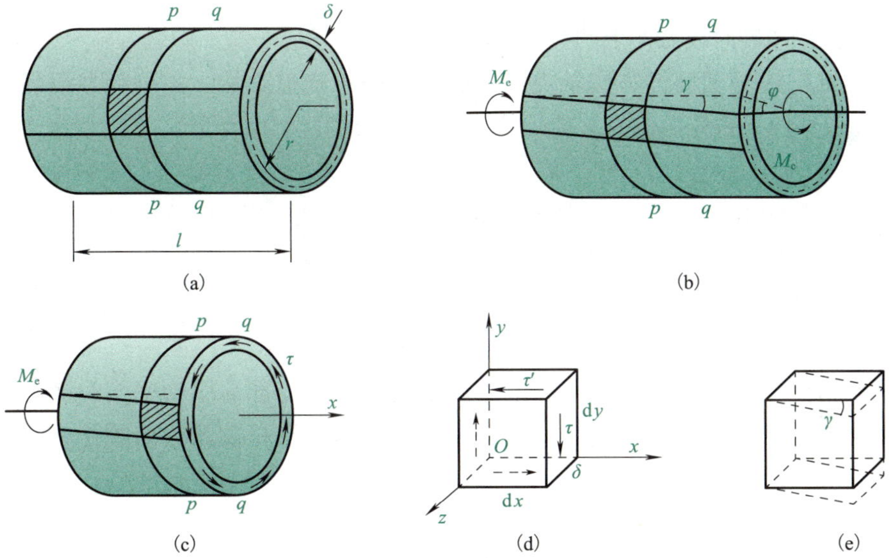


图 7.5

用相邻的两个横截面和两个过轴线的纵截面，从薄壁圆筒中取出边长分别为 d$x$、d$y$ 和$\delta$的单元体，放大后如图 7.5(d)所示。单元体的左、右两侧面是圆筒横截面的一部分，所以并无正应力，只有切应力。两侧面上的切应力皆由上式计算，数值相等但方向相反。于是两个侧面上的切向应力组成一个矩为$(\tau\delta\mathrm{d}y)\mathrm{d}x$的力偶。为保持平衡，单元体的顶、底两个面上必须有切应力，并组成力偶，与矩为$(\tau\delta\mathrm{d}y)\mathrm{d}x$的力偶相平衡。由$\sum \boldsymbol{F}_x = 0$知，顶、底两个面上必有大小相等、方向相反的切应力$\tau'$，于是组成矩为$(\tau'\delta\mathrm{d}x)\mathrm{d}y$的力偶。由平衡方程$\sum M_z = 0$得

$$(\tau\delta \mathrm{d}y)\mathrm{d}x = (\tau'\delta \mathrm{d}x)\mathrm{d}y$$

$$\tau = \tau'$$

上式表明，在单元体内相互垂直的两个平面上，切应力必然成对存在，且数值相等；两者都垂直于两个平面的交线，方向则共同指向或共同背离这一交线。这就是切应力互等定理，也称为切应力双生定理。切应力互等定理虽然是在单元体的一个棱边为有限长$\delta$时得到的，但不难证明：当单元体的各棱边都是无穷小时，该定理依然成立。

### 7.3.2 剪切胡克定律

如图 7.5(d)所示的单元体，上、下、左、右四个侧面上只有切应力，无正应力，这种情况称为纯剪切。这种情况下，单元体的相对两侧面将发生微小的相对错动，如图 7.5(e)所示，使原来互相垂直的两个棱边的夹角改变了一个微量$\gamma$，这个微小量就是切应变。

利用薄壁圆筒的扭转实验，可以证明剪切胡克定律：当切应力不超过材料的剪切比例极限时，切应变$\gamma$与切应力$\tau$成正比例。用公式表示为

$$\tau = G\gamma \tag{7.2a}$$

式中，$G$为比例常数，称为材料的切变模量。与弹性模量$E$相同，切变模量$G$的常用单位为GPa。钢材的$G$值约为80GPa。

### 7.3.3 圆轴扭转时的切应力

#### 1. 实验与观察

为了得出圆轴扭转时横截面上的应力分布规律，取一实心等截面圆轴，如图 7.6(a)所示，用一系列平行的纵向线与圆周线将圆轴表面分成一个个小矩形方格。将轴的左端固定，在轴的右端加一力偶矩为$M_e$的外力偶矩，使轴承受扭转，如图 7.6(b)所示。可以观察到受扭后表面变形有以下规律。

(1)各圆周线绕轴线相对转动一微小转角，但大小、形状及相互间距不变。

(2)由于是小变形，各纵向线平行地倾斜一个微小角度$\gamma$，认为仍为直线；因而各小方格变形后成为平行四边形。

#### 2. 假设

根据观察得到的现象，可以做出如下假设：圆轴扭转变形前原为平面的横截面，变形后仍然保持为平面，形状和大小不变，半径仍保持为直线；且相邻两截面的距离保持不变。这一假设称为圆轴扭转的平面假设。

#### 3. 横截面上的应力

根据平面假设和观察得到的变形规律，可以得出如下三点推论。

(1)圆轴扭转变形时，因相邻两截面的距离保持不变，知横截面上各点沿轴线方向无线应变，因此横截面上无正应力。

(2)由于各纵向线平行地倾斜一个微小角度$\gamma$，$\gamma$就是一点的切应变，根据剪切胡克定律，可知在线弹性范围内，横截面上必存在与切应变$\gamma$成正比例的切应力。

(3)由于变形前后圆周线大小、形状不变，且截面半径变形后仍保持为直线，故切应力的方位一定与半径垂直。

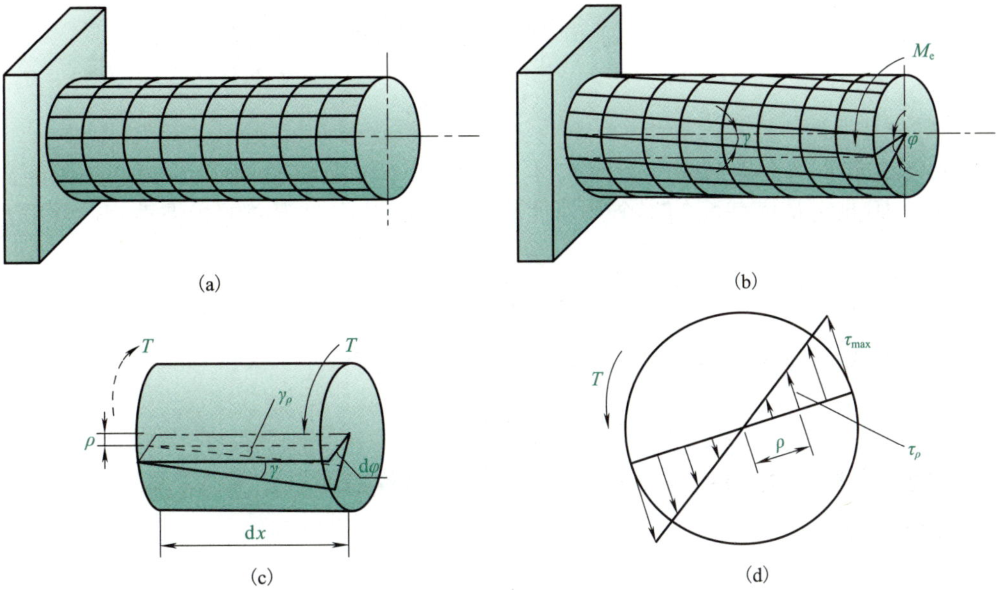


图 7.6

### 4. 横截面上的切应力分布规律和计算公式

几何关系　图 7.6(c)所示为从受扭的等直圆杆中取出的长为 $dx$ 的一个微段。根据平面假设容易看出，当微段左、右两个横截面的相对扭转角为 $d\varphi$ 时，圆截面边缘处的切应变为

$$\gamma = R\frac{d\varphi}{dx}$$

显然 $\gamma$ 发生在垂直于半径的平面内。

根据变形后横截面仍为平面、半径仍为直线的假设，可以求得距离圆心为 $\rho$ 处的切应变为

$$\gamma_\rho = \rho\frac{d\varphi}{dx} \tag{7.2b}$$

式中，$\dfrac{d\varphi}{dx}$ 为扭转角 $\varphi$ 沿杆件轴线方向的变化率，按照平面假设，对一个给定截面上的各点来说，它是个常量。由此可知，等直圆杆受扭时，$\gamma_\rho$ 与 $\rho$ 呈线性关系，且 $\gamma_\rho$ 也发生在垂直于半径的平面内。

物理关系　根据胡克定律 $\tau = G\gamma$ 可知，只要等直圆轴受扭时切应力不超过材料的剪切比例极限，由式(7.2b)便可得出杆的横截面上与 $\gamma_\rho$ 相对应的切应力 $\tau_\rho$ 的表达式为

$$\tau_\rho = G\gamma_\rho = G\rho\frac{d\varphi}{dx} \tag{7.2c}$$

它表明，受扭的等直圆轴在线性弹性范围内工作时，横截面上在同一半径 $\rho$ 的圆周上各点处的切应力大小相同，且它们随 $\rho$ 作线性变化，同一横截面上的最大切应力在横截面的边缘处(图 7.6(d))。这些切应力的方向均垂直于各自所对应的半径。

静力学关系　在横截面上距离圆心 $\rho$ 处取微分面积 $dA$。$dA$ 上的微内力 $\tau_\rho dA$ 对圆心的力矩为 $\rho(\tau_\rho dA)$。积分得横截面上的内力系对圆心的力矩，即横截面上的扭矩为

$$T = \int_A \rho\left(\tau_\rho dA\right)$$

将式(7.2c)代入上式，并将常量 $G$ 和 $\frac{d\varphi}{dx}$ 移到积分号外面，便得

$$T = G\frac{d\varphi}{dx}\int_A \rho^2 dA \tag{7.2d}$$

式中，积分所表示的是，整个横截面面积 $A$ 范围内每个微面积 $dA$ 乘以它到圆心的距离平方（$\rho^2$）之总和，因此它是横截面的一个几何性质，称为横截面对圆心的极惯性矩，常用 $I_p$ 来表示，即

$$I_p = \int_A \rho^2 dA \tag{7.2e}$$

它的常用单位为 $m^4$ 或 $cm^4$。将式(7.2e)代入式(7.2d)可得

$$\frac{d\varphi}{dx} = \frac{T}{GI_p} \tag{7.2f}$$

将式(7.2f)代入式(7.2c)便可得到等直圆轴受扭时横截面上距离圆心为 $\rho$ 处的任一点的切应力计算公式为

$$\tau_\rho = \frac{T\rho}{I_p} \tag{7.3}$$

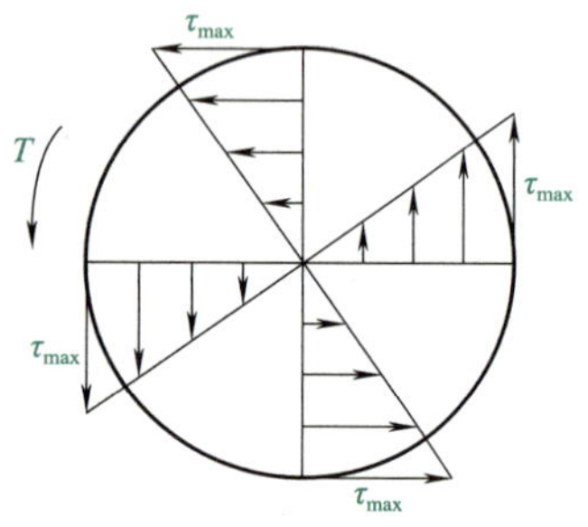

图 7.7

式中，$T$ 为横截面上扭矩的大小；$I_p$ 为圆截面对圆心的极惯性矩。根据式(7.3)，横截面上切应力的分布规律如图 7.7 所示，切应力的指向形成与扭矩同向的顺流。

从式(7.3)中可以看出，各点的切应力的大小与点到圆心的距离呈正比例关系；$\rho = 0$，$\tau_\rho = 0$；当 $\rho = R$，$\tau_\rho$ 取得最大值，最大切应力为

$$\tau_{max} = \frac{TR}{I_p} \tag{7.4}$$

引用记号 $W_t$，即

$$W_t = \frac{I_p}{R}$$

式中，$W_t$ 称为抗扭截面系数，单位为 $m^3$ 或 $cm^3$。则式(7.4)可写成

$$\tau_{max} = \frac{T}{W_t} \tag{7.5}$$

应该指出，式(7.3)和式(7.4)是在平面假设的前提下导出的。实验结果表明，只有对横截面不变的圆轴，平面假设才是正确的。所以式(7.3)和式(7.4)只适用于等直圆轴。对横截面沿截面变化缓慢的小锥度锥形杆，也可以近似地用这两个公式。另外在导出式(7.3)和式(7.4)时应用了胡克定律，因而只适用于 $\tau_{max}$ 低于剪切比例极限的情况。

### 7.3.4 $I_p$、$W_t$ 的计算

在机器中，一般情况下轴的横截面形状通常采用实心和空心两种情况。它们的极惯性矩 $I_p$ 和抗扭截面系数 $W_t$ 的计算公式如下。

对于实心圆轴，设其直径为 $D$，半径为 $R$，则

$$I_p = \frac{\pi D^4}{32} \tag{7.6}$$

$$W_t = \frac{I_p}{R} = \frac{\pi D^3}{16} \tag{7.7}$$

对于空心圆轴，设其外径为$D$，内径为$d$，则

$$I_p = \frac{\pi D^4}{32} - \frac{\pi d^4}{32} = \frac{\pi D^4}{32}\left(1-\frac{d^4}{D^4}\right) = \frac{\pi D^4}{32}\left(1-\alpha^4\right) \tag{7.8}$$

$$W_t = \frac{I_p}{R} = \frac{\pi D^3}{16}\left(1-\frac{d^4}{D^4}\right) = \frac{\pi D^3}{16}\left(1-\alpha^4\right) \tag{7.9}$$

式中，$\alpha = \frac{d}{D}$，为空心圆轴的内外直径之比值。

**【例 7.2】** 受扭圆轴直径 $D$=100mm，某截面扭矩的大小为$T = 20\,\text{kN}\cdot\text{m}$，要求标出该截面上 $a$、$b$、$c$ 三点的切应力的方向，并计算 $a$、$b$、$c$ 三点切应力的大小，其中 $a$、$b$ 两点距离为 20mm。

**解：**(1)标出截面上 $a$、$b$、$c$ 三点的切应力的方向。

根据切应力的方位垂直与半径，且形成与扭矩同向的顺流，可得 $a$、$b$、$c$ 三点的切应力的方向如图 7.8 所示。又根据切应力分布规律可知 $a$、$b$ 两点的切应力大小满足线性关系。

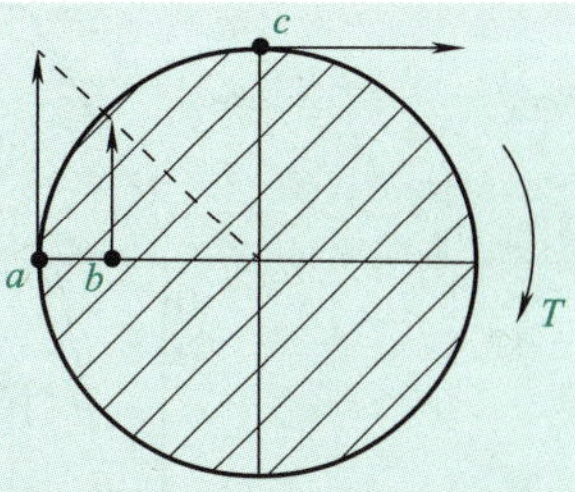

图 7.8

(2)计算几何量。

$$I_p = \frac{\pi D^4}{32} = \frac{\pi \times (0.1\text{m})^4}{32} = 9.817\times10^{-6}\,\text{m}^4$$

$$W_t = \frac{\pi D^3}{16} = \frac{\pi \times (0.1\text{m})^3}{16} = 1.963\times10^{-4}\,\text{m}^3$$

(3)计算 $a$、$b$、$c$ 三点的切应力。

$a$、$c$ 两点位于距离圆心最远处，故 $a$、$c$ 两点的切应力相等，都等于该截面上的最大切应力$\tau_{\max}$，即

$$\tau_a = \tau_c = \tau_{\max} = \frac{T}{W_t} = \frac{20000\text{N}\cdot\text{m}}{1.963\times10^{-4}\text{m}^3} = 101.9\times10^6\text{Pa}$$

$$\tau_b = \frac{T\rho_b}{I_p} = \frac{20000\text{N}\cdot\text{m}\times0.03\text{m}}{9.817\times10^{-6}\text{m}^4} = 61.1\times10^6\text{Pa}$$

## 7.3.5 扭转的强度条件

建立圆轴扭转的强度条件时，应该使圆轴内的最大工作应力不超过材料的许用切应力，即

$$\tau_{\max} \leqslant [\tau] \tag{7.10}$$

对于等截面轴，其强度条件的表达式为

$$\tau_{\max} = \frac{|T|_{\max}}{W_t} \leqslant [\tau] \tag{7.11}$$

对于变截面轴，如阶梯轴，由于抗扭截面系数$W_t$是变化的，所以最大切应力不一定发生

在$|T|_{max}$所在的截面上，这时需要综合考虑扭矩$T$和抗扭截面系数$W_t$，寻求最大切应力，其强度条件表达式为

$$\tau_{max}=\left(\frac{|T|}{W_t}\right)_{max}\leqslant[\tau] \tag{7.12}$$

应该注意，在圆轴扭转强度条件中的许用切应力$[\tau]$不同于剪切变形中的许用剪切应力。

同轴向拉压强度条件类似，根据扭转的强度条件也可进行强度校核、设计截面或确定许可载荷的计算。下面通过例题说明。

**【例 7.3】** 由无缝钢管制成的汽车发动机传动轴$AB$，如图 7.9 所示。外径$D=90\text{mm}$，壁厚$\delta=2.5\text{mm}$，材料为 45 钢，工作时的最大扭矩为$T=1.5\text{kNm}$。如材料的许用切应力$[\tau]=60\text{MPa}$，试校核轴的扭转强度。

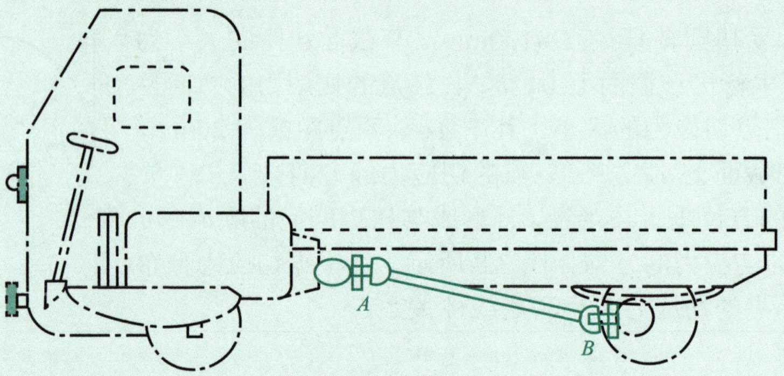


图 7.9

**解：** (1) 由$AB$轴的截面尺寸计算抗扭截面系数，即

$$\alpha=\frac{d}{D}=\frac{90-2\delta}{90}=\frac{85}{90}=0.944$$

$$W_t=\frac{\pi D^3}{16}\left(1-\alpha^4\right)=\frac{\pi D^3}{16}\left(1-\alpha^4\right)=\frac{\pi\left(90\times10^{-3}\right)^3}{16}\left(1-0.944^4\right)=29400\times10^{-9}\,\text{m}^3$$

(2) 计算轴的最大切应力，即

$$\tau_{max}=\frac{T}{W_t}=\frac{1500\text{N}\cdot\text{m}}{29400\times10^{-9}\text{m}^3}=51\times10^6\text{Pa}=51\text{MPa}<[\tau]$$

所以轴满足扭转强度。

**【例 7.4】** 若把例 7.3 中的传动轴改为同材料的实心轴，要求它与原来的空心轴强度相同，试确定其直径，并比较实心轴与空心轴的重量。

**解：** (1) 实心轴与空心轴的强度相同，是指二者的最大切应力相同。

(2) 计算实心轴的直径。

设实心轴的直径为$D_1$，由于两个轴的扭矩相同，最大切应力相同，所以其抗扭截面系数相同，即

$$\frac{\pi D_1^3}{16}=29400\times10^{-9}\,\text{m}^3$$

得

$$D_1=\sqrt[3]{\frac{16\times29400\times10^{-9}}{\pi}}=0.0531\text{m}=53.1\text{mm}$$

(3)计算空心轴与实心轴的重量之比。

两轴材料相同，在长度相等的情况下，重量比就是其面积比，即

$$\frac{A_{空}}{A_{实}}=\frac{\frac{\pi}{4}\left(D^2-d^2\right)}{\frac{\pi D_1^2}{4}}=\frac{\left(D^2-d^2\right)}{D_1^2}=\frac{(90\text{mm})^2-(85\text{mm})^2}{(53.1\text{mm})^2}=0.31$$

通过计算结果可以看出，空心轴的重量仅为实心轴重量的31%。

由此可见，在载荷相同的情况下，采用空心轴可以节省材料、减轻重量。因此在机械中轴类零件大多采用空心轴。

## 7.4 圆轴扭转时的变形

### 7.4.1 扭转角

扭转变形的标志是两个横截面间绕轴线的相对转角，称为扭转角。由式(7.2f)得

$$\mathrm{d}\varphi=\frac{T}{GI_{\mathrm{p}}}\mathrm{d}x \tag{a}$$

式中，$\mathrm{d}\varphi$表示相距为$\mathrm{d}x$的两个横截面之间的相对转角。沿轴线$x$积分，即可求得距离为$l$的两个横截面之间的相对转角为

$$\varphi=\int_l \mathrm{d}\varphi=\int_0^l \frac{T}{GI_{\mathrm{p}}}\mathrm{d}x \tag{b}$$

若在两横截面之间的$T$值不变，且轴是等直的，则式(b)中$\frac{T}{GI_{\mathrm{p}}}$为常量。例如，只在等直圆轴的两端作用扭转力偶时，就是这种情况。这时式(b)化为

$$\varphi=\frac{Tl}{GI_{\mathrm{p}}} \tag{7.13}$$

式中，$GI_{\mathrm{p}}$称为圆轴的抗扭刚度，在扭矩$T$和杆长$l$不变的情况下，$GI_{\mathrm{p}}$越大，则扭转角$\varphi$越小。

有时，轴在各段内的$T$并不相同或各段内$I_{\mathrm{p}}$不同，如阶梯轴，这就应该分段计算各段的扭转角，然后按代数值相加，得两端截面的相对扭转角为

$$\varphi=\sum_{i=1}^{n}\frac{T_i l_i}{GI_{\mathrm{p}i}} \tag{c}$$

计算扭转角和计算轴向拉伸或压缩杆的轴向变形量很相似，下面通过例题说明。

**【例7.5】** 如图7.10(a)所示等截面实心圆轴，其直径$d=90\,\text{mm}$，$AB=BC=L=50\,\text{cm}$。轴的材料为钢$G=80\,\text{GPa}$。要求画出轴的扭矩图并分别计算$B$、$C$两截面的扭转角。

**解：**(1)计算轴各段的扭矩，画出轴的扭矩图。

根据截面法，可以计算出轴 $AB$ 段与 $BC$ 段的扭矩分别为

$$T_{AB}=5\,\text{kN·m},\quad T_{BC}=-3\,\text{kN·m}$$

根据求得的扭矩，画出扭矩图，如图 7.10(b)所示。

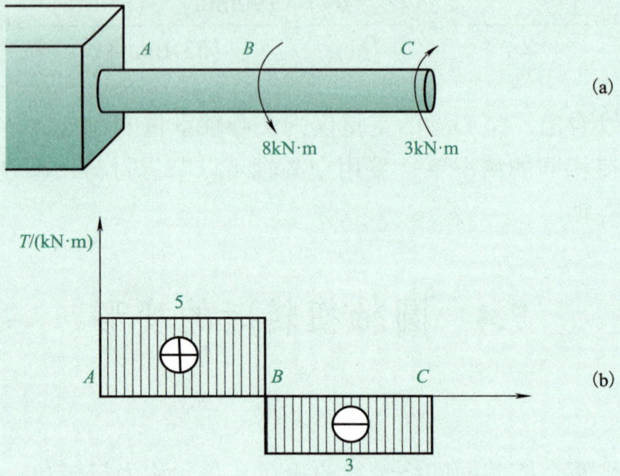


图 7.10

(2)计算 $B$ 截面的扭转角。

$B$ 截面的扭转角实际上就是 $B$ 截面相对于 $A$ 截面的扭转角，即

$$\varphi_B=\frac{T_{AB}L_{AB}}{GI_p}=\frac{5\times10^3\text{N}\cdot\text{m}\times0.5\text{m}}{80\times10^9\text{Pa}\times\dfrac{\pi\times(0.09\text{m})^4}{32}}=4.85\times10^{-3}\text{rad}$$

(3)计算 $C$ 截面的扭转角。

$C$ 截面的扭转角实际上就是 $C$ 截面相对于 $A$ 截面的扭转角，即

$$\varphi_C=\varphi_B+\frac{T_{BC}L_{BC}}{GI_p}=\varphi_B+\frac{-3\times10^3\text{N}\cdot\text{m}\times0.5\text{m}}{80\times10^9\text{Pa}\times\dfrac{\pi\times(0.09\text{m})^4}{32}}=1.94\times10^{-3}\text{rad}$$

## 7.4.2 扭转的刚度条件

### 1. 单位长度扭转角

由于两截面之间的相对扭转角与两截面间的距离有关，为了消除长度的影响，用扭转角 $\varphi$ 对 $x$ 的变化率 $\frac{\mathrm{d}\varphi}{\mathrm{d}x}$ 来描述扭转变形的程度。用 $\varphi'$ 表示变化率 $\frac{\mathrm{d}\varphi}{\mathrm{d}x}$，由式(7.2f)，得

$$\varphi'=\frac{\mathrm{d}\varphi}{\mathrm{d}x}=\frac{T}{GI_p}\tag{7.14}$$

$\varphi'$ 称为单位长度扭转角。

若在长为 $l$ 的两截面之间的扭矩 $T$ 不变，且轴为等值杆，即 $I_p$ 也保持不变，则式(7.13)中的 $\frac{T}{GI_p}$ 为常量，这时有

$$\varphi'=\frac{\mathrm{d}\varphi}{\mathrm{d}x}=\frac{T}{GI_p}=\frac{\varphi}{l}\tag{7.15}$$

### 2. 扭转的刚度条件

轴类零件除应满足强度要求外，一般也不应有过大的变形。扭转的刚度条件就是限制$\varphi'$的最大值不得超过规定的许用单位长度扭转角$[\varphi']$，即规定

$$\varphi'_{\max}=\left(\frac{|T|}{GI_{\mathrm{p}}}\right)_{\max}\leqslant[\varphi'] \tag{7.16}$$

工程中，习惯把(°/m)作为$[\varphi']$的单位。因而式(7.16)变化为

$$\varphi'_{\max}=\left(\frac{|T|}{GI_{\mathrm{p}}}\right)_{\max}\times\frac{180^{\circ}}{\pi}\leqslant[\varphi'] \tag{7.17}$$

各种轴类零件的$[\varphi']$值可从有关规范和手册中查到。

以上刚度条件，均可用于校核刚度、设计截面或确定许可载荷。一般情况下轴类零件除应满足强度要求外，还必须满足刚度条件。这实际上就是根据强度和刚度条件的综合应用问题。下面通过例题说明。

**【例 7.6】** 如图 7.11(a)所示的传动轴，轴的转速$n=500\ \mathrm{r/min}$，主动轮$A$输入功率$P_A=372.8\ \mathrm{kW}$，从动轮$B$、$C$输出功率分别为$P_B=149.1\ \mathrm{kW}$和$P_C=223.7\ \mathrm{kW}$。已知材料的$[\tau]=70\ \mathrm{MPa}$，$G=80\ \mathrm{GPa}$，轴的许用单位扭转角$[\varphi']=1\ °/\mathrm{m}$。试求：(1)确定$AB$段的直径$d_1$和$BC$段的直径$d_2$；(2)若$AB$和$BC$两段选用同一直径，试确定直径$d$；(3)主动轮和从动轮应如何安排才比较合理？

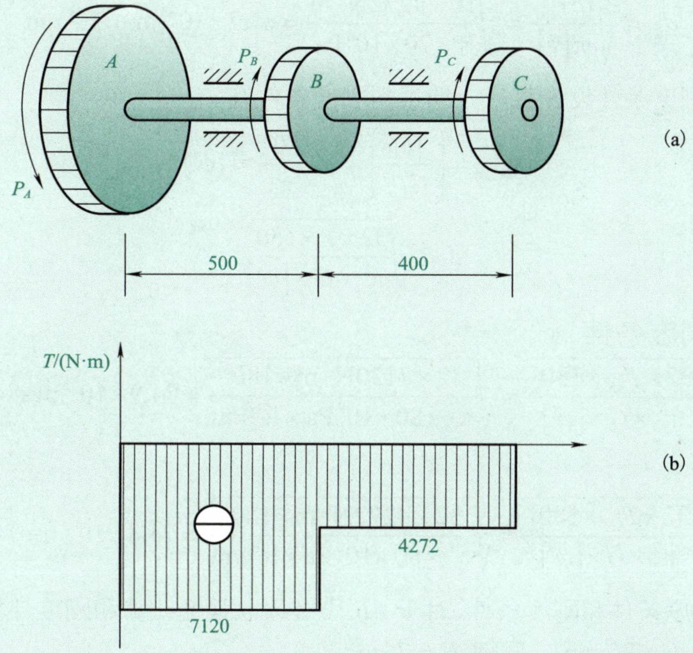


图 7.11

**解：** (1)计算外力偶矩，画出轴的扭矩图。

根据各轮输入和输出的功率，按照式(7.1)可以计算出外力偶矩分别为

$$M_{eA} = 9549 \times \frac{372.8\text{kW}}{500\text{r/min}} = 7120\ \text{N·m}$$

$$M_{eB} = 9549 \times \frac{149.1\text{kW}}{500\text{r/min}} = 2828\ \text{N·m}$$

$$M_{eC} = 9549 \times \frac{223.7\text{kW}}{500\text{r/min}} = 4272\ \text{N·m}$$

根据计算的外力偶矩，用截面法计算出 $AB$ 段和 $BC$ 段的扭矩，画出轴的扭矩图，如图 7.11(b)所示。

(2)根据扭矩图，设计两段直径。

① 首先，按强度条件设计直径。即根据强度条件有

$$\tau_{\max} = \frac{T}{W_t} \leqslant [\tau],\quad W_t = \frac{\pi d^3}{16}$$

得到

$$d \geqslant \sqrt[3]{\frac{16T}{\pi[\tau]}}$$

对于 $AB$ 段：

$$d_1 \geqslant \sqrt[3]{\frac{16T_{AB}}{\pi[\tau]}} = \sqrt[3]{\frac{16 \times 7020\text{N}\cdot\text{m}}{\pi \times 70 \times 10^6\text{Pa}}} = 80.3 \times 10^{-3}\text{m}=80.3\text{mm}$$

对于 $BC$ 段：

$$d_2 \geqslant \sqrt[3]{\frac{16T_{BC}}{\pi[\tau]}} = \sqrt[3]{\frac{16 \times 4272\text{N}\cdot\text{m}}{\pi \times 70 \times 10^6\text{Pa}}} = 67.7 \times 10^{-3}\text{m}=67.7\text{mm}$$

② 其次，按刚度条件设计直径。即根据刚度条件有

$$\varphi'_{\max} = \left(\frac{|T|}{GI_p}\right)_{\max} \times \frac{180^\circ}{\pi} \leqslant [\varphi']$$

得到

$$d \geqslant \sqrt[4]{\frac{32 \times T \times 180^\circ}{\pi^2 \times G \times [\varphi']}}$$

对于 $AB$ 段：

$$d_1 \geqslant \sqrt[4]{\frac{32 \times T_{AB} \times 180^\circ}{\pi^2 \times G \times [\varphi']}} = \sqrt[4]{\frac{32 \times 7120\text{N}\cdot\text{m} \times 180^\circ}{\pi^2 \times 80 \times 10^9\text{Pa} \times 1(^\circ)/\text{m}}} = 84.9 \times 10^{-3}\text{m}=84.9\text{mm}$$

对于 $BC$ 段：

$$d_2 \geqslant \sqrt[4]{\frac{32 \times T_{BC} \times 180^\circ}{\pi^2 \times G \times [\varphi']}} = \sqrt[4]{\frac{32 \times 4272\text{N}\cdot\text{m} \times 180^\circ}{\pi^2 \times 80 \times 10^9\text{Pa} \times 1(^\circ)/\text{m}}} = 74.8 \times 10^{-3}\text{m}=74.8\text{mm}$$

要同时满足强度条件和刚度条件，对于 $AB$ 段必须取强度计算和刚度计算得到的直径的数值较大的，比较取 $d_1 = 85\text{mm}$，同理 $d_2 = 75\text{mm}$。

(3)若 $AB$ 和 $BC$ 两段选用同一直径，则取 $d = 85\text{mm}$。

(4)若将主动轮放在两从动轮之间，则 $|T|_{\max} = 4272\ \text{N·m}$，有利于提高轴的强度和刚度，更加合理。

【例 7.7】 如图 7.12(a)所示等截面实心圆轴，其直径 $d=100\text{mm}$，轴的材料为钢，已知 $[\tau]=60\text{MPa}$，$G=80\text{GPa}$，轴的许用单位长扭转角 $[\varphi']=1°/\text{m}$。要求校核轴的强度和刚度。

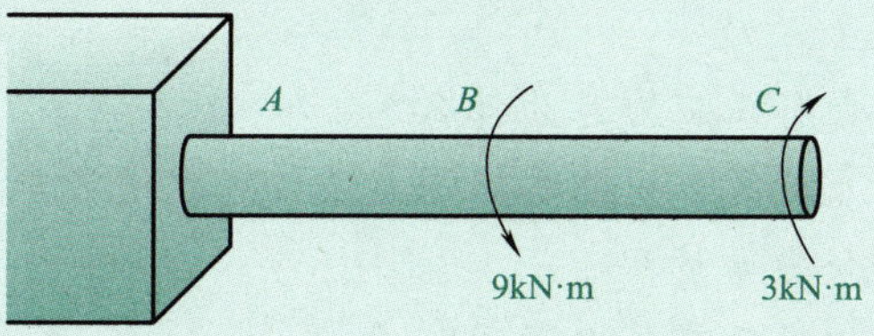


(a)

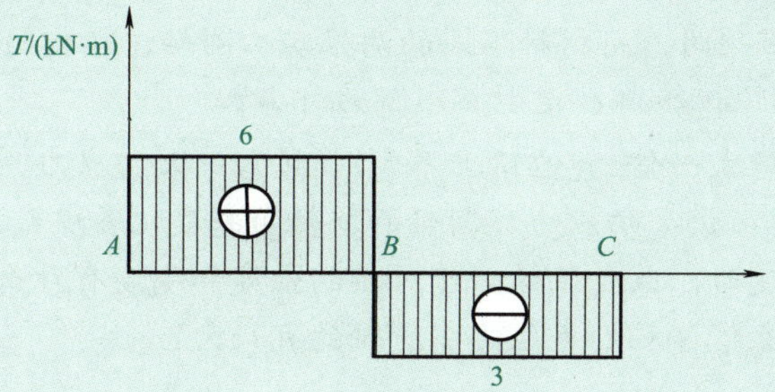


(b)

图 7.12

**解：**(1)画出轴的扭矩图，如图 7.12(b)所示。

(2)校核轴的强度。

由于轴为等截面，所以需要根据扭矩图确定 $|T|_{\max}$，这个 $|T|_{\max}$ 为强度计算和刚度计算的依据。这就是所谓的危险截面。

根据

$$\tau_{\max}=\frac{|T|_{\max}}{W_t}, \quad W_t=\frac{\pi d^3}{16}$$

得

$$\tau_{\max}=\frac{|T|_{\max}}{W_t}=\frac{6000\text{N}\cdot\text{m}}{\dfrac{\pi\times(0.1\text{m})^3}{16}}=30.57\times10^6\,\text{Pa}<[\tau]$$

所以轴满足强度条件

(3)校核轴的刚度。

根据

$$\varphi'_{\max}=\frac{|T|_{\max}}{GI_p}\times\frac{180°}{\pi}, \quad I_p=\frac{\pi d^4}{32}$$

得

$$\varphi'_{\max}=\frac{|T|_{\max}}{G\times I_p}\times\frac{180°}{\pi}=\frac{6000\text{N}\cdot\text{m}}{80\times10^9\,\text{Pa}\times\dfrac{\pi\times(0.1\text{m})^4}{32}}\times\frac{180°}{\pi}=0.44(°)/\text{m}<[\varphi']$$

所以轴满足刚度条件。

(4)结论。

轴同时满足强度条件和刚度条件。

## 思考题

7-1 圆轴扭转时横截面上是否有正应力？为什么？

7-2 写出圆轴扭转强度条件表达式，说明根据强度条件可以进行哪几方面强度计算。

7-3 扭转角的正负取决于哪个力学量？

7-4 扭转角和单位长度上的扭转角有什么不同？

7-5 写出圆轴扭转刚度条件表达式，说明根据刚度条件可以进行哪几方面的刚度计算。

7-6 直径 $d$ 和长度 $l$ 都相同，而材料不同的两根实心圆轴，在相同的扭矩作用下，它们的最大切应力 $\tau_{\max}$ 是否相同？扭转角 $\varphi$ 是否相同？为什么？

7-7 如果圆轴的直径增大一倍(其他情况不变)，那么最大切应力、轴的扭转角将变化多少？如果轴的长度增大一倍，最大切应力、圆轴的扭转角将变化多少？

7-8 当传递的功率不变时，改变轴的转速对轴的强度和刚度有什么影响？

7-9 变速箱中，为什么低速轴的直径比高速轴的直径大？

7-10 内外直径分别为 $d$ 和 $D$ 的空心轴，其横截面的极惯性矩为 $I_{\mathrm{p}}=\frac{1}{32}\pi D^4-\frac{1}{32}\pi d^4$，抗扭截面系数为 $W_{\mathrm{t}}=\frac{1}{16}\pi D^3-\frac{1}{16}\pi d^3$。以上计算是否正确？为什么？

7-11 当轴单位长度上的扭转角超过许用单位长扭转角时，用什么方法来降低单位长扭转角？改用优质材料的方法好不好？

## 习题

7.1 某传动轴，所受外力如图所示。要求绘制轴的扭矩图。

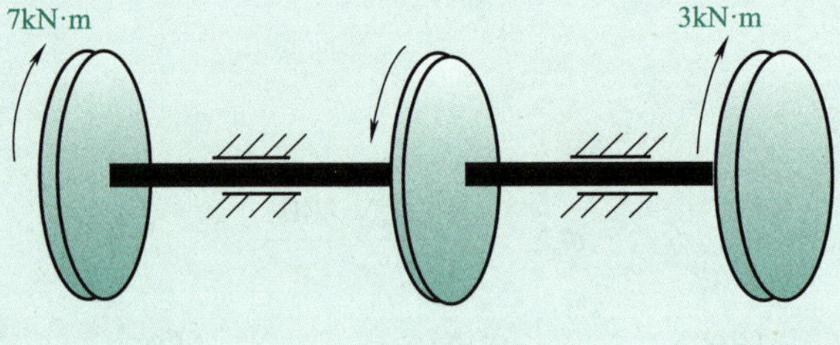


习题 7.1 图

7.2 等截面实心圆轴承受外力偶矩 $M_e$、$2M_e$ 的作用，转向如图所示。要求绘制轴的扭矩图。

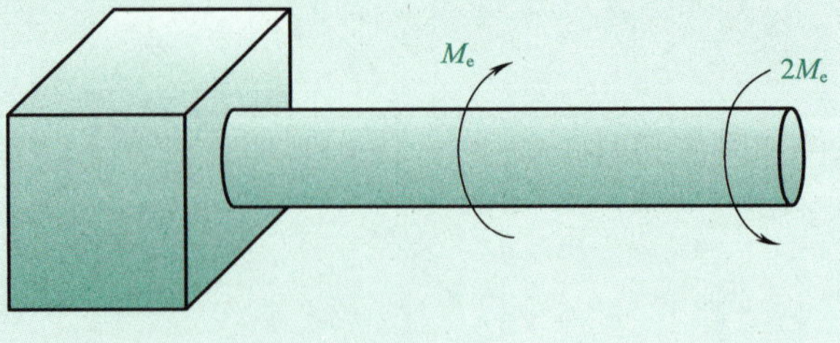


习题 7.2 图

7.3 如图所示等截面实心圆轴的转速为 $n$=80r/min，要求绘制轴的扭矩图。

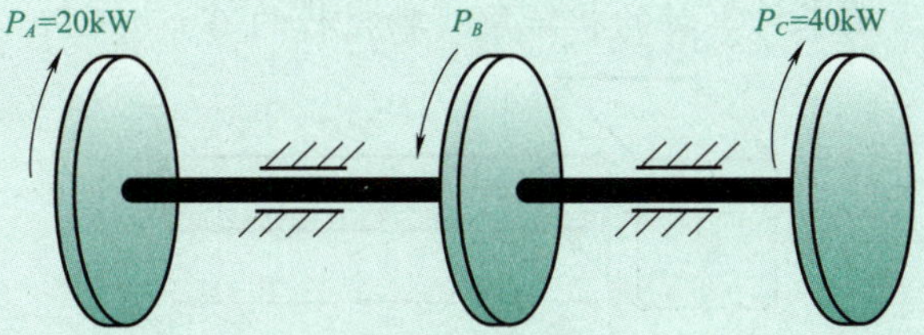


习题 7.3 图

7.4 直径 $d$=50mm 的圆轴，受到扭矩 $T=2.5\,\mathrm{kN\cdot m}$ 的作用，试求距离圆心 10mm 处的一点的切应力，并求该轴横截面上的最大切应力。

7.5 如图所示。受扭圆轴的扭矩大小为 $T=10\,\mathrm{kN\cdot m}$，直径为 $D=100\,\mathrm{mm}$。要求：(1)标出该截面 $a$、$b$、$c$ 三点的切应力方向；(2)计算三点切应力的大小。

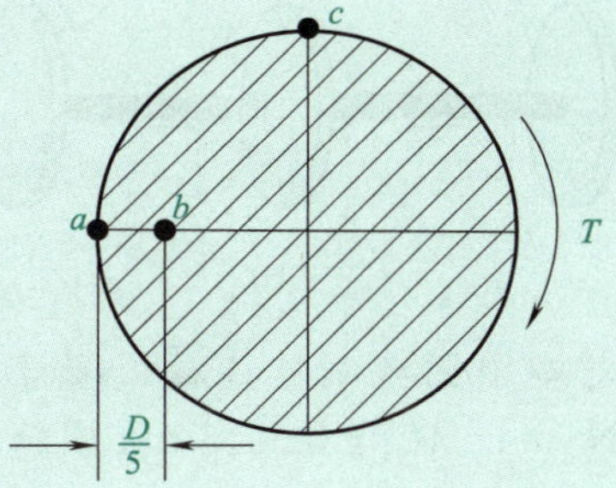


习题 7.5 图

7.6 实心圆轴截面上的扭矩为 $T=5\,\mathrm{kN\cdot m}$，轴材料的许用切应力 $[\tau]=50\,\mathrm{MPa}$，试按强度条件设计圆轴的直径 $d_1$。若将轴改为同材料的空心轴，并设内外直径之比 $\dfrac{d}{D}=0.8$，要求它与原来的实心轴强度相同，试设计截面尺寸，并计算空心圆轴与实心圆轴的重量比。

7.7 等截面实心圆轴承受外力偶 $M_e$、$2M_e$ 的作用，转向如图所示。直径 $D=100\,\mathrm{mm}$。要求绘制轴的内力图，并按强度条件确定 $M_e$。轴材料的许用切应力 $[\tau]=70\,\mathrm{MPa}$。

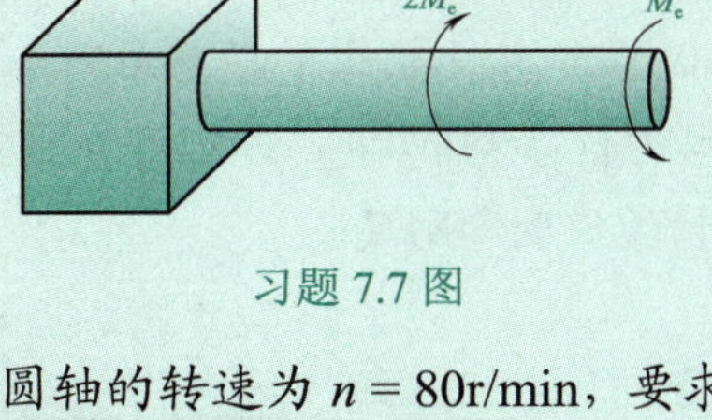


习题 7.7 图

7.8 如图所示等截面实心圆轴的转速为 $n=80$r/min，要求绘制轴的扭矩图，并按强度条件设计轴径。已知轴材料的许用切应力 $[\tau]=70\,\mathrm{MPa}$。

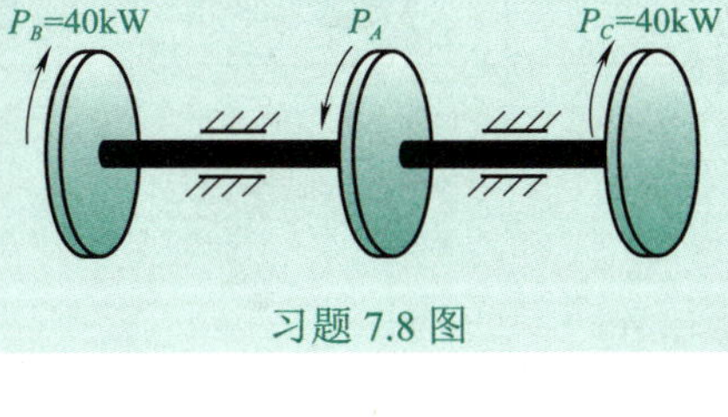


习题 7.8 图

7.9 等截面实心圆轴承受外力偶矩 $M_e$、$3M_e$ 的作用，转向如图所示，直径 $D = 100\text{mm}$，$a = 0.1\text{m}$，$M_e = 5\ \text{kN·m}$。要求计算轴的扭转角。轴材料的 $G = 80\text{GPa}$。

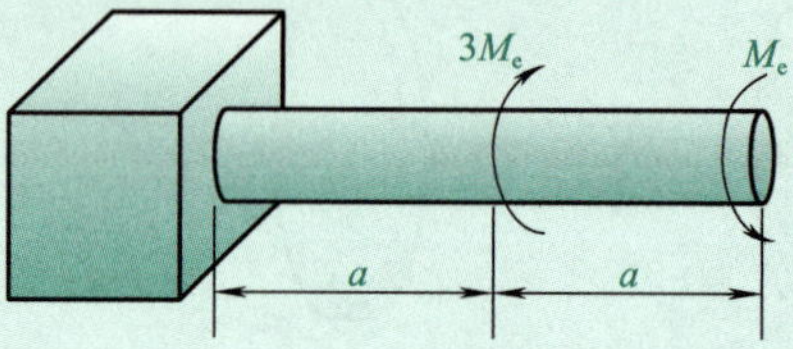


习题 7.9 图

7.10 等截面实心圆轴的转速 $n = 100\text{r/min}$，各轮输入、输出的功率如图所示。已知轴材料的许用切应力 $[\tau] = 70\ \text{MPa}$，$[\varphi'] = 2°/\text{m}$，$G = 80\ \text{GPa}$。要求：(1)绘出轴的扭矩图；(2)确定等截面实心轴的轴径。

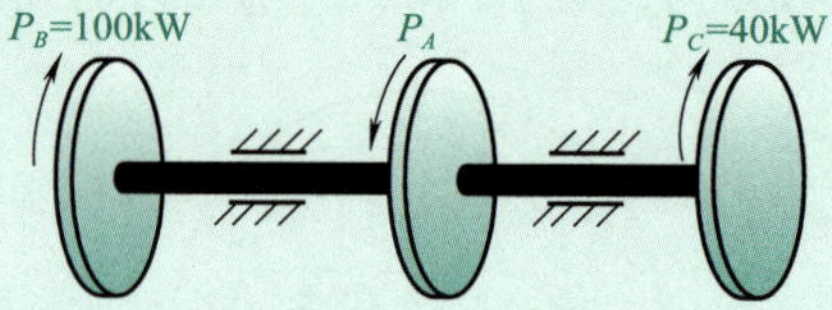


习题 7.10 图

7.11 一实心等截面圆轴与四个圆盘刚性连接，置于光滑的轴承中，如图所示。设 $M_A = M_B = 0.25\text{kN·m}$，$M_C = 1\text{kN·m}$，$M_D = 0.5\text{kN·m}$，圆轴材料的许用切应力 $[\tau] = 20\text{MPa}$，许用的单位长度扭转角 $[\varphi'] = 2°/\text{m}$。试设计该轴的直径。

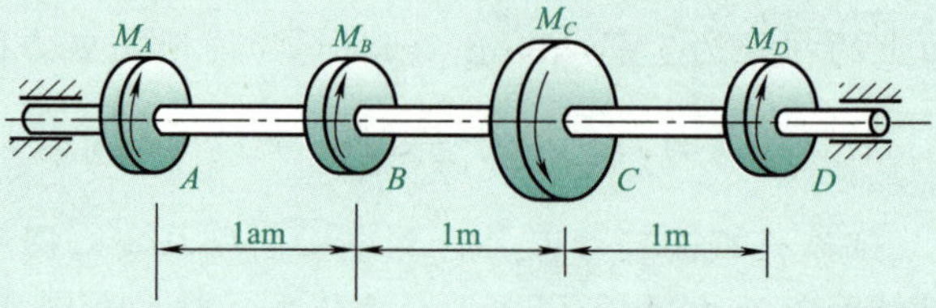


习题 7.11 图

7.12 阶梯形圆轴的直径分别为 $d_1 = 4\text{cm}$，$d_2 = 7\text{cm}$，轴上装有 3 个传动轮，如图所示。已知由轮 3 输入的功率为 $P_3 = 30\text{kW}$，轮 1 输出的功率为 $P_1 = 13\text{kW}$，轴做匀速转动，转速为 $n = 200r/\text{min}$，材料的许用切应力 $[\tau] = 60\text{MPa}$，剪切弹性模量 $G = 80\text{GPa}$，许用的单位长度扭转角 $[\varphi'] = 2°/\text{m}$，试校核该轴的强度和刚度。

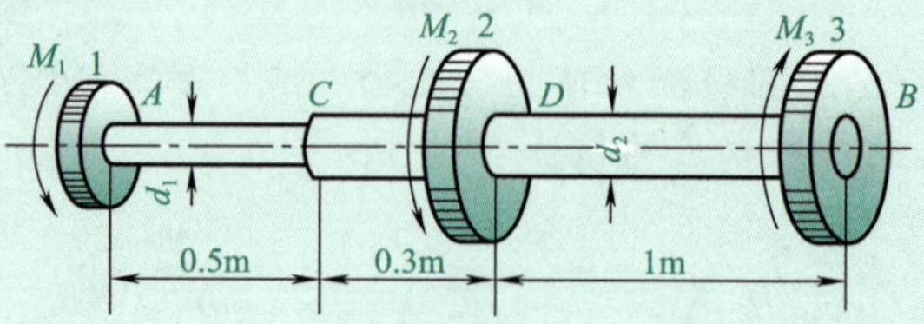


习题 7.12 图

# 第8章 弯曲

弯曲变形是工程中最常见的情况。本章主要内容包括：弯曲的概念和梁的计算简图，剪力和弯矩的概念及其计算，剪力方程、弯矩方程，剪力、弯矩、载荷集度之间的微分关系以及快速准确地绘制剪力图和弯矩图；弯曲正应力、切应力的分布规律及其计算，工程中塑性材料、脆性材料的强度条件；挠曲线近似微分方程，计算弯曲变形的积分法、叠加法；提高梁的弯曲强度、弯曲刚度的措施。核心知识点是：利用剪力、弯矩、载荷集度的微分关系快速准确地绘制剪力图和弯矩图，工程中的弯曲强度设计。

## 8.1 弯曲的概念

### 8.1.1 弯曲的概念和实例

工程上有很多发生弯曲变形的构件。图 8.1 所示的桥式起重机的吊梁，在载荷的作用下会发生弯曲变形。图 8.2 所示的火车轮轴，它在车身的重力和轨道的反力作用下，车轴将变成一条曲线。再如变速箱中的齿轮轴(图 8.3)，轮齿的受力作用在齿轮轴上，使齿轮轴发生弯曲变形等。

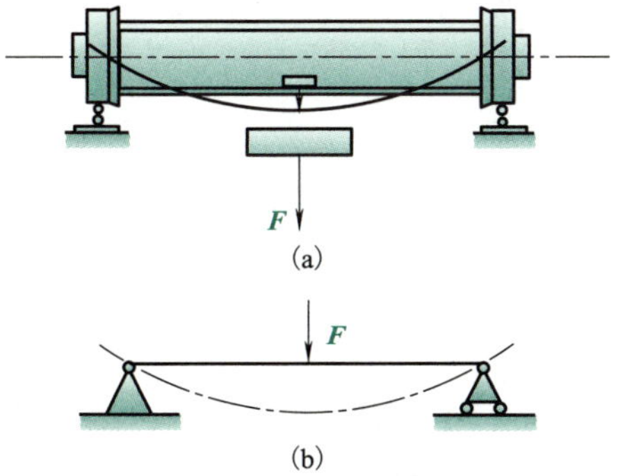


图 8.1

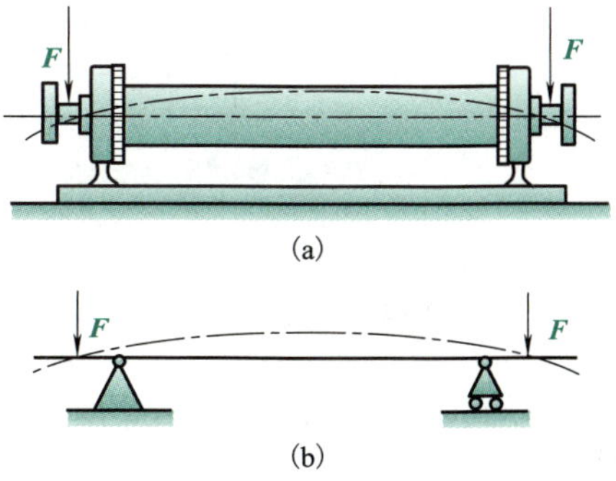


图 8.2

上述各例中的直杆，其受力的共同特点是：外力作用线垂直于杆的轴线，或外力偶作用面垂直于横截面。它们的变形特点是：杆件的轴线由原来的直线变成曲线。这种变形形式称为**弯曲变形**。凡发生弯曲变形或以弯曲变形为主的杆件均称为**梁**。

在工程实际中，大多数梁的横截面具有对称轴(图 8.4)，对称轴 $y$ 与梁的轴线 $x$ 所组成的平面称为纵向对称面。梁的每一个横截面至少有一根对称轴，这些对称轴构成对称面。当所有外力都作用在其对称面内时，梁弯曲变形后的轴线将是位于这个对称面内的一条曲线，这种弯曲形式称为**对称弯曲**，如图 8.5 所示。对称弯曲是弯曲问题中最常见的情况，因此本书只研究直梁的对称弯曲，简称为弯曲。

图 8.3

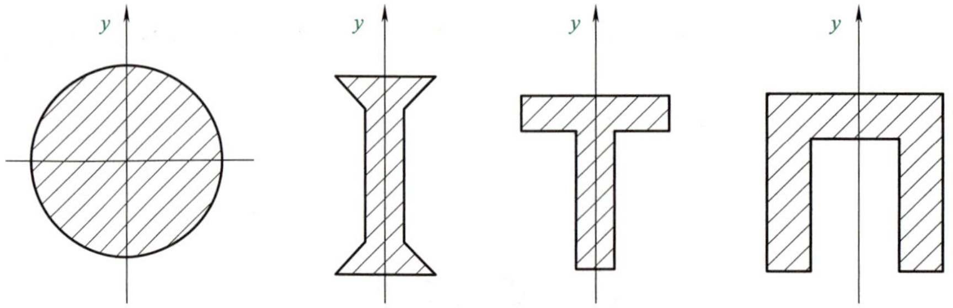


图 8.4

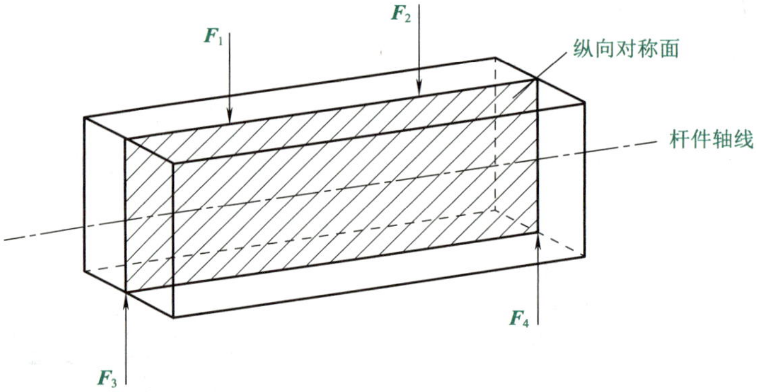


图 8.5

## 8.1.2 梁的计算简图

在工程实际中，梁的具体结构形状、支承情况及载荷作用方式都比较复杂。为了便于分析和计算，对实际结构要进行一些简化，才能得出力学上的计算简图。

### 1. 梁的简化

为方便对梁进行分析和计算，须将工程实际中受弯构件简化成梁，梁的简化如图 8.1 所示，不管梁的截面形状如何，都可以用梁的轴线代替梁。

### 2. 载荷的简化

作用于梁上的载荷一般可简化为集中载荷、分布载荷及集中力偶三种。

**1) 集中载荷**

当通过微小段作用在梁上的横向力，力的分布范围远小于轴线或大梁的长度时，可以简化为集中力。如作用在传动轴上的传动力、车床主轴上的切削力等，如图 8.6 中的 $F$ 。

**2) 分布载荷**

当载荷连续分布在梁的全长或部分长度上时，可将其简化为分布载荷。分布载荷的大小，用单位长度上所受的载荷 $q$ 表示。它的单位是牛每米(N/m)或千牛每米(kN/m)。当载荷均匀分布时，又称为均布载荷，即 $q$ 为常数；当载荷分布不均匀时，$q$ 沿梁的轴线变化，即 $q=q(x)$，$q$ 为 $x$ 的函数，如图 8.6 中的 $q$。

**3) 集中力偶**

当梁上很小一段长度上作用力偶时，可将力偶简化为作用在该段长度的中间截面上，称为集中力偶。如图 8.6 中的 $M_e$。

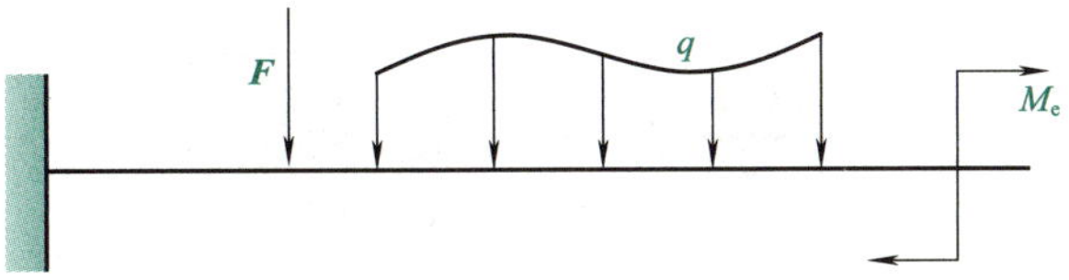


图 8.6

### 3. 支座的几种形式

按实际支座对梁的约束情况，将其简化为三种基本形式。

**1) 固定铰支座**

如图 8.7(a)所示，固定铰支座限制支承处沿任何方向的线位移，因此，相应支座反力可用两个正交分力表示，一般情况下用水平反力与垂直反力表示。

**2) 活动铰支座**

如图 8.7(b)所示，活动铰支座仅限制支承处垂直于支承平面的线位移，与此相应，仅存在垂直于支承平面的支座反力。图 8.1 的桥式起重机横梁和图 8.2 的火车轮轴，都是通过车轮置于钢轨之上。钢轨不限制车轮平面的轻微偏转，但车轮凸缘与钢轨的接触可约束轴线方向的位移，所以可以把两条钢轨中的一条看作固定铰支座，而另一条视为活动铰支座。

**3) 固定端支座**

如图 8.7(c)所示，固定端限制梁端的线位移与角位移，因此，相应支座反力可用三个分量表示：沿梁轴线方向的支座反力、垂直于梁轴线方向的支座反力以及位于梁轴平面内的约束力偶。

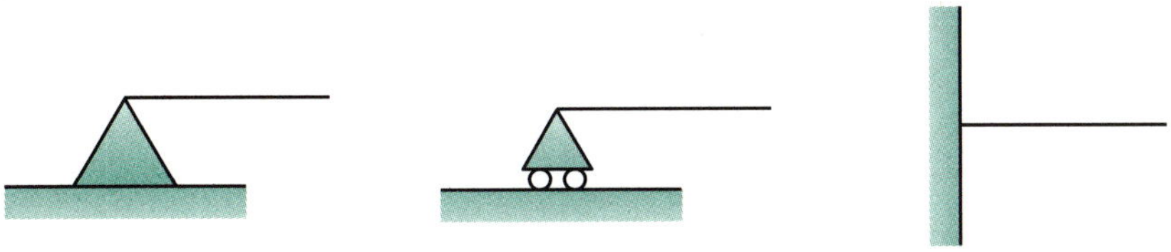

(a) 固定铰支座　　(b) 活动铰支座　　(c) 固定端支座

图 8.7

### 4. 梁的种类

工程中常见到的静定梁有以下三种基本形式。

(1)简支梁：梁的一端为固定铰支座，另一端为活动铰支座，如图 8.8(a)所示。

(2)外伸梁：梁的一端或两端向外伸出支座，如图 8.8(b)所示。

(3)悬臂梁：梁的一端为固定端，另一端为自由端，如图 8.8(c)所示。

简支梁或外伸梁的两个铰支座之间的距离称为跨度，用 $l$ 表示。悬臂梁的跨度是固定端到自由端的距离。

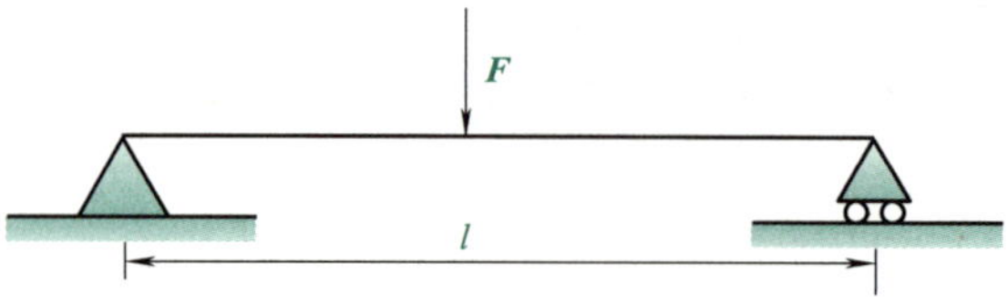


(a)简支梁

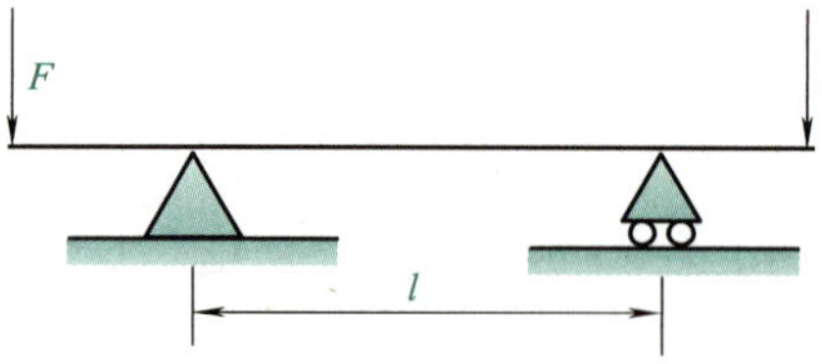


(b)外伸梁

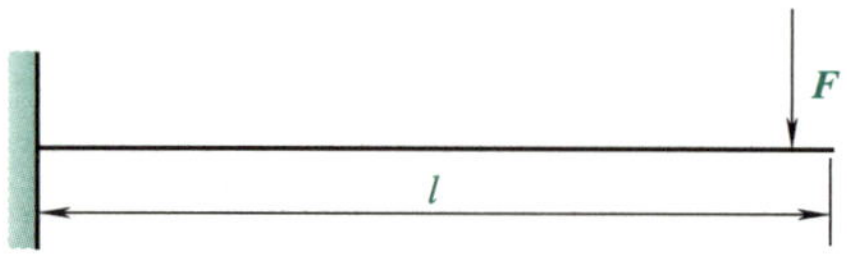


(c)悬臂梁

图 8.8

## 8.2 剪力方程和弯矩方程、剪力图和弯矩图

### 8.2.1 剪力和弯矩的概念

根据平衡方程，可以求得静定梁在载荷作用下的支座约束力，然后用截面法就可以研究各横截面上的内力。

如图 8.9(a)所示的简支梁，其两端的支座反力 $F_{RA}$、$F_{RB}$ 可由梁的静力平衡方程求得。用假想截面在 $mm$ 处将梁截断分为两部分，并假设以左段为研究对象，如图 8.9(b)所示。由于梁的整体处于平衡状态，因此其截断后分成的两部分也应处于平衡状态。据此，截面 $mm$ 上将产生内力，与外力 $F_1$、$F_{RA}$ 构成平衡力系。

由平衡方程 $\sum F_y = 0$，则

$$F_{RA} - F_1 - F_S = 0$$

$$F_S = F_{RA} - F_1 \tag{a}$$

这一与横截面相切的内力 $F_S$ 称为横截面 $mm$ 上的**剪力**，它是与横截面相切的分布内力系的合力。

根据平衡条件，若把左段上的所有外力和内力对截面 $mm$ 的形心 $O$ 取矩，其力矩总和应为零，即 $\sum M_O = 0$，则

$$M + F_1(x-a) - F_{RA}x = 0$$

$$M = F_{RA}x - F_1(x-a) \tag{b}$$

这一内力矩 $M$ 称为横截面 $mm$ 上的弯矩，它是与横截面垂直的分布内力系的合力矩。剪力和弯矩均为梁横截面上的内力，它们可以通过梁的局部平衡来确定。

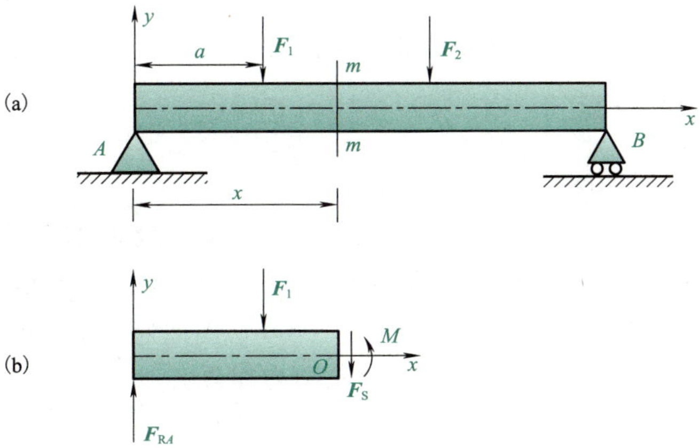


图 8.9

上述(a)、(b)两式表明：梁上任一截面的剪力等于截面一侧的所有外力的代数和；弯矩等于截面一侧所有外力对截面形心之力矩的代数和。

为了使取左段梁与取右段梁在计算同一截面上的内力时具有相同的正负号，并由其正负号反映梁的变形情况，对剪力 $F_S$ 和弯矩 $M$ 的正负号作如下规定。

剪力、弯矩的正负号规定：使所取梁段产生顺时针转动的剪力规定为正，反之为负，分别如图 8.10(a)和图 8.10(b)所示；使梁的下部产生拉伸而上部产生压缩的弯矩规定为正，反之为负，如图 8.10(c)和图 8.10(d)所示。

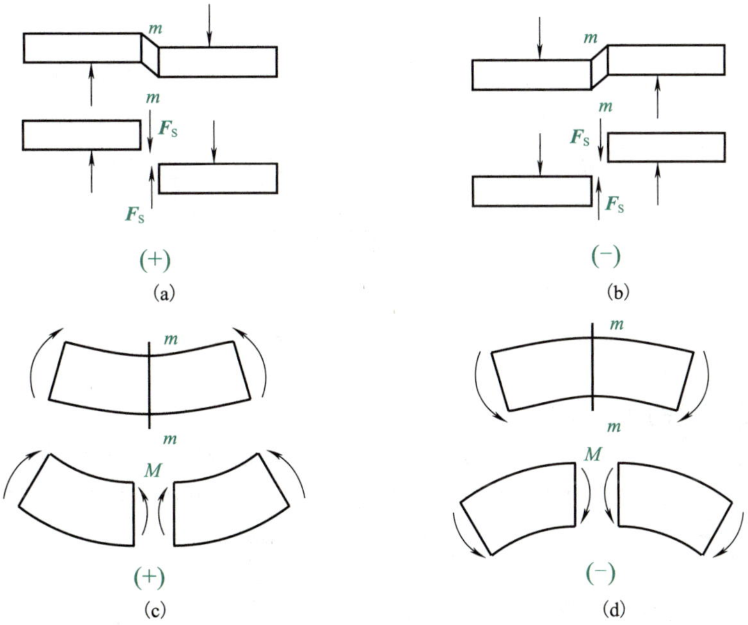


图 8.10

根据上述规则，对水平梁的某一指定截面来说，在它左侧的向上外力，或者右侧的向下外力，将在该截面上产生正的剪力；反之，即产生负的剪力。截面左侧的顺时针转向外力偶或截面右侧的逆时针转向外力偶，将在该截面上产生正的弯矩，反之则产生负的弯矩。对于弯矩，不难发现在指定截面的左侧或者右侧向上的外力产生正的弯矩，向下的外力产生负的弯矩。

解题时，在截面上的剪力和弯矩均按正方向假设，以便于绘制内力图。

### 8.2.2 剪力和弯矩的计算

下面举例说明弯曲时横截面上内力的求法。

**【例 8.1】** 如图 8.11(a)所示的外伸梁，已知均布载荷的载荷集度为$q$，集中力偶的力偶矩$M_e = 3qa^2$，设 2-2 截面到$A$截面的距离为$\Delta$，当$\Delta \to 0$时，2-2 截面称为$A$截面的左临近截面，同理，3-3 截面称为$A$截面的右临近截面，4-4 截面称为$C$截面的左临近截面，5-5 截面称为$C$截面的右临近截面。试求指定截面上的剪力和弯矩。

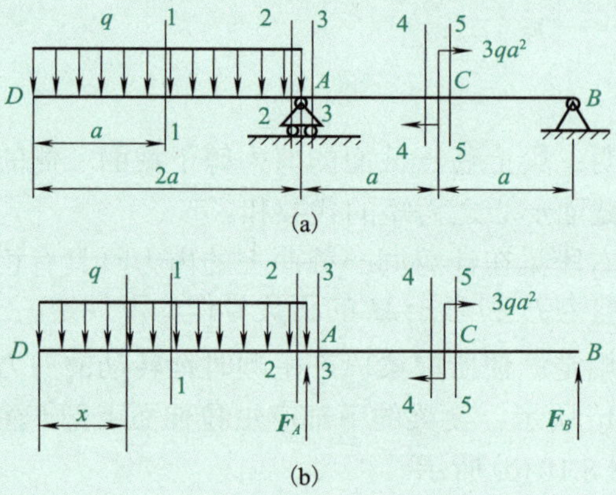


图 8.11

**解**：(1)求梁的支座反力。选取梁的整体为研究对象，受力图如图 8.11(b)所示。列平衡方程

$$\sum M_A(\boldsymbol{F}) = 0, \quad F_B \times 2a - 3qa^2 + 2qa \times a = 0$$

得

$$F_B = \frac{3qa^2 - 2qa^2}{2a} = \frac{qa}{2}$$

由

$$\sum F_y = 0, \quad F_A + F_B - 2qa = 0$$

得

$$F_A = 2qa - F_B = 2qa - \frac{qa}{2} = \frac{3qa}{2}$$

(2)计算指定截面的剪力和弯矩。

观察 1-1 截面左侧上所有的外力$qa$向下，在 1-1 截面产生的剪力为负；$qa$对所取截面形心的力矩为逆时针转向，在 1-1 截面产生的弯矩为负。截面 1-1 上剪力和弯矩分别为

$$F_{S1} = -qa, \quad M_1 = -\frac{qa^2}{2}$$

观察 2-2 截面左侧所有的外力$2qa$向下，在 2-2 截面产生的剪力为负；$2qa$对 2-2 截面形心的力矩为逆时针转动，在 2-2 截面产生的弯矩为负。2-2 截面上的剪力和弯矩分别为

$$F_{S2}=-2qa, \quad M_2=-2qa\times a=-2qa^2$$

观察 3-3 截面左侧上所有外力，$2qa$ 向下，在 3-3 截面产生的剪力为负；$2qa$ 对 3-3 截面形心的力矩为逆时针转向，在 3-3 截面产生的弯矩为负。$F_A$ 向上，在 3-3 截面产生的剪力为正；$F_A$ 通过 3-3 截面形心，在 3-3 截面产生的弯矩为零。3-3 截面上的剪力和弯矩分别为

$$F_{S3}=-2qa+\frac{3qa}{2}=-\frac{qa}{2}, \quad M_3=-2qa\times a+0=-2qa^2$$

观察 2-2 截面和 3-3 截面剪力和弯矩的表达式可以看出：在集中力作用的截面处，左右临近截面的弯矩相同，剪力不同，即剪力有突变。剪力的突变值等于集中力的大小。因此，应用截面法计算任意截面的剪力时，截面不能选取在集中力作用的截面上。

观察 4-4 截面右侧上所有的外力，$F_B$ 向上，在 4-4 截面产生的剪力为负；$F_B$ 对 4-4 截面形心的力矩为逆时针转动，在 4-4 截面产生的弯矩为正。力偶 $3qa^2$ 为顺时针转向，在 4-4 截面上产生的弯矩为负。4-4 截面上的剪力和弯矩分别为

$$F_{S4}=-F_B=-\frac{qa}{2}, \quad M_4=\frac{qa}{2}\times a-3qa^2=-\frac{5qa^2}{2}$$

观察 5-5 截面右侧上所有的外力，$F_B$ 向上，在 5-5 截面产生的剪力为负；$F_B$ 对 5-5 截面形心的力矩为逆时针转动，在 4-4 截面产生的弯矩为正。5-5 截面上的剪力和弯矩分别为

$$F_{S5}=-F_B=-\frac{qa}{2}, \quad M_5=\frac{qa}{2}\times a=\frac{qa^2}{2}$$

观察 4-4 截面和 5-5 截面剪力和弯矩的表达式可以看出：在集中力偶的作用截面处，左右临近截面的剪力相同，弯矩不同，即弯矩有突变。弯矩的突变值等于集中力偶的力偶矩的大小。因此，应用截面法计算任意截面的弯矩时，截面不能选取在集中力偶作用的截面上。

通过上述例题可以得出，外力规律发生变化时，会引起内力的变化，即引起剪力或弯矩的变化。我们把外力规律发生变化的截面称为控制截面，如集中力的作用面、外力偶的作用面、分布载荷的起止面等，在研究梁上内力的分布规律时，控制面将作为分段的依据。

### 8.2.3 剪力方程和弯矩方程、剪力图和弯矩图

一般情况下，梁的各横截面上的剪力和弯矩大小是不同的，它们随横截面位置的不同而变化。例如，取梁的轴线为 $x$ 轴，坐标 $x$ 表示截面位置，则剪力 $F_S$ 和弯矩 $M$ 可以表示为 $x$ 的函数，即 $F_S=F_S(x)$，$M=M(x)$，表示剪力 $F_S$ 和弯矩 $M$ 随截面位置 $x$ 的变化规律，分别称为剪力方程和弯矩方程。

为了直观地表示梁上各横截面的剪力和弯矩的大小、正负及最大值所在截面的位置，把剪力方程和弯矩方程用函数图像表示出来，分别称为剪力图和弯矩图。其绘制方法是：以平行于梁轴的横坐标表示横截面位置，以纵坐标表示横截面上的剪力 $F_S$ 或弯矩 $M$，分别绘制 $F_S=F_S(x)$ 或 $M=M(x)$ 的图线。

下面举例说明建立剪力方程、弯矩方程和绘制剪力图、弯矩图的方法。

【例 8.2】 简支梁受力和尺寸如图 8.12(a)所示。试写出梁的剪力方程和弯矩方程，并作剪力图和弯矩图。

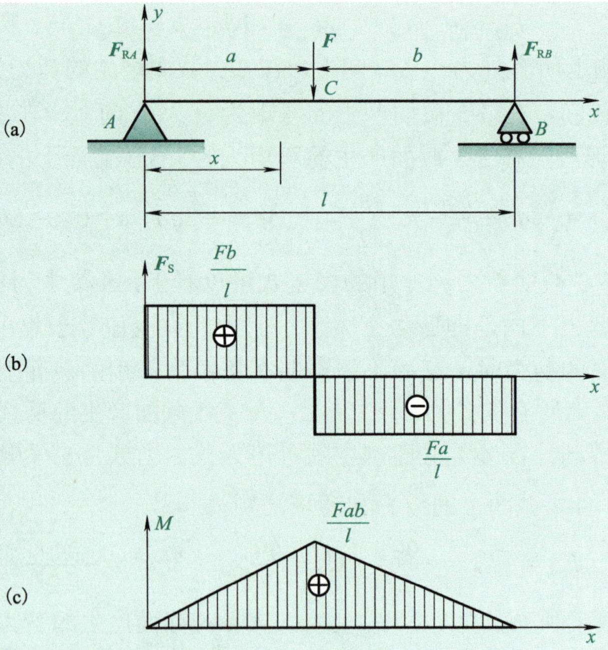


图 8.12

**解**：(1)求支座反力，由静力平衡方程

$$\sum M_B = 0, \quad Fb - F_{RA}l = 0$$
$$\sum M_A = 0, \quad F_{RB}l - Fa = 0$$

求得支座反力为

$$F_{RA} = \frac{Fb}{l}, \quad F_{RB} = \frac{Fa}{l}$$

(2)列出剪力方程和弯矩方程。

以梁的左端为坐标原点，选取坐标系如图 8.12(a)所示。集中力 $F$ 作用在 $C$ 截面，梁在 $AC$ 和 $BC$ 两段内的剪力和弯矩都不能用同一方程来表示，应分段考虑。在 $AC$ 段内取距左端为 $x$ 的任意横截面如图 8.12(a)所示，取截面左侧，由剪力和弯矩的计算法则可得此横截面上的剪力和弯矩分别为

$$F_S(x) = F_{RA} = \frac{Fb}{l} \quad (0 < x < a) \tag{a}$$

$$M(x) = F_{RA}x = \frac{Fb}{l}x \quad (0 \leqslant x \leqslant a) \tag{b}$$

即为 $AC$ 段内的剪力方程和弯矩方程。

同理，在 $CB$ 段内取距左端为 $x$ 的任意横截面，取截面左侧，可得此截面上的剪力和弯矩分别为

$$F_S(x) = F_{RA} - F = -\frac{Fa}{l} \quad (a < x < l) \tag{c}$$

$$M(x) = F_{RA}x - F(x-a) = \frac{Fa}{l}(l-x) \quad (a \leqslant x \leqslant l) \tag{d}$$

即为 $CB$ 段内的剪力方程和弯矩方程。

(3)绘制$F_S(x)$和$M(x)$图。

由式(a)可知，在$AC$段内梁的任意截面上的剪力皆为常数$\dfrac{Fb}{l}$，且符号为正，所以在$AC$段($0<x<a$)，剪力图是在$x$轴上方且平行于$x$轴的直线，如图 8.12(b)所示。同理，可以根据式(c)作$CB$段的剪力图。从剪力图可看出，当$a<b$时，最大剪力为$|F_S|_{max}=\dfrac{Fb}{l}$。

由式(b)和式(d)可知，在$AC$段、$CB$段内弯矩是横截面位置$x$的一次函数，所以弯矩图是一条斜直线。只要确定线上的两点，就可以确定这条直线。例如：

$AC$段：$x=0$，$M=0$；$x=a$，$M=\dfrac{Fab}{l}$；

$CB$段：$x=a$，$M=\dfrac{Fab}{l}$；$x=l$，$M=0$。

按比例描出上述各点后，以直线相连，便得弯矩图。从弯矩图可看出，最大弯矩发生在$C$截面上，且$M_{max}=\dfrac{Fab}{l}$。

(4)结果分析。

由剪力图可以看出，在集中力$F$的作用点处，剪力图发生突变，从$\dfrac{Fb}{l}$变为$-\dfrac{Fa}{l}$，突变幅度为$F$的大小，突变方向与集中力$F$的方向相同，即向下突变。同时，还可以看出在集中力$F_A$和$F_B$作用的$A$、$B$两处，剪力图也发生突变，突变幅度分别为$F_A$和$F_B$的大小，突变方向与集中力$F_A$和$F_B$的方向相同，即向上突变。在集中力$F$作用的$C$截面处，弯矩图发生转折。

**【例 8.3】** 简支梁受力如图和尺寸如图 8.13(a)所示。试写出梁的剪力方程和弯矩方程，并作剪力图和弯矩图。

**解：**(1)求支座反力，由静力平衡方程

$$\sum M_B=0,\quad M_e-F_{RA}l=0$$
$$\sum M_A=0,\quad M_e-F_{RB}l=0$$

求得支座反力为

$$F_{RA}=F_{RB}=\frac{M_e}{l}$$

(2)建立剪力方程和弯矩方程。

以梁的左端为坐标原点，选取坐标系。由于集中力偶会引起弯矩的突变，所以在集中力偶作用处，应将梁分段计算。将简支梁分为$AC$和$BC$两段分别研究。

在$AC$段内，取与左端点相距为$x$的截面，如图 8.13(a)所示，选取截面左侧来分析，其剪力方程和弯矩方程分别为

$$F_S(x)=\frac{M_e}{l}\quad(0<x\leqslant a)\tag{a}$$

$$M(x)=\frac{M_e}{l}x\quad(0<x\leqslant a)\tag{b}$$

在$CB$段内，取与左端点相距为$x$的截面，选取截面左侧来分析，其剪力方程和弯矩方程分别为

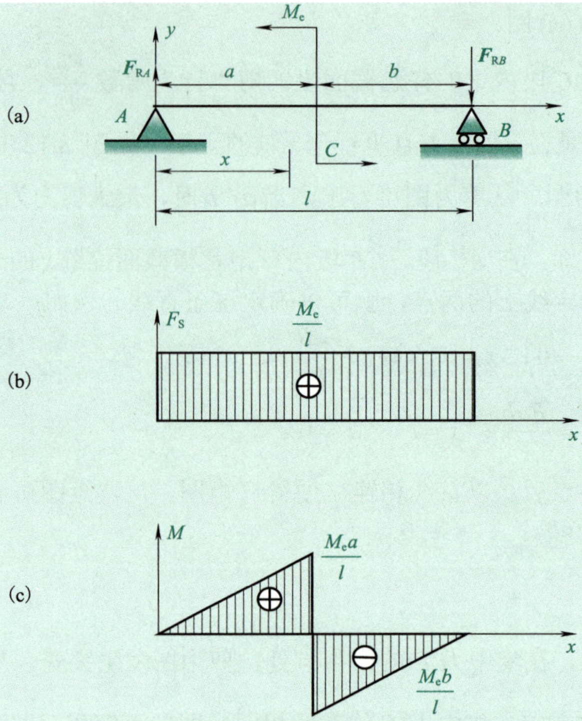

图 8.13

$$F_S(x)=\frac{M_e}{l} \quad (a \leqslant x < l) \tag{c}$$

$$M(x)=\frac{M_e}{l}x-M_e \quad (a < x \leqslant l) \tag{d}$$

(3)绘制剪力图和弯矩图。

由式(a)和式(c)可知，剪力图 $\boldsymbol{F}_S$ 是一条平行于 $x$ 轴上方的水平线。由式(b)和式(d)可知，在 $AC$ 段及 $CB$ 段内，弯矩是 $x$ 的一次函数，所以弯矩图是一条斜直线。只要确定线上的两点，就可以确定这条直线。例如

$AC$ 段：$x=0$，$M=0$；$x=a$，$M=\frac{M_e a}{l}$；

$CB$ 段：$x=a$，$M=-\frac{M_e b}{l}$；$x=l$，$M=0$；

按比例描出上述各点后，以直线相连，便得弯矩图，如图 8.13(c)所示。从弯矩图可看出，若 $b>a$，则最大弯矩为 $|M|_{max}=\frac{M_e b}{l}$。

(4)结果分析。

由剪力图和弯矩图可看出，集中力偶 $M$ 的作用点 $C$ 处，剪力图没有发生改变，弯矩图有突变，从 $\frac{M_e a}{l}$ 变为 $-\frac{M_e b}{l}$，突变幅度为 $M_e$ 的大小，突变方向为向下突变。

**【例 8.4】** 简支梁受力和尺寸如图 8.14(a)所示。试写出梁的剪力方程和弯矩方程，并作剪力图和弯矩图。

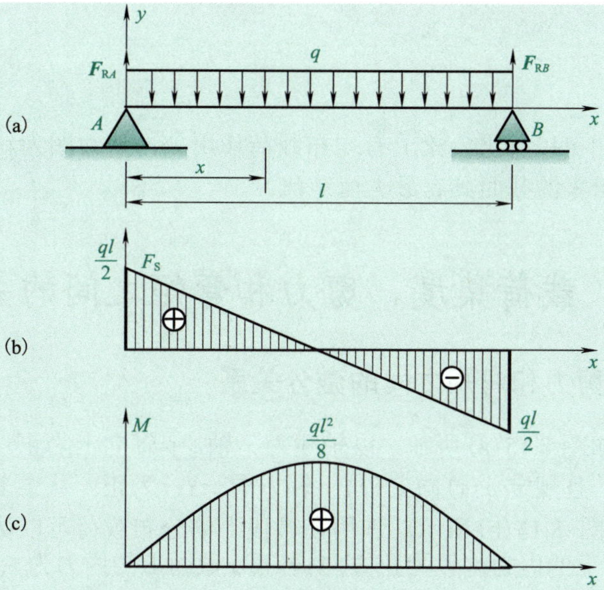


图 8.14

**解**：(1)求支座反力，由静力平衡方程

$$\sum M_B = 0, \quad \frac{ql^2}{2} - F_{RA}l = 0$$

$$\sum M_A = 0, \quad F_{RB}l - \frac{ql^2}{2} = 0$$

求得支座反力为

$$F_{RA} = F_{RB} = \frac{ql}{2}$$

(2)建立剪力方程和弯矩方程。

在梁 $AB$ 上任意取一截面，设其到 $A$ 端的距离为 $x$，取截面左侧分析，其剪力方程和弯矩方程分别为

$$F_S = F_{RA} - qx = \frac{ql}{2} - qx \quad (0 < x < l) \tag{a}$$

$$M = F_{RA}x - qx\frac{x}{2} = \frac{qlx}{2} - \frac{qx^2}{2} \quad (0 \leqslant x \leqslant l) \tag{b}$$

(3)绘制剪力图和弯矩图。

由式(a)可知，剪力图是一段斜直线，斜直线的两端点为

$$x = 0, \quad F_S = \frac{ql}{2}; \quad x = l, \quad F_S = -\frac{ql}{2}$$

描出上述两点后，以直线相连，便得剪力图。由式(b)可知，弯矩图为一条抛物线，其上三点坐标为

$$x = 0, \quad M = 0; \quad x = \frac{l}{2}, \quad M = \frac{ql^2}{8}; \quad x = l, \quad M = 0$$

根据此三点坐标值，按比例描点、连线得弯矩图，如图 8.14(c)所示。由弯矩图可知，最大弯

矩为 $M_{\max}=\dfrac{ql^2}{8}$。

(4)结果分析。

由剪力图和弯矩图可以看出，梁上有均布载荷作用处，剪力图为斜直线，弯矩图为一段抛物线，且在剪力等于零的截面具有最大弯矩值。

# 8.3 载荷集度、剪力和弯矩之间的关系

## 8.3.1 载荷集度、剪力和弯矩之间的微分关系

轴线为直线的梁如图 8.15(a)所示。以轴线为 $x$ 轴，$y$ 轴向上为正。梁上分布载荷的集度 $q(x)$ 是 $x$ 的连续函数，且规定 $q(x)$ 向上(与 $y$ 轴方向一致)为正。从梁上受分布载荷的段内截取 $\mathrm{d}x$ 微段，其受力如图 8.15(b)所示。作用在微段上的分布载荷可以认为是均布的，并设向上为正。微段两侧截面上的内力均设为正方向。若设 $x$ 截面上的内力为 $F_S(x)$、$M(x)$，则 $x+\mathrm{d}x$ 截面上的内力为 $F_S(x)+\mathrm{d}F_S(x)$、$M(x)+\mathrm{d}M(x)$。因为梁整体是平衡的，$F$ 微段也应处于平衡。根据平衡条件 $\sum F_y=0$ 和 $\sum M_O=0$，得到

$$F_S(x)+q(x)\mathrm{d}x-\left[F_S(x)+\mathrm{d}F_S(x)\right]=0$$

$$-M(x)+\left[M(x)+\mathrm{d}M(x)\right]-F_S(x)\mathrm{d}x-q(x)\frac{(\mathrm{d}x)^2}{2}=0$$

略去其中的高阶无穷小量后得到

$$\frac{\mathrm{d}F_S(x)}{\mathrm{d}x}=q(x) \tag{8.1}$$

(a)

(b)

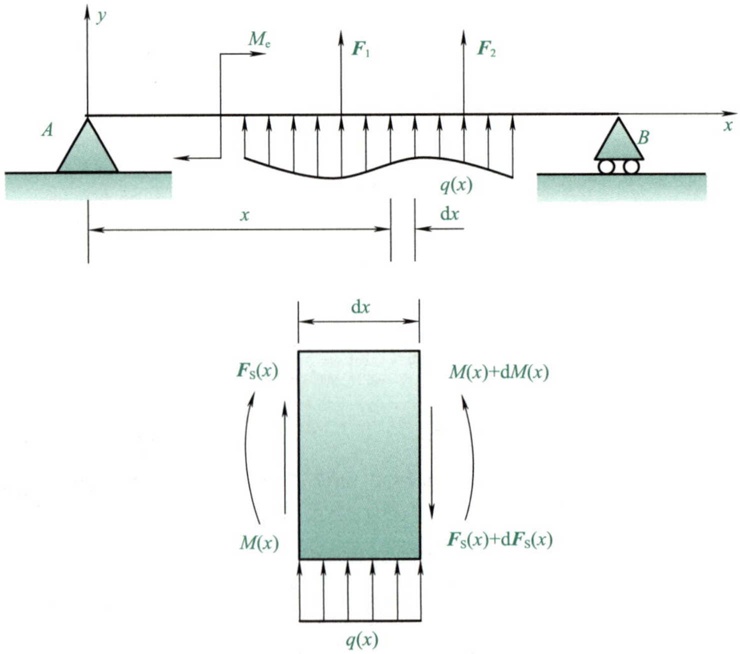


图 8.15

$$\frac{\mathrm{d}M(x)}{\mathrm{d}x}=F_{\mathrm{S}}(x) \tag{8.2}$$

利用式(8.1)和式(8.2)可进一步得出

$$\frac{\mathrm{d}^2M(x)}{\mathrm{d}x^2}=q(x) \tag{8.3}$$

式(8.1)～式(8.3)是剪力、弯矩和分布载荷集度 $q$ 之间的微分关系。

### 8.3.2 利用微分关系快速画剪力图和弯矩图

根据上述微分关系，可以得出以下推论。这些推论可以直接用于绘制或校核剪力图和弯矩图。

(1)若某段梁上无分布载荷，即 $q(x)=0$，则该段梁的剪力 $F_{\mathrm{S}}(x)$ 为常量，剪力图为平行于 $x$ 轴的直线；而弯矩 $M(x)$ 为 $x$ 的一次函数，弯矩图为斜直线。如图 8.12 所示。

(2)若某段梁上的分布载荷 $q(x)=q$（常量），则该段梁的剪力 $F_{\mathrm{S}}(x)$ 为 $x$ 的一次函数，剪力图为斜直线；而 $M(x)$ 为 $x$ 的二次函数，弯矩图为抛物线。当 $q>0$（$q$ 向上)时，弯矩图为向下凸的曲线；当 $q<0$（$q$ 向下)时，弯矩图为向上凸的曲线。如图 8.14 所示。

(3)在梁的某一截面上，若 $F_{\mathrm{S}}(x)=0$，根据 $\mathrm{d}M(x)/\mathrm{d}x=0$，则弯矩在这一截面上有一极值(极大或极小)，即弯矩的极值发生在剪力为零的截面上。

(4)在集中力作用处，剪力图发生突变，突变量等于该集中力的大小，若从左向右作图，突变方向与集中力方向相同；弯矩图的斜率也突然发生变化，成为一个转折点。

(5)在集中力偶作用处，弯矩图发生突变(例 8.3)，突变量等于该集中力偶矩的大小，若从左向右作图，逆时针转动的力偶向下突变，反之向上突变，此处也将出现弯矩的极值。

(6)利用导数关系式(8.2)和式(8.3)，经过积分得

$$F_{\mathrm{S}}(x_2)-F_{\mathrm{S}}(x_1)=\int_{x_1}^{x_2}q(x)\mathrm{d}x$$

$$M(x_2)-M(x_1)=\int_{x_1}^{x_2}F_{\mathrm{S}}(x)\mathrm{d}x$$

两式表明，在 $x=x_2$ 和 $x=x_1$ 两截面上的剪力之差，等于两截面间载荷图的面积；两截面上的弯矩之差，等于两截面间剪力图的面积。

利用以上推论，除可以校核剪力图和弯矩图是否正确外，还可以利用微分关系绘制剪力图和弯矩图，而不必再建立剪力方程和弯矩方程，其步骤如下：

(1)求支座反力。

(2)分段确定剪力图和弯矩图的形状。

(3)求控制截面内力，根据微分关系绘剪力图和弯矩图。

(4)确定 $F_{\mathrm{S}}$ 和 $M$ 的极值和拐点值。

下面通过例题来说明。

**【例 8.5】** 简支梁受力和尺寸如图 8.16(a)所示，利用微分关系作出梁的剪力图和弯矩图。

**解：**(1)计算约束反力。根据力矩平衡

$$\sum M_A=0,\quad \sum M_B=0$$

解得

$$F_{Ay}=0.89\mathrm{kN},\quad F_{By}=1.11\mathrm{kN}$$

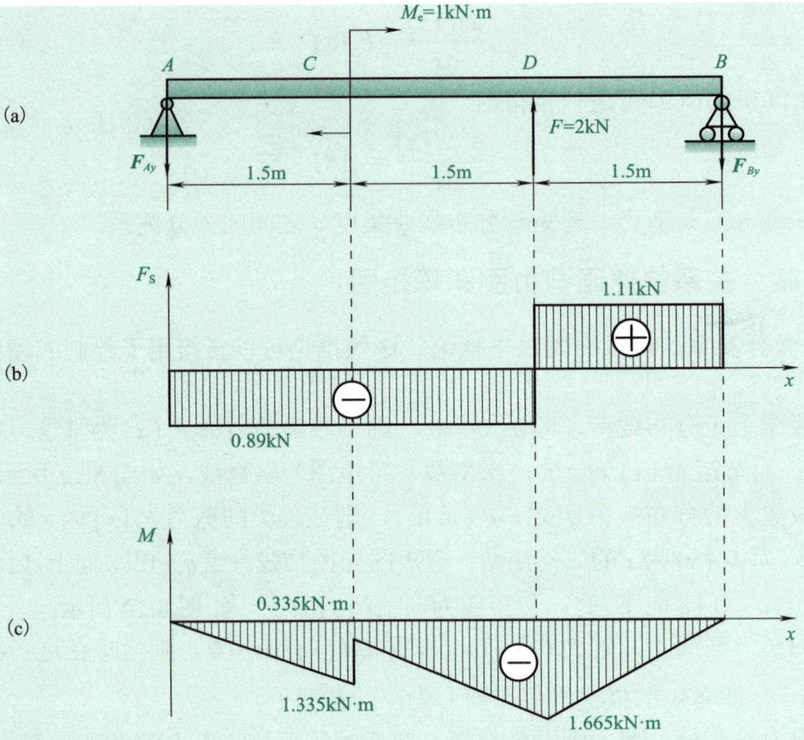


图 8.16

(2) 分段确定剪力图和弯矩图的形状。

截面 $C$ 和截面 $D$ 分别作用有集中力偶和集中力，剪力和弯矩会发生变化，因此作图时应进行分段。$AC$、$CD$、$DB$ 段均为无分布载荷段，剪力图为水平线，弯矩图为斜直线。

(3) 求控制截面内力。

根据微分关系绘剪力图和弯矩图。这里集中力偶作用面 $C$ 和集中力作用面 $A$、$B$、$D$ 为控制截面。

截面 $A$ 右侧剪力 $F_{SA右}=-0.89\text{kN}$，截面 $A$ 到截面 $C$ 之间为无分布载荷段，剪力图为平行于 $x$ 轴的直线。截面 $C$ 处有一集中力偶不影响剪力，剪力不发生变化。截面 $C$ 到截面 $D$ 的剪力图仍为平行于 $x$ 轴的直线。截面 $D$ 处有一集中力，剪力图发生突然变化，变化值等于集中力的大小 2kN。截面 $D$ 右侧截面剪力为 $F_{SD右}=1.11\text{kN}$。$DB$ 段为无分布载荷段，剪力图为平行于 $x$ 轴的直线。如图 8.16(b) 所示。截面 $A$ 上的弯矩为零。计算 $C$ 截面左侧弯矩 $W_{C左}=-0.89\times1.5=-1.335\text{kN}\cdot\text{m}$，从 $A$ 到 $C$ 梁上为无载荷段，弯矩图为斜直线。$C$ 截面上作用集中力偶，弯矩图发生突然变化，$C$ 截面右侧弯矩 $W_{C右}=-0.89\times1.5+1=-0.335\text{kN}\cdot\text{m}$。$CD$ 为无载荷段，弯矩图为斜直线，斜率和 $AC$ 段相同。$D$ 截面上的剪力发生改变，弯矩图斜率发生改变。计算 $D$ 截面上的弯矩 $W_D=-1.11\times1.5=-1.665\text{kN}\cdot\text{m}$。$DB$ 段为无载荷段，弯矩图为斜直线，$B$ 截面弯矩为零，斜直线很容易画出。如图 8.16(c) 所示。

(4) 确定 $F_S$ 和 $M$ 的极值。

最大的剪力 $|F_S|_{max}=1.11\text{kN}$，最大弯矩 $|M|_{max}=1.665\text{kN}\cdot\text{m}$。

【例 8.6】 外伸梁受力和几何尺寸如图 8.17(a)所示，利用微分关系作出梁的剪力图和弯矩图。

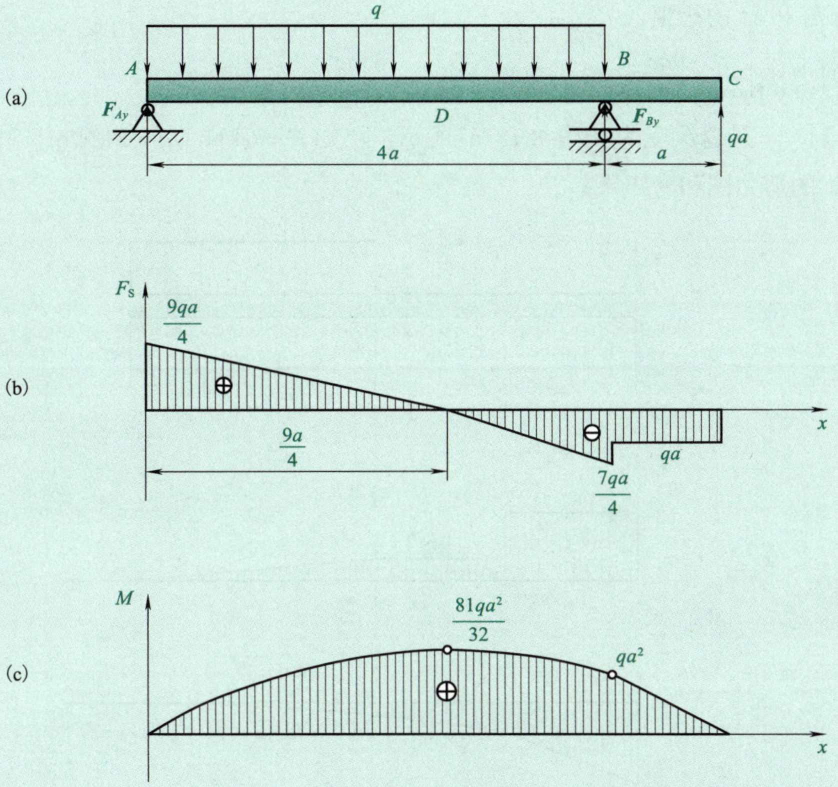


图 8.17

**解：**(1)求约束反力。由

$$\sum M_A=0\text{，}\quad F_{By}4a-q\cdot 4a\cdot 2a+qa\cdot 5a=0$$

$$\sum F_y=0\text{，}\quad F_{Ay}+F_{By}-4qa+qa=0$$

解得

$$F_{Ay}=\frac{9qa}{4}\text{，}\quad F_{By}=\frac{3qa}{4}$$

(2)分段确定剪力图和弯矩图的形状。

*AB* 段为均布载荷作用段，剪力图为斜直线，弯矩图为抛物线。*BC* 为无分布载荷段，剪力图为水平线，弯矩图为斜直线。

(3)计算控制面的内力值，绘剪力图和弯矩图。

这里均布载荷的起止截面 *A*、*B* 截面，以及集中力作用面 *C* 都为控制截面。

截面 *A* 右侧剪力，$F_{SA右}=F_{Ay}=\frac{9qa}{4}$，截面 *B* 左侧剪力，$F_{SB左}=F_{Ay}-4qa=-\frac{7qa}{4}$，*AB* 段为均布载荷，剪力图为斜直线，作出这一斜直线。*B* 截面上有支反力 $F_{By}$，剪力图突变，计算 *B* 截面右侧剪力 $F_{SA右}=-qa$。*BC* 段为无载荷段，剪力图为水平线，如图 8.17(b)所示。

*AB* 段为均布载荷段，弯矩图为抛物线，且剪力为零的截面，弯矩取极值。截面 *D* 上的剪力为零，计算 *AD* 段距离为 $\frac{9a}{4}$，*D* 截面上弯矩的极值为 $M_{max}=\frac{1}{2}\cdot\frac{9qa}{4}\cdot\frac{9a}{4}=\frac{81qa^2}{32}$。*B* 截面上

有支反力，弯矩图的斜率发生变化，计算 $B$ 截面上的弯矩值 $M_B = qa^2$。$BC$ 为无载荷段，弯矩图为斜直线，至 $C$ 截面弯矩为零。如图 8.17(c)所示。

(4)确定 $F_S$ 和 $M$ 的极值。

最大的剪力 $|F_S|_{max} = \dfrac{9qa}{4}$，最大弯矩 $|M|_{max} = \dfrac{81qa^2}{32}$。

**【例 8.7】** 一悬臂梁受力如图 8.18(a)所示，已知 $F = 6\,kN$，$q = 2\,kN/m$，其他尺寸如图所示，绘制梁的剪力图和弯矩图。

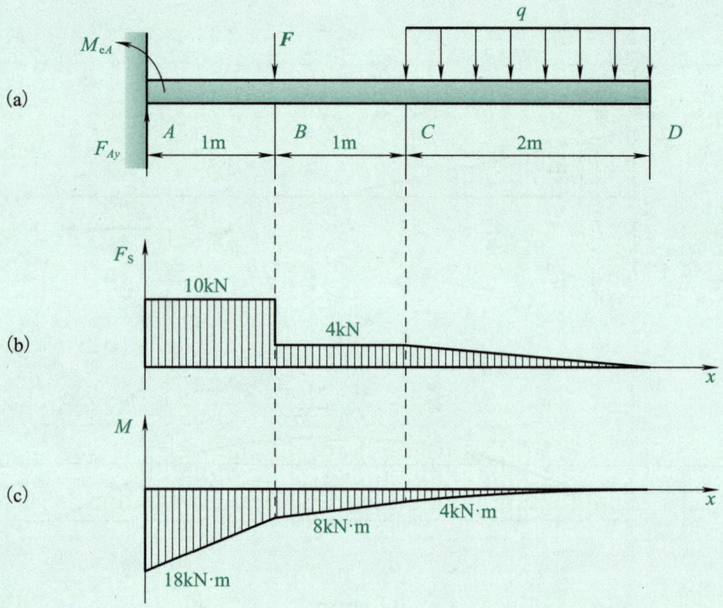


图 8.18

**解：**(1)计算支座反力。

由
$$\sum M_A = 0,\quad \sum F_y = 0$$
解得
$$M_{eA} = 18\,kN\cdot m,\quad F_{Ay} = 10\,kN$$

(2)绘制剪力图。

$A$ 截面上有支座反力和约束反力偶，但力偶不影响剪力。$A$ 截面右侧剪力 $F_{SA右} = 10kN$，$AB$ 段为无载荷段，剪力图为水平线。$B$ 截面有一向下的集中力，剪力图发生突变，$B$ 截面右侧剪力 $F_{SA右} = 10 - 6 = 4kN$，$BC$ 段为无载荷段，剪力图为水平线。$CD$ 段为均布载荷段，剪力图为倾斜的直线，斜直线的斜率为 $-2kN/m$，至 $D$ 截面剪力为零。如图 8.18(b)所示。

(3)绘制弯矩图。

$A$ 截面有一约束反力偶，影响弯矩，计算 $A$ 截面右侧弯矩 $M_{A右} = -18kN\cdot m$，$AB$ 段为无载荷段，弯矩图为斜直线。$B$ 截面上有一集中力，弯矩图斜率发生改变。计算 $B$ 截面上弯矩 $M_B = -8kN\cdot m$，$BC$ 段为无载荷段，弯矩图为斜直线，$C$ 截面上弯矩 $M_C = -4kN\cdot m$。$CD$ 段为均布载荷段，$q$ 向下，弯矩图为向上凸的曲线。$D$ 截面剪力为零，所以 $D$ 截面具有最大弯矩值，$D$ 截面的弯矩 $M = 0$。弯矩图如图 8.18(c)所示。

# 8.4 弯曲梁横截面上的正应力及强度计算

在确定了梁横截面上的内力之后，还要进一步研究横截面上的应力。

## 8.4.1 纯弯曲概念

一般情况下，梁截面上既有弯矩又有剪力。对于横截面上的某点而言，则既有正应力又有切应力。但是，梁的强度主要取决于截面上的正应力，切应力居于次要地位。所以先讨论梁在纯弯曲(截面上没有切应力)时横截面上的正应力。

如图 8.19 所示梁的 *CD* 段剪力为零，弯矩为常数，为**纯弯曲**；*AC* 、*BD* 段既有剪力又有弯矩，为**横力弯曲**。

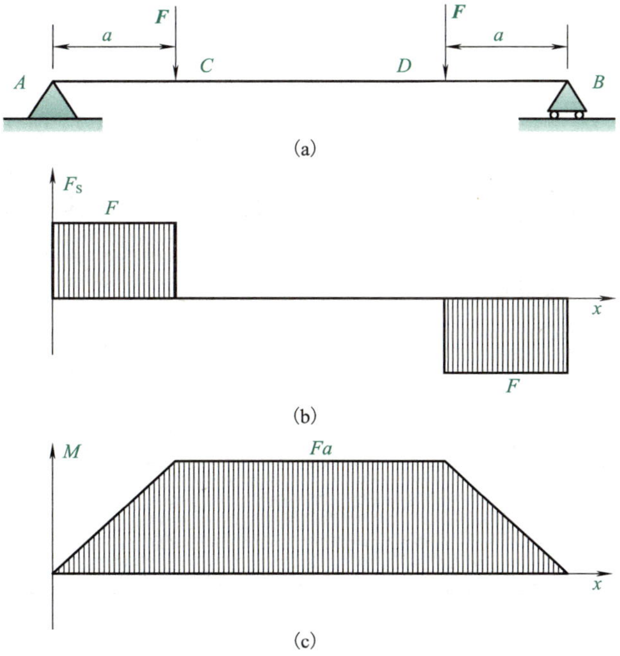


图 8.19

## 8.4.2 实验观察与假设

将图 8.19 中简支梁受纯弯曲的 *CD* 段作为研究对象。变形之前，在梁的表面画两条与轴线相垂直的横线 *mm* 和 *nn*，再画两条与轴线平行的纵线 *aa* 和 *bb*，如图 8.20(a)所示。梁 *CD* 段是纯弯曲，相当于两端受力偶作用，如图 8.20(b)所示。观察纯弯曲时梁的变形可以看到如下现象：

(1)梁侧表面的横向线仍为直线，仍与纵向线正交，只是横向线间做相对转动。

(2)纵向线变成弧线，并且仍垂直于横向线，当靠近梁顶面的纵向线缩短时，靠近梁底面的纵向线伸长。

根据上述现象，对梁内变形与受力作如下假设：

(1)变形前为平面的横截面，变形后仍保持平面，且仍与纵向线正交，称为**弯曲平面假设**。

(2)梁内各纵向纤维仅承受轴向拉或压应力，各纵向纤维之间无相互挤压力，称为**单向受力假设**。

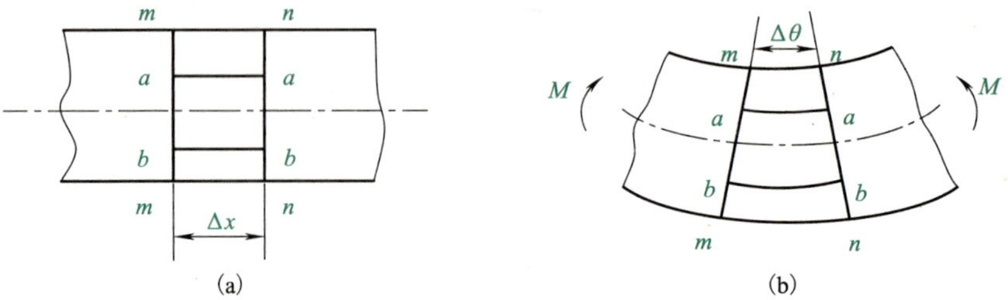


图 8.20

### 8.4.3 纯弯曲正应力计算公式

研究梁横截面上的正应力，需要考虑变形几何关系、物理关系和静力学关系 3 个方面，下面分别进行分析。

**1. 几何关系**

将变形后梁 $mm$、$nn$ 之间的一段截取出来进行研究，如图 8.21 所示。两截面原来是平行的，现在相对地倾斜了一个小角度 $\mathrm{d}\theta$，纵线 $aa$ 比原来长度缩短了，纵线 $bb$ 比原来长度伸长了。由于材料是均匀连续的，所以变形也是连续的。这样，由压缩过渡到伸长之间必有一条纵线 $OO$ 的长度保持不变。若把 $O'O'$ 纵线看成材料的一层纤维，则这层纤维既不伸长也不缩短，称为中性层。中性层与横截面的交线称为中性轴，如图 8.22 所示。

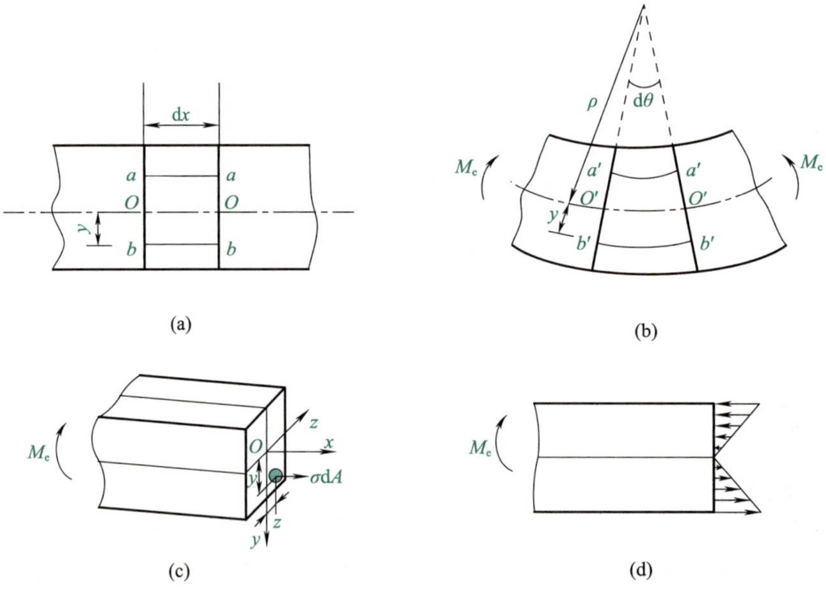


图 8.21

图 8.21(b)中，$O'O'$ 即为中性层，设其曲率半径为 $\rho$，$bb$ 到中性轴的距离为 $y$，则纵线 $bb$ 的绝对伸长为 $\Delta l=(y+\rho)\mathrm{d}\theta-\rho\mathrm{d}\theta$，纵线 $bb$ 的线应变为

$$\varepsilon=\frac{\Delta l}{\mathrm{d}x}=\frac{y\mathrm{d}\theta}{\mathrm{d}x}=\frac{y\mathrm{d}\theta}{\rho\mathrm{d}\theta}=\frac{y}{\rho} \tag{a}$$

显然，$\frac{1}{\rho}$是中性层的曲率，由梁及其受力情况确定。由式(a)可以看出：纵向纤维的应变与其到中性层的距离成正比。这个结论反映了纯弯曲时变形的几何关系。

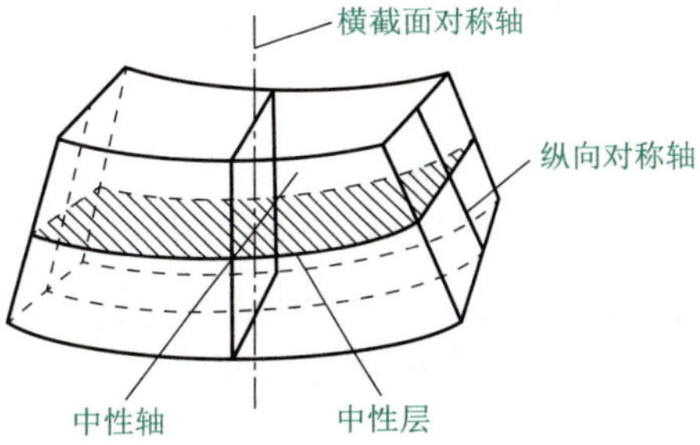


图 8.22

### 2. 物理关系

由于纯弯曲时，各层纤维受到轴向拉伸和压缩的作用，因此在材料的线弹性范围内，应力与应变的关系应符合拉压胡克定律：

$$\sigma = E\varepsilon$$

将式(a)代入上式可得

$$\sigma = E\varepsilon = \frac{E}{\rho}y \tag{b}$$

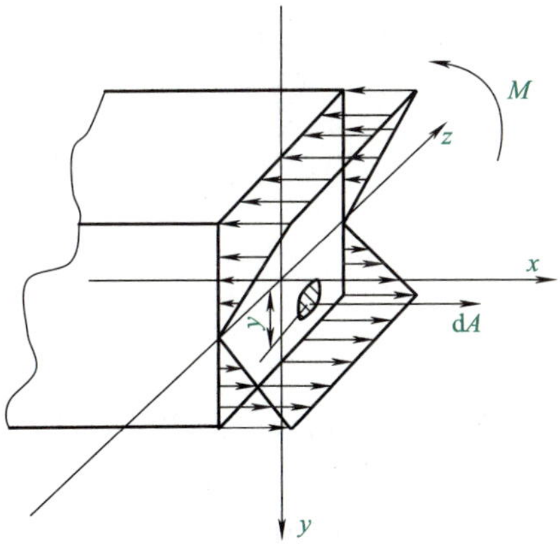


图 8.23

这说明，横截面上任一点的正应力与该点到中性轴的距离 $y$ 成正比，即应力沿梁的高度按直线规律分布，如图 8.23 所示。

式(b)中，中性轴位置尚未确定，$\frac{1}{\rho}$是未知量，所以不能直接求出正应力$\sigma$，为此必须通过补充静力学关系来解决。

### 3. 静力学关系

横截面上的微内力$\sigma \mathrm{d}A$组成垂直于横截面的空间平行力系。这一力系向坐标原点简化只能简化成三个内力分量，即平行于 $x$ 轴的轴力 $F_N$、对 $z$ 轴的力偶矩 $M_z$（即弯矩 $M$）和对 $y$ 轴的力偶矩 $M_y$。它们分别是

$$F_N = \int_A \sigma \mathrm{d}A$$

$$M_y = \int_A z\sigma \mathrm{d}A$$

$$M_z = \int_A y\sigma \mathrm{d}A$$

纯弯曲时，横截面上没有轴力，有

$$F_N = \int_A \sigma \mathrm{d}A = 0 \tag{c}$$

将物理关系代入上式可得

$$\int_A \frac{E}{\rho} y\mathrm{d}A = \frac{E}{\rho}\int_A y\mathrm{d}A = 0$$

由于弯曲时$\frac{E}{\rho} \neq 0$，必然有

$$\int_A y\mathrm{d}A = S_z = 0 \tag{d}$$

式(d)表明，$z$ 轴，即横截面的中性轴，一定是形心轴，从而可以得到纯弯曲时中性轴 $z$ 在横截面上的位置。

同时，由于对称弯曲时梁的横截面上弯矩 $M_y=0$，可得

$$M_y=\int_A z\sigma \mathrm{d}A=\frac{E}{\rho}\int_A yz\mathrm{d}A=0 \tag{e}$$

由于 $y$ 轴为截面的纵向对称轴，所以惯性积 $I_{yz}=\int_A yz\mathrm{d}A=0$，式(e)是自动满足的。根据式(d)和式(e)，可知中性轴是形心主惯性轴。

最后，根据对称弯曲时梁的横截面上弯矩 $M=M_z$，将物理关系代入式(f)得

$$M_z=\int_A y\sigma \mathrm{d}A=\frac{E}{\rho}\int_A y^2\mathrm{d}A=M \tag{f}$$

式中，积分 $\int_A y^2\mathrm{d}A=I_z$ 是横截面对中性轴的惯性距，式(f)可表达为

$$\frac{1}{\rho}=\frac{M}{EI_z} \tag{8.4}$$

式中，$\dfrac{1}{\rho}$ 是纯弯曲时梁轴线变形后中性层的曲率。该式表明，$EI_z$ 越大，则曲率 $\dfrac{1}{\rho}$ 越小。因此，$EI_z$ 称为梁的抗弯刚度。将式(8.4)代入式(b)，即可得到弯曲时梁的横截面上的正应力计算公式为

$$\sigma=\frac{My}{I_z} \tag{8.5}$$

即以梁的中性层为界，梁的凸出一侧为拉应力，凹入的一侧为压应力。

### 8.4.4 横力弯曲正应力计算公式

若梁的变形为横力弯曲，其横截面上不仅存在弯矩，还有剪力，因此横截面上的点不仅有正应力，还有切应力。由于存在切应力，横截面不再保持平面，而发生“翘曲”现象。实验表明，对于细长梁，即梁的跨度 $l$ 与横截面高度 $h$ 之比 $l/h>5$ 时，切应力对正应力和弯曲变形的影响很小，可以忽略不计，式(8.5)仍然适用。当然式(8.5)只适用于材料在线弹性范围，并且要求梁满足对称弯曲条件。

公式(8.5)是根据等截面直梁导出的。对于缓慢变化的变截面梁，以及曲率很小的曲梁也可近似适用。

横力弯曲时，弯矩随截面位置的变化而变化。一般情况下，最大正应力 $\sigma_{\max}$ 发生于弯矩最大的横截面上，且离中性轴最远处，于是由式(8.5)得

$$\sigma_{\max}=\frac{M_{\max}y_{\max}}{I_z} \tag{8.6}$$

由于正应力不仅与 $M$ 有关，而且还与 $y/I_z$ 有关，即与截面的形状和尺寸有关。

引用记号 $W_z$，即

$$W_z=\frac{I_z}{y_{\max}} \tag{8.7}$$

则式(8.6)可以写成

$$\sigma_{\max}=\frac{M_{\max}}{W_z} \tag{8.8}$$

式中，$W_z$ 称为**抗弯截面系数**，它与截面的几何形状有关，单位是 $m^3$ 或者 $cm^3$。

对于矩形截面，设高为$h$，宽为$b$，中性轴垂直于高$h$，则

$$I_z=\frac{bh^3}{12},\qquad W_z=\frac{I_z}{h/2}=\frac{bh^2}{6}$$

对于圆形截面，设直径为$d$，则

$$I_z=\frac{\pi d^4}{64},\qquad W_z=\frac{I_z}{d/2}=\frac{\pi d^3}{32}$$

对于环形截面，设其外径为$D$，内径为$d$，则

$$I_z=\frac{\pi D^4}{64}(1-a^4),\qquad W_z=\frac{I_z}{D/2}=\frac{\pi D^3}{32}(1-a^4)$$

式中，$a$为内外径之比，$a=d/D$。

当横截面形状对称于中性轴时，如矩形、圆形、工字钢等截面，其受拉和受压边缘离中性轴$z$的距离相等，所以最大拉应力$\sigma_{t,\max}$和最大压应力$\sigma_{c,\max}$的绝对值相等。

如果梁的横截面只有一条对称轴，而且加载方向与对称轴一致,则中性轴过截面形心并垂直于对称轴。这时，横截面上最大拉应力与最大压应力绝对值不一定相等，如图 8.24 所示的 T 形截面。

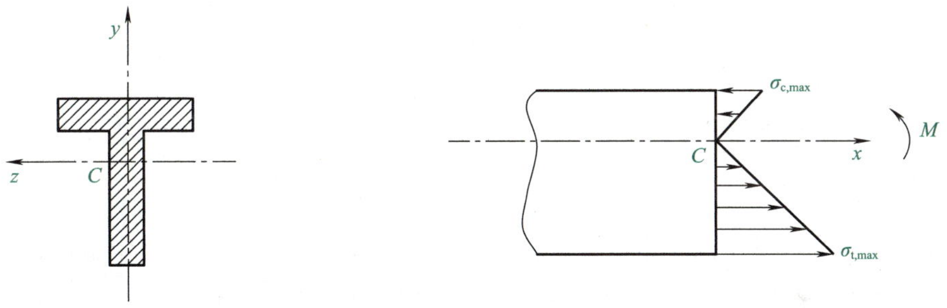


图 8.24

可由下式计算

$$\sigma_{t,\max}=\frac{My_{t,\max}}{I_z},\qquad \sigma_{c,\max}=\frac{My_{c,\max}}{I_z}$$

式中，$y_{t,\max}$为截面受拉一侧离中性轴最远各点到中性轴的距离；$y_{c,\max}$为截面受压一侧离中性轴最远各点到中性轴的距离。

小链接

1638 年伽利略在其著作《关于两门新科学的对话》中认为梁的中性层在梁的下表面，所以横截面上全是拉应力，这显然是不对的。后来又有许多著名力学家研究梁的问题，但都没有给出中性层的位置。直到 1826 年，法国力学家纳维在其著作《力学在机械与结构方面的应用》一书中，才准确确定了中性层的位置。

### 8.4.5 梁的弯曲正应力强度条件

工程设计中，为了保证梁的弯曲正应力强度条件，梁的危险截面上的最大正应力必须小于许用应力，即

$$\sigma_{\max}\leqslant[\sigma] \tag{8.9a}$$

材料分为塑性材料和脆性材料，由于材料性能不同，因此对于弯曲梁而言，强度条件的表达式应该根据实际情况具体分析。

(1)对于塑性材料，抗拉强度与抗压强度相同，一般情况下，截面做成关于中性轴对称的截面，如矩形、圆形、工字形等。

对于等截面直梁，其强度条件可以表达为

$$\sigma_{\max}=\frac{|M|_{\max}}{W}\leqslant[\sigma] \tag{8.9b}$$

对于变截面梁，由于抗弯截面系数 $W$ 是变化的，所以最大正应力不一定发生在 $|M|_{\max}$ 的截面上，需要综合考虑弯矩 $M$ 和抗弯截面系数 $W$，寻求最大正应力，其强度条件的表达式为

$$\sigma_{\max}=\left(\frac{|M|}{W}\right)_{\max}\leqslant[\sigma] \tag{8.9c}$$

(2)对于脆性材料，抗拉强度与抗压强度不相同，一般做成不对称的截面，如 T 形截面。其强度条件为

$$\begin{cases}\sigma_{\mathrm{t,max}}=\dfrac{My_{\mathrm{t,max}}}{I_z}\leqslant[\sigma_{\mathrm{t}}]\\ \sigma_{\mathrm{c,max}}=\dfrac{My_{\mathrm{c,max}}}{I_z}\leqslant[\sigma_{\mathrm{c}}]\end{cases} \tag{8.9d}$$

式中，$[\sigma_{\mathrm{t}}]$ 和 $[\sigma_{\mathrm{c}}]$ 分别为材料的许用拉应力和许用压应力；$M$ 为危险截面上的弯矩；$y_{\mathrm{t,max}}$ 和 $y_{\mathrm{c,max}}$ 分别为截面受拉和受压一侧离中性轴最远各点到中性轴的距离。

**【例 8.8】** 如图 8.25 所示等截面圆轴 $AD$，中段 $BC$ 承受均布载荷作用。已知载荷集度 $q$=1kN/mm，钢材料的许用应力$[\sigma]$=140MPa，试确定圆轴的直径。

**解：** (1)轴的计算简图与弯矩图如图 8.25(b)所示。

$$M_{\max}=455\mathrm{kN\cdot m}$$

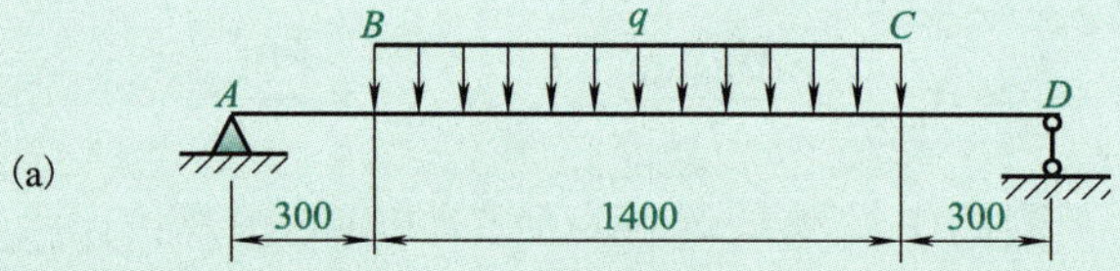


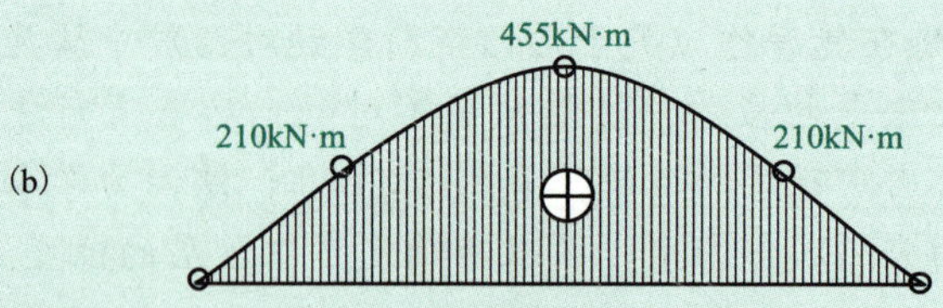


图 8.25

(2)圆轴的弯曲正应力强度条为

$$\sigma_{\max}=\frac{M_{\max}}{W}\leqslant[\sigma]$$

由 $W=\dfrac{\pi d^3}{32}$ 得

$$\frac{32M_{max}}{\pi d^3} \leqslant [\sigma]$$

由此得

$$d \geqslant \sqrt[3]{\frac{32M_{max}}{\pi[\sigma]}}$$

将具体参数代入上式，则梁截面直径为

$$d_1 \geqslant \sqrt[3]{\frac{32 \times 455 \times 10^3 \text{N} \cdot \text{m}}{\pi \times 140 \times 10^6 \text{Pa}}} = 321 \times 10^{-3} \text{m} = 321\text{mm}$$

取 $d$= 321mm。

**【例 8.9】** 悬臂梁 $AB$ 受力如图 8.26(a)所示，梁为型号为No.18 号工字钢，其抗弯截面系数为 $W = 185\text{cm}^3$。已知材料许用应力 $[\sigma] = 170\text{MPa}$，$l = 1.2\text{m}$，不计梁的自重，试确定自由端集中力 $\boldsymbol{F}$ 的最大许可值 $[\boldsymbol{F}]$。

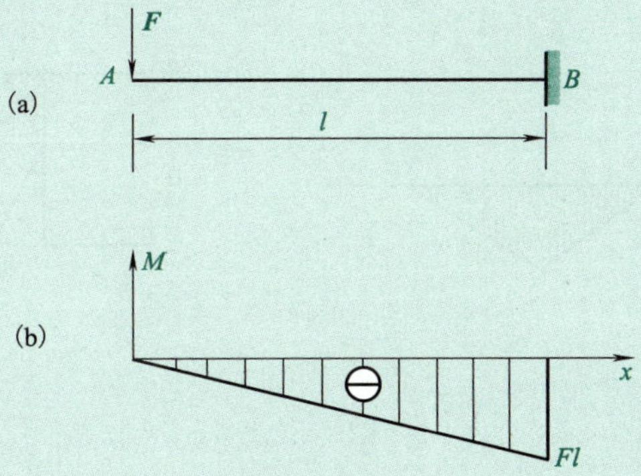


图 8.26

**解**：画出梁的弯矩图，如图 8.26(b)所示。

$$M_{max} = Fl$$

查附录可查得No.18 号工字钢抗弯截面系数 $W = 185\text{cm}^3$。由强度条件：$\sigma_{max} = \dfrac{M_{max}}{W} \leqslant [\sigma]$

得 $M_{max} \leqslant W[\sigma]$，即

$$1.2\text{m} \times F \leqslant 185 \times 10^{-6} \text{m}^3 \times 170 \times 10^6 \text{Pa}$$

解得

$$[F] = \frac{185 \times 10^3 \times 170}{1.2 \times 10^3} = 26.2 \times 10^3 \text{N} = 26.2\text{kN}$$

**【例 8.10】** 由灰口铸铁制造的T形截面外伸梁，受力及截面尺寸如图 8.27(a)所示，其中 $z$ 轴为中性轴。已知T形截面的 $I_z = 7.56 \times 10^6 \text{mm}^4$，材料的抗拉许用应力 $[\sigma_t] = 39.3\text{MPa}$，抗压许用应力 $[\sigma_c] = 58.8\text{MPa}$，试校核该梁的弯曲正应力强度。

**解**：因为梁的截面没有水平对称轴，所以其截面上的最大拉应力和最大压应力不相等。同时梁的材料为灰铸铁，其抗拉许用应力与抗压许用应力亦不相等。因此判断危险截面时，应综合考虑以上因素。

（1）求解外伸梁的支座反力。列平衡方程为

$$\sum M_A(F)=0\text{，}\quad F_B\times 2000\text{mm}-12\text{kN}\times 1000\text{mm}-4.5\text{kN}\times 3000\text{mm}=0$$

$$\sum F_y=0\text{，}\quad F_A-12\text{kN}+F_B-4.5\text{kN}=0$$

所以支座 $A$、$B$ 处的约束力分别为

$$F_A=3.75\text{kN}\text{，}\quad F_B=12.75\text{kN}$$

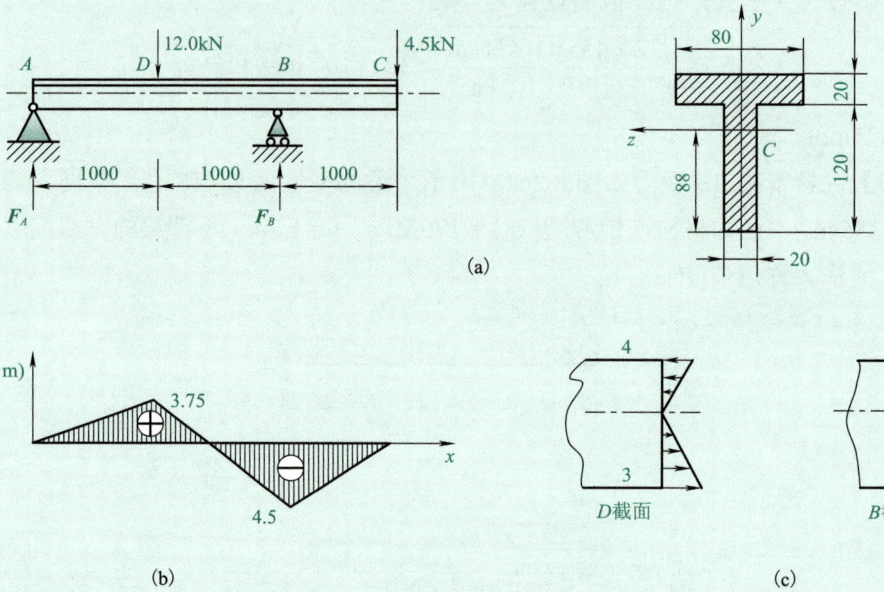


图 8.27

（2）作弯矩图。

弯矩图如图 8.27（b）所示，其中 $B$、$D$ 两个截面上的弯矩方向不同，如图 8.27（c）所示。截面 $D$ 为正弯矩最大，截面 $B$ 为负弯矩最大。截面 $B$ 上弯矩绝对值最大，为可能的危险截面之一。

截面 $B$ 弯矩为负，其绝对值为

$$|M|=4.5\times 1\text{kNm}=4.5\text{kNm}$$

截面 $D$ 弯矩为正，其值为

$$M=3.735\times 1\text{kNm}=3.75\text{kNm}$$

（3）计算最大拉、压应力。

$B$、$D$ 截面的应力分布如图 8.27（c）所示，由于截面 $B$ 上的弯矩比截面 $D$ 大，所以截面 $B$ 上的压应力数值一定比截面 $D$ 大。拉应力两个截面都较大，因为截面 $B$ 的 $M$ 虽大，但最大拉应力点的 $y$ 值却较小，所以截面 $D$ 也可能为危险截面，两个截面上的最大拉应力都要计算，最后比较出最大值。

截面 $B$ 最大拉应力和最大压应力作用点到中性轴的距离为

$$\left(y_{\text{t,max}}\right)_B=(120-88+20)\text{mm}=52\text{mm}\text{，}\quad \left(y_{\text{c,max}}\right)_B=88\text{mm}$$

截面 $D$ 最大拉应力和最大压应力作用点到中性轴的距离为

$$\left(y_{\text{t,max}}\right)_D=88\text{mm}\text{，}\quad \left(y_{\text{c,max}}\right)_D=(120-88+20)\text{mm}=52\text{mm}$$

对于截面 $B$，最大拉应力为

$$(\sigma_{\mathrm{t,max}})_B = \frac{M_B(y_{\mathrm{t,max}})_B}{I_z} = \frac{4.5\times10^3\times52\times10^{-3}}{7.56\times10^6\times10^{-12}}\mathrm{Pa} = 30.95\times10^6\mathrm{Pa}=30.95\mathrm{MPa}$$

最大压应力为

$$(\sigma_{\mathrm{c,max}})_B = \frac{M_B(y_{\mathrm{c,max}})_B}{I_z} = \frac{4.5\times10^3\times88\times10^{-3}}{7.56\times10^6\times10^{-12}}\mathrm{Pa} = 52.4\times10^6\mathrm{Pa} = 52.4\mathrm{MPa}$$

对于截面 $D$，最大拉应力为

$$(\sigma_{\mathrm{t,max}})_D = \frac{M_D(y_{\mathrm{t,max}})_D}{I_Z} = \frac{3.75\times10^3\times88\times10^{-3}}{7.56\times10^6\times10^{-12}}\mathrm{Pa} = 43.7\times10^6\mathrm{Pa} = 43.7\mathrm{MPa}$$

最大压应力为

$$(\sigma_{\mathrm{c,max}})_D = \frac{M_D(y_{\mathrm{c,max}})_D}{I_Z} = \frac{3.75\times10^3\times52\times10^{-3}}{7.56\times10^6\times10^{-12}}\mathrm{Pa} = 26.8\times10^6\mathrm{Pa} = 26.8\mathrm{MPa}$$

经分析比较可知，整个梁上最大压应力发生在截面 $B$，即

$$\sigma_{\mathrm{c,max}} = (\sigma_{\mathrm{c,max}})_B = 52.4\mathrm{MPa}$$

最大拉应力发生在截面 $D$，即

$$\sigma_{\mathrm{t,max}} = (\sigma_{\mathrm{t,max}})_D = 43.7\mathrm{MPa}$$

(4) 强度校核。

$$\sigma_{\mathrm{t,max}} = 43.7\mathrm{MPa} > [\sigma_{\mathrm{t}}] = 39.3\mathrm{MPa}\ (\text{拉})$$
$$\sigma_{\mathrm{c,max}} = 52.4\mathrm{MPa} < [\sigma_{\mathrm{c}}] = 58.8\mathrm{MPa}\ (\text{压})$$

故 T 形梁强度不足。

## 8.5 弯曲梁横截面上的切应力及强度计算

横力弯曲的梁横截面上既有弯矩又有剪力，所以横截面上既有正应力又有切应力。现在按梁截面的形状，分几种情况讨论弯曲切应力。

### 8.5.1 矩形截面梁

在图 8.28(a)所示的矩形截面梁的任意截面上，剪力 $F_{\mathrm{S}}$ 皆与截面对称轴 $y$ 重合(图 8.28(b))。关于横截面上切应力的分布规律，作以下两个假设：①横截面上各点的切应力的方向都平行于剪力 $F_{\mathrm{S}}$；②切应力沿截面宽度均匀分布。在截面高度大于宽度的情况下，以上述假设为基础得到的解，与精确解相比有足够的准确度。按照这两个假设，在距中性轴为 $y$ 的横线 $pq$ 上，各点的切应力 $\tau$ 都相等，且都平行于 $F_{\mathrm{S}}$。再由切应力互等定理可知，在沿 $pq$ 切出的平行于中性层的 $pr$ 平面上，也必有与 $\tau$ 相等的 $\tau'$ (图 8.28(b) 中未画 $\tau'$，画在图 8.29 中)，而且沿宽度 $b$，$\tau'$ 也是均匀分布的。

用横截面 $mn$ 和 $m_1n_1$ 从图 8.28(a)所示梁中取出长为 $\mathrm{d}x$ 的一段(图 8.29)，设截面 $mn$ 和 $m_1n_1$ 上的弯矩分别为 $M$ 和 $M+\mathrm{d}M$，再以平行于中性层且距中性层为 $y$ 的 $pr$ 平面从这一段梁中截出一部分 $prnn_1$，则在这一截出一部分的左侧面 $rn$ 上，作用着因弯矩 $M$ 引起的正应力；

而在右侧面 $pn_1$ 上，作用着因弯矩 $M+\mathrm{d}M$ 引起的正应力。在顶面 $pr$ 上，作用着切应力 $\tau'$。以上 3 种应力(即两侧正应力和切应力 $\tau'$)都平行于 $x$ 轴。在右侧面 $pn_1$ 上，由微内力 $\sigma\mathrm{d}A$ 组成的内力系的合力是

$$F_{\mathrm{N2}}=\int_{A_1}\sigma\mathrm{d}A$$

式中，$A_1$ 为侧面的面积。

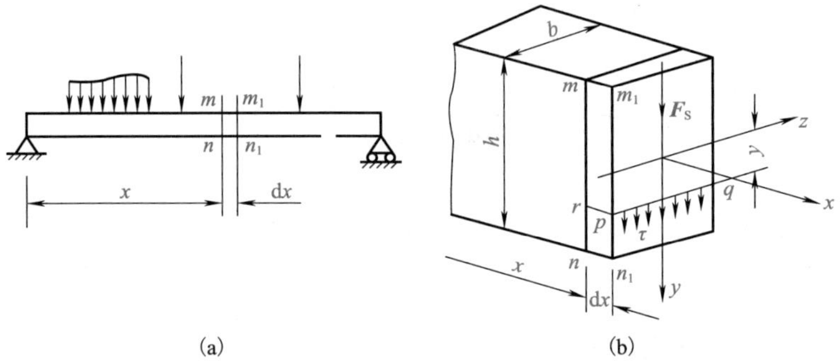


图 8.28

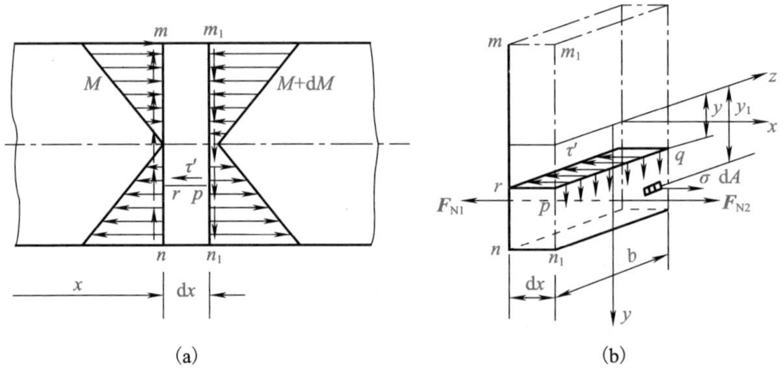


图 8.29

正应力 $\sigma$ 应按式(8.5)计算，于是

$$F_{\mathrm{N2}}=\int_{A_1}\sigma\mathrm{d}A=\int_{A_1}\frac{(M+\mathrm{d}M)y_1}{I_z}\mathrm{d}A=\frac{M+\mathrm{d}M}{I_z}\int_{A_1}y_1\mathrm{d}A=\frac{M+\mathrm{d}M}{I_z}S_z^* \tag{8.10}$$

式中

$$S_z^*=\int_{A_1}y_1\mathrm{d}A \tag{8.11}$$

是横截面的部分面积 $A_1$ 对中性轴的静矩，也就是距中性轴为 $y$ 的横线 $pq$ 以下的面积对中性轴的静矩。同理，可以求得左侧面 $rn$ 上的内力系合力 $F_{\mathrm{N1}}$ 为

$$F_{\mathrm{N1}}=\frac{M}{I_z}S_z^*$$

在顶面 $rp$ 上，与顶面相切的内力系的合力是

$$\mathrm{d}F_{\mathrm{S}}'=\tau' b\mathrm{d}x$$

$F_{\mathrm{N2}}$、$F_{\mathrm{N1}}$ 和 $\mathrm{d}F_{\mathrm{S}}'$ 的方向都平行于 $x$ 轴，应满足平衡方程 $\sum F_x=0$，即

$$F_{\mathrm{N2}}-F_{\mathrm{N1}}-\mathrm{d}F_{\mathrm{S}}'=0$$

将 $F_{N2}$、$F_{N1}$ 和 $dF'_S$ 的表达式代入上式，得

$$\frac{M+dM}{I_z}S_z^* - \frac{M}{I_z}S_z^* - \tau' b dx = 0$$

简化后得出

$$\tau' = \frac{dM}{dx}\frac{S_z^*}{I_z b}$$

由于 $\frac{dM}{dx} = F_S$，于是上式化为

$$\tau' = \frac{F_S S_z^*}{I_z b}$$

式中，$\tau'$ 虽是距中性层为 $y$ 的 $pr$ 平面上的切应力，但由于切应力互等定理，它等于横截面的横线 $pq$ 上的切应力 $\tau$，即

$$\tau = \frac{F_S S_z^*}{I_z b} \tag{8.12}$$

式中，$F_S$ 为横截面上的剪力；$b$ 为截面宽度；$I_z$ 为整个截面对中性轴的惯性矩；$S_z^*$ 为截面上距中性轴为 $y$ 的横线以外部分面积对中性轴的静矩。这就是矩形截面梁弯曲切应力的计算公式。

对于矩形截面(图 8.30)，可取 $dA = b dy_1$，于是式(8.11)化为

$$S_z^* = \int_{A_1} y_1 dA = \int_y b y_1 dy_1 = \frac{b}{2}\left(\frac{h^2}{4} - y^2\right)$$

这样，式(8.12)可以写成

$$\tau = \frac{F_S}{2I_z}\left(\frac{h^2}{4} - y^2\right) \tag{8.13}$$

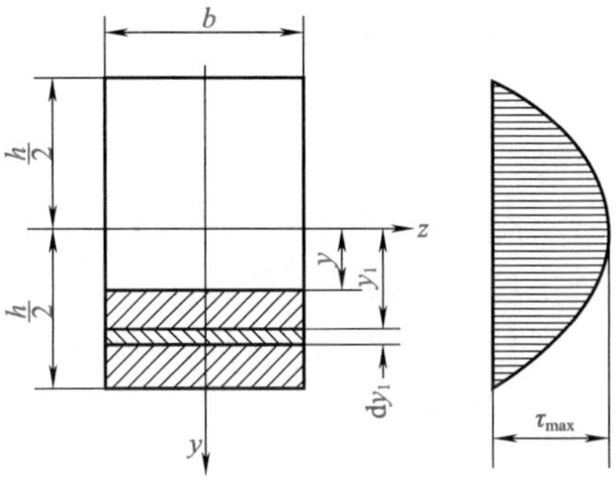

图 8.30

从式(8.13)可看出，沿截面高度切应力 $\tau$ 按抛物线规律变化。当 $y = \pm\frac{h}{2}$ 时，$\tau = 0$。这表明在截面的上、下边缘各点处，切应力等于零。随着离中性轴的距离 $y$ 的减小，$\tau$ 逐渐增大。当 $y = 0$ 时，$\tau$ 为最大值，即最大切应力发生于中性轴上，且

$$\tau_{max} = \frac{F_S h^2}{8I_z}$$

如以 $I_z = \frac{bh^3}{12}$ 代入上式，即可得出

$$\tau_{max} = \frac{3}{2}\frac{F_S}{bh} \tag{8.14}$$

可见矩形截面梁的最大切应力为平均切应力 $\frac{F_S}{bh}$ 的 1.5 倍。

## 8.5.2 工字形薄壁截面梁的弯曲切应力

工字形截面由上、下翼缘与腹板所组成。在横力弯曲条件下，翼缘和腹板上均有切应力

图 8.31

存在，切应力的分布如图 8.31 所示。图中截面受到竖直向下的剪力，水平方向上的切应力的合力为零，而且它们像水流那样，从上翼缘两侧流入，从下翼缘两侧流出。

由于腹板为狭长矩形，因此可以假设：腹板上各点处的弯曲切应力平行于腹板侧边，并沿腹板厚度均匀分布。根据上述假设，腹板处的弯曲切应力可近似地按矩形截面梁的切应力计算公式(8.12)求得，即腹板内切应力大小沿腹板高度按抛物线规律变化，且在中性轴上切应力达到最大值。计算结果表明，腹板承担了截面 95%～97%的剪力。当腹板厚度远小于翼缘宽度时，最大切应力与最小切应力的差值很小，因此腹板上的切应力可近似看成是均匀分布的，这样，就可用腹板的截面面积 $A_f$ 除剪力 $F_S$，近似地得出腹板上的切应力为

$$\tau = \frac{F_S}{A_f}$$

在翼缘上，也应有平行于剪力 $F_S$ 的切应力分量，其分布情况比较复杂，但其值很小，并无实际意义，所以通常并不计算。此外，翼缘上还有平行于翼缘宽度的切应力分量，它与腹板内的切应力相比，也是次要的，一般情况下不必计算。

其他几种具有狭长矩形形状腹板的薄壁截面梁，如 T 形钢、槽钢等，切应力的分布规律及计算方法和工字形截面类似，其狭长矩形腹板处的切应力也可近似地按矩形截面梁的切应力计算公式(8.12)求得。

### 8.5.3 横力弯曲梁的切应力强度计算

梁在横力弯曲情况下，最大切应力通常发生在中性轴处，而中性轴处的正应力为零。因此，产生最大切应力各点处于纯剪切应力状态。所以，弯曲切应力的强度条件为

$$\tau_{\max} = \frac{F_{S,\max} S_{z\max}^*}{I_z b} \leqslant [\tau] \tag{8.15}$$

细长梁的强度条件通常由弯曲正应力表示。满足弯曲正应力强度条件的梁一般来说都能满足切应力强度条件。只有在下列一些情况下要进行梁的弯曲切应力强度校核：

(1) 梁的跨度较短，或在支座附近作用较大的载荷，以致梁的弯矩较小而剪力颇大；

(2) 铆接或焊接的工字梁，如腹板较薄而截面高度颇大以致厚度与高度的比值小于型钢的相应比值，这时，应对腹板进行切应力校核；

(3) 经焊接、铆接或胶合而成的梁，对焊缝、铆钉或胶合面等，一般都要进行切应力强度计算。

**【例 8.11】** $F = 200\,\text{kN}$，均布载荷的集度 $q = 10\,\text{kN/m}$，梁的跨度 $L = 2\,\text{m}$，集中力到支座的距离 $a = 0.2\,\text{m}$。梁的许用应力为：$[\sigma] = 1600\,\text{MPa}$，$[\tau] = 100\,\text{MPa}$，选择工字钢型号。

**解：**(1) 求支反力。

$$F_{RA} = F_{RB} = 200 + \frac{q \cdot l}{2} = 210\text{kN}$$

(2) 作内力图(图 8.32)。

(3) 按正应力设计。

由
$$\sigma_{max}=\frac{M}{W_z}\leqslant[\sigma]$$
得
$$W_z\leqslant\frac{M}{|\sigma|}=\frac{45\times10^3\times10^6}{160\times10^6}=281\text{cm}^3$$
查表选 22a 工字钢。

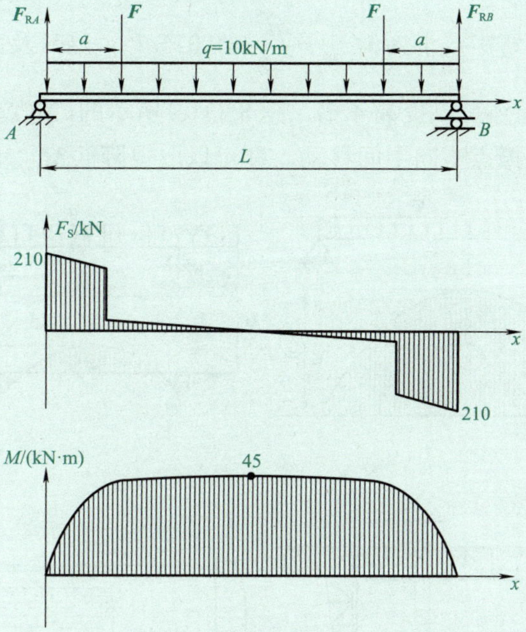


图 8.32

(4) 校核切应力。

查工字钢表，22a 工字钢 $\frac{I_z}{S_z^*}=18.9\text{cm}$，腹板宽 $d=7.5\text{mm}$，最大剪力 $F_{S,max}=210\text{kN}$，所以
$$\tau_{max}=\frac{F_{S,max}S_z^*}{bI_z}=\frac{210\times10^3}{0.75\times10^{-2}\times18.9\times10^{-2}}=\frac{210\times10^7}{0.75\times18.9}=148.1\text{MPa}>[\tau]$$
由于 $\tau_{max}$ 超过许用应力很多，应选择型号更大的截面。

取 25b 工字钢验算，查表 25b 工字钢 $\frac{I_z}{S_z^*}=21.3\text{cm}$，$d=10\text{mm}$，所以
$$\tau_{max}=\frac{F_{S,max}S_z^*}{bI_z}=\frac{210\times10^3}{10\times10^{-3}\times21.3\times10^{-2}}\text{MPa}=\frac{210\times10^2}{21.3\times10}\text{MPa}=98.6\text{MPa}<[\tau]$$
因此，要同时满足正应力和切应力的强度条件，应选用 25b 工字钢。

## 8.6 提高梁弯曲强度的措施

由于弯曲正应力是控制梁强度的主要因素，所以提高梁的弯曲强度应使 $\sigma_{max}$ 降低，而 $\sigma_{max}=\frac{M_{max}}{W_z}$，故应减小梁内最大弯矩，提高截面的抗弯截面系数。

### 8.6.1　合理安排梁的受力情况

改善梁的受力情况，尽量降低梁内最大弯矩。为此，首先应合理布置梁的支座。以图 8.33(a)所示在均布载荷作用下的简支梁为例，$M_{\max}=\dfrac{ql^2}{8}=0.125ql^2$。若将两端支座各向里移动 $0.2l$(图 8.33(b))，则最大弯矩减小为 $M_{\max}=\dfrac{ql^2}{40}=0.025ql^2$，这只及前者的 $\dfrac{1}{5}$。也就是说，按图 8.32(b)布置支座，载荷还可以提高 4 倍。图 8.33(c)所示的门式起重机的大梁、图 8.33(d)所示的锅炉等结构，使支撑点略向中间移动，都可以取得降低 $M_{\max}$ 的效果。

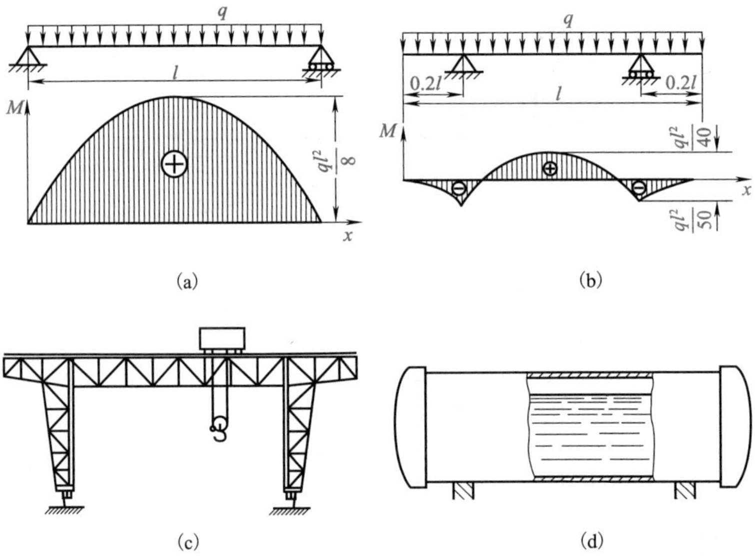


图　8.33

其次，合理布置载荷，也可以收到降低最大弯矩的效果。例如，将轴上的齿轮安置得紧靠轴承，就会使齿轮传到轴上的力 $F$ 紧靠支座。像图 8.34 所示的情况，轴的最大弯矩仅为 $M_{\max}=\dfrac{5Fl}{36}$；但如把集中力作用于轴的中点，则 $M_{\max}=\dfrac{Fl}{4}$，远大于前者的最大弯矩。此外，在情况允许的条件下，应尽可能把较大的集中力分散成较小的力，或者改变成分布载荷。例如，把作用于跨度中点的集中力分散成图 8.35 所示的两个集中力，则最大弯矩将由 $M_{\max}=\dfrac{Fl}{4}$ 降低为 $M_{\max}=\dfrac{Fl}{8}$。

### 8.6.2　梁的合理截面

若把弯曲正应力的强度条件改写成：$M_{\max}\leqslant[\sigma]W$，则梁可能承受的 $M_{\max}$ 与抗弯截面系数 $W$ 成正比，$W$ 越大越有利。另一方面，使用材料的多少以及自重的大小，与截面面积成正

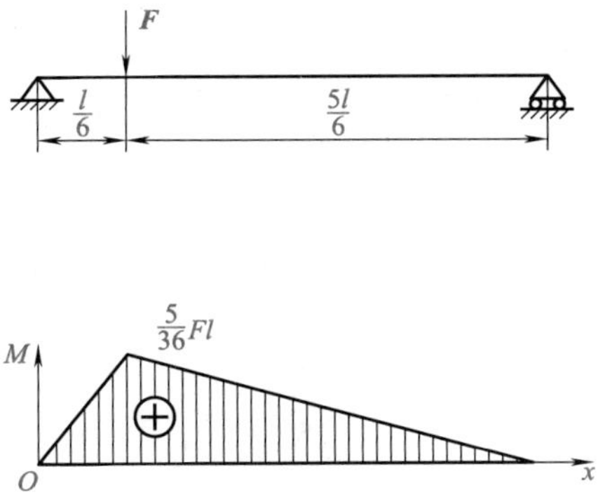


图 8.34

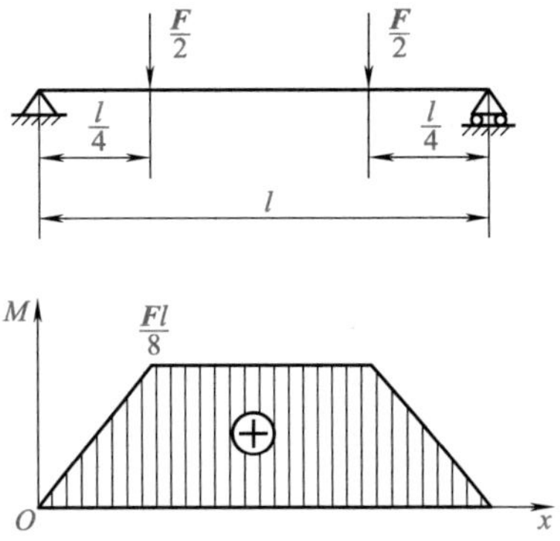


图 8.35

比，面积越小越经济、越轻巧。因而合理的截面形状应该是截面面积较小，而抗弯截面系数较大。例如，截面高度大于宽度的矩形截面梁，承受铅垂平面内的弯曲变形时，如把截面竖放(图 8.36(a))，则 $W_{z1}=\dfrac{bh^2}{6}$；如把截面平放(图 8.36(b))，则 $W_{z1}=\dfrac{hb^2}{6}$。两者之比是 $\dfrac{W_{z1}}{W_{z2}}=\dfrac{h}{b}>1$，所以竖放比平放有更高的抗弯强度，更为合理。因此，房屋和桥梁等建筑物中的矩形截面梁，一般都是竖放的。

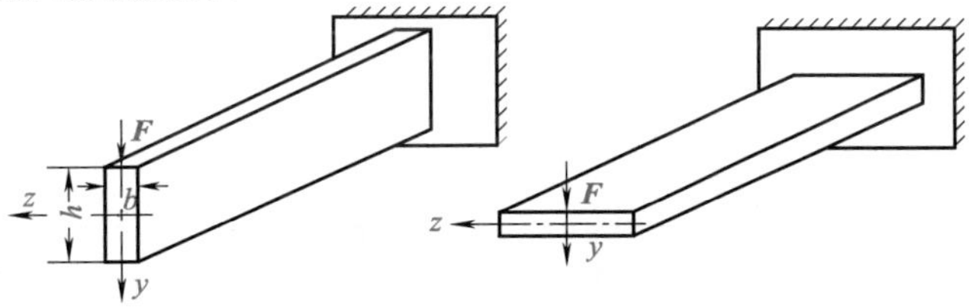


(a) (b)

图 8.36

如图 8.37 所示，为了比较各种截面的合理程度，可用抗弯截面系数与截面面积的比值 $\dfrac{W_z}{A}$ 来衡量，$\dfrac{W_z}{A}$ 比值越大，截面就越合理。

为了充分利用材料，应尽可能地把材料放置到离中性轴较远处。圆截面梁在中性轴附近聚集了较多的材料，使其未能充分发挥作用。为了将材料移置到离中性轴较远处，可将实心圆截面改成空心圆截面。至于矩形截面，如把中性轴附近的材料移植到上、下边缘处(图(8.38))，这就成了工字形截面。采用槽形或箱形截面也是按同样的做法。以上是从静载抗弯强度的角度讨论问题。但实际情况往往是复杂的，在讨论截面的合理形状时，还应考虑到材料的特性。对抗拉和抗压强度相等的材料(如碳钢)，宜采用对中性轴对称的截面，如圆形、矩形和工字形等。这样可使截面上、下边缘处的最大拉应力和最大压应力数值相等，同时接近许用应力。对抗拉和抗压强度不等的材料(如铸铁)，宜采用中性轴靠近受拉一侧的截面形状，如图 8.39 中所示的一些截面。

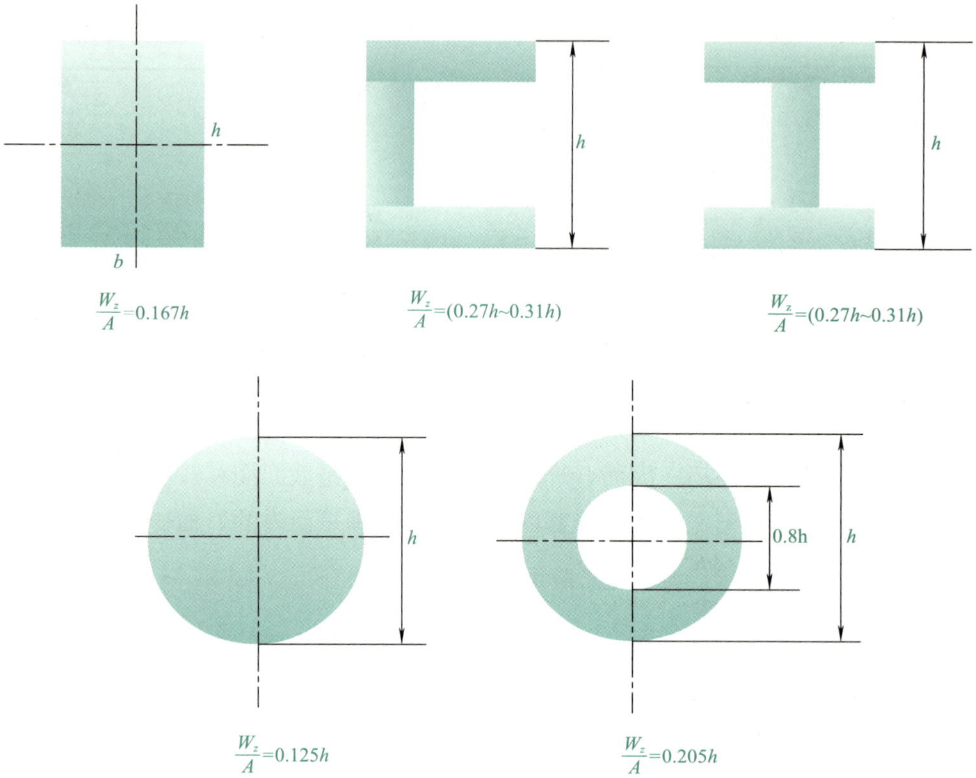


图 8.37

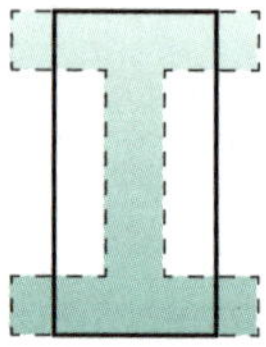

图 8.38

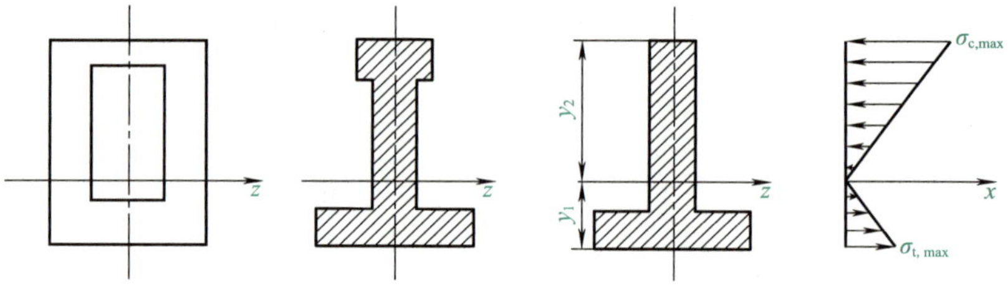


图 8.39

### 8.6.3 等强度梁的概念

等截面梁的强度条件为$\sigma_{max}=\dfrac{M_{max}}{W_z}\leqslant[\sigma]$，对于$M\leqslant M_{max}$处造成浪费。为节约材料，减轻自重，可改变截面尺寸，使$W_z(x)$随截面弯矩的变化而变化，在$M$较大处，采用较大尺寸的截面；较小处采用较小尺寸的截面，使得截面沿轴线变化，且截面上的最大正应力都相等，都等于材料的许用应力，据此设计的变截面梁是最合理的，称为等强度梁。

$$\sigma_{max}=\frac{M(x)}{W_z(x)}=\frac{M_{max}}{W_{z,max}}=[\sigma]，\quad W_z(x)=\frac{M(x)}{[\sigma]}$$

等强度梁的应用：厂房建筑中的鱼腹梁和汽车减震的叠板弹簧是根据简支梁的中间受集中力，截面宽度不变，而高度随截面位置发生变化而设计的，如图 8.40 和图 8.41 所示。

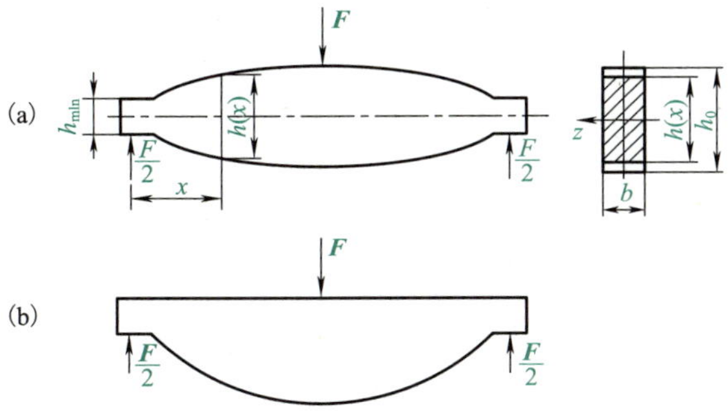


图 8.40

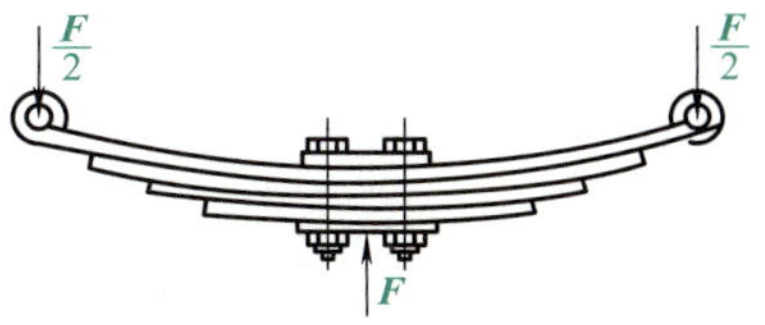


图 8.41

使用公式$W_z\left(x\right)=\dfrac{M\left(x\right)}{\left[\sigma\right]}$，也可求得圆截面等强度梁的截面直径沿轴线的变化规律。但考虑到加工的方便及结构上的要求，常用阶梯形状的变截面梁(阶梯轴)来代替理论上的等强度梁，如图 8.42 所示。

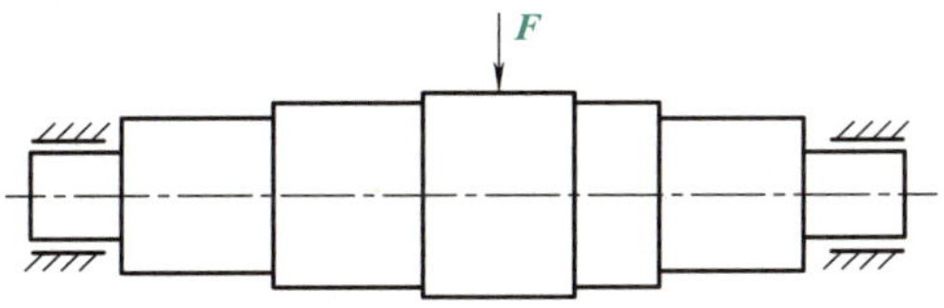


图 8.42

## 8.7 工程中的弯曲变形问题·挠曲线近似微分方程

工程中某些受弯曲变形的构件，除了需要满足强度条件外，往往还应满足刚度条件，即要求它的变形不能过大。以车床主轴为例，若其变形过大，将影响齿轮的啮合和轴承的配合，造成磨损不均匀，产生噪声，降低寿命。当吊车梁变形过大时，将使梁上的小车行驶困难，出现爬坡现象，还会引起较严重的振动。所以，若变形超过允许数值，即使满足强度要求，也被认为是一种失效行为。弯曲变形计算除了用于解决弯曲刚度问题外，还用于求解超静定问题和振动问题。

### 1. 挠度与转角

梁变形前后形状的变化称为变形，一般用各段梁曲率的变化表示。梁变形前后位置的变化称为位移，位移包括线位移和角位移，如图 8.43 所示。在小变形和忽略剪力影响的条件下，线位移是梁任一截面的形心沿垂直于梁轴线方向的位移，称为挠度，用$\omega$表示；梁变形后的轴线是纵向对称面内的曲线，称为挠曲线，挠曲线的方程为

$$\omega=f\left(x\right) \tag{8.16}$$

角位移是梁任一横截面变形前后的夹角，称为转角，用$\theta$表示。截面转角$\theta$就是$y$轴与挠曲线法线的夹角。它等于挠曲线的倾角，即等于$x$轴与挠曲线切线的夹角，即

$$\tan\theta=\frac{\mathrm{d}\omega}{\mathrm{d}x}，\quad \theta=\arctan\left(\frac{\mathrm{d}\omega}{\mathrm{d}x}\right) \tag{8.17}$$

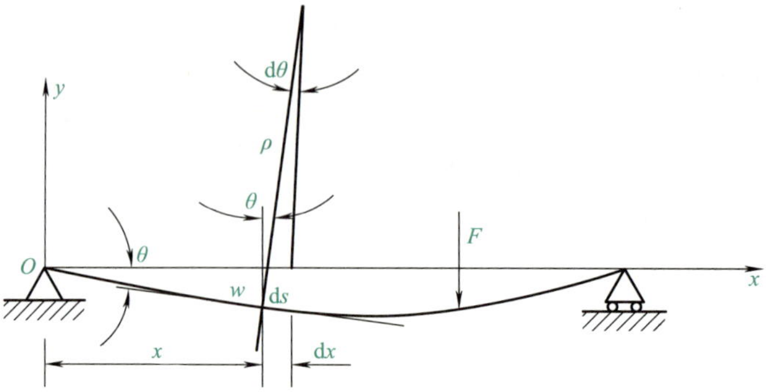


图 8.43

挠度与转角是度量弯曲变形的两个基本量，在上述坐标系中，向上的挠度以及逆时针的转角为正，反之为负。

### 2. 挠曲线近似微分方程

忽略剪力对变形的影响，梁平面弯曲的曲率公式为

$$\frac{1}{\rho}=\frac{M}{EI}$$

上式表明，梁轴线上任一点的曲率 $1/\rho$ 与该点处横截面上的弯矩 $M$ 成正比，而与该截面的抗弯刚度 $EI$ 成反比。

又由数学知识得知：对于 $\omega=f(x)$ 曲线在任一点处曲率 $\frac{1}{\rho}=\pm\frac{\omega''(x)}{\left[1+\omega'^2(x)\right]^{\frac{3}{2}}}$（瑞士科学家雅克比贝努利得到），而挠曲线正好为 $xOy$ 平面内的一条曲线，故有

$$\pm\frac{\omega''(x)}{\left[1+\omega'^2(x)\right]^{\frac{3}{2}}}=\frac{M(x)}{EI_z}$$

在小变形的条件下，挠曲线 $\omega=f(x)$ 是一条光滑平坦的曲线，转角 $\theta$ 较小。$\omega'(x)\approx\theta'(x)\approx 0$，$1+\omega'^2(x)\approx 1$，故得挠曲线近似微分方程为

$$\pm\omega''(x)=\frac{M(x)}{EI_z}$$

式中，左段正负号的选者，与弯矩 $M$ 的正负号规定及 $xOy$ 坐标系的选择有关。根据弯矩 $M$ 的正负号规定，当梁的弯矩 $M>0$ 时，梁的挠曲线为凹曲线，按图示坐标系，挠曲线的二阶导数 $\omega''\geqslant 0$；反之，当梁的弯矩 $M<0$ 时，挠曲线为凸曲线，在图示坐标中挠曲线的 $\omega''<0$。可见，在图示坐标系中，梁上的弯矩 $M$ 与挠曲线的二阶导数 $\omega''$ 符号一致。所以，上式的左端应取正号，即 $\omega''=\frac{M(x)}{EI}$，适用范围是小变形，即

$$\frac{\mathrm{d}^2\omega}{\mathrm{d}x^2}=\frac{M(x)}{EI} \tag{8.18}$$

式(8.18)称为挠曲线近似微分方程。显然，挠曲线近似微分方程仅适用于线弹性范围内的对称弯曲问题。

# 8.8 求梁的挠度和转角的积分法和叠加法及刚度计算

## 8.8.1 用积分法求弯曲变形

将式(8.17)分别对 $x$ 积分一次和二次，便得到梁的转角方程 $\theta(x)$ 和挠度方程 $\omega(x)$：

$$\theta(x)=\frac{\mathrm{d}\omega(x)}{\mathrm{d}x}=\int\frac{M(x)}{EI}\mathrm{d}x+C \tag{a}$$

$$\omega(x)=\iint\left(\frac{M(x)}{EI}\mathrm{d}x\right)\mathrm{d}x+Cx+D \tag{b}$$

其中，$C$、$D$ 为积分常数，可以由边界条件和连续条件确定。

对于载荷无突变的情形，梁上的弯矩可以用一个函数来描述，则式(a)和式(b)中将仅有两个积分常数，由梁的边界条件(即支座对梁的挠度和转角提供的限制)确定。3 种典型的边界条件如下。

(1)固定端约束处：

$$\omega=0\text{，}\quad\theta=0$$

(2)铰支座约束处：

$$\omega=0$$

(3)在弯曲变形的对称点处：

$$\theta=0$$

对于载荷有突变(集中力、集中力偶、分布载荷起终点等)的情况，弯矩方程需要分段描述。对式(a)和式(b)必须分段积分，每增加一段就多出两个积分常数。由于梁的挠度曲线为一连续光滑曲线，在分段点处，相邻两段的挠度和转角值必须对应相等。于是每增加一段就多提供两个确定积分常数的条件，这就是光滑连续性条件。根据连续性条件和边界条件，可确定积分常数。

**【例 8.12】** 求图 8.44 所示简支梁的挠曲线方程，并求 $|\omega|_{\max}$ 和 $|\theta|_{\max}$。

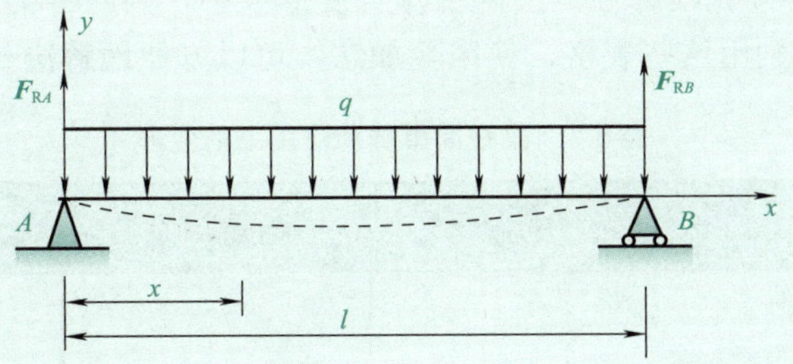


图 8.44

**解：**(1)求支座反力，列弯矩方程为

$$F_{RA}=\frac{1}{2}ql,\qquad F_{RB}=\frac{1}{2}ql$$

$$M=\frac{1}{2}qlx-\frac{1}{2}qx^2$$

(2)转角和挠度微分方程为

$$EI\frac{d^2\omega}{dx^2}=\frac{1}{2}qlx-\frac{1}{2}qx^2$$

积分得

$$EI\theta=\frac{1}{4}qlx^2-\frac{1}{6}qx^3+C$$

$$EI\omega=\frac{1}{12}qlx^3-\frac{1}{24}qx^4+Cx+D$$

(3)利用边界条件和连续性条件确定积分常数。当 $x=0$ 时，$\omega=0$；当 $x=l/2$ 时，$\theta=0$，从而得

$$C=-\frac{ql^3}{24},\quad D=0$$

(4)转角和挠度方程为

$$EI\theta=\frac{1}{4}qlx^2-\frac{1}{6}qx^3-\frac{ql^3}{24},\quad EI\omega=\frac{1}{12}qlx^3-\frac{1}{24}qx^4-\frac{ql^3}{24}x$$

(5)讨论

$$\omega_{\max}=\omega\Big|_{x=\frac{l}{2}}=-\frac{5ql^4}{384EI},\quad \theta_{\max}=-\theta_A=\theta_B=-\frac{ql^3}{24EI}$$

利用积分法，可以求得转角和挠度的普遍方程。但当只需要确定某些特定截面的转角和挠度，并不需要求出转角和挠度的普遍方程时，积分法就显得过于累赘。承受不同载荷的梁的挠度方程可查阅相关的工程计算手册。

### 8.8.2 用叠加法求挠度和转角

积分法求梁弯曲变形运算较为烦琐，因此工程中发展出许多简化的计算方法，叠加法便是其中的一种。在杆件符合线弹性、小变形的前提下，变形与载荷呈线性关系，即任一载荷使杆件产生的变形均与其他载荷无关。这样只要分别求出杆件上每个载荷单独作用产生的变形，将其相加，便得到了所有载荷共同作用时杆件的变形，这就是求杆件变形的叠加法。应用叠加法的条件：梁必须在线弹性范围内工作且变形很小。为此将梁在某些简单载荷作用下的变形列入表 8.1 中，利用这些表格，使用叠加法，可以方便地解决一些弯曲变形问题。

表 8.1 梁在简单载荷作用下的变形

| 序号 | 梁的形式及其载荷 | 挠曲线方程 | 端截面转角 | 最大挠度 |
|---|---|---|---|---|
| 1 | 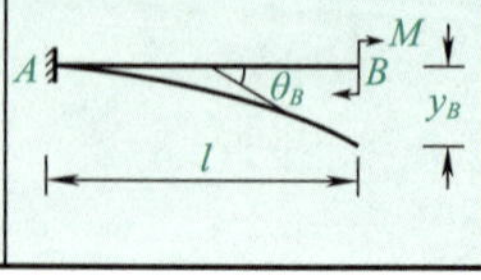 | $y=-\frac{Mx^2}{2EI}$ | $\theta_B=-\frac{Ml}{EI}$ | $y_B=-\frac{Ml^2}{2EI}$ |

续表

| 序号 | 梁的形式及其载荷 | 挠曲线方程 | 端截面转角 | 最大挠度 |
|---|---|---|---|---|
| 2 | 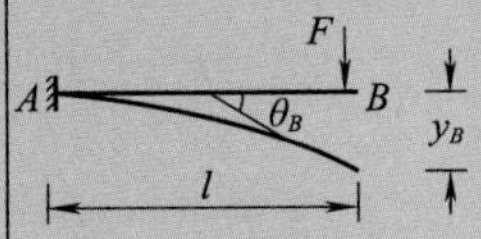 | $y=-\dfrac{Fx^2}{6EI}(3l-x)$ | $\theta_B=-\dfrac{Fl^2}{2EI}$ | $y_B=-\dfrac{Fl^3}{3EI}$ |
| 3 | 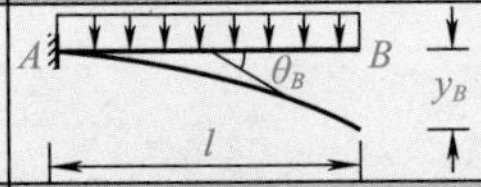 | $y=-\dfrac{qx^2}{24EI}(x^2-4lx+6l^2)$ | $\theta_B=-\dfrac{ql^3}{6EI}$ | $y_B=-\dfrac{ql^4}{8EI}$ |
| 4 | 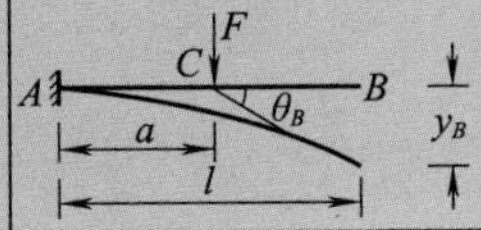 | $y=-\dfrac{Fx^2}{6EI}(3a-x)$，$(0\leqslant x\leqslant a)$；<br>$y=-\dfrac{Fa^2}{6EI}(3x-a)$，$(a\leqslant x\leqslant l)$ | $\theta_B=-\dfrac{Fa^2}{2EI}$ | $y_B=-\dfrac{Fa^2}{6EI}(3l-a)$ |
| 5 | 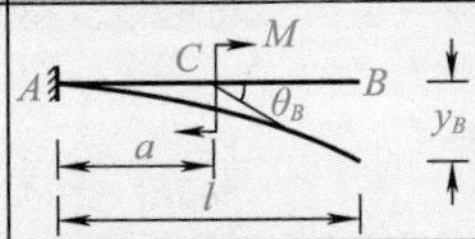 | $y=-\dfrac{Mx^2}{2EI}$，$(0\leqslant x\leqslant a)$；<br>$y=-\dfrac{Ma}{EI}\left(x-\dfrac{a}{2}\right)$，$(a\leqslant x\leqslant l)$ | $\theta_B=-\dfrac{Ma}{EI}$ | $y_B=-\dfrac{Ma}{EI}\left(l-\dfrac{a}{2}\right)$ |
| 6 | 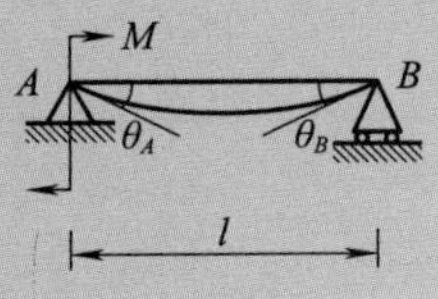 | $y=-\dfrac{Mx}{6EIl}(l-x)(2l-x)$ | $\theta_A=-\dfrac{Ml}{3EI}$<br>$\theta_B=\dfrac{Ml}{6EI}$ | $x=\left(1-\dfrac{1}{\sqrt{3}}\right)l$，$y_{\max}=-\dfrac{Ml^2}{9\sqrt{3}EI}$；<br>$x=\dfrac{l}{2}$，$y_{l/2}=-\dfrac{Ml^2}{16EI}$ |
| 7 | 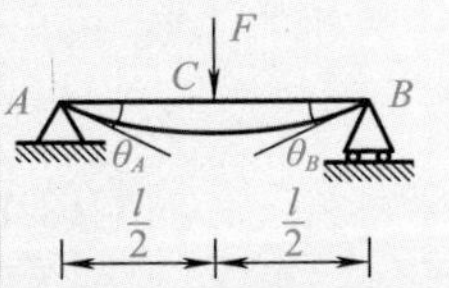 | $y=-\dfrac{Fx}{48EI}(3l^2-4x^2)$，<br>$(0\leqslant x\leqslant \dfrac{l}{2})$ | $\theta_A=-\dfrac{Fl^2}{16EI}$<br>$\theta_B=\dfrac{Fl^2}{16EI}$ | $x=\dfrac{l}{2}$，$y_{\max}=-\dfrac{Fl^3}{48EI}$ |
| 8 | 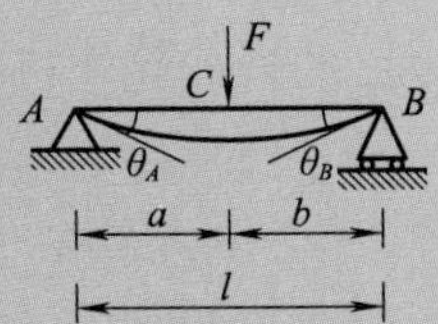 | $y=-\dfrac{Fbx}{6EIl}(l^2-x^2-b^2)$，<br>$(0\leqslant x\leqslant a)$；<br>$y=-\dfrac{Fbx}{6EIl}[\dfrac{l}{b}(x-a)^3+$<br>$(l^2-b^2)x-x^3]$，<br>$(a\leqslant x\leqslant l)$ | $\theta_A=-\dfrac{Fab(l+b)}{6EIl}$<br>$\theta_B=\dfrac{Fab(l+a)}{6EIl}$ | $a>b$，$x=\sqrt{\dfrac{l^2-b^2}{3}}$，<br>$y_{\max}=-\dfrac{Fb\sqrt[3]{(l^2-b^2)^2}}{9\sqrt{3}EIl}$；<br>$x=\dfrac{l}{2}$，$y_{l/2}=-\dfrac{Fb(3l^2-4b^2)}{48EI}$ |
| 9 | 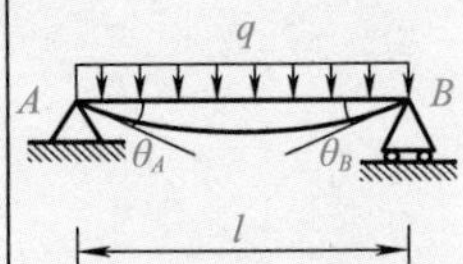 | $y=-\dfrac{qx}{24EI}(l^3-2lx^2+x^3)$ | $\theta_A=-\dfrac{ql^3}{24EI}$<br>$\theta_B=\dfrac{ql^3}{24EI}$ | $y_{\max}=-\dfrac{5ql^4}{384EI}$ |
| 10 | 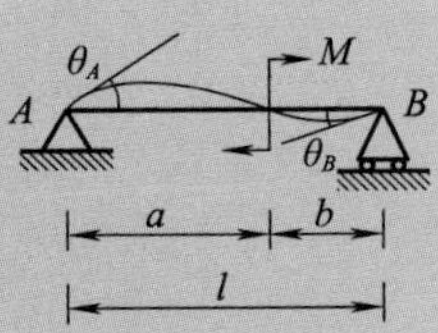 | $y=\dfrac{Mx}{6EIl}(l^2-3b^2-x^2)$，<br>$(0\leqslant x\leqslant a)$；<br>$y=-\dfrac{M(l-x)}{6EIl}[l^2-3a^2-(l-x)^2]$，<br>$(a\leqslant x\leqslant l)$ | $\theta_A=\dfrac{M}{6EIl}(l^2-3b^2)$<br>$\theta_B=\dfrac{M}{6EIl}(l^2-3a^2)$<br>$\theta_C=-\dfrac{M}{6EIl}(3a^2+3b^2-l^2$ | $x=\sqrt{\dfrac{l^2-3b^2}{3}}$，<br>$y_{1\max}=\dfrac{M(l^2-3b^2)^{\frac{3}{2}}}{9\sqrt{3}EIl}$；<br>$x=\sqrt{\dfrac{l^2-3a^2}{3}}$，$y_{2\max}=\dfrac{M(l^2-3a^2)^{\frac{3}{2}}}{9\sqrt{3}EIl}$ |

续表

| 序号 | 梁的形式及其载荷 | 挠曲线方程 | 端截面转角 | 最大挠度 |
| --- | --- | --- | --- | --- |
| 11 | 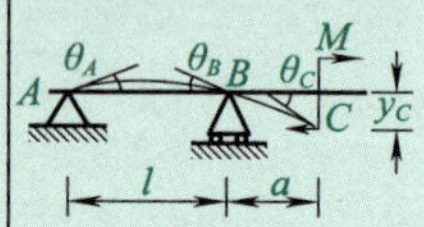 | $y=\frac{Ex}{6EIl}(l^2-x^2)$，$(0\leqslant x\leqslant l)$；<br>$y=-\frac{M}{6EI}(3x^2-4xl+l^2)$，<br>$(l\leqslant x\leqslant l+a)$ | $\theta_A=\frac{Ml}{6EI}$<br>$\theta_B=-\frac{Ml}{3EI}$<br>$\theta_C=-\frac{M}{3EI}(l+3a)$ | $x=\frac{l}{\sqrt{3}}$，$y_{\max}=-\frac{Ml^2}{9\sqrt{3}EI}$；<br>$x=l+a$，$y_{\max}=\frac{Ma}{6EI}(2l+3a)$ |
| 12 | 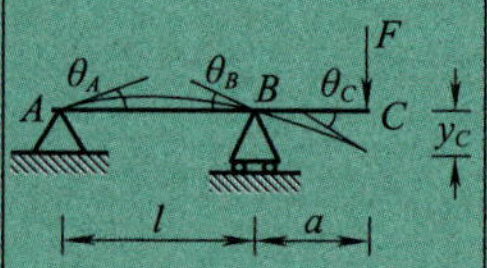 | $y=\frac{Fax}{6EIl}(l^2-x^2)$，$(0\leqslant x\leqslant l)$；<br>$y=-\frac{F(x-l)}{6EI}[a(3x-l)-(x-l)^2]$，<br>$(l\leqslant x\leqslant l+a)$ | $\theta_A=\frac{Fal}{6EI}$<br>$\theta_B=-\frac{Fal}{3EI}$<br>$\theta_C=-\frac{Fa}{6EI}(2l+3a)$ | $x=\frac{l}{\sqrt{3}}$，$y_{\max}=-\frac{Fal^2}{9\sqrt{3}EI}$；<br>$x=l+a$，$y_{\max}=-\frac{Fa^2}{3EI}(l+a)$ |
| 13 | 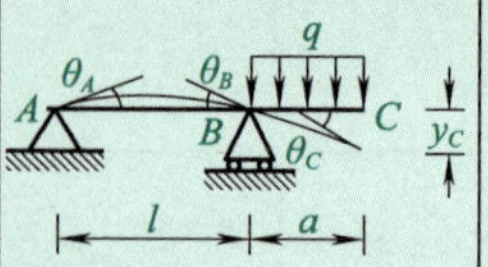 | $y=\frac{qa^2}{12EI}(lx-\frac{x^3}{l})$，$(0\leqslant x\leqslant l)$；<br>$y=-\frac{qa^2}{12EI}[\frac{x^3}{l}-\frac{(2l+a)(x-l)^3}{al}-$<br>$\frac{(x-l)^4}{2a^2}-lx]$，$(l\leqslant x\leqslant l+a)$ | $\theta_A=\frac{qa^2l}{12EI}$<br>$\theta_B=-\frac{qa^2l}{6EI}$<br>$\theta_C=-\frac{qa^2}{6EI}(l+a)$ | $x=\frac{l}{\sqrt{3}}$，$y_{\max}=-\frac{qa^2l^2}{18\sqrt{3}EI}$；<br>$x=l+a$，$y_{\max}=\frac{qa^3}{24EI}(4l+3a)$ |

### 8.8.3 弯曲梁的刚度条件

求得梁的挠度和转角后，根据需要，要限制最大挠度$|\omega|_{\max}$和最大转角$|\theta|_{\max}$（或特定截面上的挠度和转角）不超过某一规定的数值，即

$$\begin{cases}|\omega|_{\max}\leqslant[\omega]\\|\theta|_{\max}\leqslant[\theta]\end{cases}\tag{8.19}$$

即为弯曲变形的**刚度条件**，式(8.19)中$[\omega]$和$[\theta]$分别为许可挠度和转角。

在不同工程领域，对梁变形的许用值规定差别较大。例如，对跨度为$l$的桥式起重机梁，其许用挠度为

$$[\omega]=\frac{l}{750}\sim\frac{l}{500}$$

在土建工程中，梁的许用挠度为

$$[\omega]=\frac{l}{800}\sim\frac{l}{200}$$

对一般用途的轴，其许用挠度为

$$[\omega]=\frac{3l}{10000}\sim\frac{5l}{10000}$$

在安装齿轮或滑动轴承处，轴的许用转角为

$$[\theta]=0.001\text{rad}$$

## 8.9 提高梁弯曲刚度的措施

根据挠曲线近似微分方程及其积分可以看出，弯曲变形与弯矩、抗弯刚度有关。影响弯

矩大小的因素包括作用在梁上的载荷、梁的跨度、支座条件等；抗弯刚度与梁截面的惯性矩、材料的弹性模量有关。因此要降低挠度，提高刚度，可采用以下措施。

**1. 减少梁的跨度或改变梁的支座条件**

梁的跨度对梁的挠度影响较大，要降低挠度，就要设法减小梁的长度。例如，将均布载荷作用下的简支梁变成均布载荷作用下的外伸梁，就可以使梁的变形大大减小。

当长度无法减小时，则可增加中间支座，如图 8.45 所示，在车床上加工较长的工件时，为了减小切削力引起的挠度，以提高加工精度，可在卡盘与尾架之间增加一个中间支架。改变一下支承的位置或增加支承，即可将梁的刚度成倍提高。

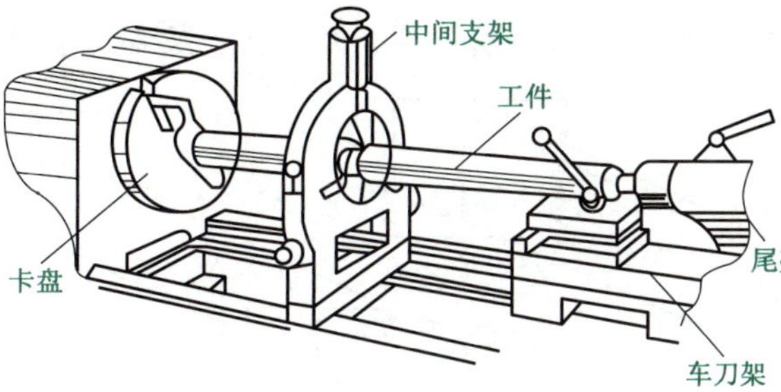


图 8.45

**2. 改善载荷的分布情况**

在允许的情况下，适当地调整梁的载荷作用方式，可以降低弯矩，从而减小梁的变形。例如，将简支梁跨度中点处作用的集中力分散为均布载荷，就可以使梁中点的挠度降低近一半。

**3. 选用合理截面**

从提高梁弯曲刚度的角度考虑，合理的截面应该是，以较小的截面面积获得较大的惯性矩。因此工程中常常用工字钢、槽钢作为弯曲梁，一些机器的机架常常采用不同形式的薄壁空心截面，吊车梁常常采用钢板焊接成箱形截面。

但是，由于各种钢材的弹性模量 $E$ 值非常接近，所以采用高强度钢，并不能有效提高构件的刚度。

## 思 考 题

8-1 何谓横截面上的剪力和弯矩？剪力和弯矩的大小如何计算？正负如何确定？

8-2 如何列出剪力方程和弯矩方程？如何应用剪力方程和弯矩方程画剪力图和弯矩图？

8-3 在梁上受集中力和集中力偶作用处，其剪力图和弯矩图在该处如何变化？

8-4 弯矩图为二次曲线时，其极值点位置如何确定？弯矩极值是否一定是全梁中弯曲的最大值？

8-5 区分下列概念：纯弯曲与横力弯曲，中性层与中性轴，中性轴与形心轴，抗弯刚度与抗弯截面系数。

8-6 根据梁的弯曲正应力强度条件，确定塑性材料和脆性材料各选用下列图示中的哪种截面形状合适。

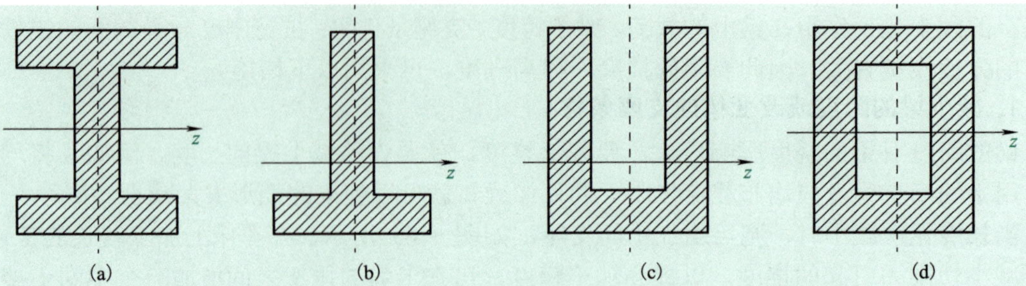


思考题 8-6 图

**8-7** 房屋和桥梁等建筑物中的矩形截面梁，为什么一般都是竖放的？

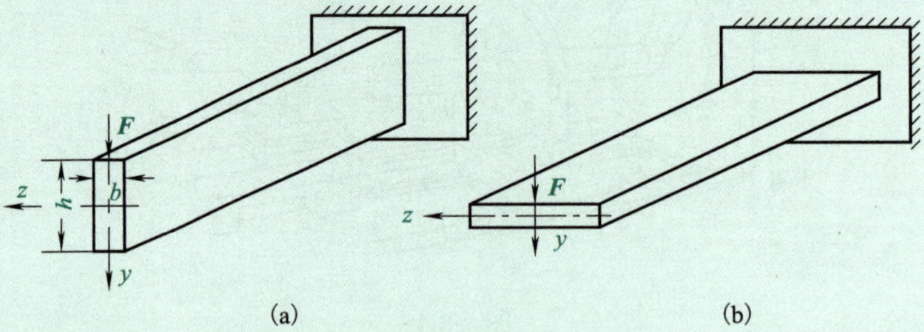


思考题 8-7 图

**8-8** 在推导平面弯曲切应力计算公式过程中做了哪些基本假设？

**8-9** 扁担常在中间折断，而游泳池的跳水板易在固定端处折断，这是为什么？

**8-10** 什么叫转角和挠度，它们之间有什么关系？其符号如何规定？

**8-11** 什么叫梁变形的边界条件和连续条件？用积分法求梁的变形时，它们起了什么作用？

**8-12** 叠加原理的适用条件是什么？

## 习　题

**8.1** 求出题 8.1 图示中各梁中 $C$、$D$ 和 $E$ 截面的内力。其中 $\Delta$ 趋于零。

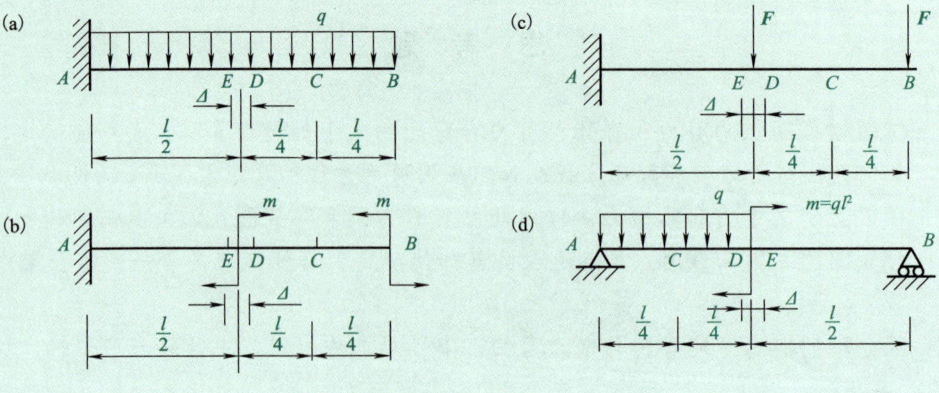


习题 8.1 图

**8.2** 试列出习题 8.2 图示中各梁的剪力方程和弯矩方程式，作剪力图和弯矩图，并求出 $|F_{S,\max}|$ 和 $|M_{\max}|$。

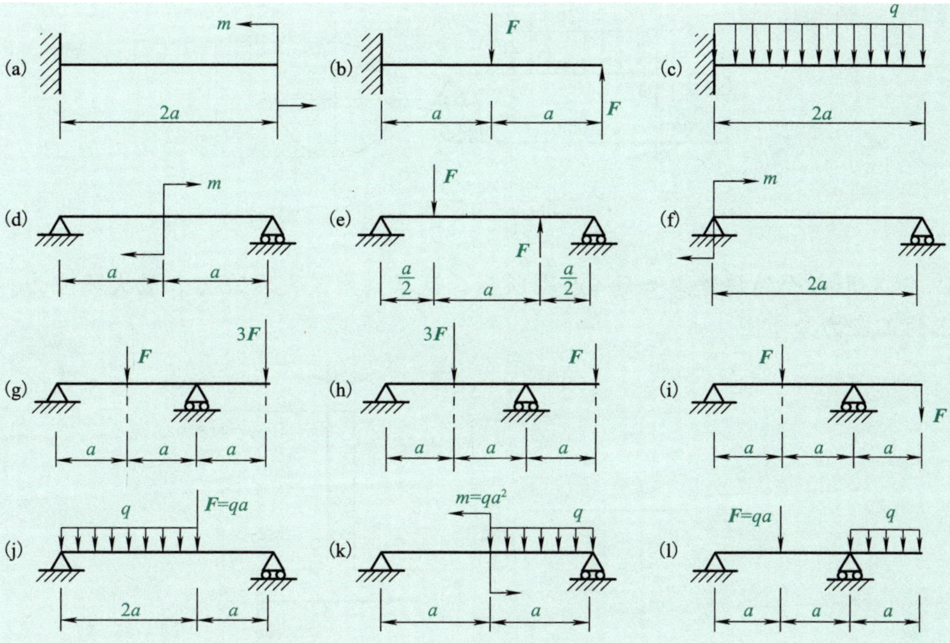


习题 8.2 图

**8.3** 试用 $q$、$F_S$ 及 $M$ 的微分关系作题 8.3 图示各梁的剪力图和弯矩图，并求出 $|F_{S,\max}|$ 和 $|M_{\max}|$。

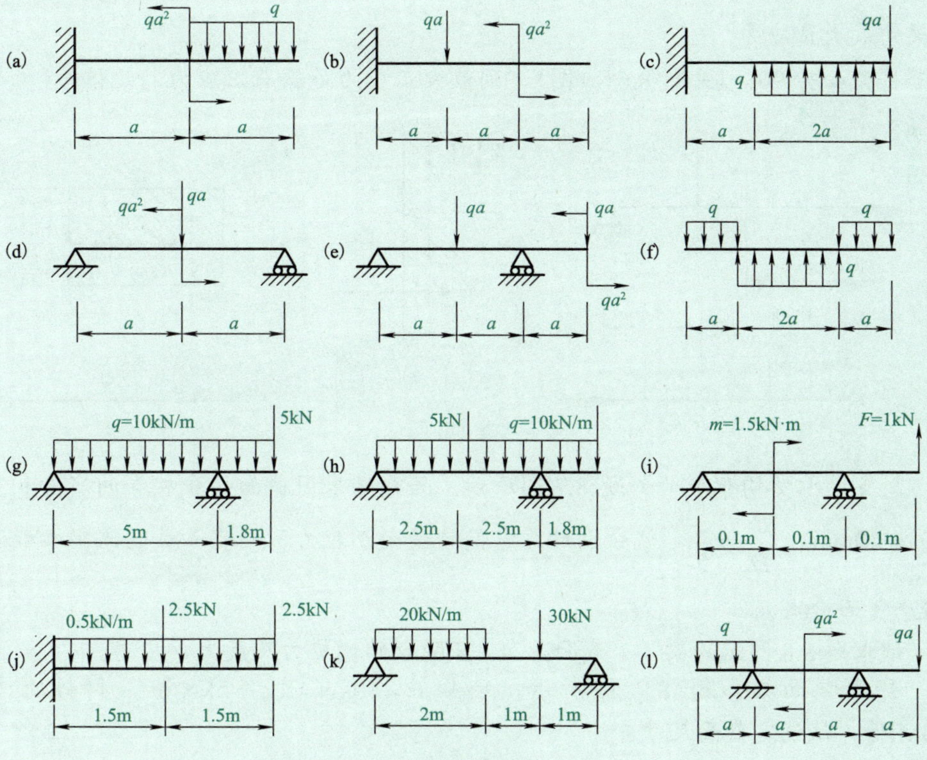


习题 8.3 图

**8.4** 求题 8.4 图中截面 $A$ 上 $a$、$b$ 点的正应力。

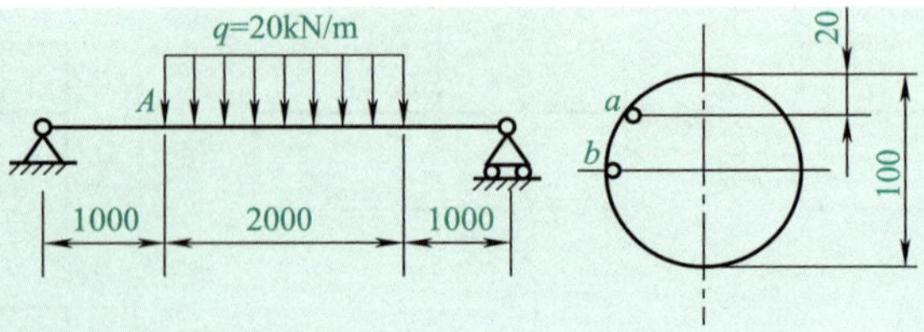


习题 8.4 图

8.5　倒 T 形截面的铸铁梁如题 8.5 图所示，试求梁内最大拉应力和最大压应力。画出危险截面上的正应力分布图。

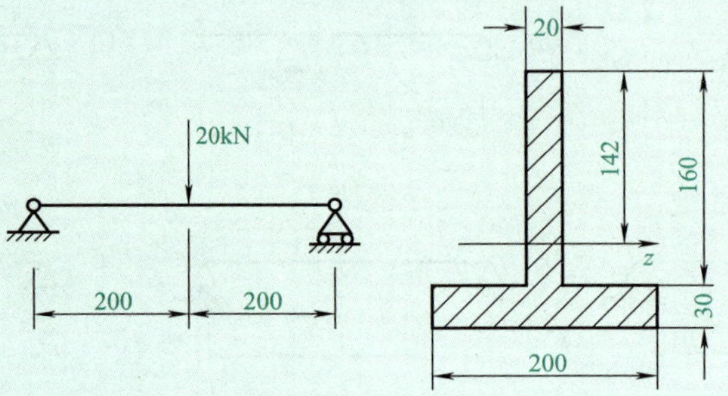


习题 8.5 图

8.6　如题 8.6 图所示为一矩形截面简支梁。已知 $F=16$ kN，$b=50$ mm，$h=150$ mm。试求：

(1) 截面 1-1 上 $D$、$E$、$F$、$H$ 各点的正应力；

(2) 梁的最大正应力；

(3) 若将截面转 90°（见题 8.6(c)图），则最大正应力是原来正应力的几倍？

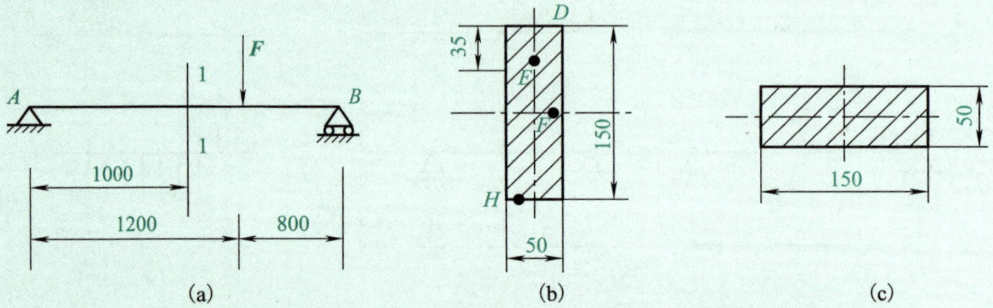


习题 8.6 图

8.7　简支梁承受均布载荷如题 8.7 图所示。若分别采用截面面积相等的实心和空心圆截面，且 $D_1=40\text{mm}$，$\dfrac{d_2}{D_2}=\dfrac{3}{5}$，试分别计算它们的最大正应力，问空心截面比实心截面的最大正应力减小了百分之几？

8.8　试求题 8.8 图示的梁 1-1 截面上 $A$、$B$ 两点的切应力及最大切应力。

8.9　矩形截面梁如题 8.9 图所示，已知 $F=10\text{kN}$，$q=5\text{kN/m}$，材料的许用应力 $[\sigma]=160\text{MPa}$，试确定截面尺寸 $h$。

8.10　梁的材料为铸铁（见题 8.10 图），已知 $[\sigma_t]=40\text{MPa}$，$[\sigma_c]=100\text{MPa}$，截面对中性轴的惯性矩 $I_z=10^3\text{cm}^4$，试校核其正应力强度。

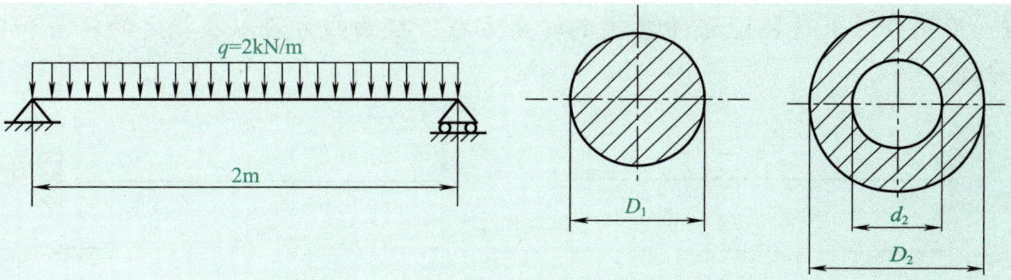


习题 8.7 图

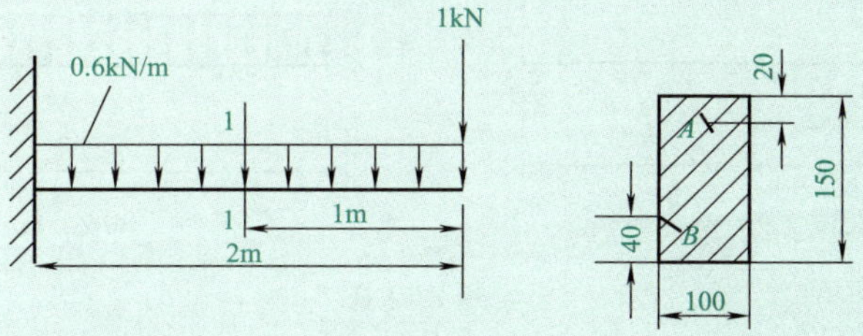


习题 8.8 图

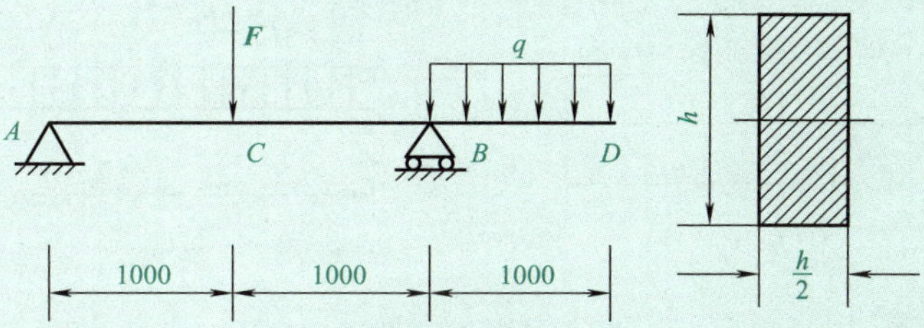


习题 8.9 图

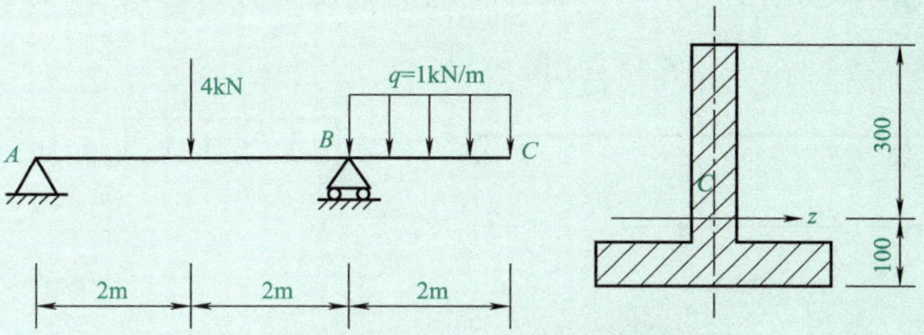


习题 8.10 图

**8.11** 写出题 8.11 图示中各梁的边界条件和连续条件。

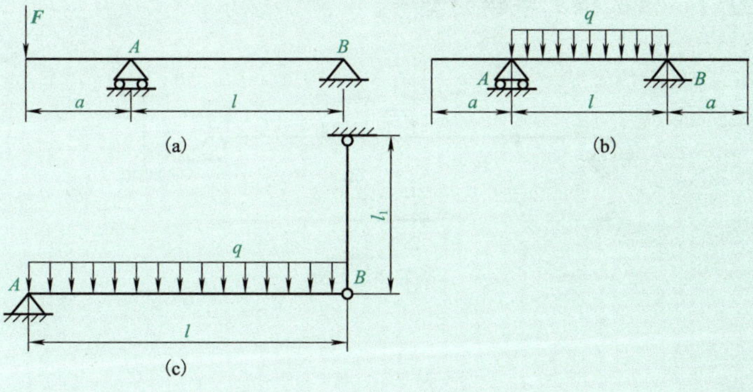


习题 8.11 图

8.12 用积分法求题 8.12 图中各梁的转角方程、挠曲线方程以及指定的转角和挠度。已知 $EI$ 为常数。

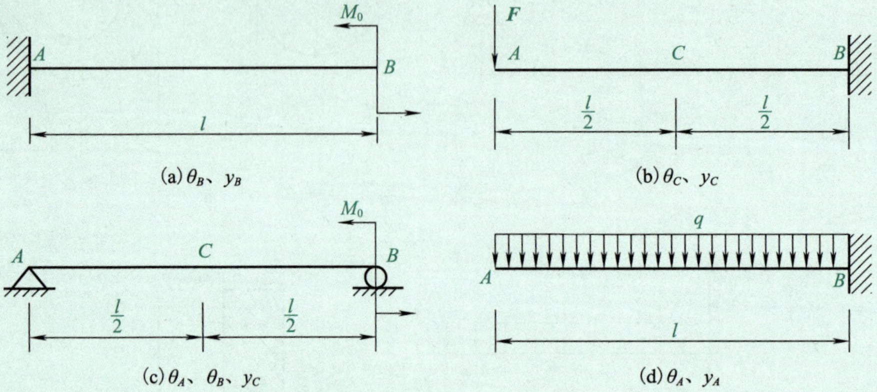


习题 8.12 图

8.13 用叠加法求题 8.13 图中各梁指定的转角和挠度。已知 $EI$ 为常数。

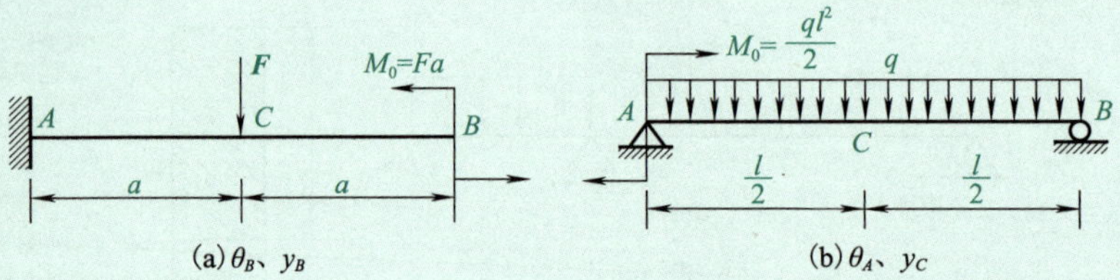


习题 8.13 图

8.14 用叠加法求题 8.14 图示外伸梁外伸端的挠度和转角。设 $EI$ 为常数。

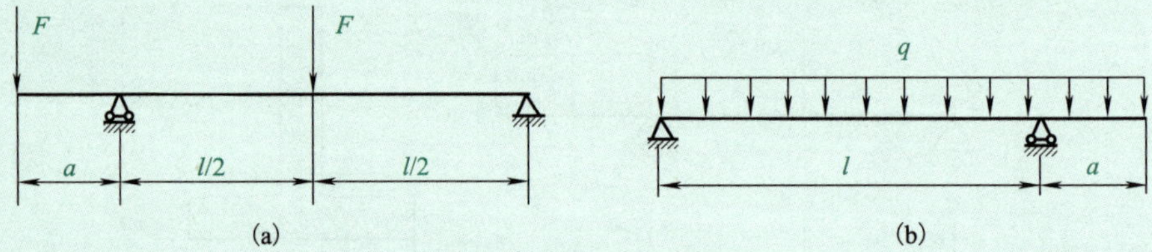


习题 8.14 图

8.15 一简支梁如题 8.15 图所示，已知 $F=22\ \text{kN}$，$l=4\ \text{m}$；若许用应力 $[\sigma]=160\ \text{MPa}$，许用挠度 $[\omega]=0.00251$，试选择工字钢的型号。

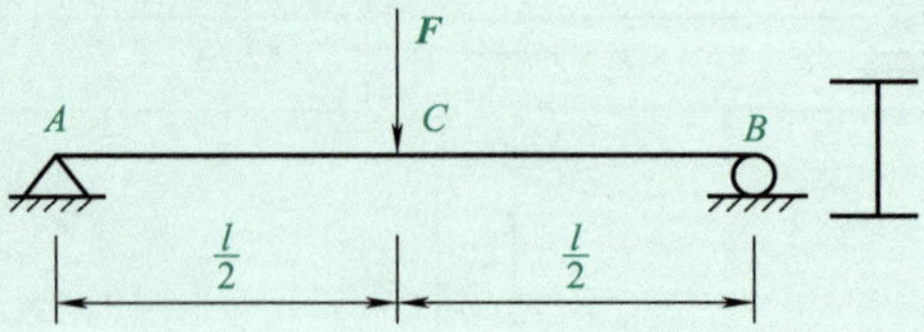


习题 8.15 图

# 第9章 应力状态分析及强度理论

一般情况下，杆件横截面上不同点的应力不同，过同一点不同方向面上的应力也不同，因而提出了应力状态的概念，即过一点不同方向面上应力的集合。

本章主要内容包括：如何从受力构件中提取单元体；平面应力状态理论，即用平衡的方法研究过一点任意斜截面上的正应力、切应力，并分析正应力、切应力极值及其作用面；三向应力状态；广义胡克定律及其工程应用；四种常用强度理论及莫尔强度理论。核心知识点是平面应力状态理论，广义胡克定律及强度理论。

## 9.1 点的应力状态及其分类

在轴向拉压变形中，构件一点处的正应力和切应力在不同的截面上将有不同的应力值，如图 9.1(a)所示，即正应力 $\sigma_\alpha$ 和切应力 $\tau_\alpha$ 随着角度 $\alpha$ 的变化而变化。对扭转、弯曲的研究表明，在同一横截面上不同点处的应力并不相同。

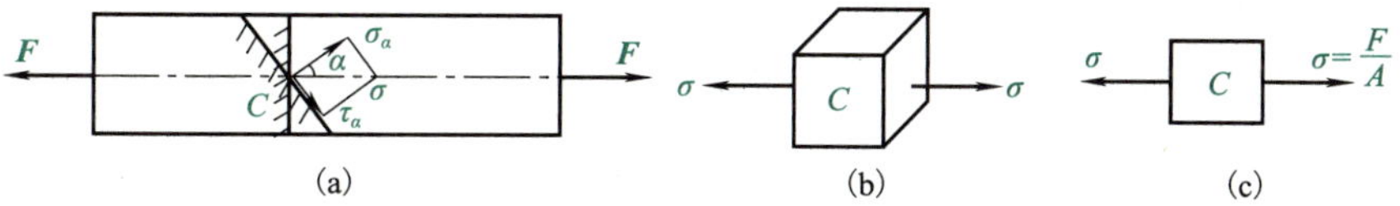


图 9.1

### 1. 应力状态的研究方法

构件受力后，通过其内某一点处所有微截面的应力集合，称为该点处的应力状态。通常以构件中危险截面上的危险点为研究对象，研究该点的应力组合，也就是研究该点的应力状态。首先围绕该点截取一微小的直角六面体，这个六面体就称为该点的单元体，然后再给出此单元体各侧面上的应力。如图 9.1(a)所示，从轴向拉伸杆件中 $C$ 点处截取如图 9.1(b)所示单元体(或用图 9.1(c)表示)，根据拉压杆件的应力计算公式可知，其左右两侧面上仅有均布正应力，即 $\sigma=\dfrac{F}{A}$，其他各面上无应力作用。

应该指出，由于单元体的尺寸为微小量尺度，可认为单元体各面上的应力是均匀分布的。同时，在两个平行平面上的应力大小相等、方向相反。从所截取的单元体出发，借助于截面法和静力平衡条件即可求出其各侧面上的应力。通过这一单元体的任何斜截面上的应力，确定此点处的应力状态，这就是研究一点处应力状态的基本方法。

### 2. 应力状态分类

在图 9.1 上的 $C$ 点处截取单元体，其两侧面上只有正应力，没有切应力。单元体上切应力等于零的平面，称为**主平面**；主平面上的正应力，称为**主应力**；只有主应力的单元体叫主单元体。通过受力构件的任意点皆可以找到三个互相垂直的主平面，因而每一点都有三个主应力，三个主应力分别用 $\sigma_1$、$\sigma_2$、$\sigma_3$ 表示，并按主应力代数值的大小顺序排列，即 $\sigma_1 \geqslant \sigma_2 \geqslant \sigma_3$。通常规定拉应力为正，压应力为负。常将应力状态分为三类。

#### 1) 单向应力状态

三个主应力中只有一个主应力不为零的应力状态，称为单向应力状态，也称为简单应力状态。

#### 2) 平面应力状态

三个主应力中两个主应力不为零的应力状态，称为平面应力状态，或是二向应力状态。如图 9.2 所示的薄壁球形容器，在内压力 $p$ 的作用下，球壁将向外膨胀而产生拉伸应力。若在球壁上用通过球心的直径平面截取单元体，由于圆球形状和受力的对称性，可知单元体各侧面上没有切应力，只有拉伸应力。这就是平面应力状态的一个实例。

#### 3) 三向应力状态

三个主应力都不为零的应力状态，称为三向应力状态。如图 9.3 所示单元体即为三向应力状态，三个主应力分别用 $\sigma_1$、$\sigma_2$、$\sigma_3$ 表示。

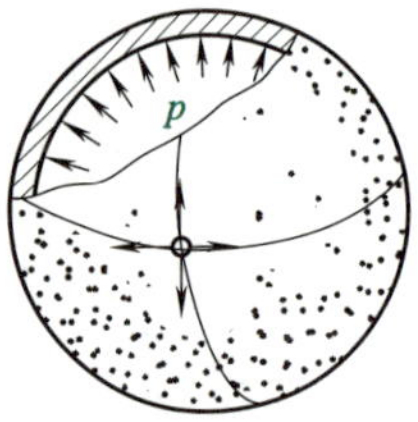


图 9.2

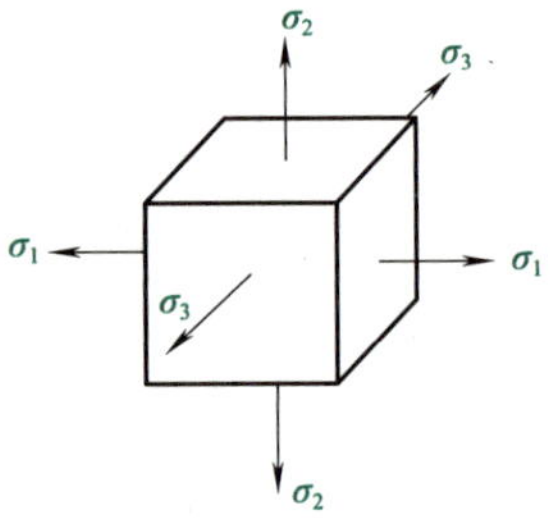


图 9.3

平面应力状态和三向应力状态，又统称为复杂应力状态。

研究一点处应力状态的重要性：

(1) 对一些构件和材料的破坏现象，常常需要通过应力状态进行分析，才能解释其破坏原因。例如，低碳钢拉伸实验，当加力达到屈服阶段时，在试件表面沿着与试件轴线成 45° 方向上会出现滑移线；又如，铸铁压缩时，在与轴线成稍大于 45° 的斜截面上试件会发生破坏。这些破坏现象都与斜截面上的应力密切相关。

(2) 在测定构件应力的实验应力分析中，以及在弹性力学、塑性力学和断裂力学等学科的研究中，也需要分析一点的应力状态。

(3) 为解决构件的强度问题，就需要知道构件受力后，在什么斜截面上并在哪一点处的应力最大。

## 9.2 平面应力状态分析

### 9.2.1 平面应力状态

平面应力状态是工程实际中最常遇到的。为了对构件进行强度计算，必须了解构件危险点处的应力状态，找出主应力及其方位，应用强度理论进行强度分析。因此，有必要根据单元体某些截面上的已知应力来确定主应力和主平面。研究应力状态的方法有解析法和图解法，下面首先介绍解析法。

### 1. 任意斜截面上的应力公式

从受力构件中一点处取如图 9.4(a)所示单元体，已知在与 $x$ 轴垂直的平面上存在正应力 $\sigma_x$ 和切应力 $\tau_{xy}$，在与 $y$ 轴垂直的平面上存在正应力 $\sigma_y$ 和切应力 $\tau_{yx}$，前后两个平面上没有应力。

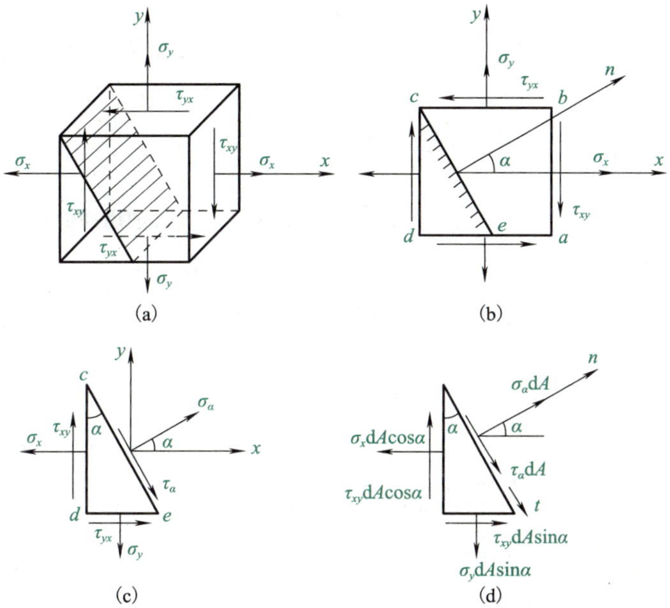


图　9.4

由于空间单元分析较为复杂，上述单元体又可表示为平面单元形式，如图 9.4(b)所示。如以 $\alpha$ 表示垂直于 $xy$ 平面的任意斜截面 $ce$ 的外法线 $n$ 与 $x$ 轴的夹角，并将单元体沿该斜截面假想地截开，此斜截面上的应力可分解为垂直于该截面的正应力 $\sigma_\alpha$ 和平行于该截面的切应力 $\tau_\alpha$ (图 9.4(c))。现取楔形体 $cde$ 为研究对象，利用平衡条件来求此斜截面上的应力。作用在单元体各平面上的应力即为单位面积上的内力，因此必须把应力与其作用面的面积相乘后，才可以考虑各力之间的平衡关系。因此，设斜截面 $ce$ 的面积为 $\mathrm{d}A$，则平面 $cd$ 和 $de$ 的面积分别为 $\mathrm{d}A\cos\alpha$ 和 $\mathrm{d}A\sin\alpha$。作用在楔形体 $cde$ 各平面上的力，如图 9.4(d)所示。列出平衡条件

$$\sum F_n=0,\quad \begin{aligned}&\sigma_\alpha \mathrm{d}A+\tau_{xy}(\mathrm{d}A\cos\alpha)\sin\alpha-\sigma_x(\mathrm{d}A\cos\alpha)\cos\alpha+\\&\tau_{yx}(\mathrm{d}A\sin\alpha)\cos\alpha-\sigma_y(\mathrm{d}A\sin\alpha)\sin\alpha=0\end{aligned}$$

$$\sum F_\tau=0,\quad \begin{aligned}&\tau_\alpha \mathrm{d}A-\tau_{xy}(\mathrm{d}A\cos\alpha)\cos\alpha-\sigma_x(\mathrm{d}A\cos\alpha)\sin\alpha+\\&\tau_{yx}(\mathrm{d}A\sin\alpha)\sin\alpha+\sigma_y(\mathrm{d}A\sin\alpha)\cos\alpha=0\end{aligned}$$

整理可以得到

$$\sigma_\alpha=\frac{\sigma_x+\sigma_y}{2}+\frac{\sigma_x-\sigma_y}{2}\cos 2\alpha-\tau_{xy}\sin 2\alpha \tag{9.1}$$

$$\tau_\alpha=\frac{\sigma_x-\sigma_y}{2}\sin 2\alpha+\tau_{xy}\cos 2\alpha \tag{9.2}$$

式(9.1)、式(9.2)就是平面应力状态下计算斜截面应力的一般公式。利用此两式可由单元体上的已知应力$\sigma_x$、$\sigma_y$、$\tau_{xy}$和$\tau_{yx}$，求得任意斜截面上的正应力$\sigma_\alpha$和切应力$\tau_\alpha$。

利用上述公式计算时，应注意其符号的规定：正应力以拉应力为正，压应力为负；切应力以使微体沿顺时针方向转动为正；反之为负；夹角$\alpha$则规定从$x$轴逆时针方向转到斜截面的外法线$n$时为正，反之为负。例如，在图9.4中，应力$\sigma_x$、$\sigma_y$、$\tau_{xy}$、$\sigma_\alpha$、$\tau_\alpha$和角度$\alpha$均为正值，而$\tau_{yx}$则为负值。

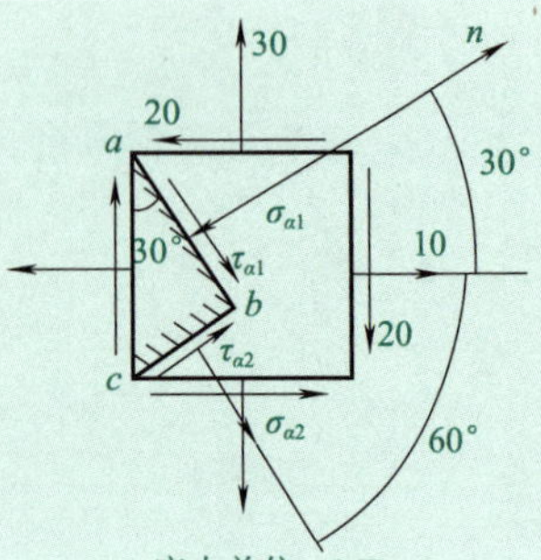


应力单位：MPa

图 9.5

**【例 9.1】** 单元体上的应力如图9.5所示，其垂直方向和水平方向各平面上的应力为已知，互相垂直的两斜截面$ab$和$bc$的外法线分别与$x$轴成30°和−60°角。试求两斜截面$ab$和$bc$上的应力。

**解：** 按应力和夹角的符号规定，此题中$\sigma_x = 10\text{MPa}$，$\sigma_y = 30\text{MPa}$，$\tau_{xy} = 20\text{MPa}$，$\tau_{yx} = -20\text{MPa}$，$\alpha_1 = 30°$，$\alpha_2 = -60°$。

(1) 求$\alpha_1 = 30°$斜截面上的应力。

将有关数据代入式(9.1)和式(9.2)，可得此斜截面上的正应力和切应力为

$$\sigma_{\alpha1} = \frac{\sigma_x + \sigma_y}{2} + \frac{\sigma_x - \sigma_y}{2}\cos 2\alpha_1 - \tau_{xy}\sin 2\alpha_1 = -2.32\text{MPa}$$

$$\tau_{\alpha1} = \frac{\sigma_x - \sigma_y}{2}\sin 2\alpha_1 + \tau_{xy}\cos 2\alpha_1 = 1.33\text{MPa}$$

所得正应力$\sigma_{\alpha_1}$为负值，表明它是压应力；切应力$\tau_{\alpha_1}$为正值，其方向如图9.5所示。

(2) 求$\alpha_2 = -60°$斜截面上的应力。

由式(9.1)和式(9.2)求得此斜截面上的正应力和切应力为

$$\sigma_{\alpha_2} = \frac{\sigma_x + \sigma_y}{2} + \frac{\sigma_x - \sigma_y}{2}\cos 2\alpha_2 - \tau_{xy}\sin 2\alpha_2 = 42.32\text{MPa}$$

$$\tau_{\alpha2} = \frac{\sigma_x - \sigma_y}{2}\sin 2\alpha_2 + \tau_{xy}\cos 2\alpha_2 = -1.33\text{MPa}$$

由上面的计算结果，可得两相互垂直平面上的应力关系为

$$\sigma_{\alpha_1} + \sigma_{\alpha_2} = \sigma_x + \sigma_y = 40\text{MPa}$$

$$\tau_{\alpha_1} = -\tau_{\alpha_2} = 1.33\text{MPa}$$

第一式表明，任意两相互垂直截面上的正应力之和是不变的。第二式表明单元体的互相垂直平面上切应力必定是成对出现的，且数值相等方向相反，此即为切应力互等定律。这两点结论也可直接利用式(9.1)和式(9.2)加以证明。

### 2. 主应力、主平面

式(9.1)和式(9.2)表明，斜截面上的正应力$\sigma_\alpha$和切应力$\tau_\alpha$都随$\alpha$角的改变而变化，即$\sigma_\alpha$和$\tau_\alpha$都是$\alpha$的函数。利用式(9.1)和式(9.2)便可确定正应力和切应力的极值，并确定它们所在的位置，将式(9.1)对$\alpha$取导数得

$$\frac{\mathrm{d}\sigma_\alpha}{\mathrm{d}\alpha} = -(\sigma_x - \sigma_y)\sin 2\alpha - 2\tau_{xy}\cos 2\alpha \tag{a}$$

若 $\alpha=\alpha_0$ 时，能使导数 $\dfrac{d\sigma_\alpha}{d\alpha}=0$，则在 $\alpha_0$ 所确定的截面上，正应力即为最大值或最小值。将 $\alpha_0$ 代入式(a)，并令其等于零，得到

$$(\sigma_x-\sigma_y)\sin 2\alpha_0+2\tau_{xy}\cos 2\alpha_0=0 \tag{b}$$

由此得出

$$\tan 2\alpha_0=-\frac{2\tau_{xy}}{\sigma_x-\sigma_y} \tag{9.3}$$

由式(9.3)可以求出相差 90° 的两个角度 $\alpha_0$，它们确定两个相互垂直的平面，其中一个是最大正应力所在的平面，另一个是最小正应力所在的平面。比较式(9.2)和式(b)可见，满足式(b)的 $\alpha_0$ 角恰好使 $\tau_\alpha$ 等于零。在切应力等于零的平面上，正应力为最大值或最小值。因为切应力为零的平面为主平面，主平面上的正应力为主应力，所以，主应力就是最大或最小的正应力。把从式(9.3)求出的 $\sin 2\alpha_0$ 和 $\cos 2\alpha_0$ 代入式(9.1)，求得最大及最小正应力为

$$\left.\begin{matrix}\sigma_{max}\\ \sigma_{min}\end{matrix}\right\}=\frac{\sigma_x+\sigma_y}{2}\pm\sqrt{\left(\frac{\sigma_x-\sigma_y}{2}\right)^2+\tau_{xy}^2} \tag{9.4}$$

通常计算两个主应力时，都直接应用式(9.4)，而不必将两个 $\alpha_0$ 值分别代入式(9.1)，重复上述的运算步骤。联合使用式(9.3)和式(9.4)时，可先比较 $\sigma_x$ 和 $\sigma_y$ 的代数值。若 $\sigma_x \geqslant \sigma_y$，则式(9.3)确定的两个角度 $\alpha_0$ 中，绝对值较小的一个确定 $\sigma_{max}$ 所在的主平面；若 $\sigma_x<\sigma_y$，则绝对值较大的一个确定 $\sigma_{max}$ 所在的主平面。

利用完全相似的方法，可以确定最大和最小切应力以及它们所在的平面。将式(9.2)对 $\alpha$ 求导，得

$$\frac{d\tau_\alpha}{d\alpha}=(\sigma_x-\sigma_y)\cos 2\alpha-2\tau_{xy}\sin 2\alpha \tag{c}$$

若 $\sigma=\alpha_1$ 时，能使导数 $\dfrac{d\tau_\alpha}{d\alpha}=0$，则在 $\alpha_1$ 所确定的斜截面上，切应力为最大值或最小值。将 $\alpha_1$ 代入式(c)，且令其等于零得

$$(\sigma_x-\sigma_y)\cos 2\alpha_1-2\tau_{xy}\sin 2\alpha_1=0$$

由此求得

$$\tan 2\alpha_1=\frac{(\sigma_x-\sigma_y)}{2\tau_{xy}} \tag{9.5}$$

式(9.5)可以解出两个角度 $\alpha_1$，它们相差 90°，从而确定两个相互垂直的平面，这两个平面上分别作用着最大切应力和最小切应力。由式(9.5)解出 $\sin 2\alpha_1$ 和 $\cos 2\alpha_1$，代入式(9.2)，求得切应力的最大值和最小值为

$$\left.\begin{matrix}\tau_{max}\\ \tau_{min}\end{matrix}\right\}=\pm\sqrt{\left(\frac{\sigma_x-\sigma_y}{2}\right)^2+\tau_{xy}^2} \tag{9.6}$$

比较式(9.3)和式(9.5)可见

$$\tan 2\alpha_0=-\frac{1}{\tan 2\alpha_1}$$

所以有

$$\alpha_1 = \alpha_0 + \frac{\pi}{4}$$

即最大和最小切应力所在的平面与主平面的夹角为 45°。

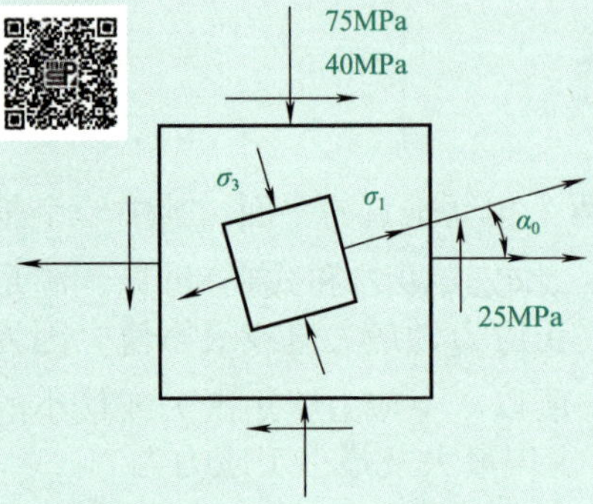

图 9.6

**【例 9.2】** 单元体的应力状态如图 9.6 所示。试求该点处的主应力并确定主平面的位置。

**解**：按应力的正负号规则，选定 $\sigma_x = 25\text{MPa}$，$\sigma_y = -75\text{MPa}$，$\tau_{xy} = -40\text{MPa}$。先由式(9.4)求出主应力为

$$\left.\begin{matrix}\sigma_{\max}\\ \sigma_{\min}\end{matrix}\right\} = \frac{25+(-75)}{2}\text{MPa} \pm \sqrt{\left[\frac{25-(-75)}{2}\text{MPa}\right]^2 + (-40\text{MPa})^2}$$

$$= \begin{cases}39\\ -89\end{cases}\text{MPa}$$

再由式(9.3)求 $\alpha_0$，即

$$\tan 2\alpha_0 = -\frac{2(-40\text{MPa})}{25\text{MPa}-(-75)\text{MPa}} = 0.8$$

$$2\alpha_0 = 38.66° \text{ 或 } 218.66°$$

$$\alpha_0 = 19.33° \text{ 或 } 109.33°$$

因 $\sigma_x > \sigma_y$，可见在由 $\alpha_0 = 19.33°$ 确定的主平面上，作用着主应力 $\sigma_{\max} = 39\text{MPa}$；在由 $\alpha_0 = 109.33°$ 确定的主平面上，作用着主应力 $\sigma_{\min} = -89\text{MPa}$。按照主应力的记号规定，$\sigma_1 \geqslant \sigma_2 \geqslant \sigma_3$，单元体的三个主应力分别为

$$\sigma_1 = 39\,\text{MPa},\quad \sigma_2 = 0\,\text{MPa},\quad \sigma_3 = -89\,\text{MPa}$$

### 9.2.2 图解法——应力圆

#### 1. 应力圆

利用式(9.1)和式(9.2)可以得出分析平面应力状态的图解法。为此将式(9.1)与式(9.2)改写为

$$\left(\sigma_\alpha - \frac{\sigma_x+\sigma_y}{2}\right)^2 + \tau_\alpha^2 = \left(\frac{\sigma_x-\sigma_y}{2}\right)^2 + \tau_{xy}^2 \tag{9.7}$$

式中，由于单元体上的应力 $\sigma_x$、$\sigma_y$ 和 $\tau_{xy}$ 的值为已知，故 $\dfrac{\sigma_x+\sigma_y}{2}$ 及式(9.7)的右端各项均为定值。

由解析几何得知，圆的一般方程为

$$(x-a)^2 + (y-b)^2 = R^2$$

将上式与式(9.7)比较，可知 $\sigma_\alpha$ 与 $\tau_\alpha$ 的关系也是一个圆。如果取 $\sigma_\alpha$ 为横坐标，$\tau_\alpha$ 为纵坐标，则式(9.7)所表示的 $\sigma_\alpha$ 与 $\tau_\alpha$ 之间的关系是以 $(\dfrac{\sigma_x+\sigma_y}{2},0)$ 为圆心，以 $\sqrt{(\dfrac{\sigma_x-\sigma_y}{2})^2+\tau_{xy}^2}$ 为半

径的一个圆(图 9.7)。这样，在此圆上任一点的坐标，就代表受力构件一点处相应斜截面上的应力 $\sigma_\alpha$ 及 $\tau_\alpha$。这个圆称为应力圆或莫尔圆。

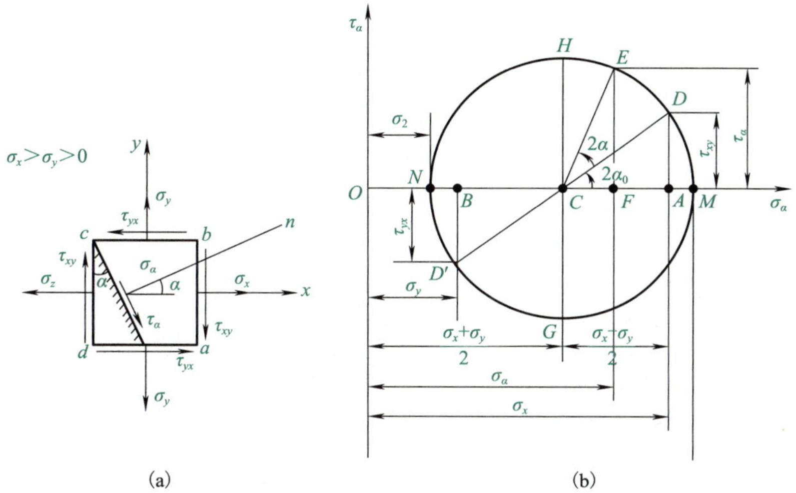


图　9.7

> 小链接
>
> 1866 年德国的 K.库尔曼首先证明：物体中一点的二向应力状态可用平面上的一个圆表示，这就是应力圆。1882 年德国工程师克里斯蒂安 O.莫尔对应力圆作了进一步的研究，提出借助应力圆确定一点的应力状态的几何方法，后人就称应力圆为莫尔应力圆，简称莫尔圆。

### 2. 应力圆的作法

设从受力构件中任一点处取单元体，如图 9.7 所示，根据其上已知应力 $\sigma_x$、$\sigma_y$、$\tau_{xy}$ 和 $\tau_{yx}$，可画出此单元体的应力圆，其作图步骤如下。

(1) 先画 $O\sigma\tau$ 直角坐标系，横轴 $\sigma_\alpha$ 向右为正，纵轴 $\tau_\alpha$ 向上为正，如图 9.7(b) 所示。

(2) 设单元体上的应力 $\sigma_x > \sigma_y > 0$、$\tau_{xy} > 0$，则平面 $ab$ 和 $cd$ 上的应力 $\sigma_x$ 和 $\tau_{xy}$ 都为正值，取适当比例尺，在横轴 $\sigma_\alpha$ 上，从原点 $O$ 向右量取 $\overline{OA} = \sigma_x$，再向上量取 $\overline{DA} = \tau_{xy}$，可得 $D$ 点。

(3) 因在单元体的平面 $bc$ 和 $ad$ 上，正应力 $\sigma_y$ 为正值，而切应力 $\tau_{yx}$ 为负值，以相同的比例尺，在横轴 $\sigma_\alpha$ 上，向右量取 $\overline{OB} = \sigma_y$，再向下量取 $\overline{BD'} = \tau_{yx}$，得 $D'$ 点。

(4) 连接 $\overline{DD'}$ 线交横轴 $\sigma_\alpha$ 于 $C$ 点，以 $C$ 点为圆心，$\overline{CD}$ 为半径，即可作出应力圆，如图 9.7(b) 所示。

### 3. 应力圆与单元体的对应关系

应力圆是进行应力分析的重要工具，在用其进行应力分析时，应注意应力圆上的点与单元体内截面的对应关系。

(1) 应力圆上的点与单元体上的截面一一对应。即应力圆上任一点都与单元体上某一确定的截面相对应。

(2) 应力圆上任一点的纵、横坐标值，就代表单元体相应斜截面上的切应力和正应力。

(3) 过圆上任意两点的两半径之间的夹角，等于单元体上对应两截面外法线夹角的两倍，并且两者转向相同。

若求单元体上外法线 $n$ 与 $x$ 轴成 $\alpha$ 角的斜截面上的应力 $\sigma_\alpha$ 及 $\tau_\alpha$（图 9.7(a)），则可自应力圆上的 $D$ 点沿圆周逆时针方向转一圆心角 $2\alpha$，得圆周上一点 $E$。$E$ 点的坐标即表示所求斜截面上的应力。

**【例 9.3】** 从受力构件中截取一单元体，其应力如图 9.8(a)所示。试求斜截面 $ab$ 上的应力。

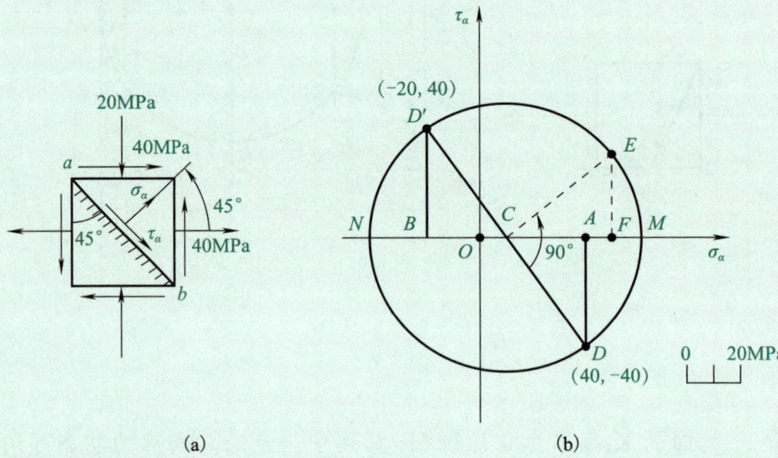


图 9.8

**解：** 图解法求解。

建立 $O\sigma\tau$ 坐标系，按选定的比例尺，量取 $OA=\sigma_x=40\text{MPa}$，$AD=\tau_{xy}=-40\text{MPa}$ 得 $D$ 点；再量取 $OB=\sigma_y=-20\text{MPa}$，$BD'=\tau_{yx}=40\text{MPa}$ 得 $D'$点。连接 $DD'$与横轴交于 $C$ 点，以 $C$ 点为圆心，$CD$ 为半径，画出如图 9.8(b)所示的应力圆。

为了求得 $\alpha=+45°$ 斜截面上的应力，由 $D$ 点沿圆周逆时针方向旋转圆心角 $2\alpha=90°$ 至 $E$ 点。按选定的比例尺量出 $E$ 点的横坐标和纵坐标，得到 $\sigma_\alpha=+50$ MPa，$\tau_\alpha=+30$ MPa，应力的方向画在图 9.8(a)所示的单元体上。

### 4. 图解法求主应力和主平面

平面应力状态的单元体 $abcd$，如图 9.9(a)所示。已知各侧面上的应力，现求它的主应力 $\sigma_1$ 和 $\sigma_2$ 的数值及主平面的位置。

根据单元体上的已知应力 $\sigma_x$、$\sigma_y$、$\tau_{xy}$ 和 $\tau_{yx}$，可画出如图 9.9(b)所示应力圆。由主应力的定义可知，主应力是主平面上的正应力，并且主平面上的切应力为零，在应力圆上则由纵坐标等于零的两点 $M$ 和 $N$ 表示，即 $\overline{OM}=\sigma_1$，$\overline{ON}=\sigma_2$。图 9.9 按照主应力的顺序规定，$\overline{OM}>\overline{ON}$，则 $M$ 和 $N$ 两点的横坐标值就分别表示主应力 $\sigma_1$ 和 $\sigma_2$ 的值，并且分别为最大正应力和最小正应力，即 $\sigma_{max}=\sigma_1$，$\sigma_{min}=\sigma_2$。现在来确定主平面的位置。自应力圆上的 $D$ 点沿圆周顺时针方向转一圆心角 $\angle DCM=2\alpha_0$ 到 $M$ 点，即自单元体上从 $x$ 轴顺时针方向转动角度 $\alpha_0$，即得到主应力 $\sigma_1$ 所在主平面外法线 $n_1$ 的位置。同理，在应力圆上由 $D$ 点逆时针方向转 $\angle DCN=2\alpha_0'$ 到 $N$ 点，在单元体上应从 $x$ 轴逆时针方向转角度 $\alpha_0'$，得到主应力 $\sigma_2$ 所在主平面外法线 $n_2$ 的位置。于是可画出由主应力 $\sigma_1$ 和 $\sigma_2$ 所作用的单元体 1234，如图 9.9(a)所示。

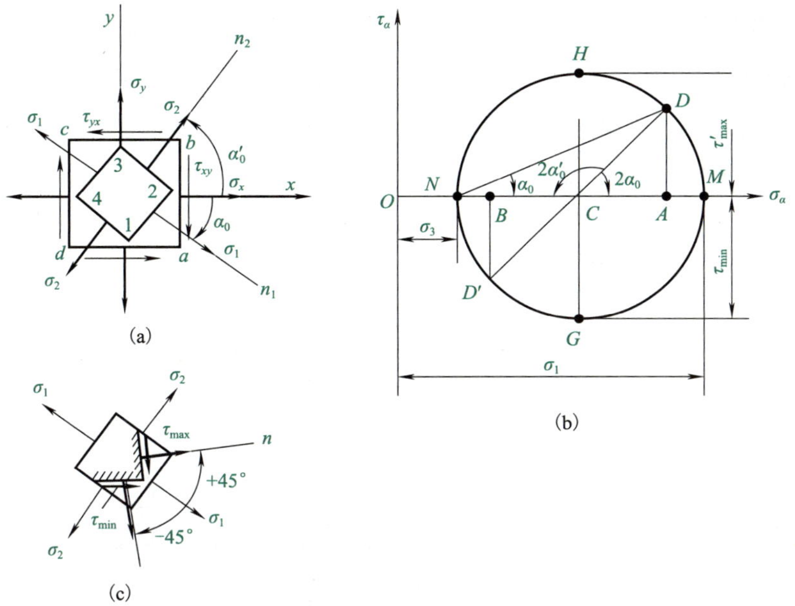


图　9.9

直线 $CM$ 与 $CN$ 成 180°，因此单元体上外法线 $n_1$ 与 $n_2$ 互相垂直，可知单元体上的二主应力的方向也互相垂直，即主应力 $\sigma_1$ 和 $\sigma_2$ 所在的两个平面也一定互相垂直。$\overline{CH}$ 与 $\overline{CG}$ 分别代表 $\tau_{max}$ 与 $\tau_{min}$，与前面一样，不难看出其绝对值等于应力圆的半径。

从上面的讨论可知，应力圆可以形象地显示出一点处各不同截面上应力的变化规律，为研究一点处的应力状态，提供了使用方便而又有效的图解方法。因此，莫尔圆在研究构件一点处的应力等方面，获得了广泛的应用。下面举例说明。

**【例 9.4】**　圆轴受到外力偶矩 $M_0$ 作用，由其中截取一单元体 $A$，如图 9.10(a)、(b)所示。已知切应力 $\tau_{xy}=30\text{MPa}$，试求 $A$ 点处的主应力值，并确定主平面位置。

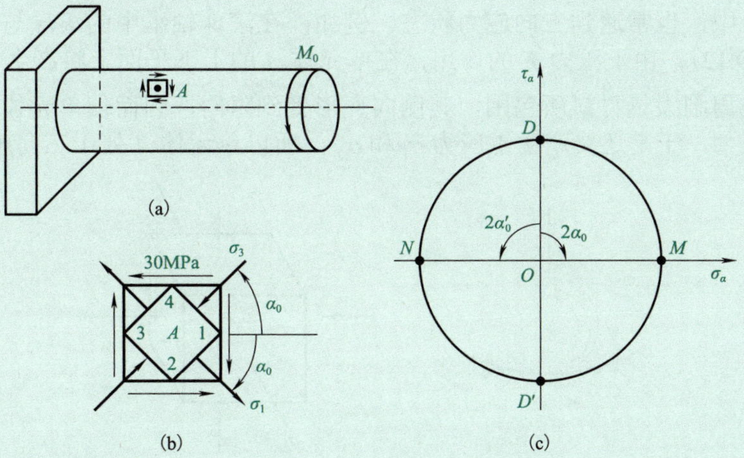


图　9.10

**解：** 此单元体处于纯剪切状态，现采用应力圆法，计算其主应力。

用应力圆计算先作 $\sigma_\alpha$-$\tau_\alpha$ 直角坐标系，选定适当比例尺。根据 $\sigma_x=0$，$\tau_{xy}=30\text{MPa}$ 及

$\sigma_y=0$，$\tau_{yx}=-30\text{MPa}$，在图 9.10(c)上可量得 $D$ 与 $D'$两点，连接 $DD'$ 与横轴交于 $O$ 点，以 $O$ 点为圆心、$DD'$为直径，可画出应力圆。此圆与横轴交于两点 $M$、$N$。可量得 $\sigma_1=\overline{OM}=30\text{MPa}$，$\sigma_3=\overline{ON}=-30\text{MPa}$，从应力圆上 $D$ 点顺时针方向转 90° 到 $M$ 点，在单元体上则从 $x$ 轴也顺时针方向转 45°，即得主应力 $\sigma_1$ 的方向，如图 9.10(b)所示。同样，在圆上从 $D$ 点逆时针方向转 90° 到 $N$ 点，单元体上则从 $x$ 轴逆时针方向转 45°，可得主应力 $\sigma_3$ 的方向。主应力作用下的单元体 1234，如图 9.10(b)所示。

## 9.3 三向应力状态简介

### 1. 概述

图 9.11(a)所示的单元体为空间应力状态，其三个互相垂直平面上的应力可能是任意的方向，但都可以将其分解为垂直于作用面上的正应力，以及平行于单元体棱边的两个切应力。理论分析证明，与平面应力状态类似，也一定能找到这样的单元体，在三对互相垂直的平面上，只有正应力而没有切应力。也就是说，能找到只有三个主应力作用的单元体，如图 9.11(b)所示，这就是三向应力状态的主单元体。

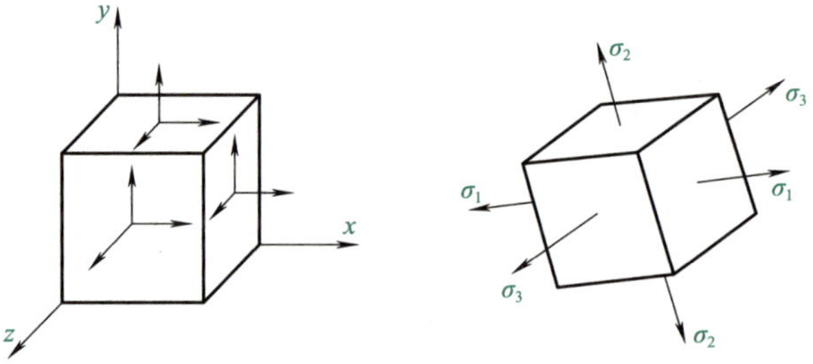


图 9.11

在工程实际中，也常遇到三向应力状态。例如，在滚珠轴承中的滚珠与外圈的接触处取一单元体 $A$(图 9.12)，由于压力 $\boldsymbol{F}$ 的作用，在单元体 $A$ 的上下平面上将产生主应力 $\sigma_3$；由于此处局部材料被周围大量材料所包围，其侧向变形受到阻碍，因而使单元体的四个侧面上也同时受到侧向压力，于是还要产生主应力 $\sigma_1$ 和 $\sigma_2$，所以单元体 $A$ 处于三向压缩应力状态。

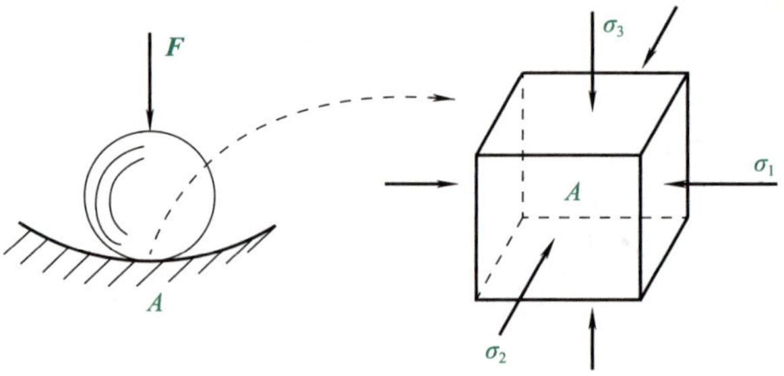


图 9.12

### 2. 最大正应力和最大切应力

为了确定三向应力状态下的最大正应力和最大切应力，可做出三向应力状态的应力圆。

已知单元体上的主应力 $\sigma_1$、$\sigma_2$ 和 $\sigma_3$，如图 9.13(a) 所示。首先研究与 $y$ 轴平行的各斜截面上的应力情况。作用在与 $y$ 轴垂直的顶、底两面上的力互相平衡，不会在与 $y$ 轴平行的各斜截面上引起应力。即平行于主应力 $\sigma_2$ 的各斜截面上的应力不受 $\sigma_2$ 影响，只与 $\sigma_1$ 和 $\sigma_3$ 有关，单元体上的应力状态如图 9.13(b) 所示。对应它的应力圆可由主应力 $\sigma_1$ 和 $\sigma_3$ 画出，在图 9.13(e) 上由圆 $MN$ 表示。此圆上的各点坐标就代表了主应力 $\sigma_2$ 平行的所有斜截面上的应力。同样，与主应力 $\sigma_3$ 平行的各斜截面上的应力(图 9.13(c))，在图 9.13(e) 上由圆 $MP$ 表示；与主应力 $\sigma_1$ 平行的各斜截面上的应力(图 9.13(d))，在图 9.13(e) 上由圆 $PN$ 表示。

可以证明，不与任一坐标轴平行的任意斜截面上的应力，可用在 3 个应力圆所围成的阴影区域内一点 $K$ 的坐标值来表示(图 9.13(e))。

从图 9.13(e) 上不难看出，与 $M$ 和 $N$ 两点对应的主应力 $\sigma_1$ 和 $\sigma_3$，就分别代表了三向应力状态的最大正应力和最小正应力，即

$$\sigma_{max} = \sigma_1, \quad \sigma_{min} = \sigma_3 \tag{9.8}$$

三个圆的半径分别给出图 9.13(b)～(d) 三种情形的最大切应力。而三向应力状态的最大切应力 $\tau_{max}$ 就等于最大圆 $MN$ 的半径，即

$$\tau_{max} = \frac{\sigma_1 - \sigma_3}{2} \tag{9.9}$$

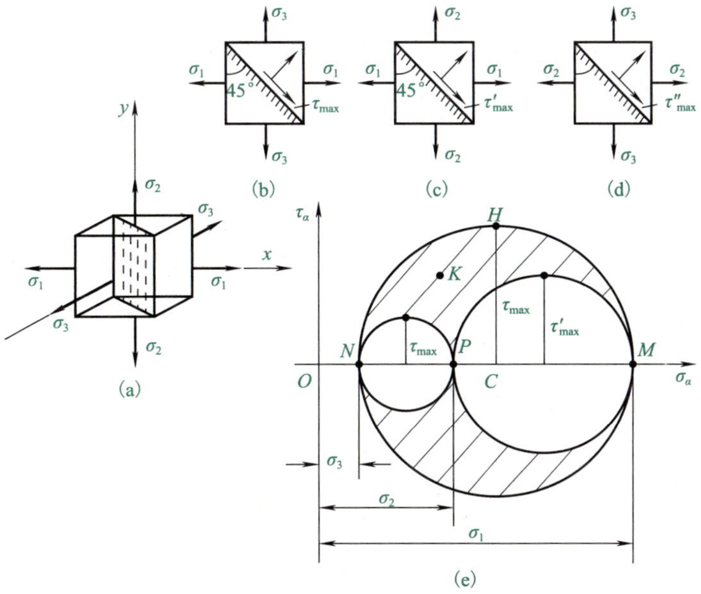


图　9.13

# 9.4　广义胡克定律

## 9.4.1　三向应力状态下的应力、应变关系

现在讨论三向应力状态下应力与应变的关系。单向应力状态下的应力与应变的关系，如图 9.14 所示，与应力方向一致的纵向线应变为

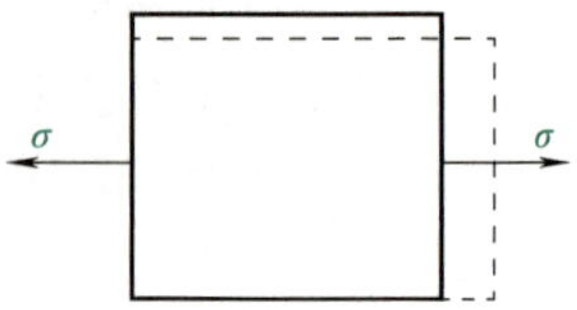

图 9.14

$$\varepsilon=\frac{\sigma}{E}$$

垂直于应力方向的横向线应变为

$$\varepsilon'=-\mu\varepsilon=-\mu\frac{\sigma}{E}$$

在三向应力状态下，单元体同时受到主应力$\sigma_1$、$\sigma_2$和$\sigma_3$的作用，如图 9.15(a)所示，此时单元体沿主应力方向的线应变称为主应变。由$\sigma_1$引起的应变为(图 9.15(b))

$$\varepsilon_1'=\frac{\sigma_1}{E}$$

由$\sigma_2$和$\sigma_3$所引起的应变(图 9.15(c)、(d))分别为

$$\varepsilon_1''=-\mu\frac{\sigma_2}{E}\quad,\quad\varepsilon_1'''=-\mu\frac{\sigma_3}{E}$$

当主应力$\sigma_1$、$\sigma_2$和$\sigma_3$同时作用时，由于应力与应变呈线性关系，可用叠加原理将$\varepsilon_1'$、$\varepsilon_1''$和$\varepsilon_1'''$三者相加，可得沿主应力$\sigma_1$方向的主应变$\varepsilon_1$为

$$\varepsilon_1=\varepsilon_1'+\varepsilon_1''+\varepsilon_1'''=\frac{\sigma_1}{E}-\mu\frac{\sigma_2}{E}-\mu\frac{\sigma_3}{E}$$

同理可得主应变$\varepsilon_2$和$\varepsilon_3$，最终得

$$\begin{cases}\varepsilon_1=\dfrac{1}{E}\left[\sigma_1-\mu\left(\sigma_2+\sigma_3\right)\right]\\[2mm]\varepsilon_2=\dfrac{1}{E}\left[\sigma_2-\mu\left(\sigma_1+\sigma_3\right)\right]\\[2mm]\varepsilon_3=\dfrac{1}{E}\left[\sigma_3-\mu\left(\sigma_2+\sigma_1\right)\right]\end{cases}\tag{9.10}$$

式(9.10)给出了三向应力状态下主应变与主应力之间的关系，称为**广义胡克定律**。式(9.10)中的$\sigma_1$、$\sigma_2$和$\sigma_3$均应以代数值代入，求出$\varepsilon_1$、$\varepsilon_2$和$\varepsilon_3$后，正值表示伸长，负值表示缩短。与主应力的排列顺序相同，这三个主应变的顺序是$\varepsilon_1\geqslant\varepsilon_2\geqslant\varepsilon_3$。并且，沿主应力$\sigma_1$方向的主应变是所有不同方向线应变中的最大值，即

$$\varepsilon_{\max}=\varepsilon_1$$

对于各向同性材料，从理论和实验得知，在小变形和线弹性下，正应力不会引起剪应变，而切应力又不会引起线应变。所以，广义胡克定律也适用于单元体上同时有正应力和切应力作用的情形。此时只要将式(9.10)中的主应变$\varepsilon_1$、$\varepsilon_2$和$\varepsilon_3$用线应变$\varepsilon_x$、$\varepsilon_y$和$\varepsilon_z$，主应力$\sigma_1$、$\sigma_2$和$\sigma_3$用应力$\sigma_x$、$\sigma_y$和$\sigma_z$代换即可。

由于切应变与正应力分量无关，在线弹性范围内与切应力之间存在关系

$$\gamma_{xy}=\frac{\tau_{xy}}{G}\quad,\quad\gamma_{yz}=\frac{\tau_{yz}}{G}\quad,\quad\gamma_{zx}=\frac{\tau_{zx}}{G}$$

还需指出，广义胡克定律给出了材料的主应力与主应变(或正应力与线应变)之间存在的线弹性关系。在实验应力分析中，在测得构件的三个主应变之后，就可利用此定律求得三个主应力，从而检查构件是否安全，或检验设计是否合理。

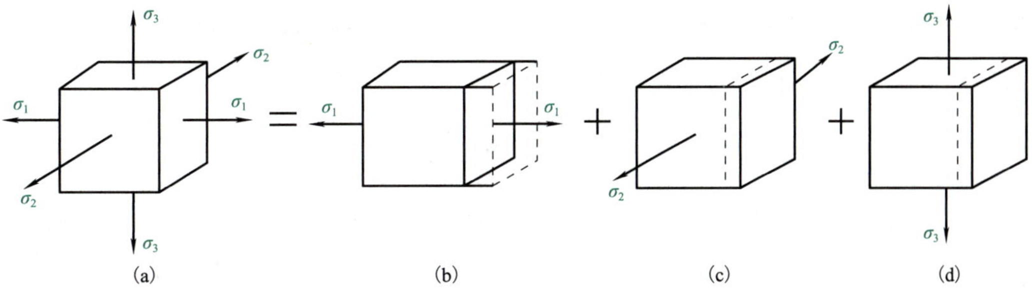


图　9.15

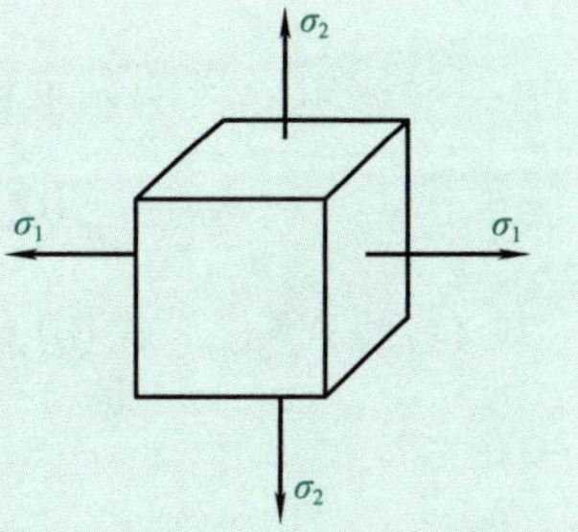


图　9.16

**【例 9.5】**　在如图 9.16 所示的平面应力状态下，已知主应力 $\sigma_1 \neq 0$、$\sigma_2 \neq 0$，$\sigma_3 = 0$，主应变 $\varepsilon_1 = 1.7\times10^{-4}$，$\varepsilon_2 = 0.4\times10^{-4}$，泊松比 $\mu = 0.3$。试求主应变 $\varepsilon_3$。

**解**：利用广义胡克定律公式(9.10)，将前两式相加，然后令 $\sigma_3 = 0$，可得

$$\varepsilon_1 + \varepsilon_2 = \frac{1-\mu}{E}(\sigma_1 + \sigma_2)$$

移项得

$$\sigma_1 + \sigma_2 = \frac{E}{1-\mu}(\varepsilon_1 + \varepsilon_2)$$

在把上式代入广义胡克定律第三式得

$$\varepsilon_3 = -\frac{\mu}{E}(\sigma_1 + \sigma_2) = -\frac{\mu}{1-\mu}(\varepsilon_1 + \varepsilon_2)$$

代入已知数值后得

$$\varepsilon_3 = -\frac{0.3}{1-0.3}(1.7 + 0.4)\times10^{-4} = -0.9\times10^{-4}$$

由于 $\varepsilon_3$ 为负值，表明与 $\sigma_3$ 平行的棱边变形是缩短。

**【例 9.6】**　图 9.17(a)所示的钢质圆杆，其直径为 $D$，弹性模量为 $E$，泊松比为 $\mu$，已知与水平线成 60° 的方向上的线应变为 $\varepsilon_{60°}$，试求载荷 $F$。

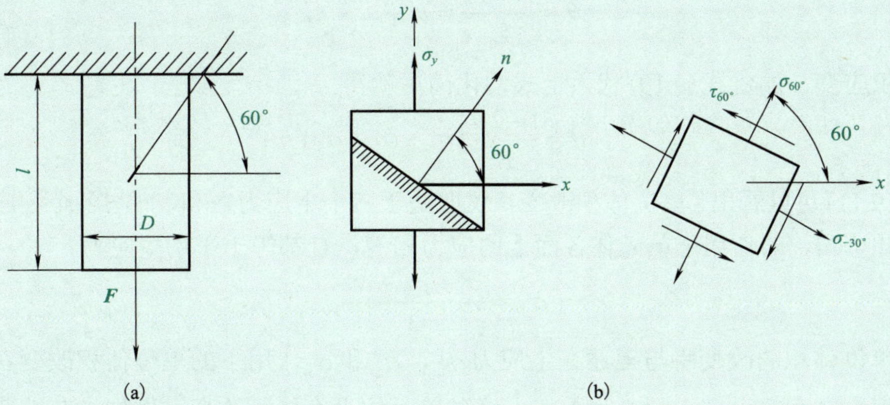


图　9.17

**解：**（1）在杆件上取出如图 9.17（b）所示单元体，此为单向应力状态，其上内力 $F_N=F$，横截面面积 $A=\dfrac{\pi D^2}{4}$，所以

$$\sigma_y=\frac{4F}{\pi D^2} \tag{a}$$

（2）计算 $\sigma_{60^\circ}$ 和 $\sigma_{-30^\circ}$，即

$$\begin{aligned}\sigma_{60^\circ}&=\frac{\sigma_y}{2}-\frac{\sigma_y}{2}\cos120^\circ\\ \sigma_{-30^\circ}&=\frac{\sigma_y}{2}-\frac{\sigma_y}{2}\cos(-60^\circ)\end{aligned} \tag{b}$$

（3）应用广义胡克定律得

$$\varepsilon_{60^\circ}=\frac{1}{E}(\sigma_{60^\circ}-\mu\sigma_{-30^\circ})=\frac{1}{E}\left[\frac{\sigma_y}{2}(1-\cos120^\circ)-\mu\frac{\sigma_y}{2}(1-\cos(-60^\circ))\right] \tag{c}$$

（4）将式（a）、式（b）代入式（c）并化简得

$$F=\frac{\pi ED^2\varepsilon_{60^\circ}}{2\left[(1-\mu)+\frac{1}{2}(1+\mu)\right]}=\frac{\pi ED^2\varepsilon_{60^\circ}}{3-\mu}$$

### 9.4.2 体积应变

现在计算三向应力状态下的单元体的体积改变。设图 9.15（a）所示的矩形正六面体的周围六个面皆为主平面，若三个边长分别等于 $a$、$b$ 和 $c$，变形前六面体的体积为 $V_0=abc$。主应力 $\sigma_1$、$\sigma_2$ 和 $\sigma_3$ 的作用下，其各棱边将产生线应变，变形后，它的体积为

$$V_1=(a+\Delta a)(b+\Delta b)(c+\Delta c)=abc\left(1+\frac{\Delta a}{a}\right)\left(1+\frac{\Delta b}{b}\right)\left(1+\frac{\Delta c}{c}\right)=abc(1+\varepsilon_1)(1+\varepsilon_2)(1+\varepsilon_3)$$

展开上式，并略去含有高阶微量 $\varepsilon_1\varepsilon_2$、$\varepsilon_2\varepsilon_3$、$\varepsilon_3\varepsilon_1$、$\varepsilon_1\varepsilon_2\varepsilon_3$，得

$$V_1=abc(1+\varepsilon_1+\varepsilon_2+\varepsilon_3)$$

则单位体积改变为

$$\theta=\frac{V_1-V_0}{V_0}=\varepsilon_1+\varepsilon_2+\varepsilon_3$$

也称为**体积应变**。如将式（9.10）代入上式，化简后就得

$$\theta=\frac{1-2\mu}{E}(\sigma_1+\sigma_2+\sigma_3) \tag{9.11}$$

从式（9.11）可以看出，单位体积改变 $\theta$ 仅取决于三个主应力之和，而与各个主应力的比值无关。由此可得，若作用于单元体各面上的应力相等，且都等于平均主应力

$$\sigma_m=\frac{\sigma_1+\sigma_2+\sigma_3}{3}$$

那么它的单位体积的改变将与上述在主应力 $\sigma_1$、$\sigma_2$ 和 $\sigma_3$ 作用下的单位体积改变 $\theta$ 相等。如果三个主应力之和等于零，则 $\theta$ 等于零，这时单元体没有体积改变。例如，在纯剪切应力状态下，$\sigma_1=\tau$，$\sigma_2=0$，$\sigma_3=-\tau$，将其代入式（9.11）后，可得 $\theta=0$。

### 9.4.3　复杂应力状态下的应变能密度

单向拉伸或压缩时，如应力$\sigma$和应变$\varepsilon$的关系是线性的，利用应变能和外力做功在数值上相等的关系，得到单位体积的应变能，即应变能密度$\upsilon_\varepsilon$的计算公式为

$$\upsilon_\varepsilon = \frac{1}{2}\sigma\varepsilon \tag{a}$$

在三向应力状态下，弹性体应变能与外力做功在数值上仍然相等。但它应该只取决于外力和变形的最终值，而与加力的次序无关。假定应力按比例同时从零增加到最终值，在线弹性的情况下，每一主应力与相应的主应变之间仍保持线性关系，因而与每一主应力相应的应变能密度仍可按式(a)计算。于是三向应力状态下的应变能密度是

$$\upsilon_\varepsilon = \frac{1}{2}\sigma_1\varepsilon_1 + \frac{1}{2}\sigma_2\varepsilon_2 + \frac{1}{2}\sigma_3\varepsilon_3 \tag{b}$$

把式(b)代入广义胡克定律，整理后得出

$$\upsilon_\varepsilon = \frac{1}{2E}\left[\sigma_1^2 + \sigma_2^2 + \sigma_3^3 - 2\mu\left(\sigma_1\sigma_2 + \sigma_2\sigma_3 + \sigma_3\sigma_1\right)\right] \tag{c}$$

设三条棱边长度相等的正立方单元体的三个主应力$\sigma_1$、$\sigma_2$、$\sigma_3$不相等，相应的主应变为$\varepsilon_1$、$\varepsilon_2$、$\varepsilon_3$，单位体积的改变为$\theta$。由于$\varepsilon_1$、$\varepsilon_2$、$\varepsilon_3$不相等，正立方单元体三条棱边的变形不同，它将由正方体变为长方体。可见，单元体的变形一方面表现为体积的增大或减小；另一方面表现为形状的改变，即由正方体变为长方体。因此，认为应变能密度$\upsilon_\varepsilon$也由两部分组成：

(1) 因体积变化而储存的应变能密度$\upsilon_V$。体积变化是指单元体的各棱边变形相同，变形后仍为正方体，只是体积有增减。$\upsilon_V$称为体积改变能密度。

(2) 体积不变，但由正方体改变为长方体而储存的应变能密度$\upsilon_d$。$\upsilon_d$称为畸变能密度。由此，可得

$$\upsilon_\varepsilon = \upsilon_V + \upsilon_d \tag{d}$$

根据 9.4.2 节的讨论，若在单元体上以平均应力

$$\sigma_{\text{m}} = \frac{\sigma_1 + \sigma_2 + \sigma_3}{3} \tag{e}$$

代替三个主应力，体应变$\theta$与$\sigma_1$、$\sigma_2$、$\sigma_3$作用时仍然相等。但以$\sigma_{\text{m}}$代替原来的主应力后，由于三条棱边的变形相同，所以只有体积变化而形状不变。因而这种情况下的应变能密度也就是体积改变能密度$\upsilon_V$，仿照求得式(b)的方法，有

$$\upsilon_V = \frac{1}{2}\sigma_{\text{m}}\varepsilon_{\text{m}} + \frac{1}{2}\sigma_{\text{m}}\varepsilon_{\text{m}} + \frac{1}{2}\sigma_{\text{m}}\varepsilon_{\text{m}} = \frac{3\sigma_{\text{m}}\varepsilon_{\text{m}}}{2} \tag{f}$$

由广义胡克定律得

$$\varepsilon_{\text{m}} = \frac{\sigma_{\text{m}}}{E} - \mu\left(\frac{\sigma_{\text{m}}}{E} + \frac{\sigma_{\text{m}}}{E}\right) = \frac{1-2\mu}{E}\sigma_{\text{m}}$$

代入式(f)得

$$\upsilon_V = \frac{3(1-2\mu)}{2E}\sigma_{\text{m}}^2 = \frac{1-2\mu}{6E}(\sigma_1 + \sigma_2 + \sigma_3)^2 \tag{g}$$

将式(g)和式(c)一并代入式(d)，经过整理得出畸变能密度为

$$\upsilon_d = \frac{1+\mu}{3E}(\sigma_1^2+\sigma_2^2+\sigma_3^2-\sigma_1\sigma_2-\sigma_2\sigma_3-\sigma_3\sigma_1)$$
$$= \frac{1+\mu}{6E}\left[(\sigma_1-\sigma_2)^2+(\sigma_2-\sigma_3)^2+(\sigma_3-\sigma_1)^2\right]$$

# 9.5 基本强度理论

## 9.5.1 强度理论的概念

我们知道在轴向拉压时，构件处于单向应力状态下的强度条件为

$$\sigma = \frac{F_N}{A} \leqslant [\sigma] = \frac{\sigma_0}{n}$$

式中，$\sigma_0$ 为直接由材料实验测得的极限应力，如屈服极限 $\sigma_s$ 或强度极限 $\sigma_b$。

圆轴扭转时，构件处于纯剪切应力状态下，其强度条件为 $\tau = \frac{T}{W_t} \leqslant [\tau]$。但是，工程实际中常遇到一些发生组合变形的构件，其危险点不再处于单向应力状态或纯剪切应力状态。

为了解决这个问题，是否仍和轴向拉伸(压缩)构件一样，直接通过实验来确定复杂应力状态下材料的极限应力呢？这是不可能的。由于对材料进行复杂应力状态下的实验较为复杂，并且主应力 $\sigma_1$、$\sigma_2$ 和 $\sigma_3$ 存在无数个组合，若一一进行实验极为困难，所以不可能直接通过实验来获得复杂应力状态下强度的完整数据。因此，必须寻求解决问题的其他途径。

在生产实践和科学研究中，人们对复杂应力状态下构件和材料的破坏现象进行了大量的观察和深入分析，寻求导致破坏的主要原因，并分别提出了拉应力、拉应变、切应力、变形能等因素达到某一极限值时，为引起材料破坏的主要原因，并且认为，无论单向应力状态还是复杂应力状态，材料的破坏都是由某种同一因素所引起的。然后根据某一主要因素，把复杂应力状态下材料的强度问题与简单拉伸实验结果联系起来，也就是利用简单拉伸实验结果来建立复杂应力状态下构件的强度条件。

对于材料发生破坏的主要原因，人们曾提出了一些不同的假说，那些经过实践检验，在一定范围内成立的假说，通常称为**强度理论**。下面介绍几个常用的强度理论。前面已经提到，材料破坏的基本形式可分为脆性断裂和塑性屈服。相应地，强度理论也分为两类：一类是关于断裂破坏的强度理论，如最大拉应力理论和最大伸长线应变理论；另一类是关于屈服破坏的强度理论，如最大切应力理论和畸变能理论。

## 9.5.2 基本强度理论

### 1. 第一强度理论(最大拉应力强度理论)

这个理论认为，引起材料断裂的主要因素是最大拉应力。即构件危险点处的最大拉应力 $\sigma_{max}=\sigma_1$，达到某一极限值时，就会引起材料的断裂破坏。这个极限值为通过拉伸实验测得的强度极限 $\sigma_b$。于是可得断裂准则

$$\sigma_1 = \sigma_b$$

将 $\sigma_b$ 除以安全系数 $n$ 后，可得材料的许用拉应力 $[\sigma]$。按此理论建立的复杂应力状态下的强度条件为

$$\sigma_1 \leqslant [\sigma] \tag{9.12}$$

实验表明，对于脆性材料如铸铁、砖和岩石等，此理论较为适合。但是，它没有考虑其他主应力 $\sigma_2$ 和 $\sigma_3$ 对材料破坏的影响。

小链接

17 世纪，意大利力学家伽利略基于对脆性材料拉伸和弯曲破坏现象的观察，已经意识到最大拉应力是导致这些材料破坏的主要力学因素。1858 年，英国学者兰金(W.J.M.Rankine)正式提出了这一理论。

### 2. 第二强度理论(最大伸长线应变强度理论)

这个理论认为，引起材料发生脆性断裂的主要因素是最大伸长线应变 $\varepsilon_{\max}$，即在复杂应力状态下构件危险点处的最大伸长线应变 $\varepsilon_{\max}$ 达到简单拉伸实验破坏时的线应变 $\varepsilon_0$ 的数值，材料就发生脆性断裂。假设达到破坏前，材料服从胡克定律，利用式(9.10)计算 $\varepsilon_{\max}$，可得断裂条件

$$\frac{1}{E}\left[\sigma_1 - \mu\left(\sigma_2 + \sigma_3\right)\right] = \frac{\sigma_b}{E}$$

即

$$\left[\sigma_1 - \mu\left(\sigma_2 + \sigma_3\right)\right] = \sigma_b$$

考虑安全系数后，这个强度理论的强度条件为

$$\left[\sigma_1 - \mu\left(\sigma_2 + \sigma_3\right)\right] \leqslant [\sigma] \tag{9.13}$$

此理论对于某些脆性材料，如岩石、混凝土等，其理论值与实验结果大致符合。

小链接

17 世纪，法国科学家马略特(E.Mariotte)在对木材拉伸强度的研究中，已经萌生了最大拉应变理论的基本思想，19 世纪法国力学家圣维南正式提出了这一理论。

### 3. 第三强度理论(最大切应力强度理论)

第三理论认为，使材料发生屈服破坏的主要因素是最大切应力 $\tau_{\max}$，即当构件的最大切应力 $\tau_{\max}$ 达到某一极限值 $\tau_0$ 时，就会引起材料的屈服破坏。复杂应力状态下的最大切应力 $\tau_{\max}$ 可由式(9.9)计算，即

$$\tau_{\max} = \frac{\sigma_1 - \sigma_3}{2}$$

$\tau_0$ 可以通过简单拉伸实验测得，其值为试件屈服应力 $\sigma_s$ 的一半，即

$$\tau_0 = \frac{\sigma_s}{2}$$

于是，破坏条件(又称屈服条件)可表示为

$$\tau_{\max} = \frac{\sigma_1 - \sigma_3}{2} = \frac{\sigma_s}{2} \quad 或 \quad \sigma_1 - \sigma_3 = \sigma_s$$

考虑安全系数后，按此理论所建立的复杂应力状态下的强度条件为

$$\sigma_1 - \sigma_3 \leqslant [\sigma] \tag{9.14}$$

一些实验结果表明，对于塑性材料如低碳钢、铜等，这个理论是适用的，但是它未考虑到中间主应力 $\sigma_2$ 对材料屈服的影响。

小链接

1773 年，法国科学家库仑(C.A.Coulomb)发表了土体的最大切应力准则，1864 年又由屈雷斯卡(H.E.Tresca)提出，所以又叫屈雷斯卡理论。

### 4. 第四强度理论(畸变能密度理论)

此理论不是从应力出发，而是从变形能的角度来建立强度理论。受力构件体积内积蓄了畸变能和体积改变比能。该理论认为，畸变能是引起材料破坏的主要因素。只要构件内部积蓄的畸变能达到某一极限值时，材料就发生屈服破坏。而这个极限值可通过简单拉伸实验求得。复杂应力状态下的畸变能可按下式计算

$$\upsilon_d=\frac{1+\mu}{6E}\left[\left(\sigma_1-\sigma_2\right)^2+\left(\sigma_2-\sigma_3\right)^2+\left(\sigma_3-\sigma_1\right)^2\right]$$

通过简单拉伸实验测得材料的屈服极限 $\sigma_s$ 后，再令 $\sigma_2=\sigma_3=0$ 及 $\sigma_1=\sigma_s$ 代入上式，可得材料屈服时的畸变能，即

$$\frac{1+\mu}{6E}(2\sigma^2)=\frac{1+\mu}{3E}\sigma^2=\frac{1+\mu}{3E}{\sigma_s}^2$$

破坏条件(或称屈服条件)为

$$\frac{1+\mu}{6E}\left[\left(\sigma_1-\sigma_2\right)^2+\left(\sigma_2-\sigma_3\right)^2+\left(\sigma_3-\sigma_1\right)^2\right]=\frac{1+\mu}{3E}{\sigma_s}^2$$

即

$$\sqrt{\frac{1}{2}\left[\left(\sigma_1-\sigma_2\right)^2+\left(\sigma_2-\sigma_3\right)^2+\left(\sigma_3-\sigma_1\right)^2\right]}=\sigma_s$$

再将 $\sigma_s$ 除以安全系数 $n$，可得强度条件为

$$\sqrt{\frac{1}{2}\left[\left(\sigma_1-\sigma_2\right)^2+\left(\sigma_2-\sigma_3\right)^2+\left(\sigma_3-\sigma_1\right)^2\right]}\leqslant[\sigma] \tag{9.15}$$

小链接

畸变能密度准则是由米泽斯(Mises R. von)于 1913 年从修正最大切应力准则出发提出的。1924 年德国的亨基(Hencky H.)从畸变能密度出发对这一准则做了解释，从而形成了畸变能密度准则，这一准则又称为米泽斯准则。

### 5. 莫尔强度理论

这个理论是以各种应力状态下材料的破坏实验结果为依据而建立起来的。它考虑到材料拉伸与压缩强度不等的情况，将最大切应力强度理论加以推广，并利用应力圆进行研究。按材料破坏时主应力 $\sigma_1$、$\sigma_3$ 所作的应力圆(认为中间应力 $\sigma_2$ 不影响材料的强度)，就代表在极限应力状态下的应力圆，并可作出这些应力圆的公共包络线 $AB$，如图 9.18(a)所示。为了工程应用方便起见，常利用简单拉伸和压缩时材料破坏的实验结果，作出两个极限应力圆，将公共包络线近似地用直线来代替，如图 9.18(b)所示。图上 $\sigma_{bt}$ 和 $\sigma_{bc}$ 分别表示简单拉伸和压缩时的强度极限。

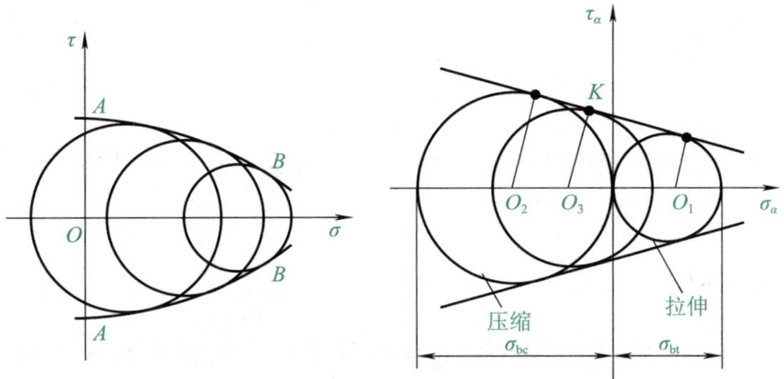


(a)　(b)

图　9.18

莫尔理论认为，材料的破坏主要是某一截面上的切应力达到一定限度，这个切应力与材料本身性质和正应力在破坏面上所造成的摩擦阻力有关。设某种材料在一点处受主应力 $\sigma_1$、$\sigma_2$ 和 $\sigma_3$ 作用，以 $\sigma_1$、$\sigma_3$ 画出的应力圆 $O_3$ 若与直线包络线切于 $K$ 点，则该点处材料将发生破坏。此时，根据图 9.18(b) 上的几何关系，经化简，并引入安全系数，便可得到莫尔强度理论的强度条件为

$$\sigma_1-\frac{[\sigma_t]}{[\sigma_c]}\sigma_3\leqslant[\sigma] \tag{9.16}$$

实验表明，对于拉伸与压缩强度不等的脆性材料如岩石等，此理论能给出比较满意的结果。对于拉伸与压缩强度相等的塑性材料，式(9.16)即变为式(9.14)。由此可知，最大切应力理论可看成莫尔理论的特殊情况。莫尔理论也未考虑到中间主应力 $\sigma_2$ 对破坏的影响。

**小链接**

库仑于 1773 年提出了该理论的雏形，德国土木工程师莫尔进行了发展和完善，于 1900 年提出此强度理论。

### 9.5.3　相当应力

前面已介绍了常用强度理论的强度条件，即式(9.12)～式(9.16)，各式的左边是按不同强度理论得出的主应力综合值，称为**相当应力**，并用 $\sigma_r$ 表示。5 个强度理论的相当应力分别为

$$\begin{cases}\text{最大拉应力强度理论：} & \sigma_{r1}=\sigma_1\\ \text{最大拉应变强度理论：} & \sigma_{r2}=\sigma_1-\mu(\sigma_2+\sigma_3)\\ \text{最大切应力强度理论：} & \sigma_{r3}=\sigma_1-\sigma_3\\ \text{最大畸变能强度理论：} & \sigma_{r4}=\sqrt{\frac{1}{2}\left[(\sigma_1-\sigma_2)^2+(\sigma_2-\sigma_3)^2+(\sigma_3-\sigma_1)^2\right]}\\ \text{莫尔强度理论：} & \sigma_{rM}=\sigma_1-\frac{[\sigma_t]}{[\sigma_c]}\sigma_3\end{cases} \tag{9.17}$$

复杂应力状态下构件的强度条件有两种形式：

一种为应力形式，即

$$\sigma_r\leqslant[\sigma] \tag{9.18}$$

另一种为安全系数形式，即

$$n=\frac{\sigma_0}{\sigma_r}\geqslant[n] \tag{9.19}$$

式中，$\sigma_0$ 为简单拉伸实验测得的材料的极限应力 $\sigma_s$ 或 $\sigma_b$；$n$ 为计算得到的工作安全系数；$[n]$ 为规定的安全系数。

### 9.5.4 强度理论的选用

一般来说，处于复杂应力状态并在常温和静载条件下的脆性材料，多发生断裂破坏，所以通常采用最大拉应力强度理论，或最大拉应变强度理论，或莫尔强度理论。塑性材料多发生屈服破坏，所以采用最大切应力强度理论，或畸变能强度理论；前者表达式比较简单，后者用于设计较为经济的截面尺寸。

根据材料来选择相应的强度理论，在多数情况下是合适的。但是，材料的脆性或塑性还与应力状态有关。如三向等值或者近似等值拉伸及三向等值或者近似等值压缩应力状态，材料将会产生不同的破坏形式。因此，也要注意到少数特殊情况下，还应根据可能发生的破坏形式和应力状态来选择适宜的强度理论，对构件进行强度计算。例如，在三向等值或者近似等值拉伸应力状态情况下，不论脆性材料还是塑性材料，都应该采用最大拉应力强度理论或莫尔强度理论；在三向等值或者近似等值压缩应力状态的情况下，不论脆性材料还是塑性材料，都应采用最大切应力强度理论或畸变能强度理论。此外，如铸铁这类脆性材料，在平面拉伸应力状态的情况下，以及在平面拉伸压缩应力状态且拉应力较大的情况下，宜采用最大拉应力强度理论；而在平面拉伸压缩应力状态且压应力较大的情况下，宜采用莫尔强度理论，或最大伸长线应变强度理论。

## 思　考　题

**9-1** 什么叫一点处的应力状态？为什么要研究一点处的应力状态？应力状态的研究方法是什么？

**9-2** 什么叫主平面和主应力？主应力与正应力有什么区别？

**9-3** 对于一个单元体，在最大正应力所作用的平面上有无切应力？在最大切应力所作用的平面上有无正应力？

**9-4** 有一梁如图所示，图中给出了单元体 $A$、$B$、$C$、$D$ 和 $E$ 的应力状态。试指出并改正各单元体上所给应力的错误。

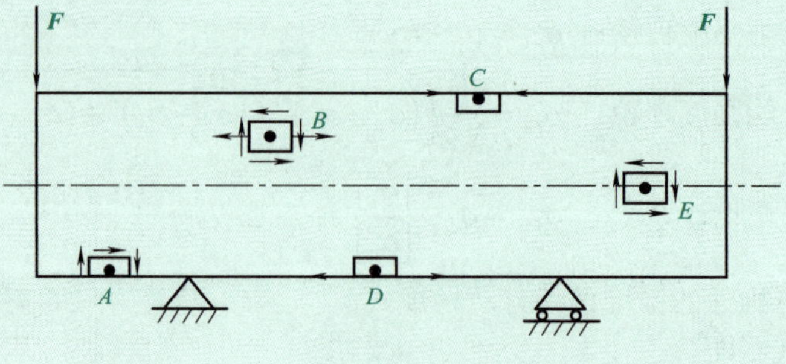


思考题 9-4 图

9-5　单元体与应力圆存在什么样的对应关系？

9-6　图中的(a)、(b)和(c)应力圆，分别表示什么应力状态？

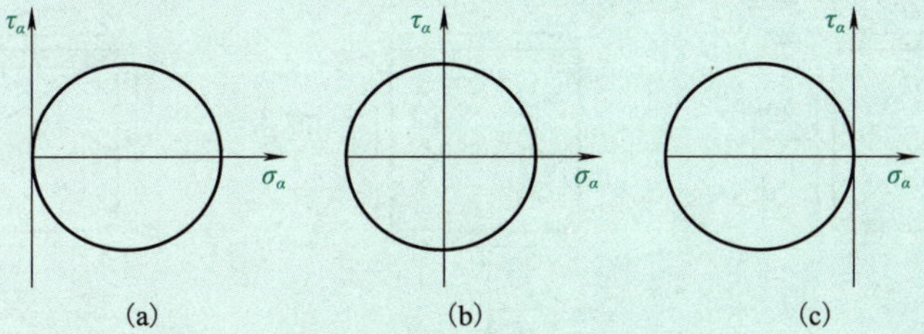


思考题 9-6 图

9-7　试用应力圆说明以下结论：(1)切应力互等定理；(2)主应力是正应力的极大值和极小值；(3) $\tau_{max}$ 所在平面与主平面呈 45°。

9-8　广义胡克定律的适用条件是什么？

9-9　材料破坏的基本形式是什么？低碳钢和铸铁在拉伸和压缩时的破坏形式有何不同？

9-10　应力状态对材料的破坏形式有什么影响？三向等值拉伸和三向等值压缩应力状态，都使材料产生什么样的破坏形式？

9-11　一根实心圆截面粉笔受扭转作用如图(a)所示，一受载的钢筋混凝土梁如图(b)所示，试分析其破坏面存在什么应力?并用应力状态理论结合材料的特性，解释所发生的破坏现象。

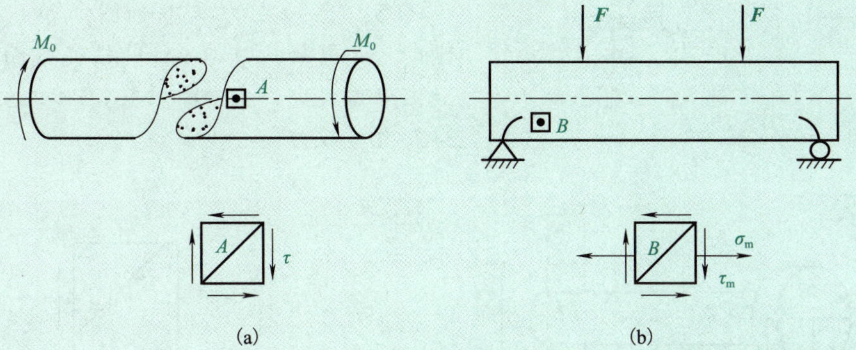


思考题 9-11 图

9-12　自来水管在冬季结冰时，常因受内压力而膨胀；而水管内的冰也受到大小相等、方向相反的压力作用，为什么冰就不破坏呢？试从应力状态进行解释。

9-13　为什么要提出强度理论？常用的强度理论有哪几种？它们的适用范围如何？

## 习　题

9.1　一拉伸试件，直径 $d = 20\,\text{mm}$，当在 45° 斜截面上的切应力 $\tau = 150\text{MPa}$ 时，其表面上将出现滑移线。试求此时试件的拉力 $F$ 。

**9.2** 已知单元体的应力状态如题 9.2 图(a)、(b)、(c)所示，试求指定斜截面上的应力。

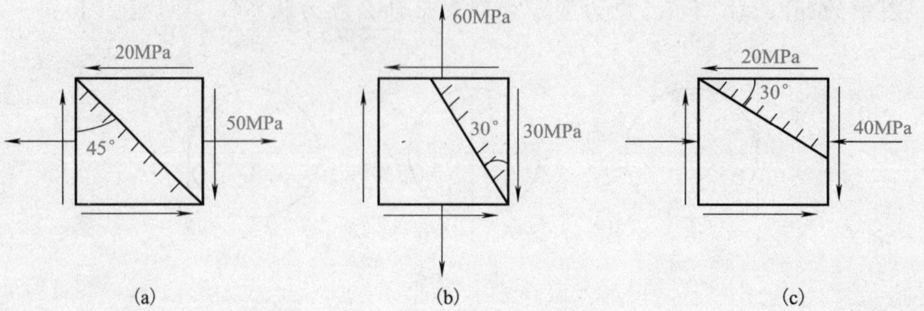


习题 9.2 图

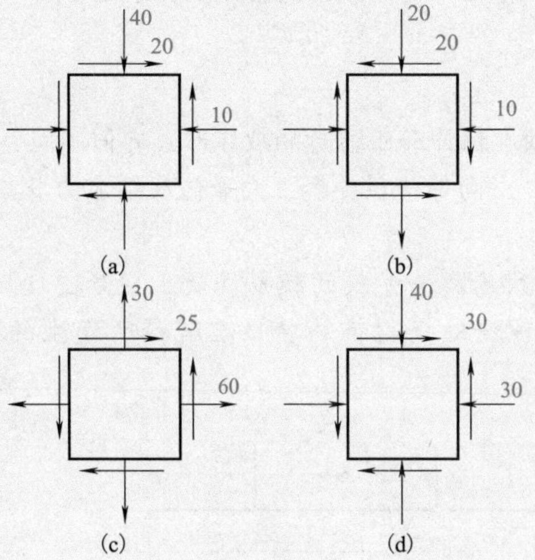


习题 9.3 图

**9.3** 已知单元体的应力状态如题 9.3 图(a)、(b)、(c)和(d)所示(应力单位是 MPa)。试用解析法和应力圆求：(1)主应力值和主平面位置，并画在单元体上；(2)最大切应力值。

**9.4** 圆轴如题 9.4 图所示，右端横截面上的最大弯曲正应力为 40MPa，最大扭转切应力为 30MPa，由于剪力引起的最大切应力为 6MPa。试求：(1)画出 $A$、$B$、$C$ 和 $D$ 点处单元体；(2)用应力圆和解析法求 $A$ 点的主应力值及最大切应力值。

**9.5** 已知应力状态如图所示(应力单位为 MPa)。试用解析法求：(1)指定截面上的应力；(2)主应力大小、主平面位置(在单元体上绘出)；(3)最大剪应力。

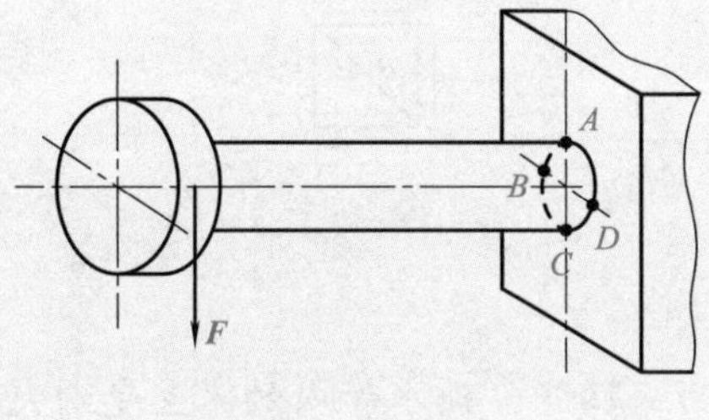


习题 9.4 图

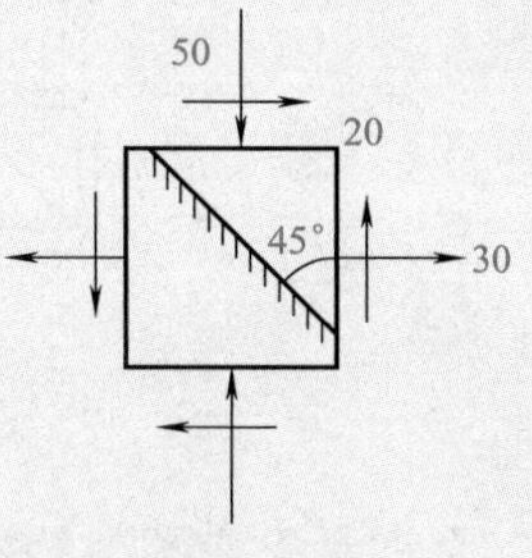


习题 9.5 图

**9.6** 矩形截面钢块，紧密地夹在两块固定刚性厚板之间，受压力 $F$ 的作用，如题 9.6 图所示。已知 $a = 30\,\text{mm}$，$b = 20\text{mm}$，$l = 60\,\text{mm}$，$F = 100\,\text{kN}$，板所受压力 $F_1 = 45\,\text{kN}$，钢的弹性模量 $E = 200\,\text{GPa}$。试求钢块的缩短 $\Delta l$ 及泊松比 $\mu$。

**9.7** 直径 $D = 20\,\text{mm}$ 的钢制圆轴，两端受外力偶矩 $M_T$ 的作用，现用变形仪测得圆轴截面上与母线成 45° 方向的应变 $\varepsilon_{-45°} = 5.2\times10^{-4}$，如题 9.7 图所示。若钢的弹性模量和泊松比分别为 $E = 200\,\text{GPa}$，$\mu = 0.3$，试求圆轴所承受的外力偶矩 $M_T$ 的值。

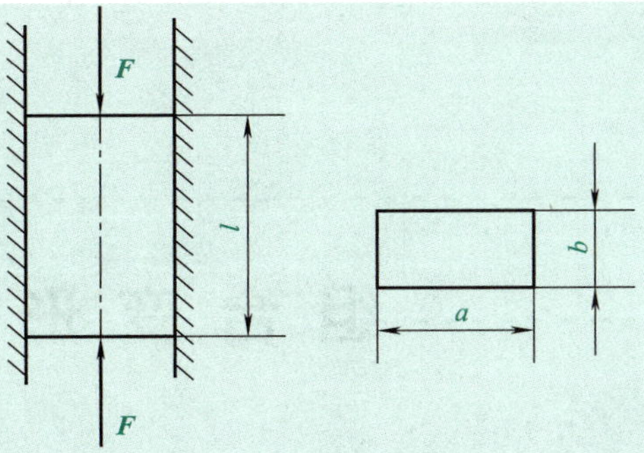


习题 9.6 图

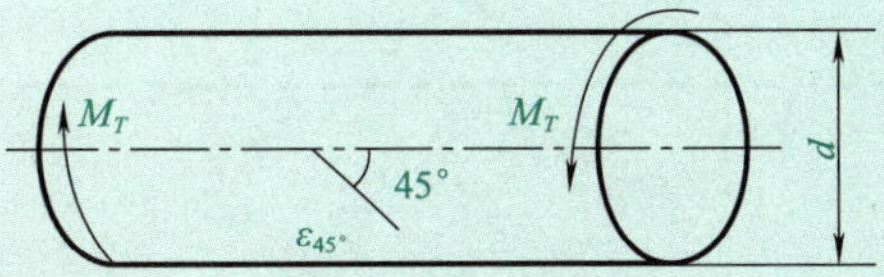


习题 9.7 图

9.8　在矩形截面钢拉伸试样的轴向拉力 $F$=20kN 时，测得试样中段 $B$ 点处与其轴线成 30° 方向的线应变为 $\varepsilon_{30°}=3.25\times10^{-4}$。已知材料的弹性模量 $E=200$ GPa，试求泊松比 $\mu$。

9.9　两块楔形材料，黏合成正立方体，如果黏合处的拉应力大于 1.5MPa 就会分裂。若 $\sigma_x=0.8$MPa，$\tau=0.5$MPa，问 $\sigma_y$ 的最大值可为多少？

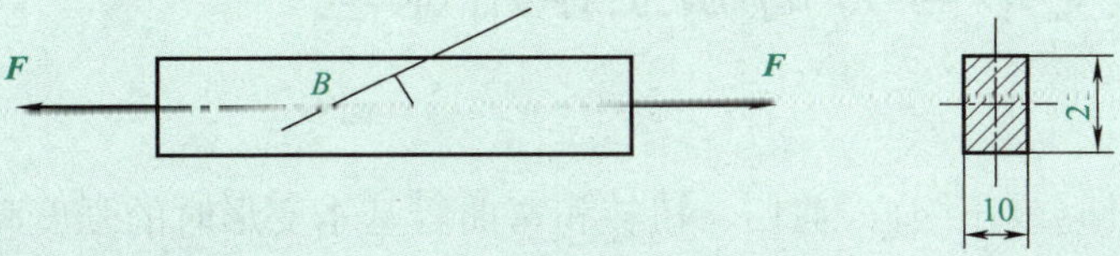


习题 9.8 图

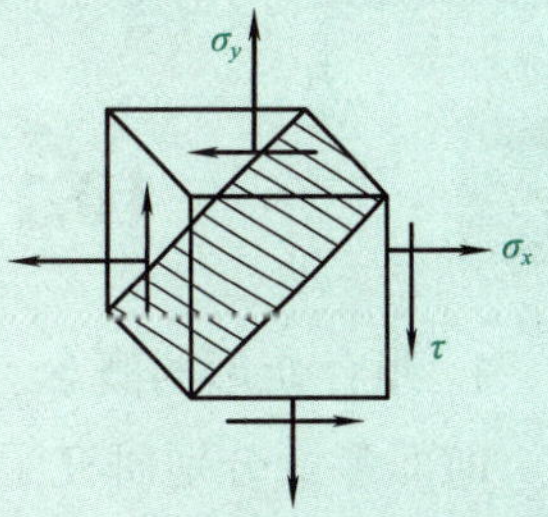


习题 9.9 图

9.10　有一低碳钢构件，已知许用应力 $[\sigma]=120$ MPa，试选择合适的强度理论校核构件的强度。危险点处主应力分别如下：

(1) $\sigma_1=-50$ MPa；$\sigma_2=-70$ MPa；$\sigma_3=-160$ MPa；

(2) $\sigma_1=60$ MPa；$\sigma_2=0$ MPa；$\sigma_3=-50$ MPa；

9.11　写出图示(a)、(b)各应力状态的四种常用强度理论及莫尔强度理论的相当应力。设 $\mu=0.25$，$[\sigma_t]/[\sigma_c]=1/4$。

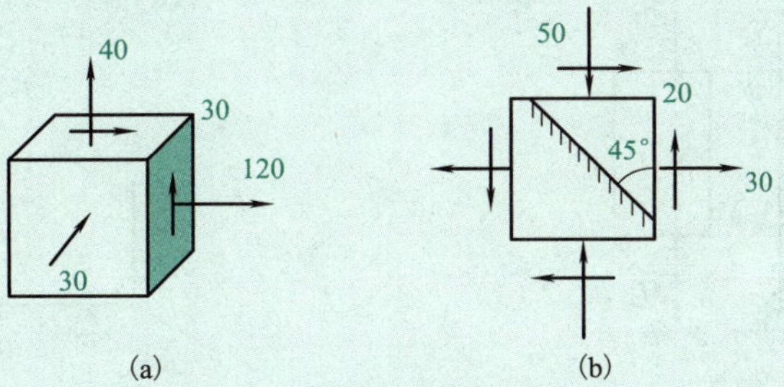


习题 9.11 图

# 第 10 章

# 组合变形

工程中的构件往往承受复杂载荷，同时发生两种或两种以上基本变形，这就是组合变形。对组合变形构件进行强度计算时，首先计算不同类型载荷的内力，通过内力图，确定可能的危险面；再根据危险面的应力分布，找到危险点，并绘出危险点的应力单元体；最后分析危险点的应力状态，计算危险点的主应力，并选择合适的强度理论进行强度计算。本章主要介绍拉伸(压缩)与弯曲组合、圆轴扭转与弯曲组合的强度计算。

## 10.1 组合变形与力的独立作用原理

### 1. 组合变形的概念

前面各章分别研究了构件在拉伸(或压缩)、剪切、扭转和弯曲等基本变形时的强度和刚度问题。在工程实际问题中，还有许多构件在外力作用下将产生两种或两种以上的基本变形的组合情况。例如，图 10.1 中的机架立柱在 $F$ 力作用下将同时产生拉伸与弯曲的组合变形；图 10.2 中所示的传动轴在传动带轮张力 $F_T$ 和外力偶矩 $M_0$ 作用下将同时产生弯曲与扭转的组合变形等。

图 10.1 和图 10.2 中的构件在外力作用下同时产生两种或两种以上基本变形的情况称为组合变形。

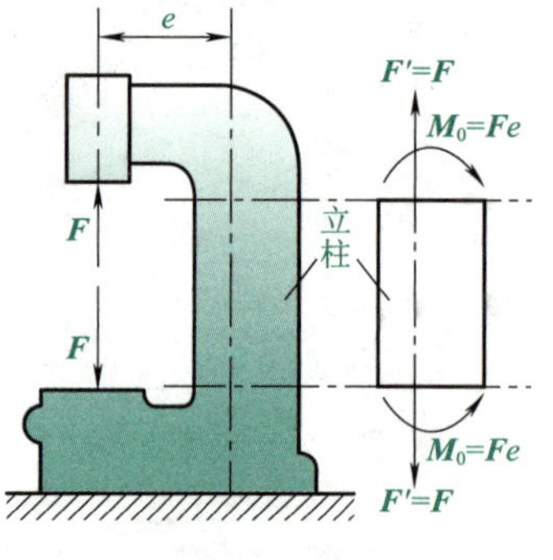


图 10.1

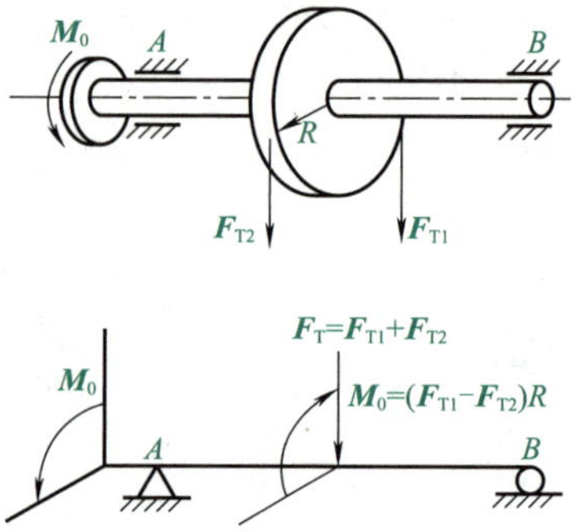


图 10.2

### 2. 力的独立作用原理

对组合变形的构件进行应力计算时，如果杆件处于线弹性变形范围内，而且变形很小以致可按原有几何关系分析其内力、应力、应变，则任意载荷在杆内引起的内力、应力、应变不受其他载荷的影响，或影响很小忽略不计。这样，针对组合变形问题，可以采用叠加原理进行计算。即当杆处于组合变形时，首先，将组合变形分解成若干个基本变形；然后，计算杆件相应于每种基本变形的横截面的内力、任一点的应力和应变等；最后，将所得结果叠加，即得杆件组合变形时的横截面的内力、任一点的应力和应变等。

## 10.2 拉伸(压缩)与弯曲的组合变形

拉伸(压缩)与弯曲的组合变形，是工程实际中常见的组合变形情况。现以矩形截面梁为例说明其应力的分析方法。

设一悬臂梁如图 10.3(a)所示，外力 $F$ 位于梁的纵向对称面 $Oxy$ 内且与梁的轴线 $x$ 成一角度 $\varphi$。

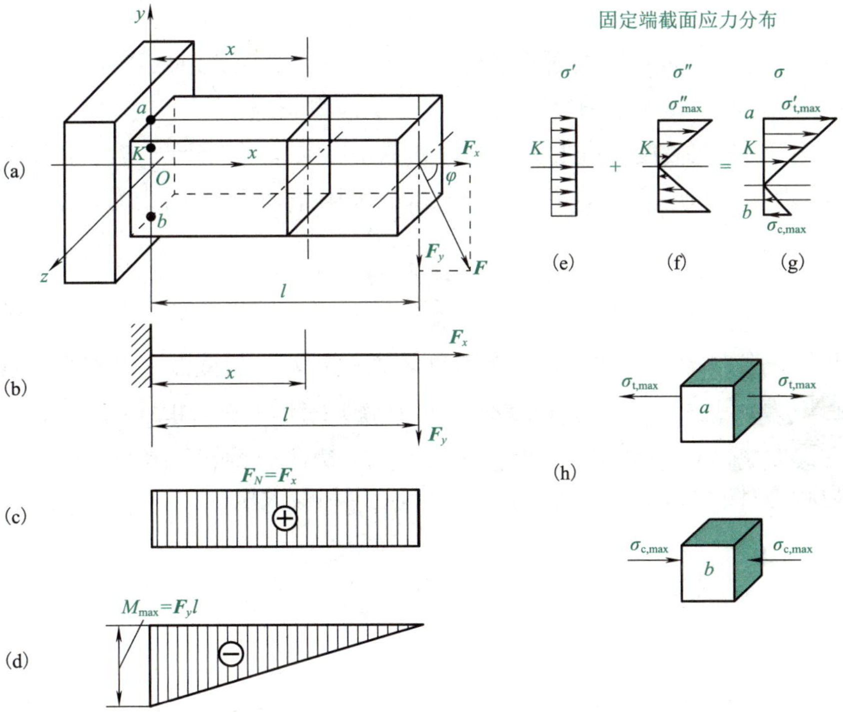


图 10.3

### 1. 外力分析

将外力 $F$ 沿 $x$ 轴和 $y$ 轴方向分解，可得两个分力 $F_x$ 和 $F_y$，如图 10.3(b)所示，即

$$F_x = F\cos\varphi, \qquad F_y = F\sin\varphi$$

其中，分力 $F_x$ 为轴向拉力，在此力单独作用下将使梁产生轴向拉伸，在任一横截面上的轴力 $F_{Nx}$ 为常量，其值为

$$F_{Nx} = F_x = F\cos\varphi$$

横向力 $F_y$ 将使梁在纵向对称面内产生平面弯曲，在距左端为 $x$ 的截面上，其弯矩为

$$M_x = -F_y(l-x)$$

于是，梁的变形为轴向拉伸和平面弯曲的组合。

### 2. 内力分析

图 10.3(c)、(d)所示为分力 $F_x$、$F_y$ 单独作用下梁的轴力图和弯矩图(剪力略去)。由图可见，固定端截面是危险截面，在此截面上的轴力和绝对值最大的弯矩分别为

$$F_{Nx}=F\cos\varphi\,,\qquad M_{\max}=F_y l$$

### 3. 应力分析

在危险截面上的各点处与轴力 $F_{Nx}$ 相对应的拉伸正应力 $\sigma'$ 是均匀分布的，其值为

$$\sigma'=\frac{F_N}{A}$$

而在危险截面上各点处与弯矩 $M_{\max}$ 相对应的弯曲正应力 $\sigma''$ 是按线性分布的，其值为

$$\sigma''=\frac{M_{\max}y}{I_z}$$

应力 $\sigma'$ 和 $\sigma''$ 的正、负号可根据变形情况直接确定。拉应力时取正号，压应力时取负号，如图 10.3(a)中的 $K$ 点，其 $\sigma'$、$\sigma''$ 均为拉应力，故应取正号。

应力 $\sigma'$、$\sigma''$ 沿截面高度方向的分布规律如图 10.3(e)、(f)所示。若将危险截面上任一点处的两个正应力 $\sigma'$、$\sigma''$ 叠加，可得在外力 $F$ 作用下危险截面上任一点处总的应力为 $\sigma=\sigma'+\sigma''$，或

$$\sigma=\frac{F_N}{A}+\frac{M_z y}{I_z} \tag{10.1}$$

式(10.1)表明：正应力 $\sigma$ 是距离 $y$ 的一次函数，故正应力 $\sigma$ 沿截面高度按直线规律变化。如果最大弯曲正应力 $\sigma''_{\max}$ 大于拉伸正应力 $\sigma'$，应力叠加结果如图 10.3(g)所示。显然，中性轴向下平移了一段距离，危险点位于梁固定端的上、下边缘处(如图 10.3(a)中的 $a$、$b$ 两点处)且为单向应力状态(图 10.3(h))，其最大拉应力 $\sigma_{t,\max}$ 和最大压应力 $\sigma_{c,\max}$ 分别为

$$\sigma_{t,\max}=\frac{F_N}{A}+\frac{M_{\max}y_1}{I_z} \tag{10.2}$$

$$\sigma_{c,\max}=\frac{F_N}{A}-\frac{M_{\max}y_2}{I_z} \tag{10.3}$$

当轴向分力 $F_x$ 为压力时，式(10.2)和式(10.3)中等号右边第一项均应冠以负号。

### 4. 强度计算

拉伸(压缩)与弯曲组合时的强度计算有以下两种情况。

(1)对抗拉、抗压强度相同的塑性材料，如低碳钢等，可只验算构件上的应力绝对值最大处的强度。其强度条件为

$$\sigma_{\max}=\left|\pm\frac{F_N}{A}\pm\frac{M_{\max}}{W_z}\right|\leqslant[\sigma] \tag{10.4}$$

(2)对抗拉、抗压强度不同的脆性材料，如铸铁、混凝土等应分别验算构件上的最大拉应力和最大压应力的强度，即

$$\left.\begin{aligned}\sigma_{\mathrm{t,max}}&=\left|\pm\frac{F_{\mathrm{N}}}{A}+\frac{M_{\max}y_1}{I_z}\right|\leqslant[\sigma_{\mathrm{t}}]\\ \sigma_{\mathrm{c,max}}&=\left|\pm\frac{F_{\mathrm{N}}}{A}-\frac{M_{\max}y_2}{I_z}\right|\leqslant[\sigma_{\mathrm{c}}]\end{aligned}\right\}\qquad(10.5)$$

**【例 10.1】** $AB$ 梁的横截面为正方形，其边长 $a=100\mathrm{mm}$，受力及长度尺寸如图 10.4(a)所示。若已知 $F=3\mathrm{kN}$，材料的拉、压许用应力相等，且 $[\sigma]=10\mathrm{MPa}$，试校核梁的强度。

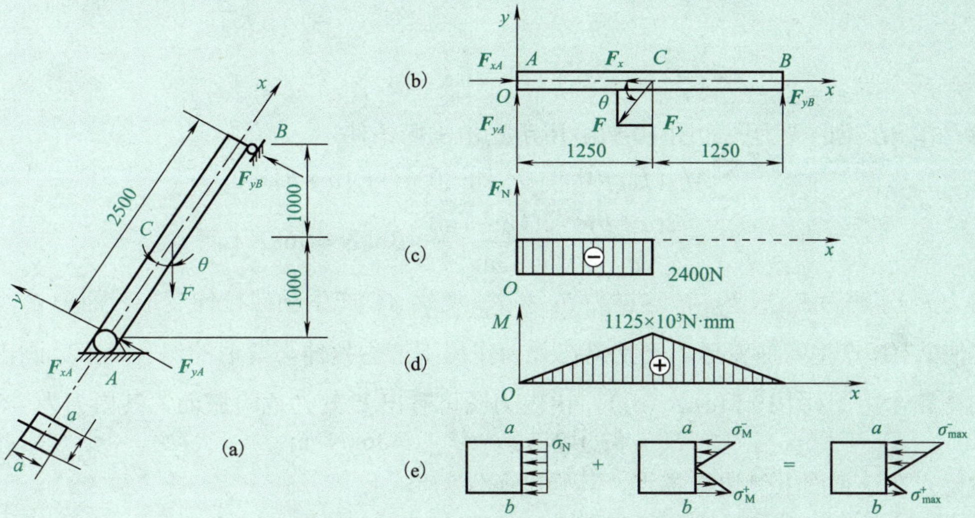


图 10.4

**解**：画出 $AB$ 梁的受力图(图 10.4(b))，将外力 $F$ 沿 $x$、$y$ 轴方向分解，得

$$F_x=F\cos\theta=3\mathrm{kN}\times\frac{1000}{1250}=2.4\mathrm{kN}$$

$$F_y=F\sin\theta=3\mathrm{kN}\times\frac{\sqrt{1250^2-1000^2}}{1250}=1.8\mathrm{kN}$$

在轴向力 $F_{xA}$ 和 $F_x$ 作用下，梁 $AC$ 段产生轴向压缩，轴力图如图 10.4(c)所示；在横向力 $F_{yA}$、$F_{yB}$、$F_y$ 作用下，梁产生对称弯曲，弯矩图如图 10.4(d)所示。于是，梁 $AC$ 段承受压缩与弯曲的组合变形，由内力图可以看出，$C$ 截面为危险截面，其内力为

$$F_{\mathrm{N}}=-2.4\mathrm{kN},\qquad M_{\max}=1125\ \mathrm{kN\cdot m}$$

计算后得出截面面积 $A=1.0\times10^4\mathrm{mm}^2$，抗弯截面模量 $W_z=\dfrac{100\times100^2}{6}\mathrm{mm}^3$。由于材料的拉、压许用应力相等，且 $F_{\mathrm{N}}$ 为压力。按式(10.5)进行强度计算，得

$$|\sigma_{\mathrm{c,max}}|=\left|-\frac{F_{\mathrm{N}}}{A}-\frac{M_{\max}}{W_z}\right|=\left|\frac{-2.4\times10^3}{1.0\times10^4}-\frac{1125\times10^3}{\dfrac{100\times100^2}{6}}\right|=6.99\mathrm{MPa}<[\sigma]$$

故梁是安全的。

**【例 10.2】** 图 10.5 所示为一起重支架。已知：$F=36\mathrm{kN}$，$AB$ 梁材料的许用应力 $[\sigma]=140\mathrm{MPa}$，试选择槽钢型号。

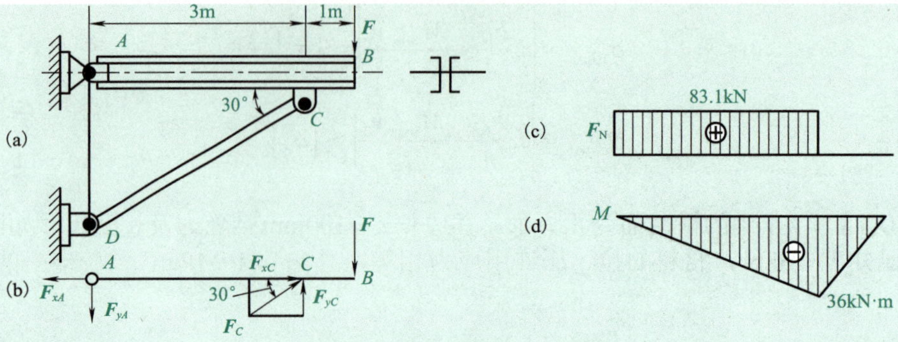


图 10.5

**解**：作 $AB$ 梁的受力图如图 10.5(b)所示。由平衡条件

$$\sum M_A(F)=0,\quad F_C\sin30°a-F(a+b)=0$$

得

$$F_C=\frac{2(a+b)}{a}=\frac{2(3\text{m}+1\text{m})}{3\text{m}}\times36\text{kN}=96\text{kN}$$

将力 $F_C$ 分解为 $F_{xC}$、$F_{yC}$，这样力 $F_{xA}$ 和 $F_{xC}$ 使梁 $AC$ 产生轴向拉伸变形，而力 $F_{yA}$、$F$ 和 $F_{yC}$ 将使梁 $AB$ 产生弯曲变形，于是梁在外力作用下产生拉伸与弯曲的组合变形。画出梁 $AB$ 的轴力图和弯矩图(图 10.5(c)、(d))，由内力图可看出 $C$ 处为危险截面，其内力为

$$F_{\text{N}}=83.1\text{kN},\quad M_{\max}=36\text{kN}\cdot\text{m}$$

危险点在该截面上侧边缘各点，其强度条件为

$$\sigma_{\max}=\frac{F_{\text{N}}}{A}+\frac{M_{\max}}{W_z}=\left(\frac{83.1\times10^3}{A}+\frac{36\times10^6}{W_z}\right)\text{MPa}\leqslant[\sigma]$$

因上式中有两个未知量 $A$ 和 $W_z$，可以使用试凑法求解。考虑到弯曲正应力大于拉压正应力，计算时可先只考虑弯曲变形求得 $W_z$，然后再进行校核。由

$$\frac{M_{\max}}{W_z}=\frac{36\times10^6}{W_z}\text{MPa}\leqslant140\text{MPa}$$

得

$$W_z\geqslant\frac{36\times10^6}{140}\text{mm}^3=257\times10^3\text{mm}^3=257\text{cm}^3$$

查型钢表，选两根 No18A 槽钢，$W_z=141\times2\text{cm}^3=282\text{cm}^3$，其相应的截面面积为 $A=25.7\times2\text{cm}^2=51.4\text{cm}^2$，校核强度得

$$\sigma_{\max}=\frac{83.1\times10^3\text{N}}{51.4\times10^2\text{mm}^2}+\frac{36\times10^6\text{N}\cdot\text{mm}}{282\times10^3\text{mm}^3}=143\text{MPa}>[\sigma]=140\text{MPa}$$

在工程问题中，如果最大工作应力 $\sigma_{\max}$ 略高于$[\sigma]$，但超出的部分不足$[\sigma]$的 5%，工程上一般是许可的，故选取两根 No18A 槽钢可以。若 $\sigma_{\max}$ 与$[\sigma]$相差较大，则应重新选择钢型，并再进行强度校核。

在工程实际中，某些构件所受外力的作用线与轴线平行，但不通过横截面的形心，这种情况通常称为偏心拉伸(压缩)，它实际上是拉伸(压缩)与弯曲组合变形的另一种形式。现通过例题来说明这类问题的计算。

**【例 10.3】** 图 10.6(a)所示为一压力机，机架由铸铁制成，许用拉应力$[\sigma_{\text{t}}]=35\text{MPa}$，许用压应力$[\sigma_{\text{c}}]=140\text{MPa}$，已知最大压力 $F=1400\text{kN}$，立柱横截面的几何性质为：$y_C=200\text{mm}$，$h=700\text{mm}$，$A=1.8\times10^5\text{mm}^2$，$I_z=8.0\times10^9\text{mm}^4$。试校核该立柱的强度。

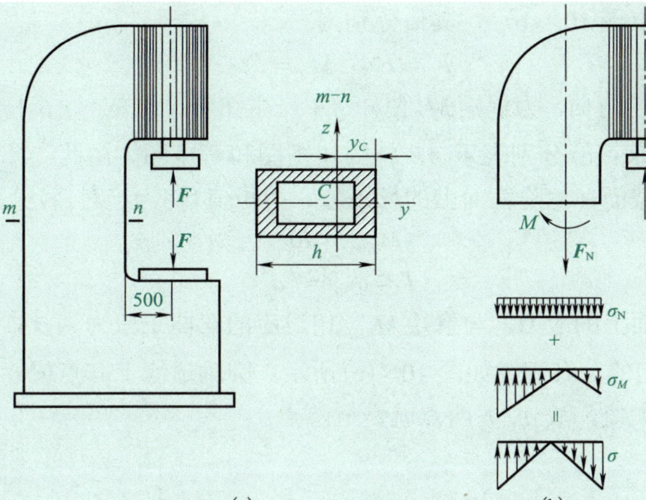


(a) (b)

图 10.6

**解**：用 *mn* 平面将立柱截开，取上半部分为研究对象，由平衡条件可知，在 *mn* 平面上既有轴力 $F_N$，又有弯矩 $M$（图 10.6(b)），故为拉弯组合变形，其轴力和弯矩的值分别为

$$F_N = F = 1400\text{kN}$$

$$M = F(500 + y_C) = 1400 \times (500 + 200)\text{mm} = 980 \times 10^3 \text{kN}\cdot\text{mm}$$

立柱各横截面上的内力相等。横截面上应力 $\sigma_N$ 均匀分布，$\sigma_M$ 线性分布，总应力 $\sigma$ 由两部分叠加。最大拉应力在截面内侧面边缘处，其值为

$$\sigma_{t,\max} = \sigma_N + \sigma_M = \frac{F_N}{A} + \frac{My_C}{I_z} = \left(\frac{1400\times10^3}{1.8\times10^5} + \frac{980\times10^6\times200}{8\times10^9}\right)\text{MPa}$$

$$= 32.3\text{MPa} < [\sigma_t]$$

最大压应力在截面外侧边缘处，其值为

$$|\sigma_{c,\max}| = |\sigma_N - \sigma_M| = \left|\frac{F_N}{A} - \frac{M(h-y_C)}{I_z}\right|$$

$$= \left|\frac{1400\times10^3}{1.8\times10^5} - \frac{980\times10^6(700-200)}{8\times10^9}\right|\text{MPa}$$

$$= 53.5\text{MPa} < [\sigma_c]$$

故立柱满足强度要求。

## 10.3 弯曲与扭转组合变形

机械中的传动轴、曲柄轴等构件受到外力或者外力偶矩作用发生扭转变形时，还经常伴随着弯曲变形，这是机械工程中最为重要的组合变形情况之一。

本节主要以圆截面曲拐轴 $ABC$（图 10.7(a)）为例，说明弯曲与扭转组合变形时的强度计算方法。分析外力作用时，在不改变构件内力和变形的前提下，可以用等效力系来代替原力系的作用。因此，在研究 $AB$ 杆时，可以将作用于曲拐轴 $C$ 面上的力 $F$ 向 $B$ 面平移，得一力 $F'$

和一力矩为 $M_o$ 的力偶(图 10.7(b))，其值分别为

$$F' = F\ ,\quad M_0 = Fa$$

力 $F'$ 使杆 $AB$ 产生弯曲，力偶矩 $M_0$ 使杆 $AB$ 产生扭转。于是，$AB$ 杆产生弯曲与扭转的组合变形。图 10.7(c)、(d)分别表示 $AB$ 杆的扭矩图和弯矩图。由此二图可判断，固定端截面内力最大，是危险截面，危险截面上的弯矩值、扭矩值(均为绝对值)分别为

$$M_{max} = Fl$$

$$T = M_0 = Fa$$

下面分析危险截面上的应力。与弯矩 $M_{max}$ 相对应的弯曲正应力为 $\sigma$，与扭矩 $T$ 相对应的扭转切应力为 $\tau$，它们的分布规律如图 10.7(e)所示。圆轴边缘上 $a$ 点或 $b$ 点处弯曲正应力和扭转切应力同时为最大值，故 $a$、$b$ 两点就是危险点。

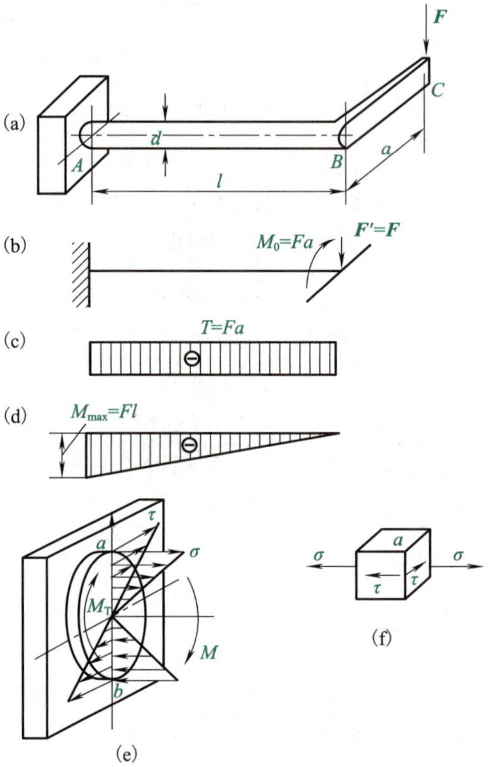


图 10.7

对于塑性材料制成的杆件，因其拉、压许用应力相同，故强度计算时可只校核其中一点(如 $a$ 点)即可。为此，从 $a$ 点处取一单元体，作用在该单元体各面上的应力如图 10.7(f)所示。现将 $a$ 点的 $\sigma$、$\tau$ 值代入式(9.4)中可求出该点的主应力。知道了主应力后，就可按强度理论的强度条件进行强度计算。如用最大切应力理论，可由式(9.14)得出强度条件为

$$\sigma_{r3} = \sigma_1 - \sigma_3 \leqslant [\sigma] \quad 或 \quad \sigma_{r3} = \sqrt{\sigma^2 + 4\tau^2} \leqslant [\sigma] \tag{10.6}$$

现将应力 $\sigma = \dfrac{M}{W}$ 和 $\tau = \dfrac{T}{W_t}$ 代入式(10.6)，并考虑到圆截面杆的 $W_t = 2W$，于是又可得到以弯矩 $M$、扭矩 $T$ 和抗弯截面系数 $W$ 表示的强度条件为

$$\sigma_{r3}=\frac{\sqrt{M^2+T^2}}{W}\leqslant[\sigma] \tag{10.7}$$

根据畸变能密度理论(第四强度理论)，经过和上面相仿的步骤后，可得强度条件为

$$\sigma_{r4}=\sqrt{\sigma^2+3\tau^2} \tag{10.8}$$

对圆截面杆则为

$$\sigma_{r4}=\frac{\sqrt{M^2+0.75T^2}}{W}\leqslant[\sigma] \tag{10.9}$$

式(10.7)、式(10.9)同样适用于空心圆轴。

对于拉伸(或压缩)与扭转组合变形情况(图 10.8)，由于危险点处的应力状态与弯扭组合变形时完全相同。因此，只要把拉伸(或压缩)正应力代入式(10.7)或式(10.9)中就得出其相应的强度条件为

$$\sigma_{r3}=\sqrt{\left(\frac{F_N}{A}\right)^2+4\left(\frac{T}{W_t}\right)^2}\leqslant[\sigma] \tag{10.10}$$

$$\sigma_{r4}=\sqrt{\left(\frac{F_N}{A}\right)^2+3\left(\frac{T}{W_t}\right)^2}\leqslant[\sigma] \tag{10.11}$$

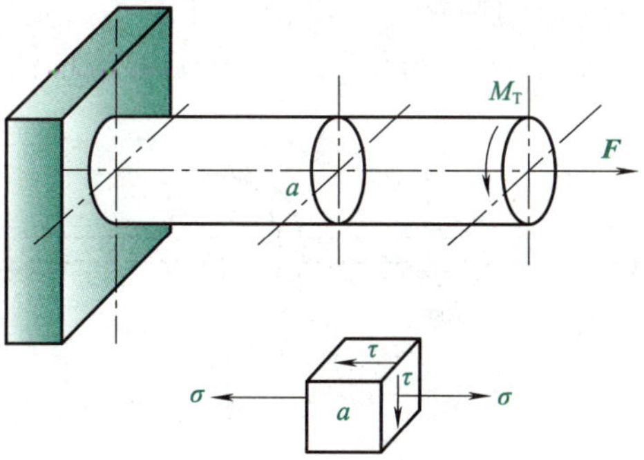


图 10.8

【例 10.4】 图 10.9(a)所示的传动轴由电动机带动，轴长$l=1.2\text{m}$，中间安装一带轮，重力$G=5\text{kN}$，半径$R=0.6\text{m}$，皮带紧边张力$F_1=6\text{kN}$，松边张力$F_2=3\text{kN}$。如轴直径$d=100\text{mm}$，材料的许用应力$[\sigma]=100\text{MPa}$，试按第三理论校核轴的强度。

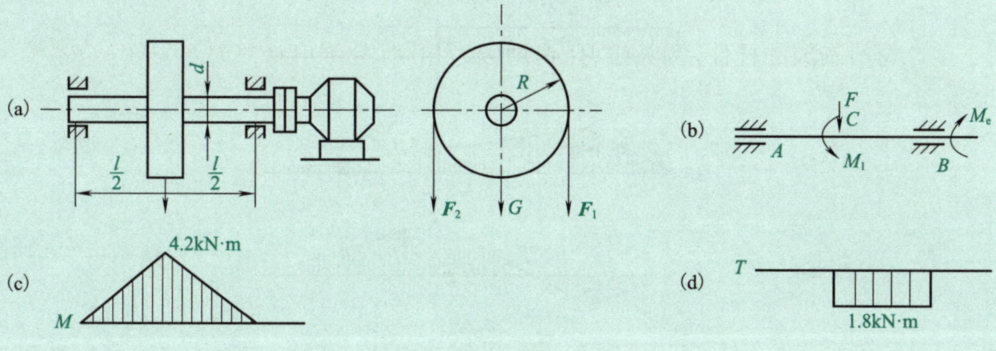


图 10.9

**解：**(1)外力分析。

作用在带轮上的皮带拉力 $\boldsymbol{F}_1$ 和 $\boldsymbol{F}_2$ 向轴线简化(图 10.9(b))，传动轴受铅垂力为

$$F = G + F_1 + F_2 = (5 + 6 + 3)\text{k N} = 14\text{kN}$$

此力使轴在铅垂面内产生弯曲变形。

传动轴受皮带张力的外力矩为

$$M_e' = F_1 R - F_2 R = 6 \times 0.6 - 3 \times 0.6 = 1.8\text{kN} \cdot \text{m}$$

此力偶矩与电动机传给轴的外力偶矩 $M_e$ 相平衡，使轴产生扭转变形，故此轴产生弯扭组合变形。

(2)内力分析。

分别作出轴的弯矩图和扭矩图(图 10.9(c)、(d))，由内力图可以判断 $C$ 截面为危险截面，$C$ 截面上的 $M_{\max}$ 和 $T$ 分别为

$$M_{\max} = 4.2\text{kN} \cdot \text{m}, \qquad T = M_e = 1.8\text{kN} \cdot \text{m}$$

(3)强度计算按第三强度理论校核，得

$$\sigma_{r3} = \frac{\sqrt{M^2 + T^2}}{W} = \frac{\sqrt{\left(4.2\text{kN} \cdot \text{m} \times 10^6\right)^2 + \left(1.8\text{kN} \cdot \text{m} \times 10^6\right)^2}}{\dfrac{\pi \times 100^3\,\text{mm}^3}{32}} = 46.6\text{MPa} < [\sigma]$$

该轴强度符合要求。

**【例 10.5】** 图 10.10(a)所示钢轴有两个皮带轮 $A$ 和 $B$，两轮的直径 $D = 1\,\text{m}$，轮的自重均为 $Q = 5\,\text{kN}$，轴材料的许用应力 $[\sigma] = 80\,\text{MPa}$，试确定轴的直径 $d$。

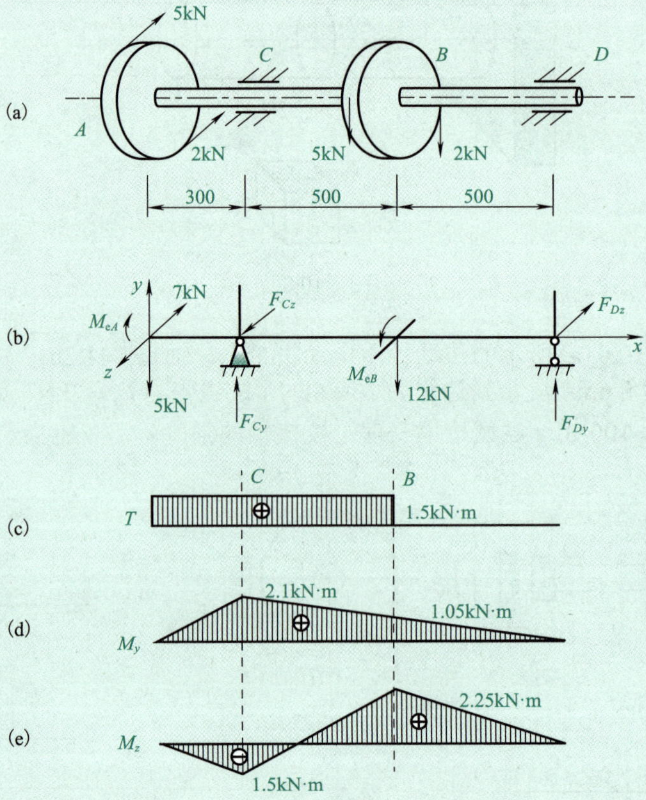


图 10.10

**解：**(1)计算轴上的载荷。

取如图 10.10(b)所示坐标系，则外力偶矩为

$$M_{eA}=M_{eB}=(5-2)\frac{D}{2}=(5-2)\times\frac{1}{2}=1.5\,\text{kN·m}$$

*xy* 平面支反力为

$$F_{Cy}=12.5\,\text{kN},\quad F_{Dy}=4.5\,\text{kN}$$

*xz* 平面支反力为

$$F_{Cz}=9.1\,\text{kN},\quad F_{Dz}=2.1\,\text{kN}$$

(2)画内力图，确定危险截面。

轴 *AB* 段的扭矩为 $T=1.5\,\text{kN·m}$(图 10.10(c))，弯矩 $M_y$ 和 $M_z$ 如图 10.10(d)、(e)所示。从内力图可看出，危险截面是 *C* 或 *B* 截面。分别计算 *C*、*B* 两截面的合成弯矩，即

$$M_C=\sqrt{\left(2.1\times10^3\right)^2+\left(1.5\times10^3\right)^2}=2.58\,\text{kN·m}$$

$$M_B=\sqrt{\left(1.05\times10^3\right)^2+\left(2.25\times10^3\right)^2}=2.49\quad\text{kN·m}$$

(3)确定轴的直径。

按第三强度理论设计轴的直径。直接采用圆轴弯矩组合情况下的强度条件得

$$\sigma_{r3}=\frac{\sqrt{M^2+T^2}}{W}\leqslant[\sigma]$$

$$d\geqslant\sqrt[3]{\frac{32\sqrt{M^2+T^2}}{\pi[\sigma]}}=\sqrt[3]{\frac{32\sqrt{\left(2.58\times10^3\right)^2+\left(1.5\times10^3\right)^2}}{\pi\left(80\times10^6\right)}}=72.4\,\text{mm}$$

如果按照第四强度理论设计轴的直径，则

$$\sigma_{r4}=\frac{\sqrt{M^2+0.75T^2}}{W}\leqslant[\sigma]$$

$$d\geqslant\sqrt[3]{\frac{32\sqrt{M^2+0.75T^2}}{\pi[\sigma]}}=\sqrt[3]{\frac{32\sqrt{\left(2.58\times10^3\right)^2+0.75\times\left(1.5\times10^3\right)^2}}{\pi\left(80\times10^6\right)}}=71.6\,\text{mm}$$

比较可得，按第三强度理论设计的轴径比按第四强度理论设计的轴径略大，取 $d$=73mm。

## 思 考 题

**10-1** 组合变形包括哪些类型？当构件处于组合变形时，如何进行应力分析，其理论依据是什么？

**10-2** 分析图(a)、(b)中杆 *AB*、*BC* 和 *CD* 分别是哪几种基本变形的组合？

**10-3** 分析图中所示槽钢受力 ***F*** 作用于 *A* 点时，其危险截面是哪个截面和危险点在何处？

**10-4** 弯扭组合变形时，如何进行强度分析？可否用 $\sigma_{\max}=\frac{\sqrt{M_y{}^2+M_z{}^2}}{W}\leqslant[\sigma]$，$\tau_{\max}=\frac{T}{W_t}\leqslant[\tau]$ 分别校核？

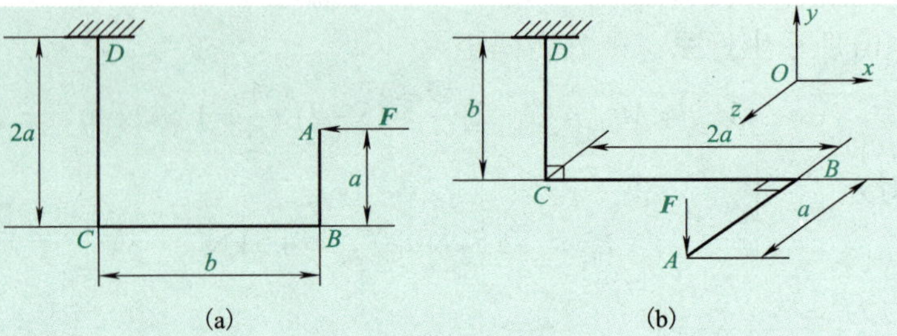


思考题 10-2 图

**10-5** 比较拉(压)扭组合与弯扭组合变形时，构件的内力、应力和强度条件有何异同？

**10-6** 实心圆截面悬臂梁如图所示，若梁同时受到轴向拉力 $F$、横向力 $q$ 和外力偶矩 $M_0$ 作用，试指出：(1)危险截面、危险点的位置；(2)危险点的应力状态；(3)下面两个强度条件哪一个正确？

$$\frac{F_{\mathrm{N}}}{A}+\sqrt{\left(\frac{M}{W}\right)^2+4\left(\frac{M_0}{W_{\mathrm{t}}}\right)^2}\leqslant[\sigma],\quad \sqrt{\left(\frac{F_{\mathrm{N}}}{A}+\frac{M}{W}\right)^2+4\left(\frac{M_0}{W_{\mathrm{t}}}\right)^2}\leqslant[\sigma]$$

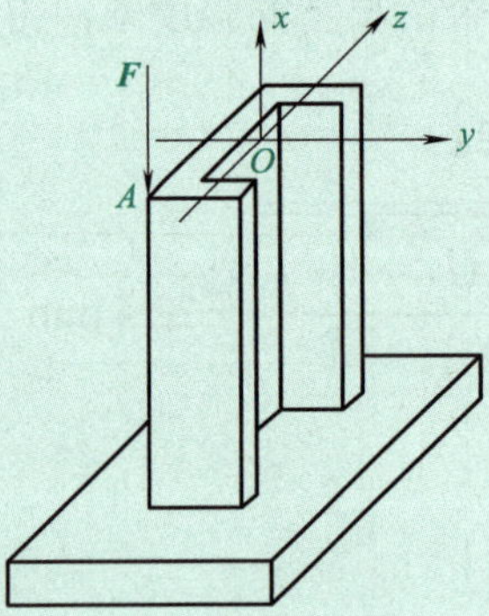


思考题 10-3 图

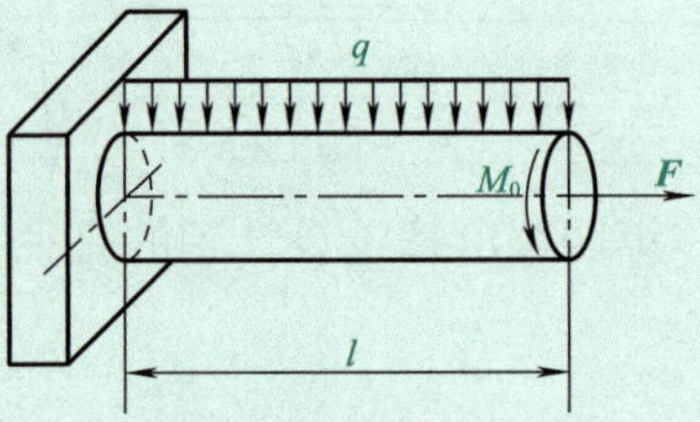


思考题 10-6 图

## 习 题

**10.1** 题 10.1 图示吊架的横梁 $AC$ 由 10 号工字钢制成，已知力 $F=10\,\mathrm{kN}$，若材料的许用应力 $[\sigma]=160\,\mathrm{MPa}$。试校核横梁 $AC$ 的强度。

**10.2** 图示钻床的立柱为铸铁制成 $P=15\,\mathrm{kN}$，$[\sigma_{\mathrm{t}}]=35\,\mathrm{MPa}$。试确定立柱所需直径 $d$。

**10.3** 链环直径 $d=50\,\mathrm{mm}$，受到拉力 $F=10\,\mathrm{kN}$ 作用，如题 10.3 图所示。试求链环的最大正应力及其位置。如果链环的缺口焊好后，则链环的正应力将是原来最大正应力的百分之几？

**10.4** 图示传动轴上装有直径 $D_1=300\,\mathrm{mm}$ 和 $D_2=150\,\mathrm{mm}$ 的两个齿轮，在齿轮上分别作用着垂直方向的力 $P_1=5\,\mathrm{kN}$ 和水平方向的力 $P_2=10\,\mathrm{kN}$。已知轴的直径为 53mm，轴材料的许用应力 $[\sigma]=100\,\mathrm{MPa}$。试按第三强度理论校核轴的强度。

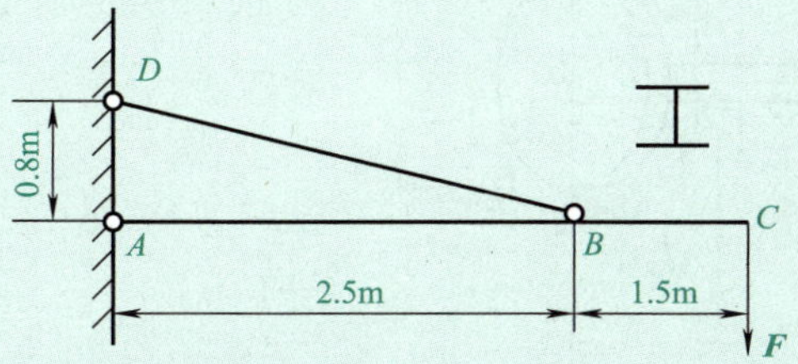

习题 10.1 图

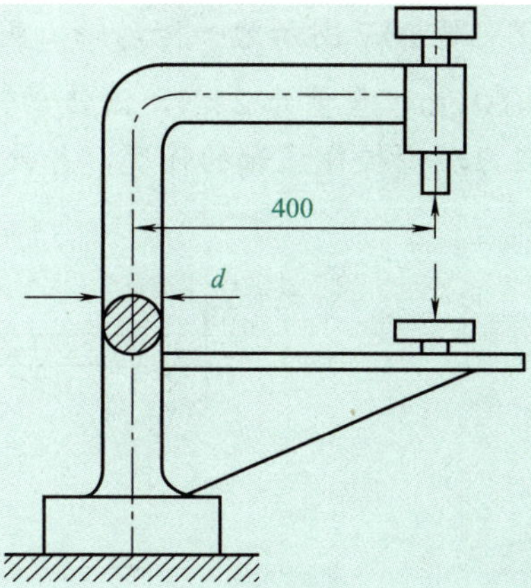

习题 10.2 图

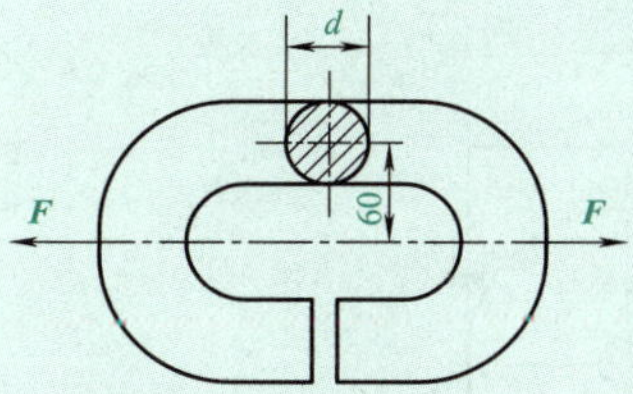

习题 10.3 图

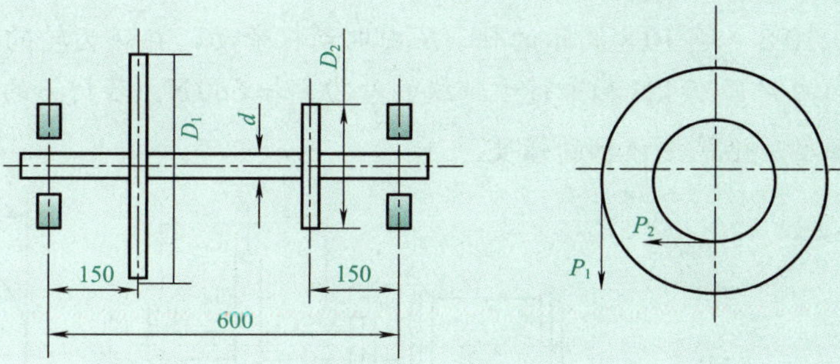

习题 10.4 图

**10.5** 矩形截面梁如题 10.5 图所示，已知 $F=10\,\text{kN}$，$\varphi=15°$，求最大正应力。

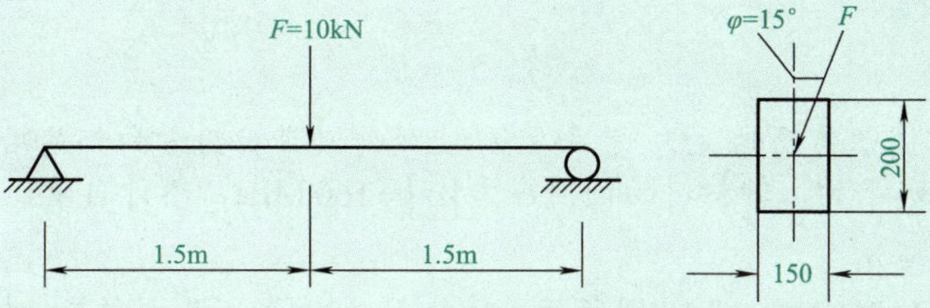

习题 10.5 图

**10.6** 手摇绞车如图所示，轴的直径 $d=30\,\text{mm}$，材料为 $A3$ 钢，$[\sigma]=80\,\text{MPa}$。试按第三强度理论，求绞车的最大起吊重量 $P$。

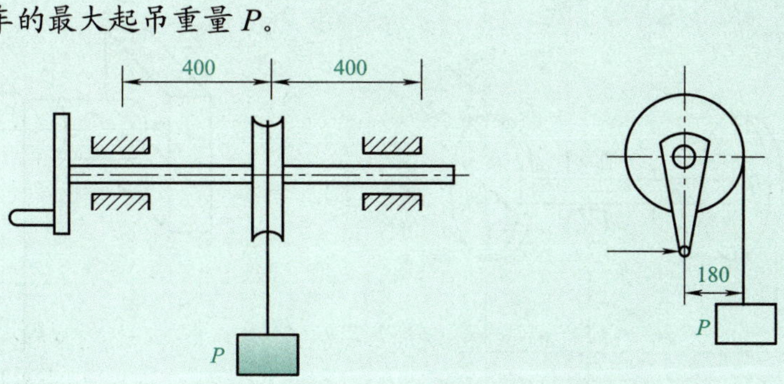

习题 10.6 图

**10.7** 题 10.7 图示为一传动轴，直径 $d=60\,\text{mm}$，材料的许用应力 $[\sigma]=140\,\text{MPa}$，传动轮直径 $D=80\,\text{cm}$，重量为 2 kN，设传动轮拉力均为水平方向，其值分别为 8 kN 和 2 kN。试按最大切应力理论校核该轴的强度，并画出危险点的应力状态。

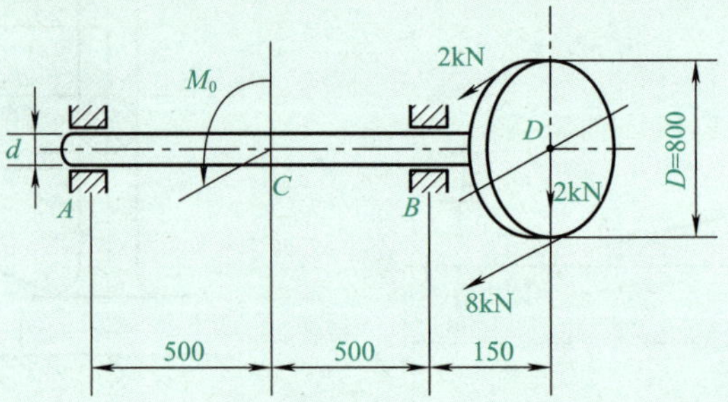


习题 10.7 图

**10.8** 题 10.8 图示的轴 $AB$ 由电动机带动，在斜齿轮的齿面上，作用径向力 $F_r=740\,\text{N}$，切向力 $F_t=1.9\,\text{kN}$ 和平行于轴线的外力 $F_x=660\,\text{N}$。若材料的许用应力 $[\sigma]=160\,\text{MPa}$。试按第四强度理论校核该轴的强度。

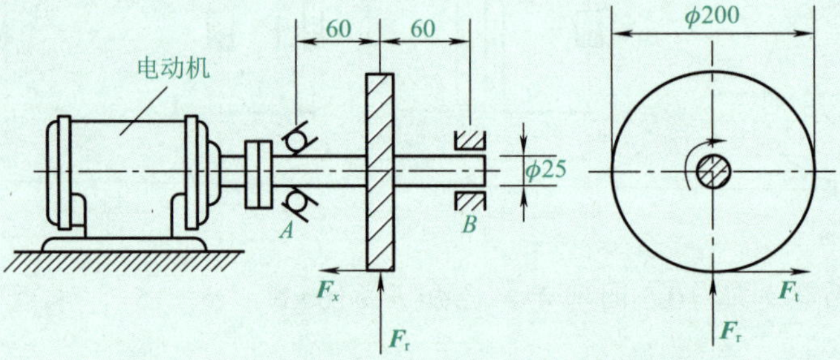


习题 10.8 图

**10.9** 题 10.9 图示传动轴 $AD$，已知 $C$ 轮上的传动带拉力方向都是铅直的，$D$ 轮上的传动带拉力方向都是水平的，轴材料的许用应力 $[\sigma]=160\,\text{MPa}$，不计自重，试按第四强度理论选择实心圆轴的直径 $d$。

**10.10** 折杆 $OABC$ 如题 10.10 图所示，已知 $F=20\,\text{kN}$，其方向与折杆平面垂直，杆 $OA$ 的直径 $d=125\,\text{mm}$，材料的许用应力 $[\sigma]=80\,\text{MPa}$，试按第三强度理论校核圆轴 $OA$ 的强度。

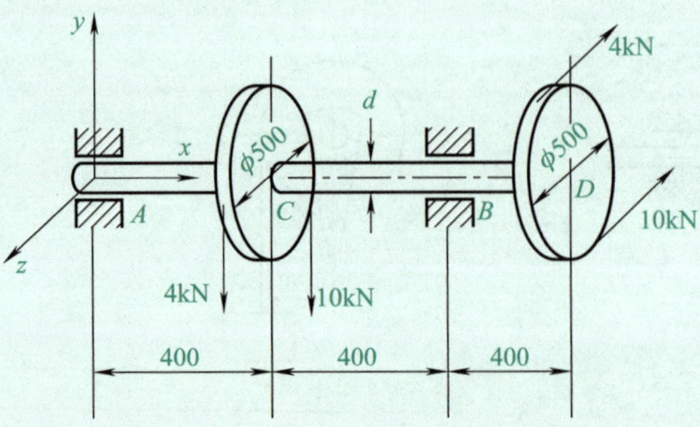


习题 10.9 图

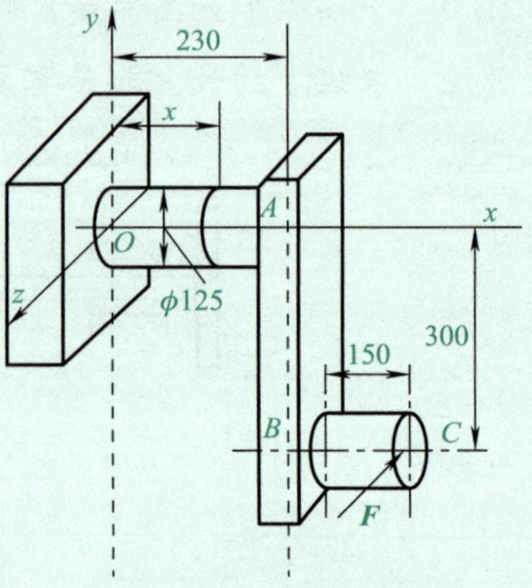


习题 10.10 图

# 第 11 章

# 压 杆 稳 定

在实际生活和工程中，有些结构或构件没有发生破坏却丧失了承载能力，如受压的细长杆突然弯曲等。这类与强度失效有本质区别的现象叫失稳或屈曲。构件失稳后会产生较大的变形并导致整个结构破坏，其后果往往是灾难性的。

本章主要介绍压杆稳定、临界压力的概念及不同约束条件下临界压力的计算，柔度的概念及临界应力的计算，临界应力总图，压杆稳定性的校核计算以及提高压杆稳定性的措施。核心知识点是压杆的稳定性校核。

## 11.1　压杆稳定的概念

### 1. 问题的提出

根据轴向拉伸与压缩的强度分析，当受压杆件的应力达到材料的屈服极限或强度极限时，将引起塑性变形或断裂。事实上，这仅仅对于短粗的压杆才是正确的，而对于细长的压杆，就不能只考虑强度因素。

例如，有一根$3\times0.5\text{cm}^2$的矩形截面木杆，其压缩强度极限$\sigma_b=40\text{MPa}$，承受轴向压力，如图 11.1 所示。根据实验可知，当杆很短时（高为 3cm 左右），将它压坏所需的力$F_1$为$F_1=\sigma_b A=40\times10^6\times3\times0.5\times10^{-4}=6\times10^3\text{N}$，但若杆长达到 100cm 时，则只要用$F_2=27.8\text{N}$的力，就会使杆件突然产生显著的弯曲变形而丧失其工作能力。在此例中，$F_2$远小于$F_1$。这说明，细长压杆的承载能力并不取决于其轴向压缩时的抗压强度，而是与它受压时突然变弯有关。

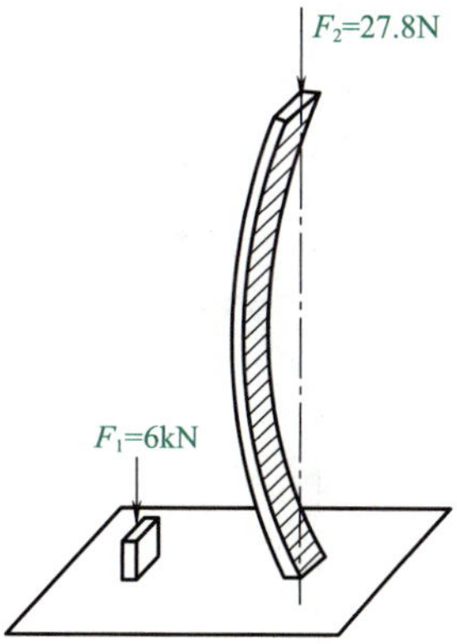


图　11.1

压杆受压时，其轴线不能维持原有直线形状的平衡状态而突然变弯这一现象，称为丧失稳定性，简称失稳。由此可见，两根材料和横截面都相同的压杆，由于杆长不同，其破坏性质将发生质的改变。对于短粗压杆，只需考虑其强度问题；对于较长的压杆，则应考虑其原有直线形状平衡状态的稳定性问题。

### 2. 平衡的稳定性

为了对平衡稳定性的概念有个清楚的了解，现在来看一个实例。观察一个放在光滑面上的小球，如图 11.2 所示。在平衡位置 $O$ 处，小球都能在重力 $W$ 和反力 $F_R$ 作用下处于平衡状态，但若小球受到轻微的扰动而稍微偏离其平衡位置时，则作用在小球上的力不一定平衡，这时将出现不同的情况。在图 11.2(a)中，重力$W$和反力$F_R$合成为一个恢复力，能使小球回到平衡位置$O$处。这时，小球原来在$O$处的平衡称为稳定平衡。在图 11.2(c)中，情况正好相反，重力$W$和反力$F_R$合成为一个倾复力，使小球继续偏离。这时，小球原来在$O$处的平衡称为不稳定平衡。图 11.2(b)表示上述两种情况的分界线。当小球偏离原有平衡位置时，它将再次处于平衡状态，既没有恢复的趋势，也没有偏离的趋势。这时，小球原来在$O$处的平衡称为随遇平衡。这个例子说明，要判别小球原来在$O$处的平衡状态稳定与否，必须使小球从原有平衡位置稍有偏离，然后再考虑它是否有恢复的趋势或继续偏离的趋势，以区分小球原来处于稳定平衡还是处于不稳定平衡。这种分析方法是研究平衡稳定性的必要途径。

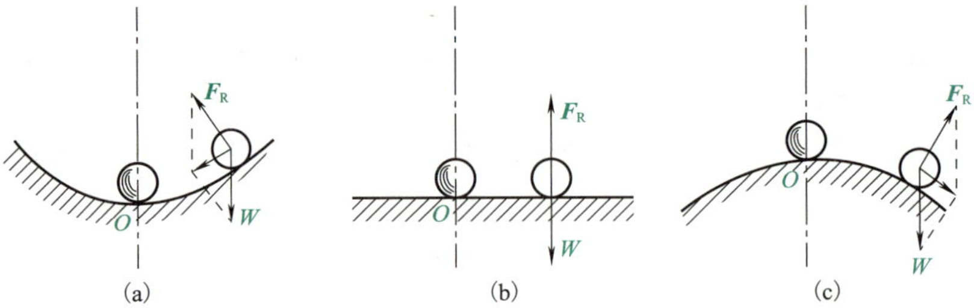


图 11.2

### 3. 压杆的稳定问题

受压直杆同样存在类似的平衡性质问题。例如，图 11.3 所示两端铰支的细长压杆，当轴向压力$F$小于某一临界值$F_{cr}$时，杆件的直线平衡形式是稳定的。此时，杆件若受到某种微小干扰力作用，它将偏离直线平衡位置，产生微弯；当干扰撤除后，杆件又回到原来的直线平衡位置，如图 11.3(b)所示。但当轴向压力$F$大到临界值$F_{cr}$时，撤除干扰后，杆件不再回到直线平衡位置，而在弯曲形式下保持平衡，如图 11.3(c)所示，此时如果轴向压力$F$再微小增加，杆的弯曲变形将显著增大直到杆件发生破坏，这表明原有的直线平衡形式是不稳定的。使中心受压直杆的直线平衡形式，由稳定平衡转变为不稳定平衡时所受的轴向压力，称为压杆的临界载荷，或临界压力，用$F_{cr}$表示。它是压杆原有直线形状从稳定平衡过渡到不稳定平衡的分界点。压杆失稳的现象，有时也称为压杆的屈曲。

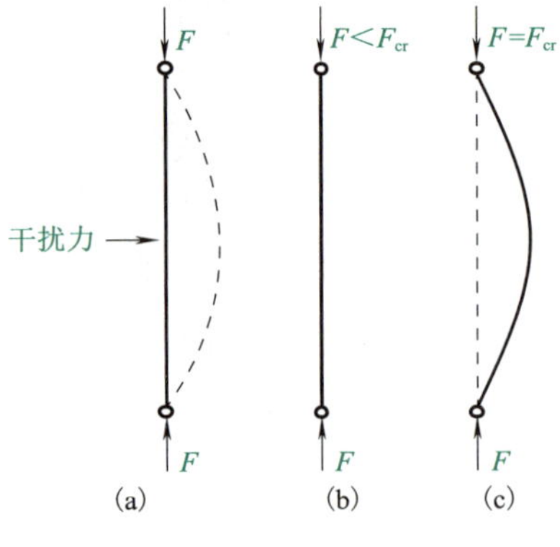


图 11.3

在工程中有很多较长的压杆必须考虑其稳定性，如千斤顶的丝杠(图 11.4)和托架中的压杆(图 11.5)等。屈曲会导致构件失效，并且这种失效具有突发性，因此会给工程带来灾难性的后果。19 世纪末，一列客车通过瑞士的一座铁路桥时，桥桁架压杆失稳，致使桥突然坍塌，大约有 200 人遇难。1907 年北美洲魁北克的圣劳伦斯河大铁桥，施工过程中，建好边跨后用悬臂法架设中跨桥时，由于悬臂桁架中受轴向压力最大的下弦杆失稳屈曲，导致该桥全部坍塌，酿成世界重大工程事故。因此，结构设计除了需保证每个构件有足够的强度和刚度外，还需保证压杆具有足够的稳定性。

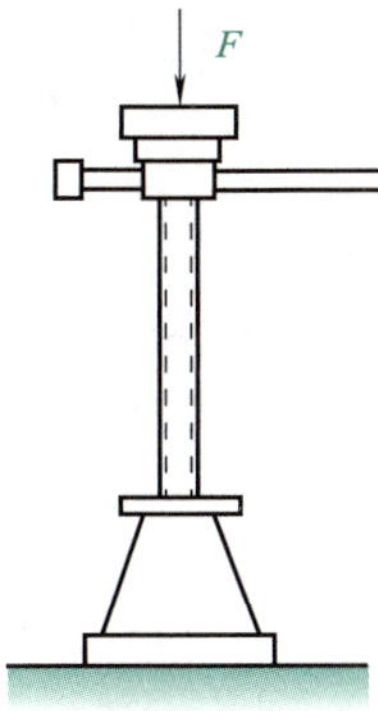


图 11.4

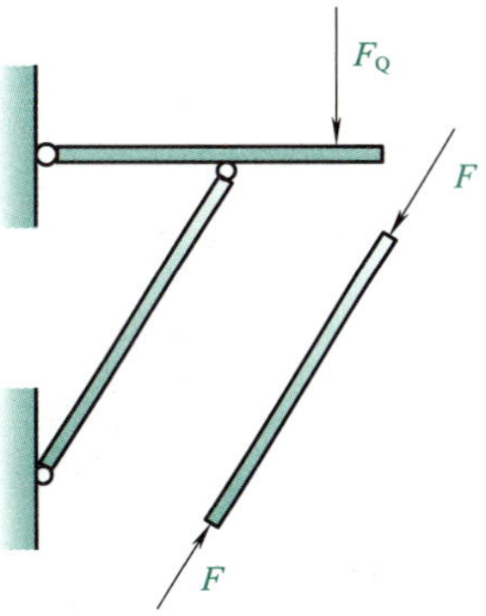


图 11.5

除了压杆的失稳形式外，一些细长构件或薄壁构件也存在稳定失效问题。例如，薄壁矩形截面梁的横力弯曲(图 11.6)以及承受均布压力的薄壁容器(图 11.7)等，都有可能丧失原有的平衡状态而失效。图中虚线分别表示其丧失原有平衡形式后新的平衡状态。1922 年美国华盛顿尼克尔卜克尔剧院在一场大雪中倒塌就是因为屋顶结构的一根梁丧失稳定。本章只讨论压杆稳定，其他形式的稳定问题不再进行讨论。

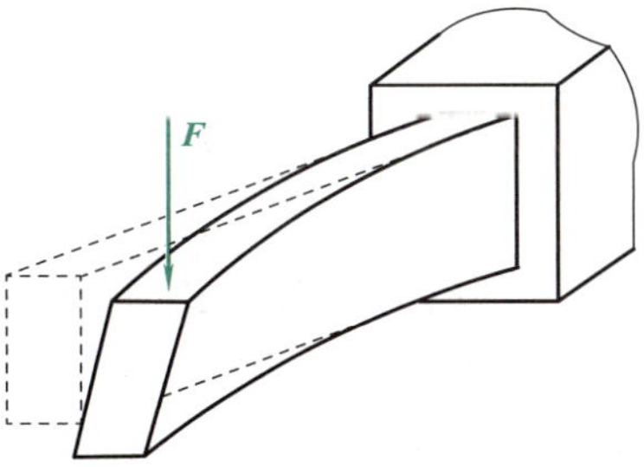


图 11.6

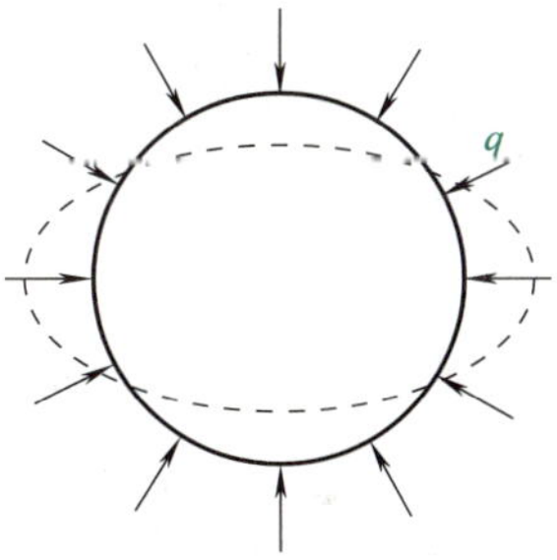


图 11.7

## 11.2 细长压杆的临界压力

### 11.2.1 两端球铰支细长压杆的临界压力

由 11.1 节可知，要判定较长的压杆是否稳定，首先必须求出其临界力 $F_{cr}$。实验表明，压杆的临界力与压杆两端的支撑情况有关。我们先研究两端球铰支情况下细长压杆的临界压力。

两端球铰支中心受压的直杆如图 11.8 所示。假设压杆在轴向压力 $F$ 作用下处于微弯平衡状态，选坐标系如图所示，距原点为 $x$ 的任意截面的挠度为 $\omega$，该截面的弯矩为 $M(x)$，其关系应满足挠曲线近似微分方程

$$\frac{d^2\omega}{dx^2}=\frac{M(x)}{EI} \tag{a}$$

在所选定的坐标系中，当 $\omega$ 为正时 $M(x)$ 为负值，反之，当 $\omega$ 为负时 $M(x)$ 为正值，为了使等式两边符号一致，$M(x)$ 的表达式可写为

$$M(x)=-F\omega \tag{b}$$

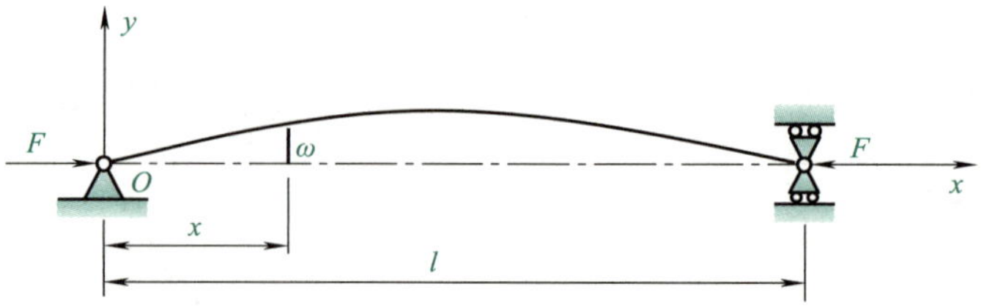


图 11.8 两端铰支压杆在外力作用下的微弯平衡状态

这时可列出挠曲线近似微分方程为

$$\frac{d^2\omega}{dx^2}=-\frac{F\omega}{EI} \tag{c}$$

设 $k^2=\frac{F}{EI}$，则式(c)可写为 (d)

$$\frac{d^2\omega}{dx^2}+k^2\omega=0 \tag{e}$$

这一微分方程的通解为

$$y=A\sin kx+B\cos kx \tag{f}$$

式中，$A$、$B$ 是两个待定的积分常数。

根据杆端的约束情况，可以得到两个边界条件，即在 $x=0$ 和 $x=l$ 处，$\omega=0$。由此求得

$$B=0，\quad A\sin kl=0 \tag{g}$$

由 $A\sin kl=0$ 可知 $A$ 或者 $\sin kl$ 等于零，但 $B$ 已等于零，若取 $A=0$，则由式(f)可知，$\omega\equiv0$，即压杆轴线上各点处的挠度都等于零，表明杆没有弯曲。这与杆在微弯状态下保持平衡的前提相矛盾。因此，只能取 $\sin kl=0$，满足这一条件的 $kl$ 值为 $kl=n\pi(n=0,1,2,\cdots)$，由此得到

$$k=\frac{n\pi}{l} \tag{h}$$

由式(d)可得

$$F=\frac{n^2\pi^2EI}{l^2} \tag{i}$$

无论 $n$ 取何值，都有对应的 $F$，但实际使用最小的 $F$ 来求得在压杆失稳时的最小轴向压力。所以应取 $n=1$（若取 $n=0$，则 $F=0$，与讨论的情况不符），相应的临界压力为

$$F_{cr}=\frac{\pi^2EI}{l^2} \tag{11.1}$$

式(11.1)称为两端球铰支细长压杆临界压力的计算公式，也称为两端球铰支压杆的欧拉公式。从式(11.1)可以看出，临界力 $F_{cr}$ 与杆的抗弯刚度 $EI$ 成正比，与杆长的平方成反比。这就是说，杆越细长，其临界力越小，即越易失去稳定。应该注意：在杆件两端为球形铰链支撑的情况下，可认为杆端方向的支撑情况相同。这时，为了求出使压杆失稳的最小轴向压力，在式(11.1)中的惯性矩 $I$ 应是横截面最小的惯性矩。

小链接

文艺复兴时期，伟大的艺术家、科学家和工程师达·芬奇对压杆做了一些开拓性的研究工作。荷兰物理学教授穆申布罗克于1729年通过木杆的受压实验，得出“压曲载荷与杆长的平方成反比的重要结论”。细长杆压曲载荷公式是数学家欧拉首先导出的。他在1744年出版的变分法专著中，曾得到细长压杆失稳后弹性曲线的精确描述及压曲载荷的计算公式。1757年他又出版了《关于柱的承载能力》的论著(工程中习惯将压杆称为柱)，纠正了在1744年专著中关于矩形截面抗弯刚度计算中的错误。而大家熟知的两端铰支压杆压曲载荷公式是拉格朗日在欧拉近似微分方程的基础上于1770年左右得到的。1807年英国自然哲学教授杨(Young T)、1826年纳维先后指出欧拉公式只适用于细长压杆。1846年拉马尔具体讨论了欧拉公式的适用范围，并提出超出此范围的压杆要“依据实验研究方可解决问题”的正确见解。

## 11.2.2 其他支撑情况细长压杆的临界压力

上述确定压杆临界压力的公式，是在两端球铰支情况下推导出来的。当压杆端部支撑情况不同时，利用相似的推导方法，也可求得杆长为$l$的压杆的相应的临界压力公式，结果如下。

(1)一端固定、一端自由的压杆(表11.1b)：

$$F_{cr}=\frac{\pi^2 EI}{(2l)^2} \tag{11.2}$$

(2)两端固定的压杆(表11.1c)：

$$F_{cr}=\frac{\pi^2 EI}{(0.5l)^2} \tag{11.3}$$

(3)一端固定、一端铰支的压杆(表11.1d)：

$$F_{cr}\approx\frac{\pi^2 EI}{(0.7l)^2} \tag{11.4}$$

综合式(11.1)～式(11.4)，可以得到欧拉公式的一般形式为

$$F_{cr}=\frac{\pi^2 EI}{(\mu l)^2} \tag{11.5}$$

这是欧拉公式的普遍形式。式中，$\mu$称为长度系数，$\mu l$表示把压杆折算成两端球铰支杆的长度，称为相当长度。长度系数$\mu$值，取决于杆端的支撑情况。几种常见约束方式的压杆的长度系数列于表11.1中。

由此可见，若杆端约束越强，则$\mu$值越小，相应的压杆临界压力越高；反之，若杆端约束越弱，则$\mu$值越大，压杆临界压力越低。

应该指出，上面所讨论的杆端约束都是理想约束。然而在工程实际中，杆端部的约束情况往往是复杂的，有时很难简单地将其归结为哪一种理想约束。这时，就应该根据实际情况进行简化。在各种实际的杆端约束情况下，压杆的长度系数$\mu$值，一般可以从有关的设计手册中或规范中查到。

表 11.1 几种常见约束方式的压杆的长度系数

| 支撑方式 | 两端铰支 | 一端自由<br>另一端固定 | 两端固定 | 一端铰支<br>另一端固定 |
|---|---|---|---|---|
| 挠曲线形状 | 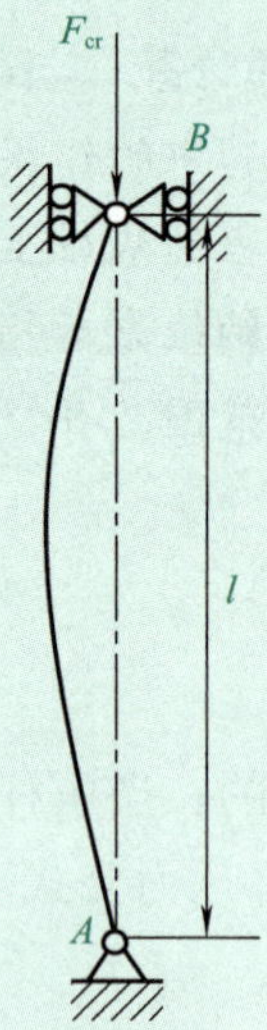<br>(a) | 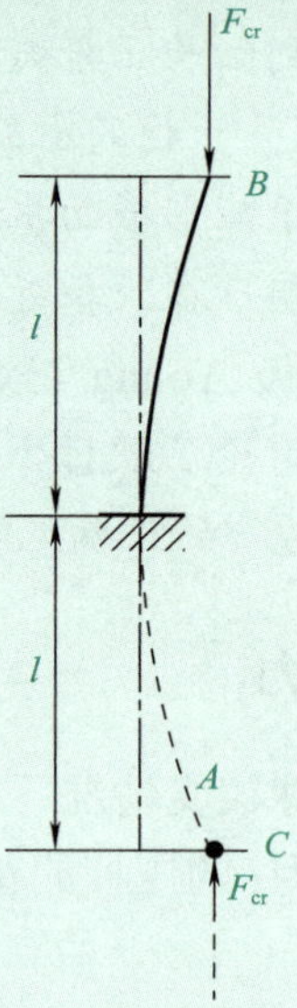<br>(b) | 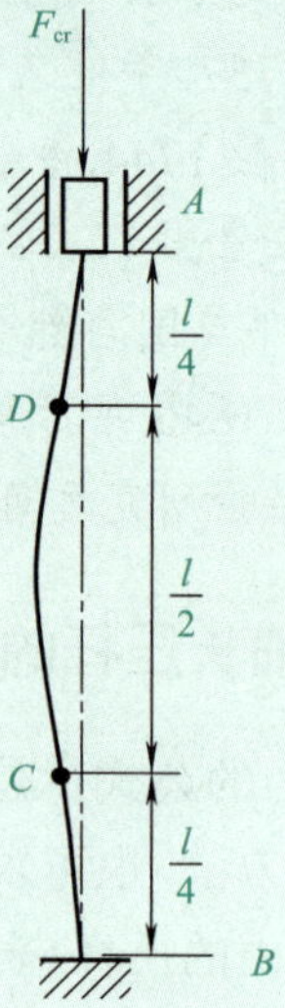<br>(c) | 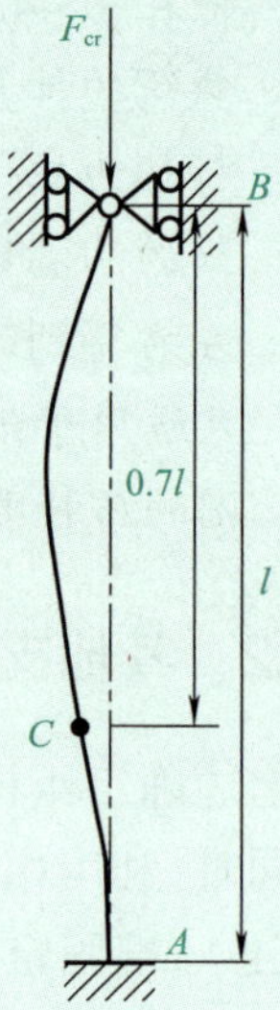<br>(d) |
| $\mu$ | 1.0 | 2.0 | 0.5 | 0.7 |

# 11.3 临界应力及临界应力总图

## 11.3.1 临界应力和柔度

欧拉公式只有在线弹性范围内才是适用的。为了判断压杆失稳时是否处于线弹性范围，以及超出弹性范围后临界压力的计算问题，必须引入临界应力及柔度的概念。

压杆在临界压力作用下，其在直线平衡位置时横截面上的应力称为临界应力，用 $\sigma_{cr}$ 表示。压杆在弹性范围内失稳时，临界应力为

$$\sigma_{cr} = \frac{F_{cr}}{A} = \frac{\pi^2 EI}{(\mu l)^2 A} \tag{a}$$

式中，$A$ 为截面面积。若把压杆横截面的惯性矩 $I$ 写成

$$I = i^2 A \tag{b}$$

式中，$i$ 为截面的惯性半径，从而临界应力为

$$\sigma_{cr} = \frac{\pi^2 E}{\left(\dfrac{\mu l}{i}\right)^2} \tag{c}$$

引用记号 $\lambda$，即

$$\lambda = \frac{\mu l}{i} \tag{11.6}$$

可得压杆临界压应力公式为

$$\sigma_{cr}=\frac{\pi^2 E}{\lambda^2} \tag{11.7}$$

式中，$\lambda$ 称为压杆的工作柔度或长细比，它全面地反映了压杆长度、约束条件、横截面形状和尺寸等因素对临界压力的影响。如压杆越细长，则其工作柔度 $\lambda$ 越大，压杆的临界应力越小，这说明压杆越容易失去稳定。反之，若为短粗压杆，则其工作柔度 $\lambda$ 较小，而临界应力较大，压杆就不容易失稳。所以，工作柔度 $\lambda$ 是压杆稳定计算中的一个重要参数。

## 11.3.2 临界应力总图

### 1. 细长杆

欧拉公式是根据挠曲线近似微分方程建立的，而方程仅适用于杆内应力小于或等于材料的比例极限 $\sigma_p$ 的情况，因此，欧拉公式的适用范围为

$$\sigma_{cr}=\frac{\pi^2 E}{\lambda^2}\leqslant\sigma_p \tag{11.8}$$

由式(11.8)可求得对应于比例极限 $\sigma_p$ 的柔度值 $\lambda_1$ 为

$$\lambda_1=\sqrt{\frac{\pi^2 E}{\sigma_p}} \tag{11.9}$$

于是，欧拉公式的适用范围可用压杆的柔度 $\lambda_1$ 来表示，即压杆的工作柔度 $\lambda$ 不能小于对应于比例极限的柔度值 $\lambda_1$（$\lambda\geqslant\lambda_1$），欧拉公式才成立。柔度 $\lambda\geqslant\lambda_1$ 的压杆称为细长杆或大柔度杆。$\lambda_1$ 又称为第一特征柔度。

### 2. 中长杆

在工程实际中，也经常遇到工作柔度小于 $\lambda_1$ 的压杆，这类压杆的临界应力已不能再用式(11.8)来计算。目前多采用建立在实验基础上的经验公式，如直线公式和抛物线公式等。直线公式通过两个与材料性能有关的常数 $a$ 和 $b$ 来计算临界压力，即

$$\sigma_{cr}=a-b\lambda \tag{11.10}$$

其单位是 MPa，某些材料的 $a$、$b$ 值可以从表 11.2 中查得。

表 11.2 几种常用材料的 $a$、$b$ 值

| 材料 | $a$ / MPa | $b$ / MPa | $\lambda_1$ | $\lambda_2$ |
|---|---|---|---|---|
| Q235 钢 | 304 | 1.12 | 100 | 62 |
| 35 钢 | 461 | 2.57 | 100 | 60 |
| 45、55 钢 | 578 | 3.74 | 100 | 60 |
| 铸铁 | 332 | 1.45 | 80 | — |
| 松木 | 28.7 | 0.19 | 110 | 40 |

柔度很小的短柱，如压缩实验用的金属短柱或水泥短柱，受压时不会像大柔度杆那样出现弯曲变形，而是因应力达到屈服极限(塑性材料)或强度极限(脆性材料)而失效，这是一个强度问题。所以，对塑性材料，按式(11.10)算出的应力最高只能等于 $\sigma_s$，若相应的柔度为 $\lambda_2$，则

$$\lambda_2=\frac{a-\sigma_s}{b} \tag{11.11}$$

这就是用直线公式的最小柔度。$\lambda_2$ 又称为第二特征柔度。对脆性材料，只需要把以上两式中的 $\sigma_s$ 改为 $\sigma_b$ 即可。

柔度在 $\lambda_2$ 和 $\lambda_1$ 之间（即 $\lambda_2 \leqslant \lambda \leqslant \lambda_1$）的压杆，称为中柔度杆或中长杆。实验指出，这种压杆的破坏性质接近于大柔度杆，也有较明显的失稳现象。

### 3. 粗短杆

柔度较小（$\lambda < \lambda_2$）的杆称为小柔度杆或粗短杆。这种压杆当应力达到屈服极限 $\sigma_s$（或强度极限 $\sigma_b$）时才被破坏，破坏时很难观察到失稳现象。这说明小柔度杆是由强度不足而被破坏的，应该以屈服极限 $\sigma_s$（或强度极限 $\sigma_b$）作为极限应力。若在形式上作为稳定问题考虑，则可认为临界应力为

$$\sigma_{cr} = \sigma_s \tag{11.12}$$

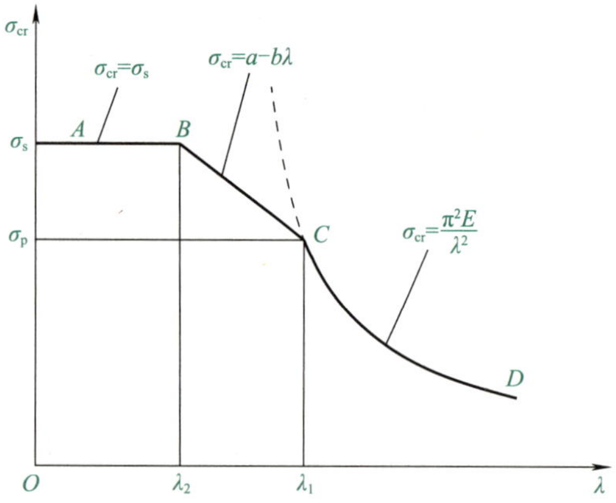

图 11.9

根据上述三类压杆临界应力与 $\lambda$ 的关系，可画出 $\sigma_{cr}$-$\lambda$ 曲线如图 11.9 所示。该图称为压杆的临界应力总图。从图上可以明显地看出，小柔度杆的临界应力与 $\lambda$ 无关，而大、中柔度杆的临界应力则随 $\lambda$ 的增加而减小。

工程实际中，对于中柔度压杆的临界应力也可采用抛物线经验公式计算，公式为

$$\sigma_{cr} = a_1 - b_1\lambda^2 \tag{11.13}$$

式中，$a_1$ 与 $b_1$ 也是与材料性能有关的常数。

**【例 11.1】** 某飞机起落架中承受轴向压力的斜撑杆，两端球铰支。杆为空心圆管，如图 11.10 所示，外径 $D = 52\ \text{mm}$，内径 $d = 44\ \text{mm}$，长 $l = 950\ \text{mm}$。材料为 30CrMnSiNi2A，$\sigma_b = 1600\ \text{MPa}$，$\sigma_p = 1200\ \text{MPa}$，$E = 210\ \text{GPa}$。试求斜撑杆的临界压应力 $\sigma_{cr}$。

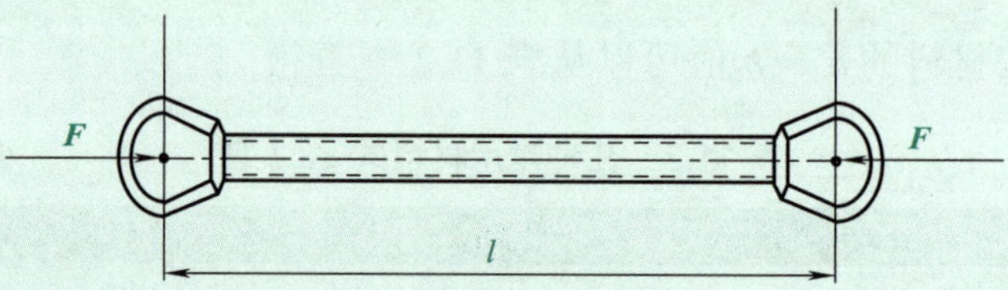

图 11.10

**解**：杆惯性半径为

$$i = \sqrt{\frac{I}{A}} = \frac{\sqrt{D^2 + d^2}}{4} = 17\ \text{mm}$$

杆的工作柔度为

$$\lambda = \frac{\mu l}{i} = \frac{1.0 \times 0.95}{17 \times 10^{-3}} = 55.8$$

第一特征柔度为

$$\lambda_1 = \sqrt{\frac{\pi^2 E}{\sigma_p}} = \sqrt{\frac{3.14^2 \times 210 \times 10^9\ \text{Pa}}{1200 \times 10^6\ \text{Pa}}} = 41.6$$

由于$\lambda > \lambda_1$，可用欧拉公式计算其临界应力为

$$\sigma_{cr} = \frac{\pi^2 E}{\lambda^2} = \frac{3.14^2 \times 210 \times 10^9 \text{Pa}}{55.8^2} = 665\text{MPa}$$

**【例 11.2】** 图 11.11 所示压杆，若在绕 $y$ 轴失稳时，两端可视为球铰支；若在绕 $z$ 轴失稳时，则两端可看作固定支座。压杆的材料为 Q235 钢，$E = 200\text{GPa}$，$\sigma_p = 200\text{MPa}$，$\sigma_s$=240MPa，$l = 2\text{m}$，$F = 180\text{kN}$。截面为：$b \times h = 40 \times 65\text{mm}$。已知 $a = 304\text{MPa}$，$b = 1.12\text{MPa}$。试求该杆的临界压力。

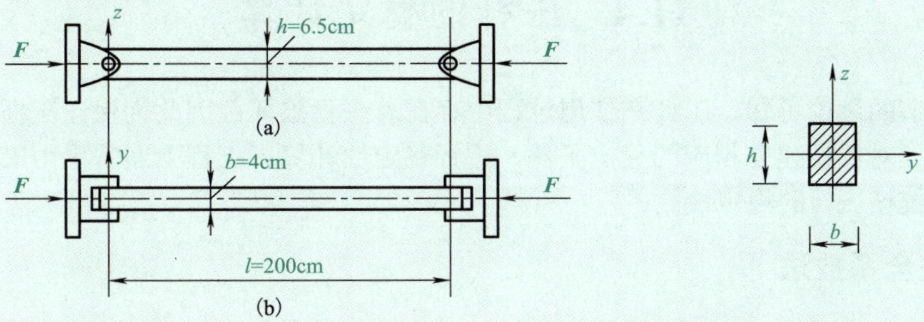


图 11.11

**解：**(1)计算压杆的工作柔度。

在绕 $y$ 轴失稳时的工作柔度：由于在绕 $y$ 轴失稳时，可视为两端球铰支，所以 $\mu_y = 1$。

$$I_y = \frac{bh^3}{12} = \frac{1}{12} \times 40 \times 65^3 \times 10^{-12} = 9.15 \times 10^{-7}\text{m}^4$$

$$A = bh = 40 \times 65 \times 10^{-6} = 2.6 \times 10^{-3}\text{m}^2$$

$$i_y = \sqrt{\frac{I_y}{A}} = \sqrt{\frac{9.15 \times 10^{-7}}{2.6 \times 10^{-3}}} = 1.88 \times 10^{-2}\text{m}$$

$$\lambda_y = \frac{\mu_y l}{i_y} = \frac{1 \times 2}{1.88 \times 10^{-2}} = 106$$

在绕 $z$ 轴失稳时的工作柔度：由于在绕 $z$ 轴失稳时，可视为两端固定，所以 $\mu_z = 0.5$。

$$I_z = \frac{1}{12}hb^3 = \frac{1}{12} \times 65 \times 40^3 \times 10^{-12} = 3.47 \times 10^{-7}\text{m}^4$$

$$i_z = \sqrt{\frac{I_z}{A}} = \sqrt{\frac{3.47 \times 10^{-7}}{2.6 \times 10^{-3}}} = 1.16 \times 10^{-2}\text{m}^4$$

$$\lambda_z = \frac{\mu_z l}{i_z} = \frac{0.5 \times 2}{1.16 \times 10^{-2}} = 86$$

因为 $\lambda_z = 86 < \lambda_y = 106$，故压杆绕着 $y$ 轴失稳。

(2)计算材料特征柔度。

$$\lambda_1 = \pi\sqrt{\frac{E}{\sigma_p}} = \pi\sqrt{\frac{200 \times 10^9}{200 \times 10^6}} = 99$$

$$\lambda_2 = \frac{a - \sigma_s}{b} = \frac{304 - 240}{1.12} = 57$$

(3) 计算压杆的临界压力。

因为 $\lambda_y > \lambda_1$ 属大柔度杆，所以用欧拉公式计算 $F_{cr}$ 得

$$F_{cr} = \frac{\pi^2 EI_y}{(\mu_y l)^2} = \frac{\pi^2 \times 200 \times 10^9 \times 9.15 \times 10^{-7}}{(1 \times 2)^2} = 451\text{kN}$$

该杆的临界压力 $F_{cr} = 451\text{kN}$ 。

## 11.4 压杆的稳定计算

由前几节的讨论可知，压杆在使用过程中存在着失稳破坏，因此为保证压杆能安全可靠地使用，必须对压杆建立相应的稳定条件，进行稳定性计算。工程上通常采用安全系数法和折减系数法校核压杆的稳定性。

### 11.4.1 安全系数法

为保证压杆承受工作压力时不发生失稳破坏，必须满足稳定条件，即

$$n = \frac{F_{cr}}{F} \geqslant n_{st} \tag{11.14}$$

式中，$n$ 为工作安全系数；$F$ 为压杆的最大工作载荷；$F_{cr}$ 为压杆的临界载荷；$n_{st}$ 为规定的稳定安全系数。

式(11.13)又写为

$$n = \frac{\sigma_{cr}}{\sigma} \geqslant n_{st} \tag{11.15}$$

由于压杆会受到初曲率和载荷偏心等不利因素的影响，$n_{st}$ 值一般比强度安全系数要大些，并且 $\lambda$ 越大，$n_{st}$ 值也越大。具体取值可从有关设计手册中查到。在机械、动力、冶金等工业部门，由于载荷情况复杂，一般都采用安全系数法进行稳定计算。

### 11.4.2 折减系数法

在工程实际中，常按照强度计算的思路进行稳定性的计算。这时，由于压杆的临界应力是随柔度而变化的，总是低于强度破坏应力值。因此，稳定许用应力可以由强度许用应力乘以一个小于 1 的系数来得到，即

$$[\sigma_{st}] = \varphi[\sigma] \tag{11.16}$$

式中，$[\sigma]$ 为强度许用应力；$\varphi$ 是一个小于 1 的系数，叫做折减系数。$\varphi$ 的值与压杆的柔度 $\lambda$ 有关，$\lambda$ 越大，$\varphi$ 值越小。

压杆稳定条件可表示为

$$\sigma = \frac{F}{A} \leqslant [\sigma_{st}] \tag{11.17}$$

钢结构设计规范中，根据我国常用构件的截面形式(a、b、c 三类不同截面，有关截面分类情况请参阅《钢结构设计规范》)、尺寸和加工条件等因素，将压杆的折减系数 $\varphi$ 与柔度 $\lambda$ 之间的关系归类给出，表 11.3 中仅列出其中一部分。表 11.3 还给出铸铁材料和部分木材的各种 $\varphi$ 值。介于表列相邻 $\lambda$ 值之间的压杆，其折减系数可按内插法求得。

表 11.3 压杆的折减系数 $\varphi$ 值

| 柔度 | $\varphi$ 值 | | | | | |
|---|---|---|---|---|---|---|
| | Q235 钢 | | Q345 钢 | | 铸铁 | 木材 |
| | a 类截面 | b 类截面 | a 类截面 | b 类截面 | | $TC_{15}$、$TC_{17}$ |
| 0 | 1.000 | 1.000 | 1.000 | 1.000 | 1.00 | 1.000 |
| 10 | 0.995 | 0.992 | 0.993 | 0.989 | 0.97 | 0.985 |
| 20 | 0.981 | 0.970 | 0.973 | 0.956 | 0.91 | 0.941 |
| 30 | 0.963 | 0.936 | 0.950 | 0.913 | 0.81 | 0.877 |
| 40 | 0.941 | 0.899 | 0.920 | 0.863 | 0.69 | 0.800 |
| 50 | 0.916 | 0.856 | 0.881 | 0.804 | 0.57 | 0.719 |
| 60 | 0.883 | 0.807 | 0.825 | 0.734 | 0.44 | 0.640 |
| 70 | 0.839 | 0.751 | 0.751 | 0.656 | 0.34 | 0.566 |
| 80 | 0.783 | 0.688 | 0.661 | 0.575 | 0.26 | 0.469 |
| 90 | 0.714 | 0.621 | 0.570 | 0.499 | 0.20 | 0.370 |
| 100 | 0.638 | 0.555 | 0.487 | 0.431 | 0.16 | 0.300 |
| 110 | 0.563 | 0.493 | 0.416 | 0.373 | — | 0.248 |
| 120 | 0.494 | 0.437 | 0.358 | 0.324 | — | 0.208 |
| 130 | 0.434 | 0.387 | 0.310 | 0.283 | — | 0.178 |
| 140 | 0.383 | 0.345 | 0.271 | 0.249 | — | 0.153 |
| 150 | 0.339 | 0.303 | 0.239 | 0.221 | — | 0.133 |
| 160 | 0.302 | 0.276 | 0.212 | 0.197 | — | 0.177 |
| 170 | 0.270 | 0.249 | 0.189 | 0.176 | — | 0.104 |
| 180 | 0.243 | 0.225 | 0.169 | 0.159 | — | 0.093 |
| 190 | 0.220 | 0.204 | 0.153 | 0.144 | — | 0.083 |
| 200 | 0.199 | 0.186 | 0.138 | 0.131 | — | 0.075 |

**【例 11.3】** 两端球铰支实心圆截面钢压杆，截面直径 $d$=25mm，杆长 $l$=800mm；两端受轴向压力 $F=10\,\text{kN}$，杆材料的比例极限 $\sigma_p=220\text{MPa}$，弹性模量 $E=210\text{GPa}$。规定稳定安全系数 $n_{st}=5$，试校核该压杆的稳定性。

**解：**(1)计算压杆的工作柔度 $\lambda$。

该杆截面的惯性半径和杆的柔度分别为

$$i=\frac{d}{4}=\frac{25\times10^{-3}}{4}=6.25\times10^{-3}\,\text{m}$$

$$\lambda=\frac{\mu l}{i}=\frac{1\times800\times10^{-3}}{6.25\times10^{-3}}=128$$

对所用材料来说，由式 $\lambda_1=\sqrt{\dfrac{\pi^2E}{\sigma_p}}$ 求得

$$\lambda_1=\sqrt{\frac{\pi^2E}{\sigma_p}}=\sqrt{\frac{3.14^2\times210\times10^9}{220\times10^6}}=97$$

(2)计算压杆的临界压力。

由于 $\lambda>\lambda_1$，可以用欧拉公式计算该压杆的临界压力，得

$$F_{cr}=\frac{\pi^2EI}{(\mu l)^2}=\frac{\pi^2(210\times10^9)\times\dfrac{\pi(25\times10^{-3})^4}{64}}{(1\times800\times10^{-3})^2}=62\text{kN}$$

(3) 校核稳定性。

$$n=\frac{F_{cr}}{F}=\frac{62}{10}=6.2>n_{st}$$

由计算可知，此钢杆是稳定的。

**【例 11.4】** 一根 25a 号工字钢支柱，长 7m，两端固定，材料采用 Q235 钢，$E=200\text{GPa}$，$\sigma_p=200\text{MPa}$，$\lambda_1=100$，规定的稳定安全系数 $n_{st}=2$，试求支柱的许可载荷 $[F]$。

**解：** (1) 计算工作柔度 $\lambda$。

杆件两端为固定约束，长度系数 $\mu=0.5$，由型钢表查得杆的最小惯性半径 $i=2.4\text{cm}$，最小惯性矩 $I=280\text{cm}^4$，其工作柔度为

$$\lambda=\frac{\mu l}{i}=\frac{0.5\times7\times10^2\text{cm}}{2.4\text{cm}}=145.8$$

(2) 计算临界压力 $F_{cr}$。

因为 $\lambda>\lambda_1$，故按欧拉公式计算临界压力得

$$F_{cr}=\frac{\pi^2EI}{(\mu l)^2}=\frac{\pi^2\times200\times10^9\times280\times10^8}{(0.5\times7)^2}=451.2\text{kN}$$

(3) 确定支柱的安全载荷 $[F]$。

$$[F]=\frac{F_{cr}}{[n_{st}]}=\frac{451.2}{2}=225.6\text{kN}$$

**【例 11.5】** 某杆件由工字钢制成，长 4m，两端球铰链约束，工字钢的型号为 28a，材料的许用应力 $[\sigma]=170\ \text{MPa}$，已知该杆受到的轴向压力 $F=250\text{kN}$，试采用折减系数法校核该杆的稳定性。

**解：** (1) 计算压杆的工作柔度 $\lambda$。

杆件两端为球铰链约束，长度系数 $\mu=1$，由型钢表查得杆的横截面面积 $A=55.45\times10^{-4}\text{m}^2$，最小惯性半径 $i=24.95\text{mm}$，其柔度为

$$\lambda=\frac{\mu l}{i}=\frac{1\times4}{24.95\times10^{-3}}=160.3$$

(2) 确定折减系数 $\varphi$。

由表 11.3，并用内插法求得杆的折减系数为

$$\varphi=0.276-\frac{0.276-0.249}{170-160}(160.3-160)=0.275$$

(3) 校核稳定性。

$$\sigma=\frac{F}{A}=\frac{250\times10^3}{55.45\times10^{-4}}=45.09<\varphi[\sigma]=46.75\text{MPa}$$

可见，压杆稳定性满足要求。

## 11.5 提高压杆稳定性的措施

通过以上各节的讨论可知，影响压杆临界压力和临界应力的因素或者说影响压杆稳定性的因素，包括压杆横截面的形状和尺寸、压杆的长度、压杆端部的约束情况及压杆的材料性

质等。因此，要提高压杆的稳定性，必须从上述几方面采取适当措施才能实现。

### 1. 选择合理的截面形状

由式(11.7)可知，压杆临界应力的大小均与其工作柔度有关，且工作柔度越小，临界应力越高，压杆抵抗失稳的能力越强。由式(11.6)可知，对于一定长度和约束条件的压杆，在截面面积一定的前提下，为了减小压杆的柔度，应加大惯性矩，因此应尽可能使材料远离截面形心。如图 11.12 所示的空心圆形截面就比实心圆形截面更合理。因为若二者截面面积相同，空心圆形截面的 $I$ 和 $i$ 都比实心圆形截面的大得多。但要注意，若为薄壁圆筒，则其壁厚不能过薄，以防止圆筒出现局部失稳现象。同理，由型钢组成的桥梁桁架中的压杆或建筑物中柱的组合截面，也都应该把型钢适当分离放置，如图 11.13(b)的截面更能满足这一要求。

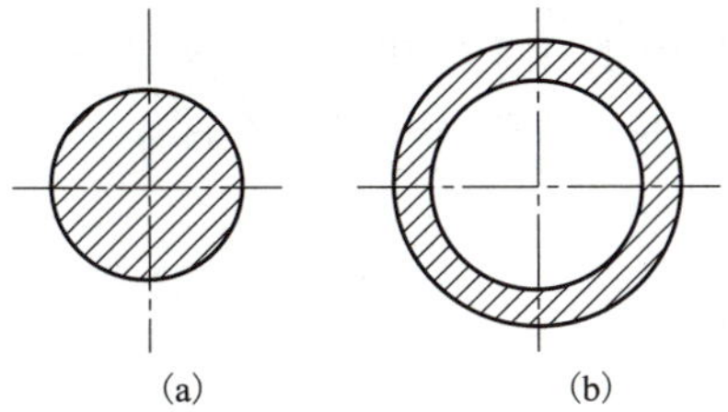


图 11.12

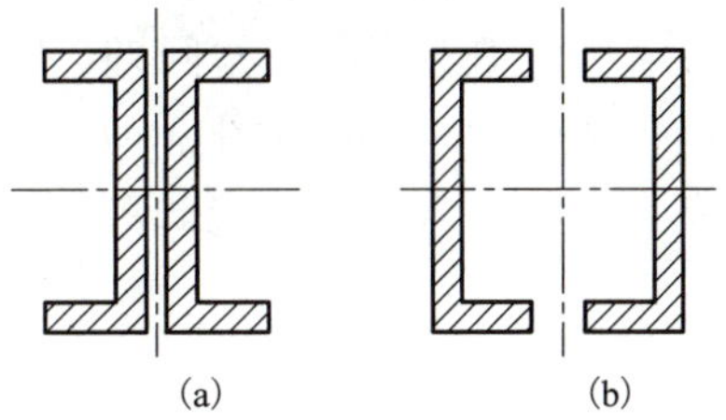


图 11.13

如果压杆在各个纵向平面内的相当长度$\mu l$ 相同，应使截面对任一形心轴的惯性半径相等或接近相等。这样，就可以使压杆在任一纵向平面内的工作柔度都相等或接近相等，从而保证压杆在任一纵向平面内具有相等或相近的抗失稳能力。如实心圆形、空心圆形及正多边形截面，都能满足这一要求。有一些压杆在不同的纵向平面内的$\mu l$ 不同，这就要求压杆截面对其两个形心主惯性轴有不同的惯性半径，以使两个纵向主惯性平面内的工作柔度相等或接近相等，从而保证压杆在两个纵向平面内仍具有相近的稳定性。

### 2. 减小压杆的支撑长度

由细长杆和中长杆的临界应力计算公式可知，随着压杆长度的增加，其柔度$\lambda$增加而临界应力$\sigma_{cr}$减小。因此，在条件允许时，应尽可能减小压杆的长度，或者在压杆的中间增设支座，以提高压杆的稳定性。例如，图 11.14 所示无缝钢管的穿孔机，如果在顶杆的中间增加一个抱辊装置，则可显著提高顶杆的稳定性，从而增加顶杆的穿孔压力$F$。

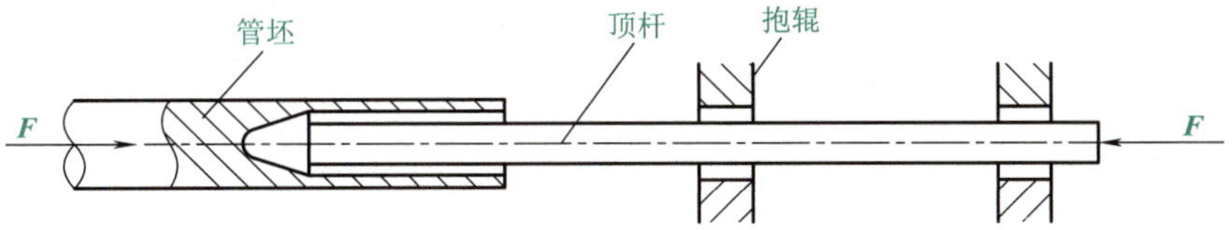


图 11.14

### 3. 改善杆端的约束条件

对于细长压杆，其临界压力与相当长度$\mu l$的平方成反比。因而压杆两端的约束条件直接影响着压杆的稳定性。例如，长为$l$的两端铰支压杆，其$\mu=1$，若两端的铰支座改为固定端，则相当长度变为$0.5l$，临界压力则变为

$$F_{cr}=\frac{\pi^2 EI}{(0.5l)^2}=4\frac{\pi^2 EI}{l^2}$$

此时的临界压力是原来临界压力的 4 倍。

一般来讲，增加压杆的约束，使其更不容易发生弯曲变形，可以显著提高压杆的稳定性。

### 4. 合理选择材料

对于细长杆，由欧拉公式可知，临界压力的大小与材料的弹性模量 $E$ 有关。但由于各种钢材的 $E$ 值大致相等，所以选用优质钢材或普通碳钢并无很大差别。

对于中柔度压杆，无论是根据经验公式或理论分析，都说明临界应力与材料的强度有关。优质钢在一定程度上可以提高临界应力。所以从稳定角度考虑，选用优质钢较好。

至于小柔度压杆，本来就属于强度问题，当然是选用优质钢更合理。

最后指出，对于压杆，除了可以采取上述几方面的措施提高其稳定性外，在可能的条件下，还可以从结构设计方面提高其稳定性。例如，将结构中比较细长的压杆转换成拉杆，这样，就可以从根本上避免失稳问题。例如，对图 11.15 所示的托架，在可能的条件下，在不影响结构的承载能力时，如将图(a)所示的结构改换成图(b)所示的结构，则 $AB$ 杆由承受压力变为承受拉力，从而避免了失稳问题。

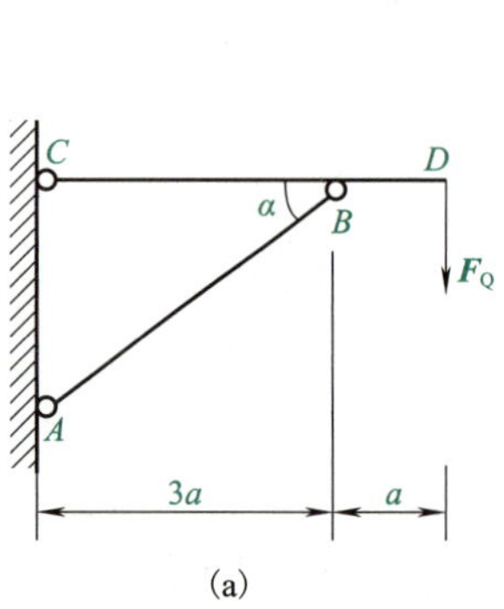

图 11.15

## 思考题

**11-1** 试述失稳破坏与强度破坏的区别。

**11-2** 下图为两组截面，两截面面积相同，试问作为压杆时(两端为球铰链)，各组中哪一种截面形状合理？

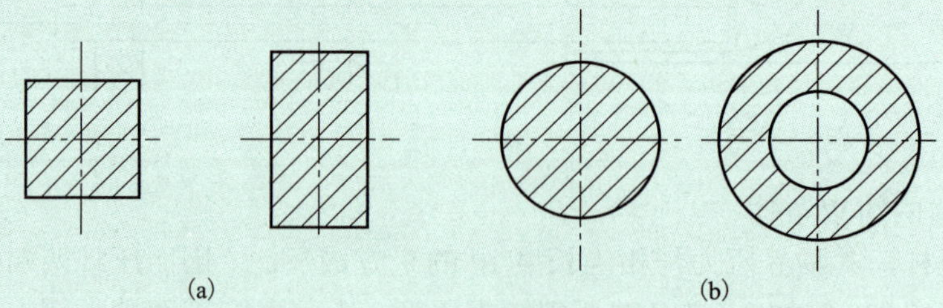

思考题 11-2 图

**11-3** 何谓压杆的工作柔度？它与哪些因素有关？它对临界应力有什么影响？

**11-4** 欧拉公式适用的范围是什么？如果超过范围继续使用，则计算结果偏于危险还是偏于安全？

**11-5** 如何判别压杆在哪个平面内失稳？下图所示截面形状的压杆，设两端为球铰链。试问，失稳时其截面分别绕哪根轴转动？

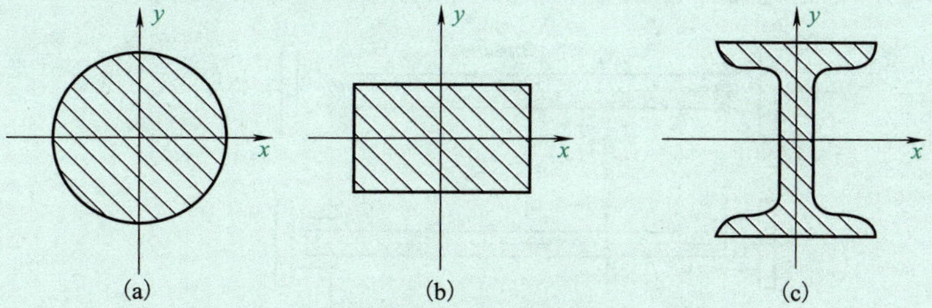


思考题 11-5 图

## 习　题

**11.1** 如图所示三根材料相同、直径相等的杆件。试问，哪一根杆的稳定性最差？哪一根杆的稳定性最好？

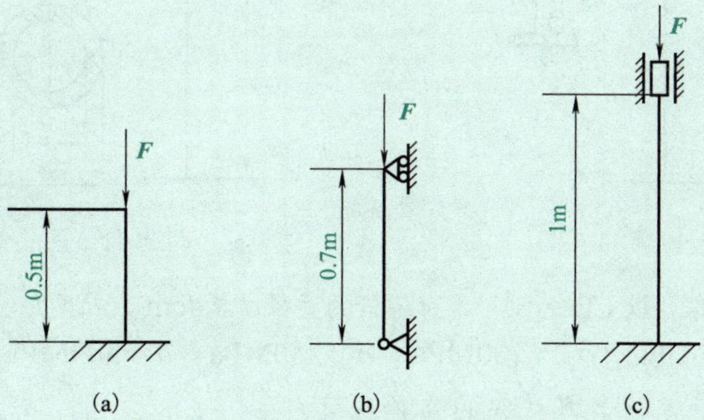


习题 11.1 图

**11.2** 铸铁细长压杆的直径 $d = 40\text{mm}$，长度 $l = 0.7\text{m}$，弹性模量 $E = 108\text{GPa}$，一端固定，另一端自由。试求压杆的临界压力。

**11.3** 某型柴油机的挺杆长度 $l = 25.7\text{cm}$，实心圆形横截面的直径 $d = 8\text{mm}$，钢材的弹性模量 $E = 210\text{GPa}$，$\sigma_p = 240\text{MPa}$。挺杆所受最大轴向压力 $F = 1.76\text{kN}$。规定的稳定安全系数 $n_{st} = 2.5$。试校核挺杆的稳定性。

**11.4** 如图所示压杆的材料为 Q235 钢，其 $E = 200\text{GPa}$，$\sigma_p = 200\text{MPa}$，$\sigma_s = 240\text{MPa}$，$a = 304\text{MPa}$，$b = 1.12\text{MPa}$。在正视图 (a) 的平面内，两端均为球铰支，在俯视图 (b) 的平面内，两端为固定。试求此压杆的临界压力。

**11.5** 图示为 25a 工字钢柱，柱长 $l = 7\text{m}$，两端固定，规定稳定安全系数 $n_{st} = 2$，材料采用 Q235 钢，$E = 200\text{GPa}$，$\sigma_p = 200\text{MPa}$，$\sigma_s = 240\text{MPa}$，$a = 304\text{MPa}$，$b = 1.12\text{MPa}$。试求钢柱的许可载荷。

**11.6** 如图所示一钢管柱，上端球铰支、下端固定，外径$D=7.6\text{cm}$，内径$d=6.4\text{cm}$，长度$l=2.5\text{m}$，材料是铬锰合金钢，比例极限$\sigma_p=540\text{MPa}$，弹性模量$E=215\text{GPa}$，如承受的力$F=150\text{kN}$，规定稳定安全系数$n_{st}=3.5$，试校核此钢管柱的稳定性。

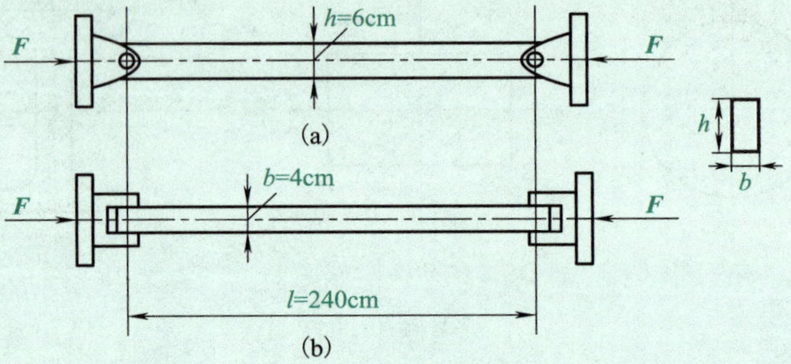


习题 11.4 图

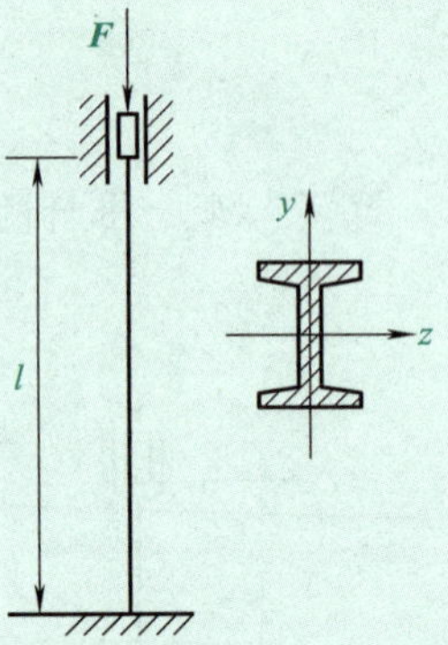


习题 11.5 图

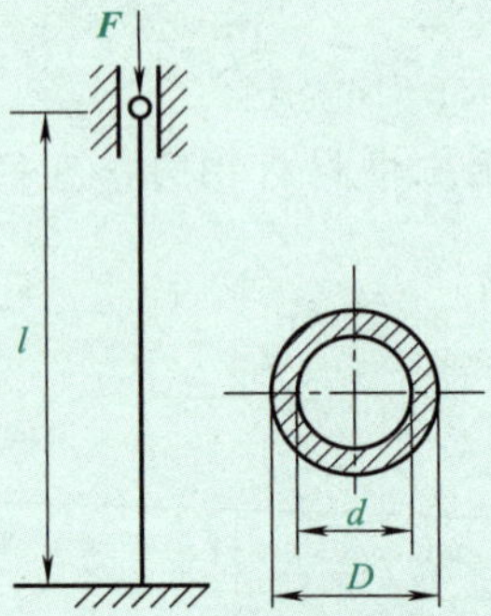


习题 11.6 图

**11.7** 如图所示托架，设CD为刚性，$AB$杆的直径$d=4\text{cm}$，长度$l=80\text{cm}$，两端球铰支，材料采用Q235钢，$E=200\text{GPa}$，$\sigma_p=200\text{MPa}$，$\sigma_s$=240MPa，$a=304\text{MPa}$，$b=1.12\text{MPa}$。试求：

(1)根据$AB$杆的稳定性计算托架的临界载荷$F_{cr}$；

(2)若已知实际载荷$F_Q=70\text{kN}$，$AB$杆的规定稳定安全系数$n_{st}=2$，问此托架是否安全？

**11.8** 如图所示横梁$AB$为矩形截面；竖杆$CD$截面为圆形，直径$d=20\,\text{mm}$，两端为柱销连接，材料采用Q235钢，$E=200\text{GPa}$，$\sigma_p=200\text{MPa}$，$\sigma_s$=240MPa，$a=304\text{MPa}$，$b=1.12\text{MPa}$，规定稳定安全系数$n_{st}=3$。若测得$AB$梁的最大弯曲正应力$\sigma=120\,\text{MPa}$，试校核竖杆$CD$的稳定性。

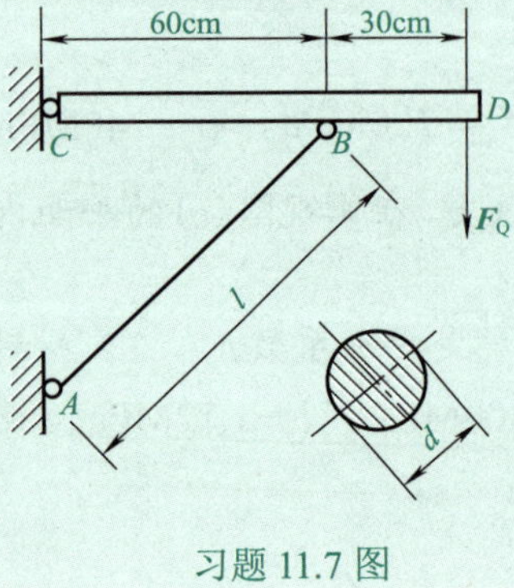


习题 11.7 图

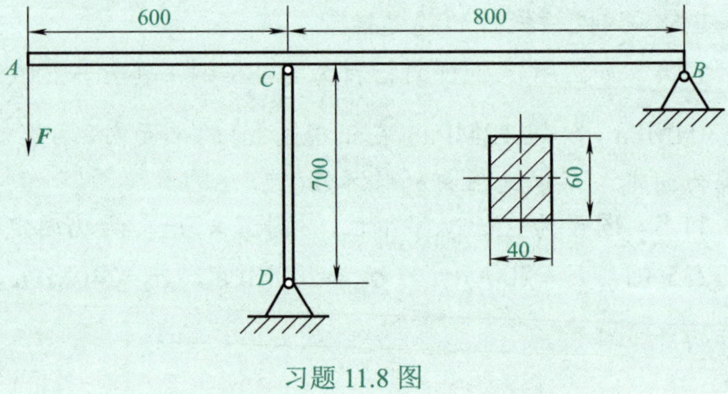


习题 11.8 图

# 第12章 疲劳强度问题

工程中的一些构件或零部件的应力随时间周期性地变化，这种应力称为交变应力，交变应力作用下发生的失效称为疲劳失效。统计结果表明，在各种机械断裂事故中，80%以上是由疲劳失效引起的，而且疲劳失效过程一般不易被察觉，常常表现为突发性事故，造成灾难性后果。因此对承受交变应力的构件进行疲劳分析是很重要的。

本章主要介绍交变应力的概念，疲劳失效的主要特征、失效过程以及影响疲劳强度的主要因素。

## 12.1 交变应力与疲劳破坏

### 12.1.1 交变应力与疲劳失效

在机械与工程结构中，许多构件常常受到随时间循环变化的应力，即所谓的循环应力或交变应力。例如，随车轮一起转动的火车轮轴(图 12.1(a))，当车轴以匀角速度 $\omega$ 旋转时，横截面边缘任一点 $A$ 处弯曲正应力为

$$\sigma_A = \frac{My_A}{I_z} = \frac{Mr}{I_z}\sin\omega t$$

上式表明，$\sigma_A$ 是随时间 $t$ 按正弦曲线变化的，也就是说车轴每旋转一周，$A$ 点处材料经历一次由拉伸到压缩的应力循环(图 12.1(b))，车轴不停转动，该点处应力周期性变化。

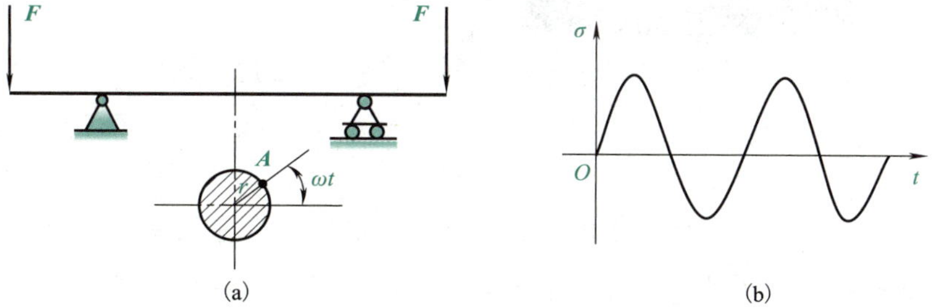


图 12.1

又如，因电动机转子偏心惯性力引起受迫振动的梁(图 12.2(a))，其危险点应力随时间变化的曲线如图 12.2(b)所示。$\sigma_{st}$ 表示电动机重量 $P$ 以静载方式作用于梁上时引起的静应力，最大应力 $\sigma_{max}$ 和最小应力 $\sigma_{min}$ 分别表示梁在最大和最小的位移时的应力。

在上述实例中，随时间做周期性变化的应力称为**交变应力**。实践表明，在交变应力作用下，虽然应力小于材料的屈服极限，但经过长期反复作用后，构件也会突然断裂。即使是塑性较好的材料，断裂前也无明显塑性变形。在交变应力作用下，构件产生可见裂纹或完全断裂的现象称为**疲劳失效**，简称**疲劳**。

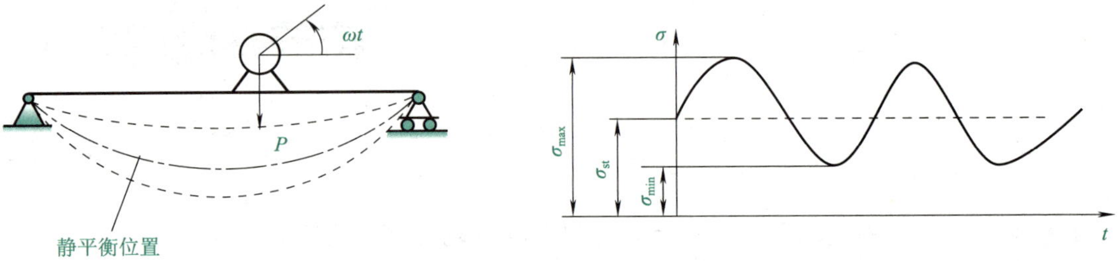


(a) (b)

图 12.2

小链接

在 19 世纪 30 年代铁路发展初期，机车车轴是根据静强度条件设计的。但是火车在投入运行一段时间后，便不断发生车轴断裂事故。由于当时对于破坏的原因无法解释，就简单地归因为材料的承载能力被不断重复作用的载荷“消耗”掉了。1839 年法国的彭赛列(Poncelent J.V.)在巴黎大学演讲时首先使用“疲劳”一词来描述这种新的破坏现象。1843 年，英国工程师兰金(Rankine W.J.M.)发表论文，第一次系统讨论了疲劳问题。

图 12.3(a)为传动轴疲劳破坏的断口照片。断口呈现两个区域：一个是光滑区，另一个是粗糙区(图 12.3(b))。

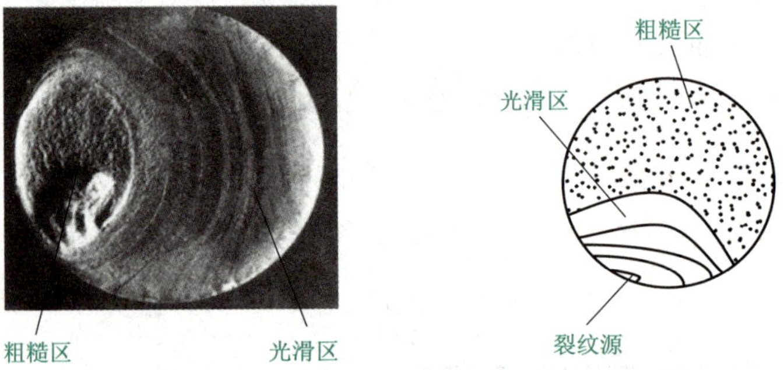


(a) (b)

图 12.3

根据长期实验与研究，人们对金属疲劳的解释一般认为，在足够大的交变应力下，构件内部应力最大或材质最薄弱处，将产生细微裂纹(即疲劳源)，裂纹随着应力循环次数增加而不断扩展，并形成宏观裂纹。已形成的宏观裂纹在交变应力下逐渐扩展，在扩展过程中，由于应力循环变化，裂纹两表面的材料时而相互挤压时而分离，时而正向错动时而反向错动，从而形成断口的光滑区。由于裂纹的不断扩展，当达到临界长度时，构件将发生突然断裂，断口的粗糙区就是突然断裂造成的。因此，疲劳破坏的过程可以理解为疲劳裂纹萌生、逐渐扩展与最后断裂的过程。

小链接

兰金在他的关于铁路机车车轴疲劳破坏的论文中这样描述："裂口的出现是从一个光滑的、形状规则的、细小的裂纹开始，在轴颈周围逐渐扩大，其穿入深度的平均值达到半英寸。它们好像从表面逐渐向中心穿入，直到中心处的好铁的厚度不够支持所经受的振动，在这种情况下，轴颈的破裂端是凸出的，而轴身的破裂端是凹入的。"

以上分析表明，构件发生疲劳破坏前，无明显塑性变形，而裂纹的形成与扩展又不易及时发现，因此疲劳破坏常常带有突发性，往往造成严重后果。据统计，在机械航空等领域，大部分损伤事故是由疲劳破坏造成的。因此，对承受循环应力的机械设备与结构，应十分重视疲劳强度问题。

### 12.1.2 交变应力的循环特征、应力幅和平均应力

图 12.4 表示按正弦曲线变化的应力与时间的关系。由 $a$ 到 $b$ 应力经过一个周期的变化，又回到原来数值，称为一个应力循环。以 $\sigma_{max}$ 和 $\sigma_{min}$ 分别表示最大和最小应力，比值为

$$r=\frac{\sigma_{min}}{\sigma_{max}} \tag{12.1}$$

式中，$r$ 称为交变应力的循环特征或应力比。

$\sigma_{max}$ 和 $\sigma_{min}$ 的代数和的二分之一称为平均应力，即

$$\sigma_m=\frac{1}{2}(\sigma_{max}+\sigma_{min}) \tag{12.2}$$

$\sigma_{max}$ 和 $\sigma_{min}$ 的代数差的二分之一称为应力幅，即

$$\sigma_a=\frac{1}{2}(\sigma_{max}-\sigma_{min}) \tag{12.3}$$

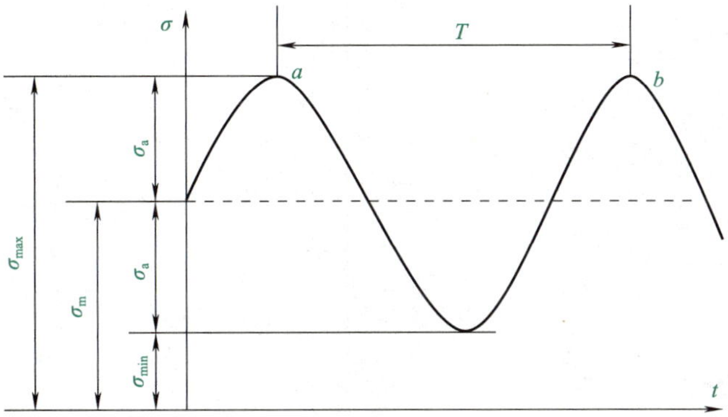


图 12.4

图 12.1(b)所示的应力循环，其特点是最大应力与最小应力数值相等、符号相反，即 $\sigma_{max}=-\sigma_{min}$，称为对称循环应力。此时有

$$r=-1,\quad \sigma_m=0,\quad \sigma_a=\sigma_{max} \tag{a}$$

在各种应力循环中，除对称循环外，其余情况统称不对称循环。由式(12.2)和式(12.3)可知

$$\sigma_{max}=\sigma_m+\sigma_a,\qquad \sigma_{min}=\sigma_m-\sigma_a \tag{12.4}$$

可见，任一不对称循环都可以看成是，在平均应力 $\sigma_m$ 上叠加一个幅值为 $\sigma_a$ 的对称循环。

## 12.2 持久极限

若应力是交变的，则应力低于屈服极限时金属就可能发生疲劳，因此静载下测定的屈服极限或强度极限就不能作为强度指标。金属疲劳的强度指标应重新测定。德国铁路工程师沃勒(August Wohler)最早开展了系统的疲劳实验研究，并发明了旋转弯曲疲劳实验机。

### 1. 旋转弯曲疲劳实验过程

测定时将金属加工成直径为7～10mm，表面光滑的试样(光滑小试样)，每组试样约为10根。把试样装于疲劳实验机上(图12.5)，使它承受纯弯曲变形，并由电机带动而旋转。于是，试样每旋转一圈，其内每一点处的材料即经历一次对称循环的交变应力。实验一直进行到试样断裂为止。

实验中，由计数器记下试样断裂时所旋转的总圈数或所经过的应力循环次数 $N$，即试样的疲劳寿命。同时，根据砝码的质量，按弯曲正应力公式$\sigma = M/W$，计算试样截面上的最大正应力。对同组试样挂上不同重量的砝码进行疲劳实验，将得到一组最大正应力 $\sigma$ 与相应疲劳寿命 $N$ 的数据。

### 2. S-N 曲线

以最大应力$\sigma_{max}$为纵坐标，疲劳寿命 $N$ 为横坐标，根据上述数据所绘出最大应力与疲劳寿命间的关系曲线，称为 S-N 曲线(图12.6)。实验时，使第一根试样的最大应力$\sigma_{max1}$较高，约为强度极限的 70%，经历 $N_1$ 次循环，试样疲劳，则 $N_1$ 称为应力为$\sigma_{max1}$时的疲劳寿命。一般来说，随应力水平降低，循环次数迅速增加。当应力降低到某一极限值时，S-N 曲线趋近水平线。这表明只要应力不超过极限值，$N$ 可以无限大，即试样经历无限次循环而不发生疲劳。交变应力的这一极限值称为持久极限或疲劳极限。持久极限用$\sigma_r$表示，$r$ 代表应力比。

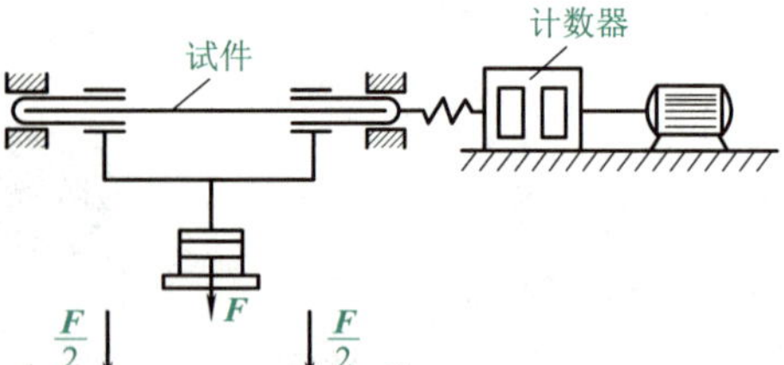

图 12.5

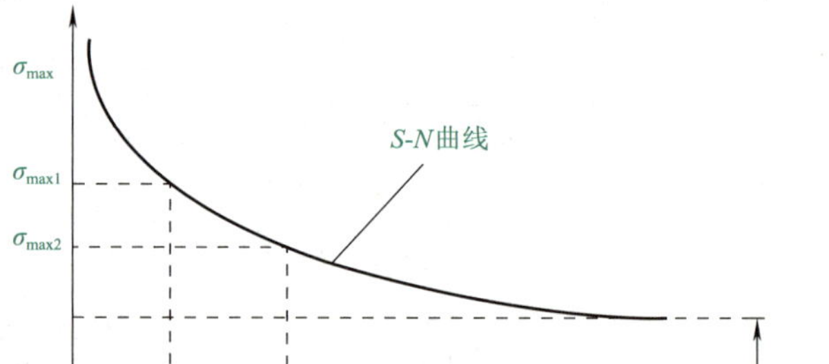

图 12.6

对于有色金属及其合金的 S-N 曲线一般不存在水平渐近线。通常规定一个指定寿命 $N_0$，把与它对应的最大应力作为材料的条件持久极限。

## 12.3 影响持久极限的因素

对称循环的持久极限是利用光滑小试样测定的。但实验表明，实际构件的持久极限与构件外形、尺寸、表面状况等因素相关。

### 1. 构件外形的影响

构件上外形突然变化，如构件上有轴肩、孔、槽等，将引起应力集中。应力集中部位更易形成疲劳裂纹并促进其发展，使构件持久极限明显降低。

应力集中处的最大应力(又称峰值应力)与名义应力的比值称为**理论应力集中因数**，用 $K_t$ 表示，即

$$K_t = \frac{S_{\max}}{S_n} \tag{12.5}$$

式中，$S_{\max}$ 为峰值应力；$S_n$ 为名义应力。对于正应力，$K_t \to K_{t\sigma}$；对于切应力，$K_t \to K_{t\tau}$。

理论应力集中因数只考虑了零件的几何形状和尺寸的影响，忽略了不同材料对于应力集中具有不同的敏感性。因此，根据理论应力集中因数不能直接确定应力集中对持久极限的影响程度。为了衡量应力集中对持久极限的影响，工程上采用**有效应力集中因数**，它是在材料、尺寸和加载条件都相同的前提下，光滑试样与缺口试样的持久极限的比值为

$$K_f = \frac{S_{-1}}{S'_{-1}} \tag{12.6}$$

式中，$S_{-1}$ 和 $S'_{-1}$ 分别为光滑试样与缺口试样的持久极限，$S$ 仍为广义应力记号。

集中因数不仅与零件的形状和尺寸有关，而且与材料有关。前者由理论应力集中因数反映；后者由**缺口敏感因数** $q$ 反映。三者之间有如下关系：

$$K_f = 1 + q(K_t - 1) \tag{12.7}$$

此式对于正应力和切应力的应力集中都适用。

### 2. 构件截面尺寸的影响

弯曲与扭转实验表明，随着试样直径的增加，持久极限将降低，而且对于钢材，强度越高，持久极限下降越明显。因此当零件尺寸大于标准试样尺寸时，必须考虑尺寸的影响。

截面尺寸对持久极限的影响用尺寸因数 $\varepsilon_\sigma$ 或 $\varepsilon_\tau$ 表示，它代表光滑大尺寸试样与光滑小尺寸试样的持久极限的比值，其值小于 1。

$$\varepsilon_\sigma = \frac{(\sigma_{-1})_d}{\sigma_{-1}} \quad 或 \quad \varepsilon_\tau = \frac{(\tau_{-1})_d}{\tau_{-1}} \tag{12.8}$$

式中，光滑小试样的持久极限为 $\sigma_{-1}$ 或 $\tau_{-1}$；光滑大试样的持久极限为 $(\sigma_{-1})_d$ 或 $(\tau_{-1})_d$。

根据实验可知：**试样的直径 $d$ 越大，持久极限降低越多；材料的静强度越高，截面尺寸的大小对构件持久极限的影响越显著。**

对于弯曲和扭转持久极限随截面尺寸的增大而降低的原因，现以图 12.7 所示两个受扭试样来说明。沿圆截面半径，切应力是线性分布的，若两者最大切应力相等，显然 $\alpha_1 < \alpha_2$，即沿圆截面半径，大试样应力的衰减比小试样缓慢，因而大试样横截面上的高应力区比小试样的高应力区大，即大试样中处于高应力状态的晶粒比小试样的多，所以形成疲劳裂纹的机会更多。

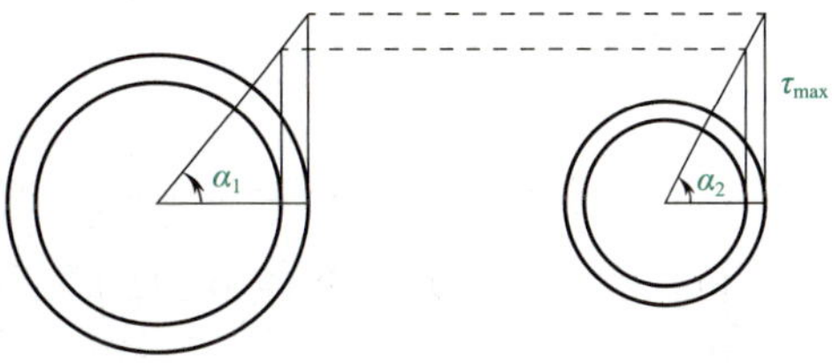

图　12.7

轴向加载时，光滑试样截面上应力分布均匀，截面尺寸的影响不大，取尺寸因数 $\varepsilon_\sigma \approx 1$。

### 3. 表面加工质量的影响

一般地，最大应力发生在构件表层，疲劳裂纹也大多在表面生成。表面加工的刀痕与擦伤会引起应力集中，降低持久极限。因此，构件表面加工质量与表层状况，对构件疲劳强度影响显著。

表面加工质量对构件持久极限的影响可以用表面质量因数 $\beta$ 表示。它代表用某种方法加工的构件持久极限与光滑试样的持久极限的比值，即

$$\beta=\frac{\left(\sigma_{-1}\right)_{\beta}}{\sigma_{-1}} \tag{12.9}$$

式中，$\sigma_{-1}$ 为表面磨光的试样的持久极限；而 $\left(\sigma_{-1}\right)_{\beta}$ 为表面是其他加工情况时构件的持久极限。式(12.9)也适用于切应力循环的情形。

事实证明：**表面加工质量越低，持久极限降低越多；材料静强度越高，加工质量对构件持久极限的影响越显著。**

所以，对于在循环应力下工作的重要构件，特别是存在应力集中的部位，应当采用高质量的表面加工，特别是采用高强度材料时，更应讲究加工方法。

还应指出，由于疲劳裂纹大多起源于构件表面，因此，提高构件表层材料的强度、改善表层的应力状况，如渗碳、渗氮、高频淬火等，都是提高构件疲劳强度的重要措施。

上述各种影响都可以在相关设计中查到。

综合上述三种因素，在对称循环下，构件的持久极限应为

$$\sigma_{-1}^{0}=\frac{\varepsilon_{\sigma}\beta}{K_{\sigma}}\sigma_{-1} \quad 或 \quad \tau_{-1}^{0}=\frac{\varepsilon_{\tau}\beta}{K_{\tau}}\tau_{-1} \tag{12.10}$$

式中，$\sigma_{-1}$ 或 $\tau_{-1}$ 是光滑小试件的持久极限。

## 12.4 构件的疲劳强度计算

### 1. 对称循环应力下构件的疲劳强度条件

考虑到应力集中、截面尺寸、表面加工质量等因素对构件疲劳强度的影响，对称循环应力下拉压杆或梁的许用应力的修正公式为

$$\left[\sigma_{-1}\right]=\frac{\sigma_{-1}^{0}}{n_{f}}=\frac{\varepsilon_{\sigma}\beta}{n_{f}K_{\sigma}}\sigma_{-1} \tag{12.11}$$

式中，$n_f$ 为疲劳安全因数，取值范围为 1.4～1.7。

所以，拉压杆或梁在对称循环应力下的强度条件为

$$\sigma_{\max}\leqslant\left[\sigma_{-1}\right]=\frac{\varepsilon_{\sigma}\beta}{n_{f}K_{\sigma}}\sigma_{-1} \tag{12.12}$$

式中，$\sigma_{\max}$ 代表拉压杆或梁横截面上的最大工作应力。

机械设计中，通常根据安全因数判断构件是否满足疲劳强度条件。定义构件的工作安全因数为

$$n_{\sigma}=\frac{\sigma_{-1}^{0}}{\sigma_{\max}}=\frac{\varepsilon_{\sigma}\beta\sigma_{-1}}{K_{\sigma}\sigma_{\max}} \tag{12.13a}$$

构件的疲劳强度条件可改写为

$$n_{\sigma}=\frac{\varepsilon_{\sigma}\beta\sigma_{-1}}{K_{\sigma}\sigma_{\max}}\geqslant n_f \tag{12.13b}$$

同理，轴在对称循环扭转切应力下的疲劳强度条件为

$$\tau_{\max}\leqslant[\tau_{-1}]=\frac{\varepsilon_{\tau}\beta}{n_f K_{\tau}}\tau_{-1}\quad 或 \quad n_{\tau}=\frac{\varepsilon_{\tau}\beta\tau_{-1}}{K_{\tau}\tau_{\max}}\geqslant n_f \tag{12.14}$$

式中，$\tau_{\max}$ 代表轴截面上最大扭转切应力。

### 2. 非对称循环应力下构件的疲劳强度条件

在非对称循环应力下，除了要考虑应力集中、截面尺寸和表面加工质量对构件疲劳强度的影响外，还要考虑平均应力 $\sigma_{\mathrm{m}}$（或 $\tau_{\mathrm{m}}$）与应力幅 $\sigma_{\mathrm{a}}$（或 $\tau_{\mathrm{a}}$）的影响。在应力比保持不变的条件下，拉压杆和梁的疲劳强度条件为

$$n_{\sigma}=\frac{\sigma_{-1}}{\sigma_{\mathrm{a}}\dfrac{K_{\sigma}}{\varepsilon_{\sigma}\beta}+\sigma_{\mathrm{m}}\psi_{\sigma}}\geqslant n_f \tag{12.15}$$

扭转轴的疲劳强度条件为

$$n_{\tau}=\frac{\tau_{-1}}{\tau_{\mathrm{a}}\dfrac{K_{\tau}}{\varepsilon_{\tau}\beta}+\tau_{\mathrm{m}}\psi_{\tau}}\geqslant n_f \tag{12.16}$$

式中，$\sigma_0$ 与 $\tau_0$ 表示材料在脉动循环应力下的持久极限；$\psi_{\sigma}$ 与 $\psi_{\tau}$ 表示材料对应力循环非对称性的敏感因数，其值可以从有关手册中查到，也可以分别按照式(12.17)计算：

$$\psi_{\sigma}=\frac{2\sigma_{-1}-\sigma_0}{\sigma_0},\qquad \psi_{\tau}=\frac{2\tau_{-1}-\tau_0}{\tau_0} \tag{12.17}$$

## 12.5　提高构件疲劳强度的措施

疲劳裂纹的疲劳源主要出现在应力集中的部位和构件表面。因此，提高疲劳强度应从减轻应力集中、改善表面质量等入手。

### 1. 减轻应力集中

为了消除或减轻应力集中，在设计构件外形时要避免出现方形或带尖角的孔和槽。在截面尺寸突变处要采用半径足够大的过渡圆角，如图 12.8(a)所示。随圆角半径增大，有效应力集中系数迅速减小。有时因结构原因无法加大过渡圆角的半径，需在外周的较粗部分上开减荷槽，如图 12.8(b)所示，可使应力集中明显减弱。

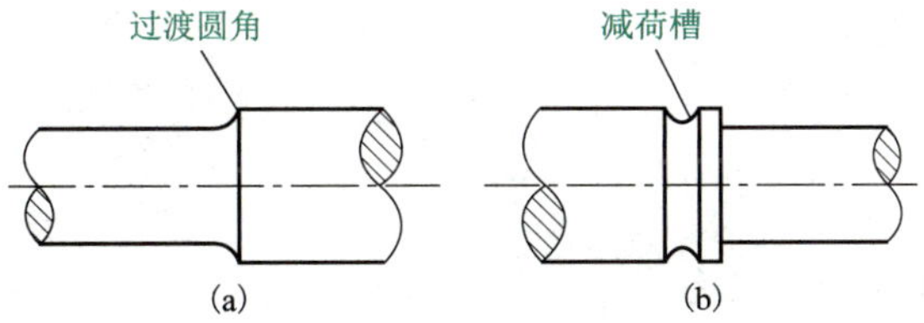


图　12.8

紧固配合的轮毂与轴的配合面边缘处有明显应力集中。若在轮毂上开减荷槽并加粗轴的配合部分，以减小轮毂与轴的刚度差，可明显减轻配合面边缘处的应力集中。在角焊缝处，采用坡口焊接的应力集中程度比无坡口焊接减小许多。

### 2. 降低表面粗糙度

构件表面加工质量对疲劳强度的影响很大，故对于疲劳强度要求较高的构件应有较低的表面粗糙度。高强度钢对表面粗糙度更为敏感，只有经过精加工才能显示高强度性能，否则会使其持久极限大幅下降。另外，在使用中尽量避免表面受到机械或化学损伤。

### 3. 增大表面强度

为强化构件表层，可做热处理和化学处理，如表面高频淬火、渗碳、氮化等，可以显著提高构件疲劳强度。也可以用机械方法强化表层，如滚压、喷丸，但应注意采用这些方法时，需要严格控制工艺过程，否则会产生表面微细裂纹。

## 思考题

12-1 疲劳破坏有何特点？它是如何形成的？

12-2 影响构件持久极限的主要因素是什么？如何确定应力集中因数、尺寸因数与表面质量因数？试描述提高构件疲劳强度的措施。

12-3 区分下列概念：材料的持久极限与强度极限，材料的持久极限与构件的持久极限，静应力下的许用应力与交变应力下的许用应力。

## 习题

12.1 图示应力循环，试求平均应力、应力幅与应力比。

12.2 图示阶梯轴，材料为合金钢 $\sigma_b = 920\text{MPa}$，构件在弯曲循环应力下的持久极限是 $\sigma_{-1} = 420\text{MPa}$，轴在弯矩 $M$=850N·m 作用下旋转。轴表面切削加工，若 $n$=1.4，试校核轴的强度。

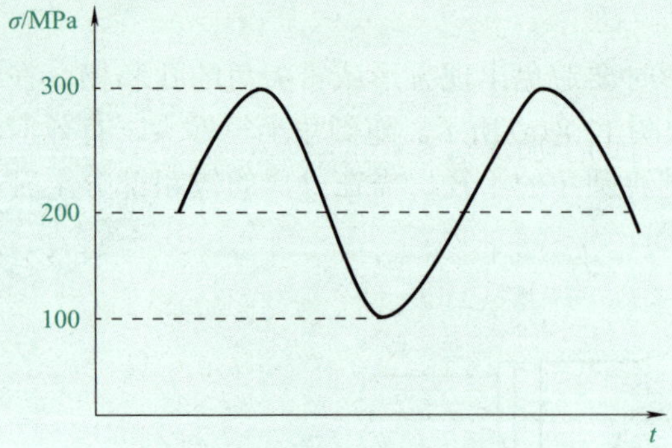


习题 12.1 图

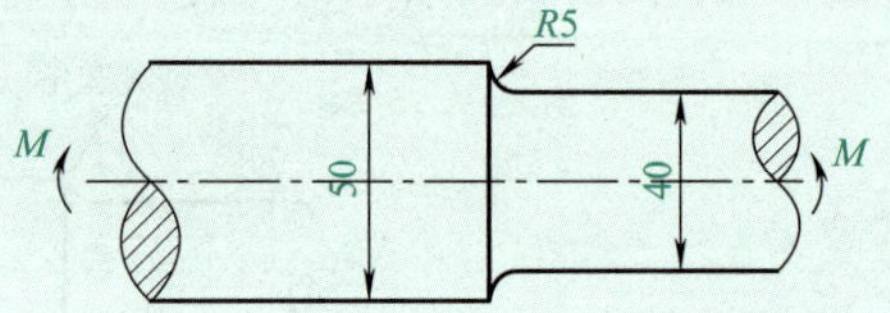


习题 12.2 图

# 第 13 章

# 工程力学实验

工程力学是以实验为基础的学科。本章主要介绍低碳钢、铸铁的拉压实验、扭转实验、纯弯曲实验以及电测实验等。

## 13.1 工程力学实验概述

**1. 工程力学实验的内容**

工程力学实验是工程力学的重要支柱之一。工程力学从理论上研究工程结构构件的应力分布和计算，并对构件的强度、刚度和稳定性进行计算或校核。工程力学实验则从实验角度为工程力学理论和应用提供实验支持；当理论分析、计算遇到困难时，借助工程力学实验技术和方法，可直接进行结构构件的应力分析。在工程结构投入运行期间，工程力学实验的分析技术，更是结构安全性评价的可靠手段之一。因此，工程力学实验能力和理论分析、计算能力的培养，具有同等重要的地位。

工程力学实验由下列三部分内容组成。

**1）材料的力学性能测定**

材料的力学性能是指在外力作用下，材料在变形、强度等方面表现出的一些特性，如弹性极限、屈服极限、强度极限、弹性模量等。这些强度指标或参数都是构件强度、刚度和稳定性计算的依据，而它们一般要通过实验来测定。此外，材料的力学性能的发展，各种新型合金材料、合成材料不断涌现，力学性能的测定，是研究每一种新型材料的重要任务。

**2）验证已建立的理论**

工程力学的一些理论是以某些假设为基础的，例如，杆件的弯曲理论就以平面假设为基础。用实验验证这些理论的正确性和适用范围，有助于加深对理论的认识和理解。而对新建立的理论和公式，则必须通过实验来验证。实验是验证、修正和发展理论的必要手段。

**3）应力分析实验**

某些情况下，如因构件几何形状不规则、受力复杂或精确的边界条件难以确定等，应力分析计算难以获得准确结果。这时用电测、光测等实验应力分析方法直接测定构件的应力，便成为有效的方法。对经过力学简化后得出的理论计算或数值计算，其结果的可靠性更依赖于实验应力分析的验证。

**2. 实验课的目的**

通过工程力学实验实践，使学生初步认识和掌握常用材料的力学性能实验的基本知识与方法，初步认识和掌握电测实验应力分析的基本原理与测试方法，加深对工程力学基本理论知识的理解与应用。培养学生踏实细致、严肃认真的科学作风。

## 13.2 低碳钢拉伸和铸铁拉伸与压缩实验

拉伸和压缩实验是获得材料力学性能的最基本也是最常用的实验方法之一。工矿企业、研究所一般都用此类方法对材料进行出厂检验或进厂复检，用测得的$\sigma_s$、$\sigma_b$（$\sigma_{0.2}$）、$\delta$和$\psi$等指标来评定材质。因此，对材料进行轴向拉伸实验和压缩实验具有重要工程实际意义。

不同材料在拉伸和压缩过程中表现出不同的力学性能和现象。低碳钢和铸铁分别是典型的塑性材料和脆性材料。低碳钢材料具有良好的塑性，在拉伸实验中弹性、屈服、强化和颈缩四个阶段尤为明显和清楚。低碳钢材料在压缩中的弹性阶段、屈服阶段与拉伸实验基本相同，低碳钢试样最后只能被压扁而不能被压断，无法测定其压缩强度极限。因此，一般只对低碳钢材料进行拉伸实验而不进行压缩实验。

### 1. 实验目的

(1) 观察分析低碳钢的拉伸过程和铸铁的拉伸、压缩过程，比较其力学性能。

(2) 测定低碳钢的$\sigma_s$、$\sigma_b$、$\delta$和$\psi$；测定铸铁的拉伸强度极限$\sigma_{bt}$。

(3) 测定铸铁的压缩强度极限$\sigma_{bc}$。

(4) 了解材料实验机的结构原理，掌握操作方法。

### 2. 实验仪器设备

(1) 微机控制电子万能实验机。

(2) 游标卡尺。

### 3. 拉伸和压缩试样

由于试样的形状和尺寸对实验结果有一定的影响，为了使金属材料拉伸(压缩)实验的结果具有可比性，根据中华人民共和国国家标准《金属拉伸实验方法》(GB/T 228—2010)，低碳钢和铸铁的拉伸试样为标准试样，试样的横截面形状为圆形。这两种试样便于机加工，也便于尺寸的测量和夹具的设计。一般实验所用的拉伸试样是经机械加工制成的圆形横截面试样，即$l_0=10d$，$l_0$为拉伸试样的标距，$d$为拉伸试样的直径，如图 13.1 所示。铸铁压缩试样一般制成短柱状，以免被压弯。圆柱高度为直径的 1.5～3 倍，即$1.5d \leqslant h_0 \leqslant 3d$，如图 13.2 所示。

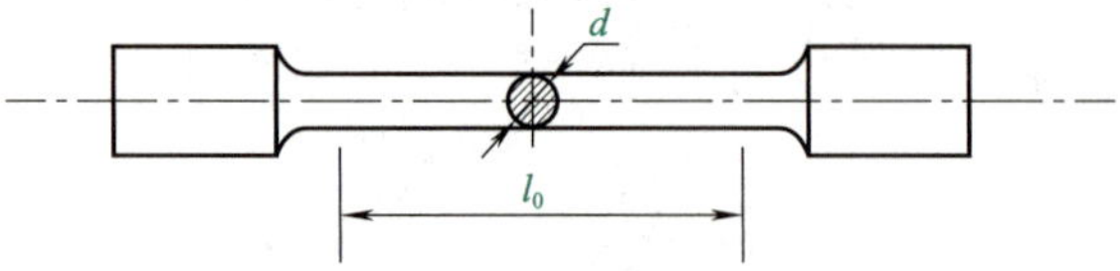


图 13.1

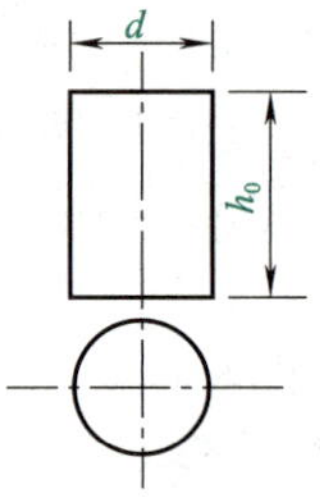


图 13.2

### 4. 实验原理和方法

#### 1) 低碳钢拉伸实验

(1) 屈服极限 $\sigma_s$ 及强度极限 $\sigma_b$ 的测定。

拉伸实验是用拉力拉伸试件，一般拉至断裂，以测定材料的一项或几项力学性能。低碳钢拉伸试样加载到达屈服阶段时，低碳钢的 $P$-$\Delta l$ 曲线呈锯齿形，如图 13.3 所示。与最高载荷对应的应力称为上屈服极限，它受变形速度和试样形状的影响，一般不作为强度指标。同样，载荷首次下降的最低点(初始瞬时效应)也不作为强度指标。一般把初始瞬时效应之后的最低载荷 $P_s$ 对应的应力作为屈服极限 $\sigma_s$，以试样的初始横截面面积 $A_0$ 除以 $P_s$，即得屈服极限 $\sigma_s$。

$$\sigma_s = \frac{P_s}{A_0} \tag{13.1}$$

屈服阶段过后，进入强化阶段，试样又恢复了承载能力(图 13.3)。载荷到达最大值 $P_b$ 时，试样某一局部的截面明显缩小，出现“颈缩”现象。以试样的初始横截面面积 $A_0$ 除以 $P_b$，即得强度极限。

$$\sigma_b = \frac{P_b}{A_0} \tag{13.2}$$

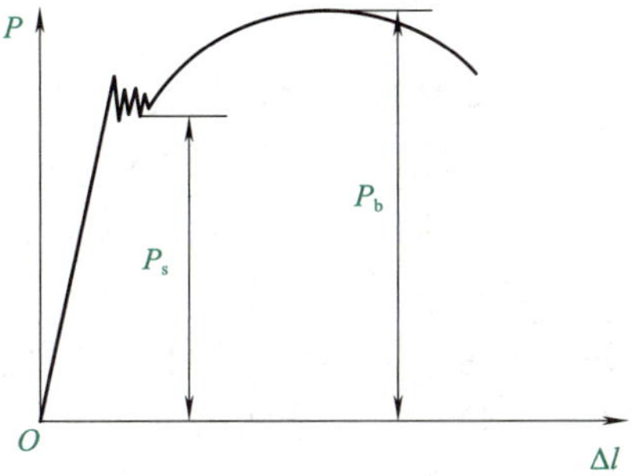


图　13.3

(2) 延伸率 $\delta$ 及断面收缩率 $\psi$ 的测定。

试样的标距原长为 $l_0$，拉断后将两端试样紧密地对接在一起，量出拉断后的标距长为 $l_1$，延伸率为

$$\delta = \frac{l_1 - l_0}{l_0} \times 100\% \tag{13.3}$$

试样拉断后，设颈缩处的最小横截面面积为 $A$，由于断口不是规则的圆形，应在两个相互垂直的方向上量取最小截面的直径，以其平均值计算 $A$，然后按式(13.4)计算断面收缩率：

$$\psi = \frac{A_0 - A}{A_0} \times 100\% \tag{13.4}$$

#### 2) 铸铁拉伸实验

由于铸铁在拉伸过程中没有屈服阶段，且在很不显著的变形下即断裂，故对铸铁只能测得其强度极限，即

$$\sigma_{bt} = \frac{P_{bt}}{A_0} \tag{13.5a}$$

#### 3) 铸铁的压缩

目前常用的压缩实验方法是两端平压法。这种方法使试样的上下两端与实验机承垫板之间会产生很大的摩擦力，它们阻碍着试样上部及下部的横向变形，导致测得的抗压强度比实际偏高。当试样的高度相对增加时，摩擦力对试样中部的影响就变小了，因此抗压强度与比值 $h_0/d$ 有关。由此可见，压缩实验是与实验条件有关的。为了在相同的实验条件下，对不同材料的抗压性能进行比较，应对 $h_0/d$ 的值作出规定。实践表明，此值取在 1～3 的范围内为宜。若小于 1，则摩擦力的影响太大；若大于 3，虽然摩擦力的影响减小，但稳定性的影响却显著增大。铸铁在压缩过程中的强度极限为

$$\sigma_{bc} = \frac{P_{bc}}{A_0} \tag{13.5b}$$

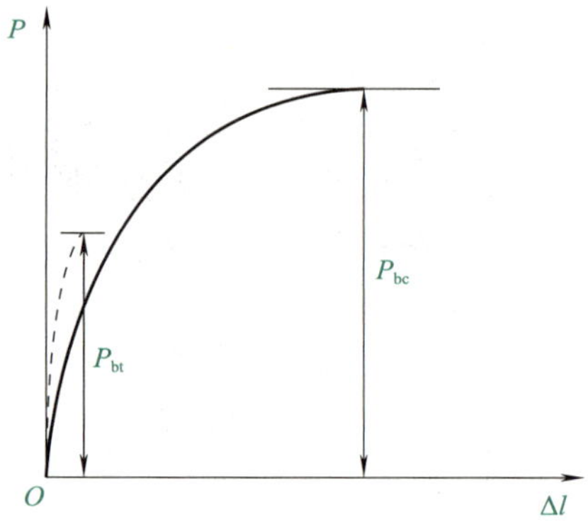

图 13.4

灰铸铁是属于塑性很差的一种脆性材料，无屈服现象出现，其拉伸和压缩时的 $P$-$\Delta l$ 曲线如图 13.4 所示，其中实线为铸铁压缩，虚线为铸铁拉伸。铸铁的断裂有两个特点：一是压缩断口为斜断口，拉伸时沿横截面断裂；二是压缩时的强度极限远比拉伸时高，为拉伸时的 4～5 倍。

### 5. 金属材料拉伸现象细微观解释

材料受力时力学行为，应由细观、微观构造及其性质所决定。金属材料都具有晶体固态结构。由一个晶核生成的晶体中的原子都按一定规则形状整齐地排列，这种晶体称为单晶体。多数金属材料是由许多随机分布的小晶体(称为晶粒)组集成的，称为多晶体。

#### 1)金属材料的弹性和线性

每个单晶体内金属原子按一定规则构成一空间点阵。金属原子之间随原子间距的改变，将呈现引力和斥力的共同作用。原子间的相互作用力，本质上是电荷间的库仑力。当材料承受外力时，为了保证平衡，要求原子间沿外力作用方向伸长。当原子间的距离增大时，材料内部原子间产生拉力，与外力平衡。如果材料受压，原子间距将缩小以产生压力与外力平衡。当外力去除时，原子间的位移也随之消失，材料表现为完全弹性。

由于晶粒受力变形过程中受外界因素影响，规则的晶格点阵排列中间也包含有各种缺陷而生成位错，这些结构上的缺陷大大降低了材料的强度。可见材料在不发生塑性变形的弹性阶段，原子间的位移在微小的区域内变化，这时原子间的位移和受力之间表现出近似的线性关系。因而，由此组集成的宏观材料的变形和受力，也必然有线性关系。

#### 2)金属材料的屈服

金属材料受晶格方向拉伸时，可以破坏联系金属原子间的金属键；金属材料受沿晶轴方向剪切时也可以使相邻两排原子交错结合成新的金属键，从而使晶格结构发生不可逆的永久改变。材料由此产生的这种永久变形称为塑性变形。

由上述分析，可以用理论计算出金属材料的理论强度，但这种计算结果与实际测试结果相差 1000 倍(理论计算结果大于实际测试结果)。

大多数研究解释了两者差别的原因是实际材料晶体内部在晶格生成过程中不可避免地存在缺陷——晶格的畸变。位错是引起晶格畸变的特殊缺陷。在众多位错理论书中特别详细地介绍了这方面的知识。在这里简单地可以认为，位错在外力作用下发生定向位移(称为滑移)，滑移的结果将使晶粒表面的位错移动到晶粒间的晶界处或者试样的表面而形成滑移线或者滑移带。如果用光线照射，能看出明暗相间的条纹。由于拉伸试样的最大切应力在与轴线呈 45° 的截面上，因而条纹首先发生在这一方向。

从以上分析不难看出金属晶格的滑移，是作用在晶面内的切应力引起的，它将使材料发生永久变形。

低碳钢在屈服过程中，其应力-应变曲线上会产生锯齿形的应力值。这一现象主要是因为低碳钢材料是多晶体材料。由许多晶粒组成的多晶体，各晶粒的晶面方向是随机分布的，由于滑移首先沿着 45° 的截面上发生(最大切应力作用方向)，滑移发生后，对应新的晶格，金属原子间的伸长将消失，原子间的引力也随之消失，从而导致该晶粒内材料的卸载，也使整个试样发生微小的卸载。随着位移控制加载继续进行，试样载荷又呈上升，直至晶面上切应力较大的下一个晶粒发生滑移，试样载荷又下降。各晶粒逐次轮回经历加载、滑移、再加载……的过程。在屈服阶段，滑移累积所引起的试样变形要远大于试样在弹性阶段所发生的弹性变形。该阶段试样所受的载荷，只是在晶格发生初始滑移所需要的应力的附近作微小波动，形成了一段“屈服平台”。

### 3)金属材料的应变强化

金属材料的塑性变形是晶体内部位错的定向移动造成的，但必须有一定大小的切应力作用在晶面上，这种移动才能发生。使晶面方向产生滑移时的切应力，这时刚好能克服晶体的滑移阻力，使滑移能够进行。随着晶格滑移的数量的积累，在各晶粒的内部将出现多个位错连续分布或堆积于晶界的现象。这种连续分布的位错群，称为位错的塞积。根据对原子间库仑力的作用分析，可以得出位错的塞积将增大对进一步滑移的阻力，这一结果也适用于晶界处。因而，当晶粒内的位错塞积达到一定密度时，必须加大作用于各晶面上的外力，即加大试样表面上的外力，才能克服由位错带来的滑移阻力，进而继续驱使位错群的移动，使晶体进一步累积滑移或塑性变形。可见金属材料发生塑性变形的物理本质，就是晶格位错在外力作用下不断产生、增殖、塞积和运动的宏观表现。

如果在强化阶段卸载，显然由晶格滑移产生的塑性变形不会消失，可以恢复的只能是对应当前晶格的原子间的位移，即弹性变形。既然都是弹性变形的卸载，这时材料的受力和变形的变化量之间当然应该服从线性关系。重复加载时，晶体内的位错群已经积累到一定程度，如果要使试样继续发生塑性变形，显然施加的外力必须能克服卸载前的滑移阻力，即到达或超过卸载前的外力值。这时对应的应力值为材料的后继屈服极限。在强化阶段卸载，显然材料的后继屈服极限高于初始屈服极限，这种现象称为材料的冷作硬化。经过冷作硬化处理的材料，能使其承受更大的外力作用而不发生塑性变形，即扩展了材料弹性阶段的范围。这种处理方法在工程中得到了广泛的应用。

### 4)金属材料颈缩与断裂

材料滑移能产生很大的塑性变形，塑性变形使试样变长、变细。发生滑移的晶粒处，总能引起试样横截面的减少，从而引起横截面上的平均应力变大。滑移积累程度不明显时，应力的增大可以由晶格滑移后产生的材料强化来弥补，达到稳定的平衡。因而，可以形成前面所述的各个晶粒轮换滑移的机制。当加载载荷变大时，截面越来越细，材料应变强化所增加的滑移阻力，将不足以抵消横截面变细的影响来维持平衡。滑移将在截面上继续发生，应力越来越大。显然，这时材料的塑性变形平衡将丧失稳定性。由于试样失稳现象的出现，试样的薄弱部位急剧变细，形成颈缩区。该部位的滑移和位错塞积将大大高于此前发生的累积程度。由于试样在该部位横截面骤减、应力集中影响及内部损伤的累积，细颈部的真实最大应力也将高出很多。对于颈缩区以外的材料，其作用在横截面上的轴力低于前面已达到的最大值，所以不会产生进一步的塑性变形。由于局部变形阶段各部分材料的应力-应变有极大的差异，这时的工程应力-应变曲线已经不能具体统一说明各处的实际应力、应变间的关系，而只有名义的意义或者统计平均的意义。

随着局部变形继续增加，金属颈缩区域内的材料滑移将累积到很高的程度，这时位错塞积及位错群密度都会很严重。由位错理论和断裂力学可知，在颈缩区内部三向拉力的作用下，密集的位错群前缘会产生很大的拉应力并且集中在局部区域，从而在汇集的位错群萌生微小裂纹，然后逐渐形成扩展性宏观裂纹。

## 13.3 低碳钢和铸铁的扭转实验

### 1. 实验目的

(1)测定低碳钢扭转时的强度性能指标：扭转屈服极限$\tau_s$和抗扭强度极限$\tau_b$。

(2)测定灰铸铁扭转时的强度性能指标：抗扭强度极限$\tau_b$。

(3)绘制低碳钢和灰铸铁的$M_e$-$\varphi$图，比较低碳钢和铸铁试样的扭转变形规律及其破坏特征。

### 2. 实验设备和仪器

(1)微机控制扭转实验机

(2)游标卡尺

### 3. 实验试样

根据中华人民共和国国家标准《金属扭转实验方法》(GB/T 239—2012)，扭转试样采用圆形截面，两端呈六角形(或圆形)，如图13.5所示。

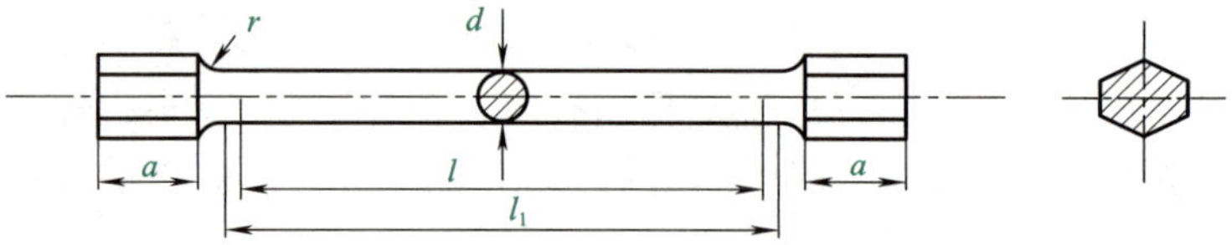


图 13.5

圆形截面试样的直径$d=10\text{mm}$，标距$l=5d$或$l=10d$，平行部分的长度$l_1$为$l+20\text{mm}$。若采用其他直径的试样，其平行部分的长度$l_1$为$l+2d$，试样头部的形状和尺寸应适合扭转实验机的夹头夹持。

由于扭转实验时，试样表面的切应力最大，试样表面的缺陷将敏感地影响实验结果，所以，对扭转试样的表面粗糙度的要求要比拉伸试样的高。对扭转试样的加工技术要求参见国家标准《金属材料室温拉伸试验方法》GB 228—2002。

### 4. 实验原理与方法

#### 1) 测定低碳钢扭转时的强度性能指标

试样在外力偶矩的作用下，其上任意一点处于纯剪切应力状态。在加载过程中，在比例极限内，扭矩$T$和扭转角$\varphi$呈线性关系。随着扭矩$T$的增大，试样横截面边缘处的切应力首先达到剪切屈服极限，低碳钢的扭转屈服应力为

$$\tau_s=\frac{3}{4}\frac{T_s}{W_t} \tag{13.6}$$

式中，$W_t=\pi d^3/16$为试样的抗扭截面系数。

试样屈服后，继续加载，直至试样被扭断。得到最大扭矩$T_b$，则低碳钢的抗扭强度为

$$\tau_b=\frac{3}{4}\frac{T_b}{W_t} \tag{13.7}$$

对上述两公式的来源说明如下：

低碳钢试样在扭转变形过程中，自动绘出的$M_e$-$\varphi$图如图13.6所示。当达到图中$A$点时，$M_e$与$\varphi$成正比的关系开始破坏，这时，试样表面处的切应力达到了材料的扭转屈服应力$\tau_s$，

如能测得此时相应的外力偶矩 $M_{ep}$，如图13.7(a)所示，则扭转屈服应力为

$$\tau_s = \frac{M_{ep}}{W_t} \tag{13.8}$$

经过 $A$ 点后，试样横截面上出现了一个环状的塑性区，如图13.7(b)所示。若材料的塑性很好，且当塑性区扩展到接近中心时，试样横截面周边上各点的切应力仍未超过扭转屈服应力，此时的切应力分布可简化成图13.7(c)所示的情况，对应的扭矩 $T_s$ 为

$$T_s = \int_0^{d/2} \tau_s \rho 2\pi\rho \mathrm{d}\rho = 2\pi\tau_s \int_0^{d/2} \rho^2 \mathrm{d}\rho = \frac{\pi d^3}{12}\tau_s = \frac{4}{3}W_t\tau_s$$

由于 $T_s = M_{es}$，因此，由上式可以得到

$$\tau_s = \frac{3}{4}\frac{M_{es}}{W_t} \tag{13.9}$$

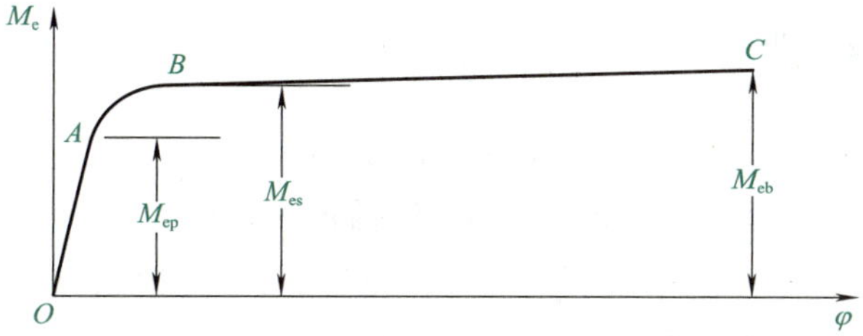


图 13.6

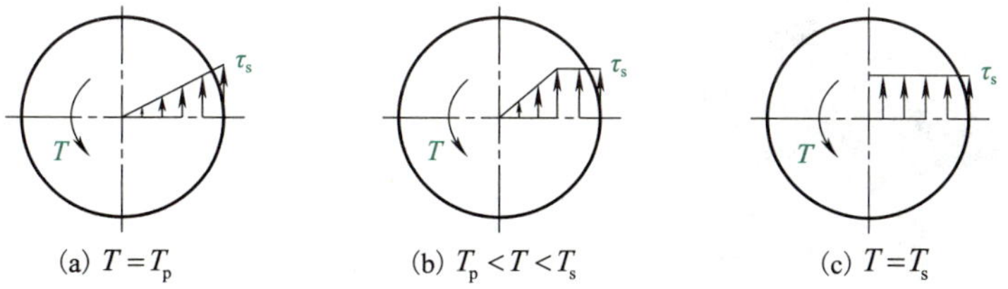


图 13.7

无论从测矩盘上指针前进的情况，还是从自动绘图装置所绘出的曲线来看，$A$ 点的位置不易精确判定，而 $B$ 点的位置则较为明显。因此，一般均根据由 $B$ 点测定的 $M_{es}$ 来求扭转切应力 $\tau_s$。当然这种计算方法也有缺陷，只有当实际的应力分布与图13.7(c)完全相符合时才是正确的，对塑性较小的材料差异是比较大的。从图13.6可以看出，当外力偶矩超过 $M_{es}$ 后，扭转角 $\phi$ 增加很快，而外力偶矩 $M_e$ 增加很小，$BC$ 近似于一条直线。因此，可认为横截面上的切应力分布如图13.7(c)所示，只是切应力值比 $\tau_s$ 大。根据测定的试样在断裂时的外力偶矩 $M_{eb}$，可求得抗扭强度为

$$\tau_b = \frac{3}{4}\frac{M_{eb}}{W_t} \tag{13.10}$$

**2) 测定灰铸铁扭转时的强度性能指标**

对于灰铸铁试样，只需测出其承受的最大外力偶矩 $M_{eb}$（方法同2），抗扭强度为

$$\tau_b = \frac{M_{eb}}{W_t} \tag{13.11}$$

由上述扭转破坏的试样可以看出：低碳钢试样的断口与轴线垂直，表明破坏是由切应力引起的；而灰铸铁试样的断口则沿螺旋线方向与轴线约呈45°，表明破坏是由拉应力引起的。

## 13.4 纯弯曲梁正应力电测实验

### 1. 实验目的

(1) 电测法测定纯弯曲梁正应力分布规律。

(2) 验证纯弯曲梁正应力计算公式。

### 2. 实验装置与仪器

(1) 纯弯曲梁实验装置。

(2) 数字式电阻应变仪。

### 3. 实验装置与实验原理

#### 1) 实验装置

弯曲梁实验装置如图 13.8 所示。它由弯曲梁 1、定位板 2、支座 3、实验机架 4、加载系统 5、两端带万向接头的加载杆 6、加载压头(包括$\phi 16$ 钢珠)7、加载横梁 8、载荷传感器 9 和测力仪 10 等组成。该装置有已粘贴好应变片的钢梁(其弹性模量 $E=210\,\text{GPa}$)用来完成纯弯曲梁线应变分布规律实验。纯弯曲梁受力情况及有关尺寸如图 13.9 所示。

图 13.8

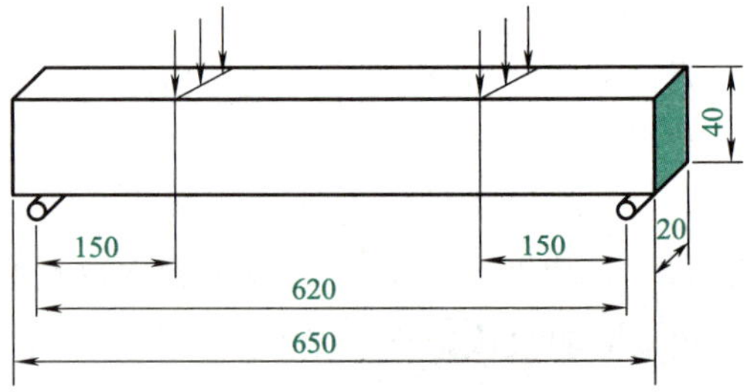


图 13.9

在梁的纯弯曲段内已粘贴好两组应变片，每组 8 片，分别为 1～8 号片和 $1^*$～$8^*$号片，各片距中心层的距离在图 13.10 中已标出。当梁受力变形后，可由应变仪测出每片应变片产生的应变，这样就可得到实测的沿梁横截面高度的线应变分布规律。根据工程力学中纯弯曲梁的平面假设，沿梁横截面高度的线应变分布规律应当是直线。另外工程力学中还假设梁在纯弯曲段内是单向应力状态，为此，我们在梁的下表面粘贴有与 7 号片和 $7^*$号片垂直的 8 号片和 $8^*$号片，当梁受力变形后，可测得 $\varepsilon_8$ 和 $\varepsilon_{8^*}$，根据泊松比 $\mu=\frac{\varepsilon_{横}}{\varepsilon_{纵}}$，可由 $\frac{\varepsilon_8}{\varepsilon_7}$ 或 $\frac{\varepsilon_{8^*}}{\varepsilon_{7^*}}$ 计算得到 $\mu'$，若 $\mu'$ 近似等于 $\mu$，则证明梁纯弯曲段内近似于单向应力状态。

**2) 实验原理**

梁的纯弯曲段内，每片应变片所处状态是单向应力状态。根据单向应力状态的胡克定律：

$$\sigma = E\varepsilon \tag{13.12}$$

可以计算出梁的纯弯曲段内每片应变片处的应力。

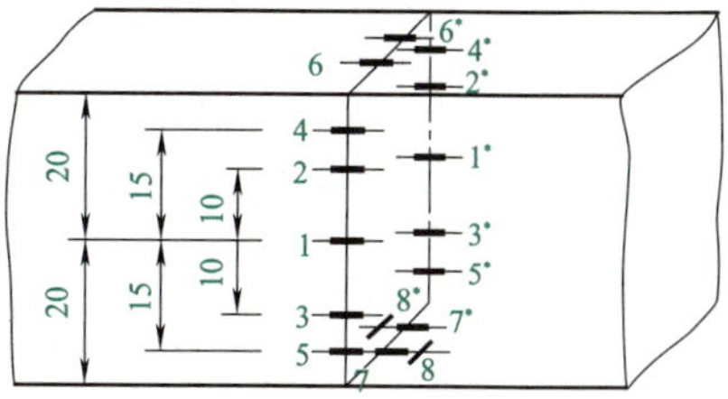

图　13.10

## 13.5　弯扭组合主应力电测实验

### 1. 实验目的

(1) 电测法测定弯扭组合主应力大小和方向。

(2) 学习电阻应变花的应用。

### 2. 实验装置与仪器

(1) 弯扭组合实验装置。

(2) 数字式电阻应变仪。

### 3. 实验装置与实验原理

**1) 实验装置**

该实验装置如图 13.11 所示，它由薄壁管 1（已粘贴好应变片）、扇臂 2、钢索 3、传感器 4、加载手轮 5、座体 6、数字测力仪 7 等组成。实验时，转动加载手轮，传感器和薄壁管均受载荷作用。传感器受载荷作用后，就有信号输给数字测力仪，此时，数字测力仪显示的数字即为作用在悬臂端的载荷值，悬臂端作用力传递至薄壁管上，薄壁管产生弯扭组合变形。薄壁管受弯扭组合变形后，粘贴其上的应变片就有应变输出，用应变仪就可以检测到。

图　13.11

薄壁管为铝合金材料，其弹性模量 $E = 70\,\text{GPa}$，泊松比 $\mu = 0.33$。薄壁管截面尺寸如图 13.12(a) 所示，图 13.12(b) 为薄壁管受力简图和试件的几何尺寸。实验中，选取 I-I 截面为测试截面（实验者也可以选取其他截面），并取四个被测点，位置如图 13.12(a) 所示的 $A$、$B$、$C$，在每个被测点上粘贴一枚应变花（−45°、0°、45°），如图 13.13 所示，共计 12 片应变片，供不同的实验选用。该实验装置逆时针为加载，顺时针为卸载，最大载荷为 400N，超载会损坏薄壁管和传感器。

**2) 实验方法与原理**

指定点主应力大小和方向的测定：

将 I-I 截面 $A$、$B$ 两点的应变片 $R_1 \sim R_3$、$R_4 \sim R_6$ 按半桥接线法接入应变仪，用公共补偿片，加载后可测得 $A$、$B$ 两点的应变 $\varepsilon_{-45}$、$\varepsilon_0$、$\varepsilon_{45}$，已知材料的弹性指标，主应力大小和方向可用如下公式计算。

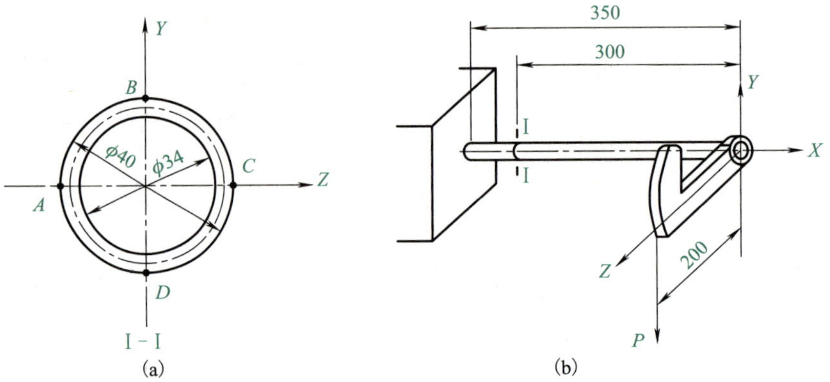


图 13.12

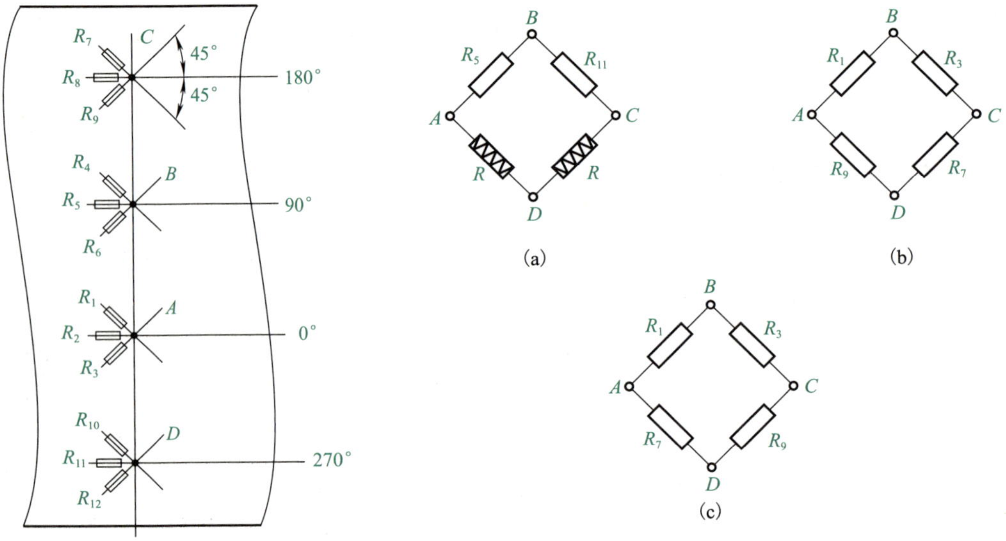


图 13.13

主应力大小：

$$\begin{matrix}\sigma_1\\ \sigma_3\end{matrix}=\frac{E}{1-\mu^2}\left[\frac{1+\mu}{2}(\varepsilon_{-45}+\varepsilon_{45})\pm\frac{1-\mu}{\sqrt{2}}\sqrt{(\varepsilon_{-45}-\varepsilon_0)^2+(\varepsilon_0-\varepsilon_{45})^2}\right] \tag{13.13}$$

主应力方向：

$$\tan 2\alpha=\frac{\varepsilon_{45}-\varepsilon_{-45}}{(\varepsilon_0-\varepsilon_{-45})-(\varepsilon_{45}-\varepsilon_0)} \tag{13.14}$$

式中，$\varepsilon_{-45}$、$\varepsilon_0$、$\varepsilon_{45}$ 分别表示与薄壁管轴线呈-45°、0°、45°方向上的应变。

# 13.6 用电测法测量金属的弹性模量及泊松比实验

### 1. 实验目的

(1) 在比例极限内，验证胡克定律。

(2) 测定钢材的弹性模量 $E$ 和泊松比 $\mu$。

### 2. 实验装置与仪器

(1) 微机控制电子万能实验机。

(2) 数字式电阻应变仪。

### 3. 实验原理

矩形截面试件和电阻片布片方式如图 13.14 所示。在试件中间截面上，沿前后两面的轴线方向对称地贴一对轴向应变片 $R_1$、$R_1'$ 和一对横向应变片 $R_2$、$R_2'$，以测量轴向应变 $\varepsilon$ 和横向应变 $\varepsilon'$。

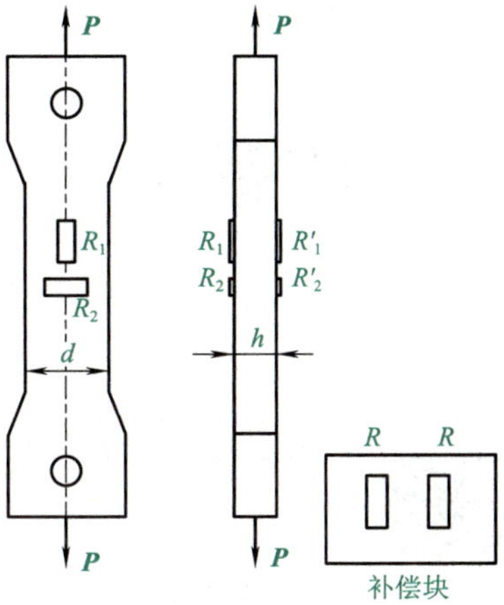


图　13.14

#### 1) 弹性模量的测定

由于实验装置和安装初始状态下的不稳定性，拉伸曲线的初始阶段往往是非线性的。为了尽量减少测量误差，实验宜从初始载荷 $P_0$（$P_0 \neq 0$）开始，采用增量法分级加载，分别测量在各相同载荷增量 $\Delta P$ 作用下产生的应变增量 $\Delta\varepsilon$，并求出应变增量的平均值 $\overline{\Delta\varepsilon}$。设试件初始横截面面积为 $A$，根据载荷增量和应变增量可以得到材料的弹性模量为

$$E = \frac{\Delta P}{A\overline{\Delta\varepsilon}} \tag{13.15}$$

式中，$A$ 为试件横截面面积；$\overline{\Delta\varepsilon}$ 为轴向应变增量的平均值。

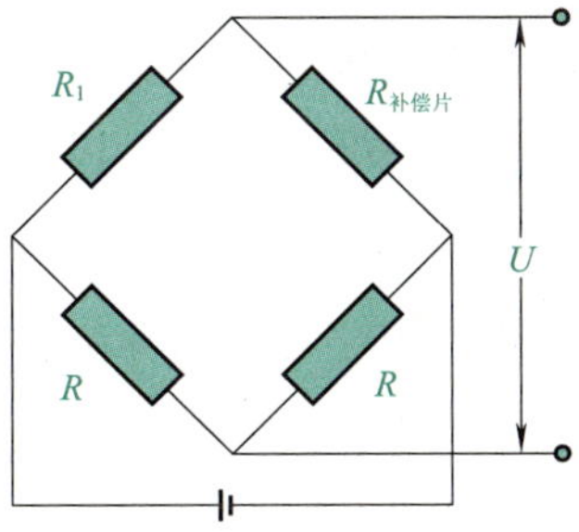


图　13.15

用上述试件测量 $E$ 时，接桥方式可以有多种选择，这里只介绍最简单的单臂测量方式，读者可以尝试其他接桥方式进行测量比较。

单臂测量接桥方式如图 13.15 所示。在一定载荷条件下，对应变前后两枚轴向应变片进行单片测量，并取其平均值 $\bar{\varepsilon} = (\varepsilon + \varepsilon')/2$。$\bar{\varepsilon}$ 消除了偏心弯曲引起的测量误差。

#### 2) 泊松比 $\mu$ 的测定

利用试件上横向应变片和纵向应变片合理组桥，是为了尽量减少测量误差。实验宜从初始载荷 $P_0$（$P_0 \neq 0$）开始，采用增量法分级加载，分别测量在各相同载荷增量 $\Delta P$ 作用下产生的横向应变增量 $\Delta\varepsilon'$ 和轴向应变增量 $\Delta\varepsilon$。测量多组数据，求出平均值，便可求出泊松比 $\mu$ 为

$$\mu = \left|\frac{\Delta\varepsilon'}{\Delta\varepsilon}\right| \tag{13.16}$$

# 附录A

## 平面图形的几何性质

杆件的横截面都是具有一定几何形状的平面图形，其面积、极惯性矩、惯性矩等，都是与平面图形的形状和尺寸有关的几何量，称为平面图形的几何性质。这些表征截面几何性质的量是确定构件强度、刚度和稳定性的重要参数，因此有必要对平面图形的几何性质进行专门讨论。

## A.1 静矩和形心

### 1. 静矩

任意平面图形如图 A.1 所示，其面积为 $A$。$y$ 轴和 $z$ 轴为图形所在平面内的坐标轴。在坐标 $(y,z)$ 处，取微面积 $\mathrm{d}A$，遍及整个图形面积 $A$ 的积分

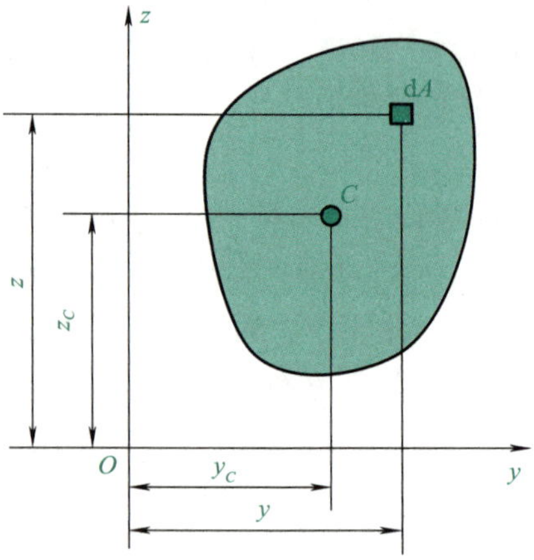


图 A.1

$$S_y=\int_A z\mathrm{d}A,\quad S_z=\int_A y\mathrm{d}A \tag{A.1}$$

分别定义为图形对 $y$ 轴和 $z$ 轴的静矩，也称为图形对 $y$ 轴和 $z$ 轴的一次矩。静矩的值可能为正、为负或为零，量纲为长度的三次方。

### 2. 形心

平面图形的形心与均质薄板的重心有相同的坐标 $z_C$ 和 $y_C$，则

$$Az_C=\int_A z\mathrm{d}A=S_y$$

由此可得形心的坐标 $z_C$ 为

$$z_C=\frac{\int_A z\mathrm{d}A}{A}=\frac{S_y}{A}$$

同理有

$$y_C=\frac{S_z}{A}$$

所以

$$z_C=\frac{S_y}{A},\quad y_C=\frac{S_z}{A} \tag{A.2}$$

即

$$S_y=Az_C,\quad S_z=Ay_C$$

性质：

(1) 某一轴通过形心，则图形对该轴的静矩等于零。

(2) 反之，若图形对某一轴的静矩等于零，则该轴必然通过图形的形心。

(3) 若 $z_C$、$y_C$ 为正，则 $S_y$、$S_z$ 为正；反之为负。

组合图形的形心：当一个平面图形是由几个简单平面图形组成时，称为组合平面图形，其静矩和形心坐标分别用式(A.3)和式(A.4)计算为

$$S_z = \sum_{i=1}^{n} A_i y_{Ci}, \quad S_y = \sum_{i=1}^{n} A_i z_{Ci} \tag{A.3}$$

$$y_C = \frac{S_z}{A} = \frac{\sum_{i=1}^{n} A_i y_{Ci}}{\sum_{i=1}^{n} A_i}, \quad z_C = \frac{S_y}{A} = \frac{\sum_{i=1}^{n} A_i z_{Ci}}{\sum_{i=1}^{n} A_i} \tag{A.4}$$

**【例 A.1】** 求图 A.2 所示图形的 $S_y$、$S_z$ 及形心位置。

**解**：取平行于 $y$ 轴的狭长条作为微面积 $\mathrm{d}A$，由于 $S_z = 0$，$S_y = \int_A z\mathrm{d}A$

$$\mathrm{d}A = y\mathrm{d}z = 2\sqrt{R^2 - z^2}\,\mathrm{d}z$$

所以

$$S_y = \int_0^R z \cdot 2\sqrt{R^2 - z^2}\,\mathrm{d}z = \frac{2}{3}R^3$$

$$z_C = \frac{S_y}{A} = \frac{4R}{3\pi}, \quad y_C = 0$$

**【例 A.2】** 试确定图 A.3 所示图形的形心位置。

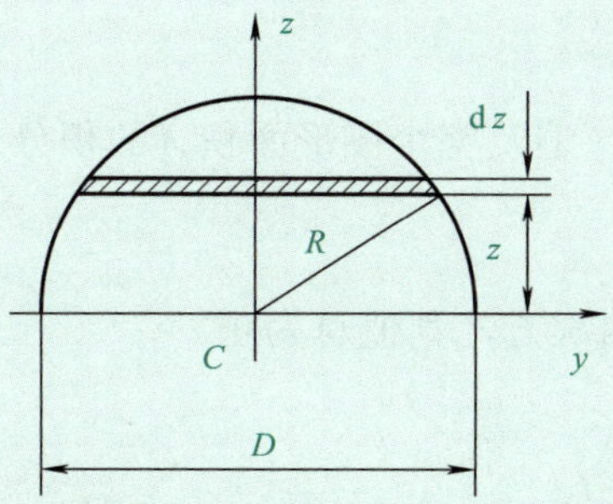


图　A.2

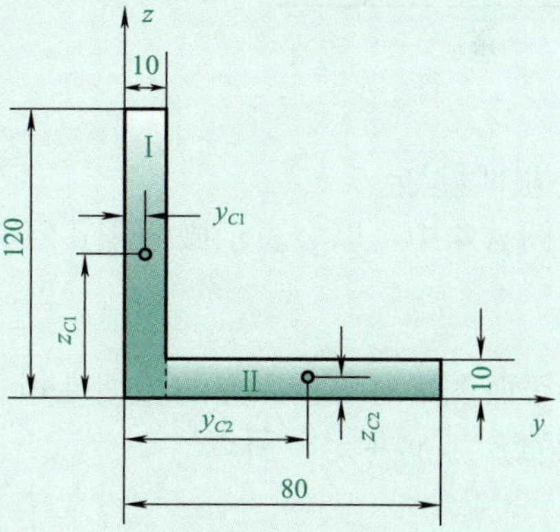


图　A.3

**解**：建立如图所示的坐标系，将图形看作由两个矩形 I 和 II 组成，则每个矩形的面积及形心位置分别为

矩形 I：$A_1 = 120 \times 10 = 1200\,\mathrm{mm}^2$

$$y_{C1} = \frac{10}{2} = 5\,\mathrm{mm}, \quad z_{C1} = \frac{120}{2} = 60\,\mathrm{mm}$$

矩形Ⅱ： $A_2 = 70 \times 10 = 700\ \text{mm}^2$

$$y_{C2} = 10 + \frac{70}{2} = 45\ \text{mm}, \qquad z_{C2} = \frac{10}{2} = 5\ \text{mm}$$

应用组合图形形心坐标的计算公式，求出整个图形形心 $C$ 的坐标为

$$y_C = \frac{A_1 y_{C1} + A_2 y_{C2}}{A_1 + A_2} = \frac{1200 \times 5 + 700 \times 45}{1200 + 700} = 19.7\text{mm}$$

$$z_C = \frac{A_1 z_{C1} + A_2 z_{C2}}{A_1 + A_2} = \frac{1200 \times 60 + 700 \times 5}{1200 + 700} = 39.7\text{mm}$$

## A.2 惯性矩、极惯性矩和惯性积

### 1. 惯性矩

任意平面图形如图 A.4 所示，其面积为 $A$。$y$ 轴和 $z$ 轴为图形所在平面内的坐标轴。在坐标 $(y,z)$ 处，取微面积 $\mathrm{d}A$，遍及整个图形面积 $A$ 的积分

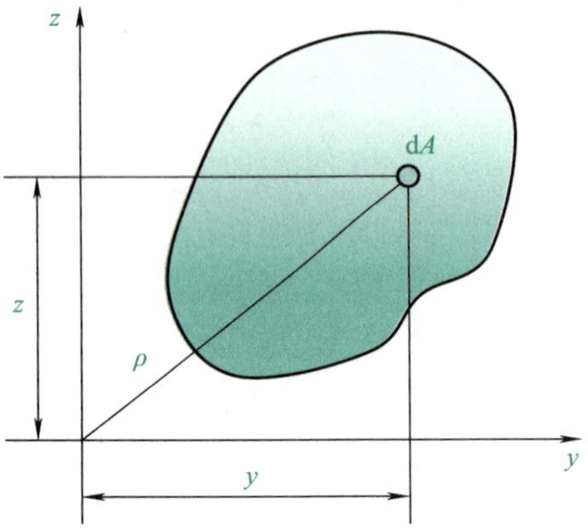


图 A.4

$$I_y = \int_A z^2 \mathrm{d}A，\quad I_z = \int_A y^2 \mathrm{d}A \tag{A.5}$$

分别定义为图形对 $y$ 轴和 $z$ 轴的惯性矩，也称为平面图形对某一轴的二次矩。量纲为长度的四次方，其值总为正。

惯性半径：在力学计算中，有时也把惯性矩写为

$$I_y = A i_y^2，\quad I_z = A i_z^2 \tag{A.6}$$

式中，$i_y$ 和 $i_z$ 分别称为图形对 $y$ 轴和对 $z$ 轴的惯性半径。

组合图形的惯性矩为

$$I_y = \sum_{i=1}^{n} I_{yi}，\quad I_z = \sum_{i=1}^{n} I_{zi} \tag{A.7}$$

### 2. 极惯性矩

在图 A.4 中，以 $\rho$ 表示微面积 $\mathrm{d}A$ 到坐标原点的距离，遍及整个图形面积 $A$ 的积分

$$I_\mathrm{p} = \int_A \rho^2 \mathrm{d}A \tag{A.8}$$

定义为平面图形对坐标原点的极惯性矩。量纲为长度的四次方，其值总为正。

因为 $\rho^2 = y^2 + z^2$，所以

$$I_\mathrm{p} = \int_A \left(y^2 + z^2\right) \mathrm{d}A = I_y + I_z \tag{A.9}$$

式(A.9)表明，图形对任意两个互相垂直轴的惯性矩之和，等于它对该两轴交点的极惯性矩。

### 3. 惯性积

在平面图形坐标 $(y,z)$ 处，取微面积 $\mathrm{d}A$，遍及整个图形面积 $A$ 的积分

$$I_{yz} = \int_A yz \mathrm{d}A \tag{A.10}$$

定义为图形对 $y$、$z$ 轴的惯性积。量纲是长度的四次方。$I_{yz}$ 可能为正，可能为负，也可能为零。平面图形对对称轴的惯性积一定为零。

### 4. 几个概念

(1) 主惯性轴：图形对一对正交的坐标轴的惯性积等于零时，这一对坐标轴称为主惯性轴，一般简称为主轴。

(2) 主惯性矩：平面图形对主惯性轴的惯性矩，称为主惯性矩。

(3) 形心主惯性轴：通过平面图形形心的主惯性轴，称为形心主惯性轴。

(4) 形心主惯性矩：平面图形对形心主惯性轴的惯性矩，称为形心主惯性矩。

**【例 A.3】** 求如图 A.5 所示圆形截面的 $I_y$、$I_z$、$I_p$。

**解**：根据定义

$$I_y = \int_A z^2 \mathrm{d}A = \int_{-\frac{D}{2}}^{\frac{D}{2}} z^2 \cdot 2\sqrt{R^2 - z^2}\,\mathrm{d}z = \frac{\pi D^4}{64}$$

由于圆截面对称的原因，则有 $I_y = I_z$。

由式(A.9)，显然有

$$I_p = I_y + I_z = \frac{\pi D^4}{32}$$

$$I_y = I_z = \frac{\pi D^4}{64} \tag{A.11}$$

对于空心圆截面，外径为 $D$，内径为 $d$，有

$$I_y = I_z = \frac{\pi D^4}{64}\left(1-\alpha^4\right), \qquad \alpha = \frac{d}{D} \tag{A.12}$$

**【例 A.4】** 试计算矩形对其对称轴 $y$ 和 $z$(图 A.6)的惯性矩。

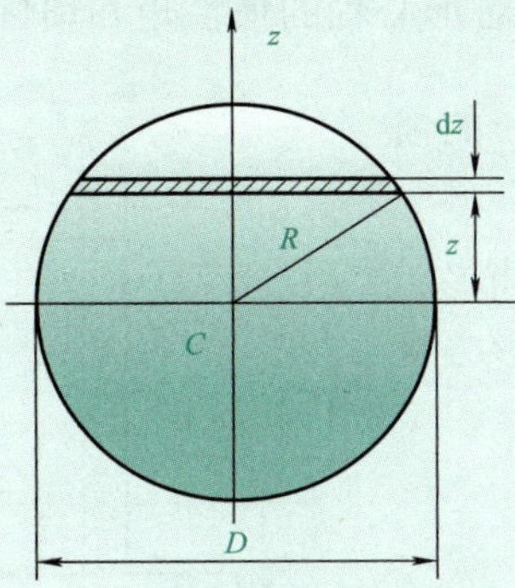

图　A.5

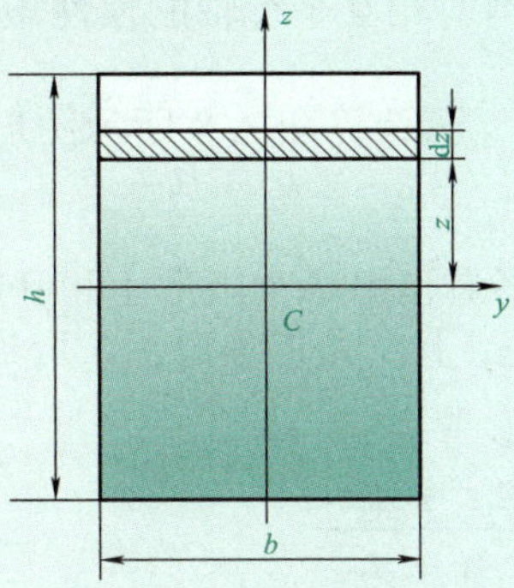

图　A.6

**解**：先求对 $y$ 轴的惯性矩。取平行于 $y$ 轴的狭长条作为微面积 $\mathrm{d}A$。则

$$\mathrm{d}A = b\mathrm{d}z$$

$$I_y = \int_A z^2 \mathrm{d}A = \int_{-\frac{h}{2}}^{\frac{h}{2}} bz^2 \mathrm{d}z = \frac{bh^3}{12}$$

用完全相似的方法可求得

$$I_z = \frac{hb^3}{12}$$

# A.3 平行移轴公式

由于同一平面图形对于平行的两对坐标轴的惯性矩或惯性积并不相同，当其中一对轴是图形的形心轴时，如图A.7所示，可得到如下表达式：

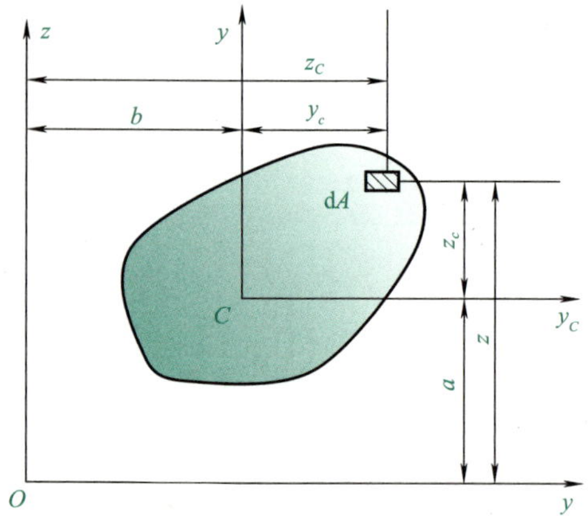

图 A.7

$$\begin{cases} I_y = I_{y_C} + a^2 A \\ I_z = I_{z_C} + b^2 A \\ I_{yz} = I_{y_C z_C} + abA \end{cases} \tag{A.13}$$

式(A.13)即为平行移轴公式。式中两个平行轴$y$轴和$y_C$轴之间的距离为$a$，平行轴$z$轴和$z_C$轴之间的距离为$b$。

简单证明如下：

$$I_y = \int_A z^2 \mathrm{d}A = \int_A (z_C + a)^2 \mathrm{d}A$$
$$= \int_A {z_C}^2 \mathrm{d}A + 2a\int_A z_C \mathrm{d}A + a^2 \int_A \mathrm{d}A$$

式中，$\int_A z_C \mathrm{d}A$为图形对形心轴$y_C$的静矩，其值应等于零，则得

$$I_y = I_{y_C} + a^2 A$$

其他两式同理可证。

同一平面内对相互平行轴的惯性矩和惯性积中，对形心轴的惯性矩和惯性积最小。

**【例A.5】** 试计算图A.8所示图形对其形心轴$y_C$的惯性矩$I_{y_C}$。

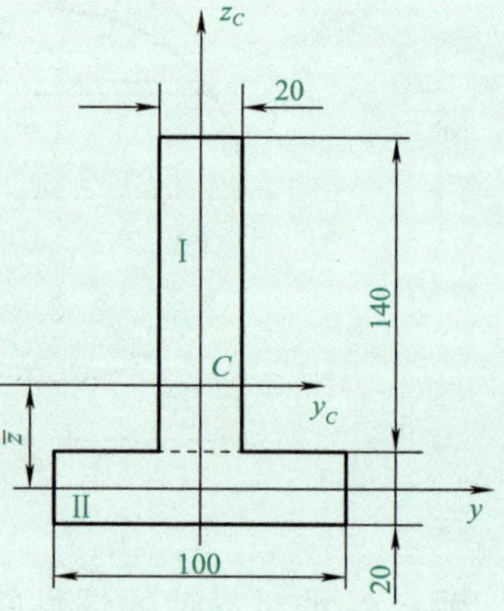

图 A.8

**解：**把图形看作由两个矩形I和II所组成。图形的形心必然在对称轴$z_C$上。为了确定$\bar{z}$，取通过矩形II的形心且平行于底边的参考轴$y$，即

$$\bar{z} = \frac{A_1 z_1 + A_2 z_2}{A_1 + A_2}$$
$$= \frac{(0.14\times 0.02\times 0.08 + 0.1\times 0.02\times 0)\mathrm{m}^3}{(0.14\times 0.02 + 0.1\times 0.02)\mathrm{m}^2}$$
$$= 0.0467\mathrm{m}$$

形心位置确定后，使用平行移轴公式，分别计算出矩形I和II对$y_C$轴的惯性矩，它们是

$$I_{y_C}^{\mathrm{I}} = \frac{1}{12}\times 0.02\times 0.14^3\mathrm{m}^4 + (0.08 - 0.0467)^2\times 0.02\times 0.14\mathrm{m}^4 = 7.69\times 10^{-6}\mathrm{m}^4$$

$$I_{y_C}^{\mathrm{II}} = \frac{1}{12}\times 0.1\times 0.02^3\mathrm{m}^4 + 0.0467^2\times 0.1\times 0.02\mathrm{m}^4 = 4.43\times 10^{-6}\mathrm{m}^4$$

整个图形对$y_C$轴的惯性矩应为

$$I_{y_C} = I_{y_C}^{\mathrm{I}} + I_{y_C}^{\mathrm{II}} = 7.69\times 10^{-6}\mathrm{m}^4 + 4.43\times 10^{-6}\mathrm{m}^4 = 12.12\times 10^{-6}\mathrm{m}^4$$

## 思　考　题

**A-1**　什么叫平面图形对某一轴的静矩？怎样利用它来确定形心的位置？

**A-2**　什么叫平面图形对某一轴的惯性矩？它与哪些因素有关？

**A-3**　什么叫主惯性轴？什么叫形心主惯性轴？

**A-4**　试述计算对称组合图形形心主惯性矩的方法和步骤。

## 习　　题

**A.1**　试计算下列各图形对形心主惯性轴的惯性矩 $I_x$ 和 $I_y$。

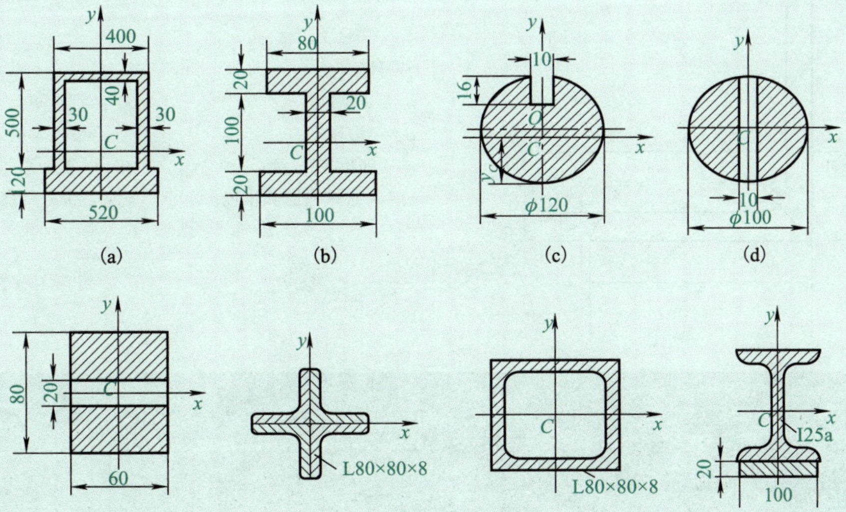


习题 A.1 图

**A.2**　习题 A.2 图所示两种截面是由两个 20 号槽钢组合而成的，试计算并比较它们对形心主轴的惯性矩 $I_x$ 和 $I_y$ 的大小，并说明原因。

**A.3**　计算习题 A.3 图所示图形对 $y$ 轴、$z$ 轴的惯性矩 $I_y$、$I_z$ 以及惯性积 $I_{yz}$。

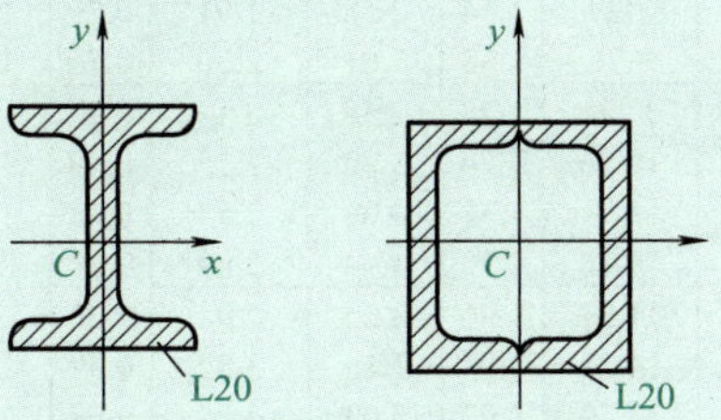


习题 A.2 图

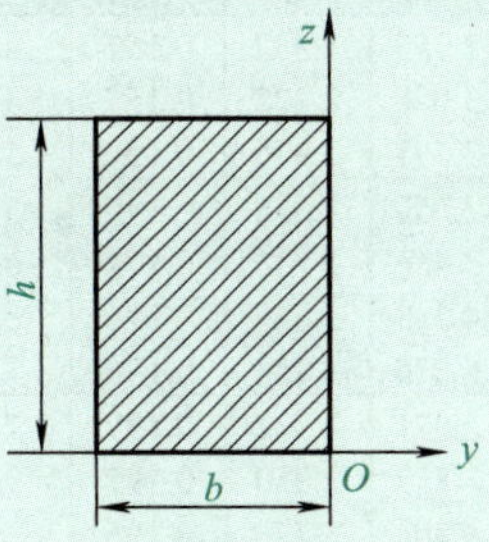


习题 A.3 图

# 附录 B

## 型 钢 表

表 B.1　热轧等边角钢（GB 9787—1988）

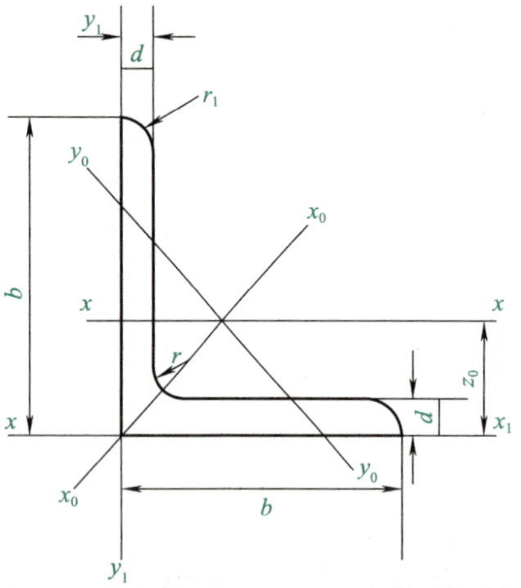


符号意义：

$b$——边宽度；　　$I$——惯性矩；

$d$——边厚度；　　$i$——惯性半径；

$r$——内圆弧半径；　　$W$——截面系数；

$r_1$——边端内圆弧半径；　　$z_0$——重心距离。

| 角钢号数 | 尺寸/mm | | | 截面面积/cm² | 理论质量/(kg/m) | 外表面积/(m²/m) | 参考数值 | | | | | | | | | | $z_0$/cm |
|---|---|---|---|---|---|---|---|---|---|---|---|---|---|---|---|---|---|
| | | | | | | | $x$-$x$ | | | $x_0$-$x_0$ | | | $y_0$-$y_0$ | | | $x_1$-$x_1$ | |
| | $b$ | $d$ | $r$ | | | | $I_x$/cm⁴ | $i_x$/cm | $W_x$/cm³ | $I_{x0}$/cm | $i_{x0}$/cm | $W_{x0}$/cm³ | $I_{y0}$/cm⁴ | $i_{y0}$/cm | $W_{y0}$/cm³ | $I_{x1}$/cm⁴ | |
| 2 | 20 | 3 | 3.5 | 1.132 | 0.889 | 0.078 | 0.40 | 0.59 | 0.29 | 0.63 | 0.75 | 0.45 | 0.17 | 0.39 | 0.20 | 0.81 | 0.60 |
| | | 4 | | 1.459 | 1.145 | 0.077 | 0.50 | 0.58 | 0.36 | 0.78 | 0.73 | 0.55 | 0.22 | 0.38 | 0.24 | 1.09 | 0.64 |
| 2.5 | 25 | 3 | 3.5 | 1.432 | 1.124 | 0.098 | 0.82 | 0.76 | 0.46 | 1.29 | 0.95 | 0.73 | 0.34 | 0.49 | 0.33 | 1.57 | 0.73 |
| | | 4 | | 1.859 | 1.459 | 0.097 | 1.03 | 0.74 | 0.59 | 1.62 | 0.93 | 0.92 | 0.43 | 0.48 | 0.40 | 2.11 | 0.76 |
| 3.0 | 30 | 3 | 4.5 | 1.749 | 1.373 | 0.117 | 1.46 | 0.91 | 0.68 | 2.31 | 1.15 | 1.09 | 0.61 | 0.59 | 0.51 | 2.71 | 0.85 |
| | | 4 | | 2.276 | 1.786 | 0.117 | 1.84 | 0.90 | 0.87 | 2.92 | 1.13 | 1.37 | 0.77 | 0.58 | 0.62 | 3.63 | 0.89 |
| 3.6 | 36 | 3 | 4.5 | 2.109 | 1.656 | 0.141 | 2.58 | 1.11 | 0.99 | 4.09 | 1.39 | 1.61 | 1.07 | 0.71 | 0.76 | 4.68 | 1.00 |
| | | 4 | | 2.756 | 2.163 | 0.141 | 3.29 | 1.09 | 1.28 | 5.22 | 1.38 | 2.05 | 1.37 | 0.70 | 0.93 | 6.25 | 1.04 |
| | | 5 | | 3.382 | 2.654 | 0.141 | 3.95 | 1.08 | 1.56 | 6.24 | 1.36 | 2.45 | 1.65 | 0.70 | 1.09 | 7.84 | 1.07 |
| 4.0 | 40 | 3 | 5 | 2.359 | 1.852 | 0.157 | 3.59 | 1.23 | 1.23 | 5.69 | 1.55 | 2.01 | 1.49 | 0.79 | 0.96 | 6.41 | 1.09 |
| | | 4 | | 3.086 | 2.422 | 0.157 | 4.60 | 1.22 | 1.60 | 7.29 | 1.54 | 2.58 | 1.91 | 0.79 | 1.19 | 8.56 | 1.13 |
| | | 5 | | 3.791 | 2.976 | 0.156 | 5.53 | 1.21 | 1.96 | 8.76 | 1.52 | 3.01 | 2.30 | 0.78 | 1.39 | 10.74 | 1.17 |
| 4.5 | 45 | 3 | 5 | 2.659 | 2.088 | 0.177 | 5.17 | 1.40 | 1.58 | 8.20 | 1.73 | 2.58 | 2.14 | 0.90 | 1.24 | 9.12 | 1.22 |
| | | 4 | | 3.486 | 2.736 | 0.177 | 6.65 | 1.38 | 2.05 | 10.56 | 1.74 | 3.32 | 2.75 | 0.89 | 1.54 | 12.18 | 1.26 |
| | | 5 | | 4.292 | 3.369 | 0.176 | 8.04 | 1.37 | 2.51 | 12.74 | 1.72 | 4.00 | 3.33 | 0.88 | 1.81 | 15.25 | 1.30 |
| | | 6 | | 5.076 | 3.985 | 0.176 | 9.33 | 1.36 | 2.95 | 14.76 | 1.70 | 4.64 | 3.89 | 0.88 | 2.06 | 18.36 | 1.33 |
| 5 | 50 | 3 | 5.5 | 2.971 | 2.332 | 0.197 | 7.18 | 1.55 | 1.96 | 11.37 | 1.96 | 3.22 | 2.98 | 1.00 | 1.57 | 12.50 | 1.34 |
| | | 4 | | 3.897 | 3.059 | 0.197 | 9.26 | 1.54 | 2.56 | 14.70 | 1.94 | 1.16 | 3.82 | 0.99 | 1.96 | 16.60 | 1.38 |
| | | 5 | | 4.803 | 3.770 | 0.196 | 11.21 | 1.53 | 3.13 | 17.79 | 1.92 | 5.03 | 4.64 | 0.98 | 2.31 | 20.90 | 1.42 |
| | | 6 | | 5.688 | 4.465 | 0.196 | 13.05 | 1.52 | 3.68 | 20.68 | 1.91 | 5.85 | 5.42 | 0.98 | 2.63 | 25.14 | 1.46 |
| 5.6 | 56 | 3 | 6 | 3.343 | 2.624 | 0.221 | 10.19 | 1.75 | 2.48 | 16.14 | 2.20 | 4.08 | 4.24 | 1.13 | 2.02 | 17.56 | 1.48 |
| | | 4 | | 4.390 | 3.446 | 0.220 | 13.18 | 1.73 | 3.24 | 20.92 | 2.18 | 5.28 | 5.46 | 1.11 | 2.52 | 23.43 | 1.53 |
| | | 5 | 7 | 5.415 | 4.251 | 0.220 | 16.02 | 1.72 | 3.97 | 25.41 | 2.17 | 6.42 | 6.61 | 1.10 | 2.98 | 29.33 | 1.57 |
| | | 8 | | 8.367 | 6.568 | 0.219 | 23.63 | 1.68 | 6.03 | 37.37 | 2.11 | 9.44 | 9.89 | 1.09 | 4.16 | 47.24 | 1.68 |

续表

| 角钢号数 | 尺寸/mm | | | 截面面积/$cm^2$ | 理论质量/(kg/m) | 外表面积/($m^2$/m) | 参考数值 | | | | | | | | | | $z_0$/cm |
|---|---|---|---|---|---|---|---|---|---|---|---|---|---|---|---|---|---|
| | | | | | | | $x$-$x$ | | | $x_0$-$x_0$ | | | $y_0$-$y_0$ | | | $x_1$-$x_1$ | |
| | $b$ | $d$ | $r$ | | | | $I_x$/$cm^4$ | $i_x$/cm | $W_x$/$cm^3$ | $I_{x0}$/cm | $i_{x0}$/cm | $W_{x0}$/$cm^3$ | $I_{y0}$/$cm^4$ | $i_{y0}$/cm | $W_{y0}$/$cm^3$ | $I_{x1}$/$cm^4$ | |
| 6.3 | 63 | 4 | 7 | 4.978 | 3.907 | 0.248 | 19.03 | 1.96 | 4.13 | 30.17 | 2.46 | 6.78 | 7.89 | 1.26 | 3.29 | 33.35 | 1.70 |
| | | 5 | | 6.143 | 4.822 | 0.248 | 23.17 | 1.94 | 5.08 | 36.77 | 2.45 | 8.25 | 9.57 | 1.25 | 3.90 | 41.73 | 1.74 |
| | | 6 | | 7.288 | 5.721 | 0.247 | 27.12 | 1.93 | 6.00 | 43.03 | 2.43 | 9.66 | 11.20 | 1.24 | 4.46 | 50.14 | 1.78 |
| | | 8 | | 9.515 | 7.469 | 0.247 | 34.46 | 1.90 | 7.75 | 54.56 | 2.40 | 12.25 | 14.33 | 1.23 | 5.47 | 67.11 | 1.85 |
| | | 10 | | 11.657 | 9.151 | 0.246 | 41.09 | 1.88 | 9.39 | 64.85 | 2.36 | 14.56 | 17.33 | 1.22 | 6.36 | 84.31 | 1.93 |
| 7 | 70 | 4 | 8 | 5.570 | 4.372 | 0.275 | 26.39 | 2.18 | 5.14 | 41.80 | 2.74 | 8.44 | 10.99 | 4.40 | 4.17 | 45.74 | 1.86 |
| | | 5 | | 6.875 | 5.397 | 0.275 | 32.21 | 2.16 | 6.32 | 51.08 | 2.73 | 10.32 | 13.34 | 1.39 | 4.95 | 57.21 | 1.91 |
| | | 6 | | 8.160 | 6.406 | 0.275 | 37.77 | 2.15 | 7.48 | 59.93 | 2.71 | 12.11 | 15.61 | 1.38 | 5.67 | 68.73 | 1.95 |
| | | 7 | | 9.424 | 7.398 | 0.275 | 43.09 | 2.14 | 8.59 | 68.35 | 2.69 | 13.81 | 17.82 | 1.38 | 6.34 | 80.29 | 1.99 |
| | | 8 | | 10.667 | 8.373 | 0.274 | 48.17 | 2.12 | 9.68 | 76.37 | 2.68 | 15.43 | 19.98 | 1.37 | 6.98 | 91.92 | 2.03 |
| 7.5 | 75 | 5 | 9 | 7.367 | 5.818 | 0.295 | 39.97 | 1.33 | 7.32 | 63.30 | 2.92 | 11.94 | 16.63 | 1.50 | 5.77 | 70.56 | 2.04 |
| | | 6 | | 8.797 | 6.905 | 0.294 | 46.95 | 2.31 | 8.64 | 74.38 | 2.90 | 14.02 | 19.51 | 1.49 | 6.67 | 84.55 | 2.07 |
| | | 7 | | 10.160 | 7.976 | 0.294 | 53.57 | 2.30 | 9.93 | 84.96 | 2.89 | 16.02 | 22.18 | 1.48 | 7.44 | 98.71 | 2.11 |
| | | 8 | | 11.503 | 9.030 | 0.294 | 59.96 | 2.28 | 11.20 | 95.07 | 2.88 | 17.93 | 24.86 | 1.47 | 8.19 | 112.97 | 2.15 |
| | | 10 | | 14.126 | 11.089 | 0.293 | 71.98 | 2.26 | 13.64 | 113.92 | 2.84 | 21.48 | 30.05 | 1.46 | 9.56 | 141.71 | 2.22 |
| 8 | 80 | 5 | 9 | 7.912 | 6.211 | 0.315 | 48.79 | 2.48 | 8.34 | 77.33 | 3.13 | 13.67 | 20.25 | 1.60 | 6.66 | 85.36 | 2.15 |
| | | 6 | | 9.397 | 7.376 | 0.314 | 57.35 | 2.47 | 9.87 | 90.98 | 3.11 | 16.08 | 23.72 | 1.59 | 7.65 | 102.50 | 2.19 |
| | | 7 | | 10.860 | 8.525 | 0.314 | 65.58 | 2.46 | 11.37 | 104.07 | 3.10 | 18.40 | 27.09 | 1.58 | 8.58 | 119.70 | 2.23 |
| | | 8 | | 12.303 | 9.658 | 0.314 | 73.49 | 2.44 | 12.83 | 116.60 | 3.08 | 20.61 | 30.39 | 1.57 | 9.46 | 136.97 | 2.27 |
| | | 10 | | 15.126 | 11.874 | 0.313 | 88.43 | 2.42 | 15.64 | 140.09 | 3.04 | 24.74 | 36.77 | 1.56 | 11.08 | 171.74 | 2.35 |
| 9 | 90 | 6 | 10 | 10.637 | 8.350 | 0.354 | 82.77 | 2.79 | 12.61 | 131.26 | 3.51 | 20.63 | 34.28 | 1.80 | 9.95 | 145.87 | 2.44 |
| | | 7 | | 12.301 | 9.656 | 0.354 | 94.83 | 2.78 | 14.54 | 150.47 | 3.50 | 23.64 | 39.18 | 1.78 | 11.19 | 170.30 | 2.48 |
| | | 8 | | 13.944 | 10.946 | 0.353 | 106.47 | 2.76 | 16.42 | 168.97 | 3.48 | 26.55 | 43.97 | 1.78 | 12.35 | 194.80 | 2.52 |
| | | 10 | | 17.167 | 13.476 | 0.353 | 128.58 | 2.74 | 20.07 | 203.90 | 3.45 | 32.04 | 53.26 | 1.76 | 14.52 | 244.07 | 2.59 |
| | | 12 | | 20.306 | 15.940 | 0.352 | 149.22 | 2.71 | 23.57 | 236.21 | 3.41 | 37.12 | 62.22 | 1.75 | 16.49 | 293.76 | 2.67 |
| 10 | 100 | 6 | 12 | 11.932 | 9.366 | 0.393 | 114.95 | 3.01 | 15.68 | 181.98 | 3.90 | 25.74 | 47.92 | 2.00 | 12.69 | 200.07 | 2.67 |
| | | 7 | | 13.796 | 10.830 | 0.393 | 131.86 | 3.09 | 18.10 | 208.97 | 3.89 | 29.55 | 54.74 | 1.99 | 14.26 | 233.54 | 2.71 |
| | | 8 | | 15.638 | 12.276 | 0.393 | 148.24 | 3.08 | 20.47 | 235.07 | 3.88 | 33.24 | 61.41 | 1.98 | 15.75 | 267.09 | 2.76 |
| | | 10 | | 19.261 | 15.120 | 0.392 | 179.51 | 3.05 | 25.06 | 284.68 | 3.84 | 40.26 | 74.35 | 1.96 | 18.54 | 334.48 | 2.84 |
| | | 12 | | 22.800 | 17.898 | 0.391 | 208.90 | 3.03 | 29.48 | 330.95 | 3.81 | 46.80 | 86.84 | 1.95 | 21.08 | 402.34 | 2.91 |
| | | 14 | | 26.256 | 20.611 | 0.391 | 236.53 | 3.00 | 33.73 | 374.06 | 3.77 | 52.90 | 99.00 | 1.94 | 23.44 | 470.75 | 2.99 |
| | | 16 | | 29.627 | 23.257 | 0.390 | 262.53 | 2.98 | 37.82 | 414.16 | 3.74 | 58.57 | 110.89 | 1.94 | 25.63 | 539.80 | 3.06 |
| 11 | 110 | 7 | 12 | 15.196 | 11.928 | 0.433 | 177.16 | 3.41 | 22.05 | 280.94 | 4.30 | 36.12 | 73.38 | 2.20 | 17.51 | 310.64 | 2.96 |
| | | 8 | | 17.238 | 13.532 | 0.433 | 199.46 | 3.40 | 24.95 | 316.49 | 4.28 | 40.69 | 82.42 | 2.19 | 19.39 | 355.20 | 3.01 |
| | | 10 | | 21.261 | 16.690 | 0.432 | 242.19 | 3.38 | 30.60 | 384.39 | 4.25 | 49.42 | 99.98 | 2.17 | 22.91 | 444.65 | 3.09 |
| | | 12 | | 25.200 | 19.782 | 0.431 | 282.55 | 3.35 | 36.05 | 448.17 | 4.22 | 57.62 | 116.93 | 1.15 | 26.15 | 534.60 | 3.16 |
| | | 14 | | 29.056 | 22.809 | 0.431 | 320.71 | 3.32 | 41.31 | 508.01 | 4.18 | 65.31 | 133.40 | 1.14 | 29.14 | 625.16 | 3.24 |
| 12.5 | 125 | 8 | 14 | 19.750 | 15.504 | 0.492 | 297.03 | 3.88 | 32.52 | 470.89 | 4.88 | 53.28 | 123.16 | 1.50 | 25.86 | 521.01 | 3.37 |
| | | 10 | | 54.373 | 19.133 | 0.491 | 361.67 | 3.85 | 39.97 | 573.89 | 4.85 | 64.93 | 149.46 | 1.48 | 30.62 | 651.93 | 3.45 |
| | | 12 | | 28.912 | 22.696 | 0.491 | 423.16 | 3.83 | 41.17 | 671.44 | 4.82 | 75.96 | 174.88 | 2.46 | 35.03 | 783.42 | 3.53 |
| | | 14 | | 33.367 | 26.193 | 0.490 | 481.65 | 3.80 | 54.16 | 763.73 | 4.78 | 86.41 | 199.57 | 2.45 | 39.13 | 915.61 | 3.61 |
| 14 | 140 | 10 | 14 | 27.373 | 21.488 | 0.551 | 514.65 | 4.34 | 50.58 | 817.27 | 5.46 | 82.56 | 212.04 | 2.78 | 39.20 | 915.11 | 3.82 |
| | | 12 | | 32.512 | 25.522 | 0.551 | 603.68 | 4.31 | 59.80 | 958.79 | 5.43 | 96.85 | 248.57 | 2.76 | 45.02 | 1099.28 | 3.90 |
| | | 14 | | 37.567 | 29.490 | 0.550 | 688.81 | 4.28 | 68.75 | 1093.56 | 5.40 | 110.47 | 284.06 | 2.75 | 50.45 | 1284.22 | 3.98 |
| | | 16 | | 42.539 | 33.393 | 0.549 | 770.24 | 4.26 | 77.46 | 1221.81 | 5.36 | 123.42 | 318.67 | 2.74 | 55.55 | 1470.07 | 4.06 |
| 16 | 160 | 10 | 16 | 31.502 | 24.729 | 0.630 | 779.53 | 4.98 | 66.70 | 1237.30 | 6.27 | 109.36 | 321.76 | 3.20 | 52.76 | 1365.33 | 4.31 |
| | | 12 | | 37.441 | 29.391 | 0.630 | 916.58 | 4.95 | 78.98 | 1455.68 | 6.24 | 128.67 | 377.49 | 3.18 | 60.74 | 1639.57 | 4.39 |
| | | 14 | | 43.296 | 33.987 | 0.629 | 1048.36 | 4.92 | 90.95 | 1665.02 | 6.20 | 147.17 | 431.70 | 3.16 | 68.24 | 1914.68 | 4.47 |
| | | 16 | | 49.067 | 38.518 | 0.629 | 1175.08 | 4.89 | 102.63 | 1865.57 | 6.17 | 164.89 | 484.59 | 3.14 | 75.31 | 2190.82 | 4.55 |
| 18 | 180 | 12 | 16 | 42.241 | 33.159 | 0.710 | 1321.35 | 5.59 | 100.82 | 2100.10 | 7.05 | 165.00 | 542.61 | 3.58 | 78.41 | 2332.80 | 4.89 |
| | | 14 | | 48.896 | 38.388 | 0.709 | 1514.48 | 5.56 | 116.25 | 2407.42 | 7.02 | 189.14 | 625.53 | 3.56 | 88.38 | 2723.48 | 4.97 |
| | | 16 | | 55.467 | 43.542 | 0.709 | 1700.99 | 5.54 | 131.13 | 2703.37 | 6.98 | 212.40 | 698.60 | 3.55 | 97.83 | 3115.29 | 5.05 |
| | | 18 | | 61.955 | 48.634 | 0.708 | 1875.12 | 5.50 | 145.64 | 2988.24 | 6.94 | 234.78 | 762.01 | 3.51 | 105.14 | 3502.43 | 5.13 |
| 20 | 200 | 14 | 18 | 54.642 | 42.894 | 0.788 | 2103.55 | 6.20 | 144.70 | 3343.26 | 7.82 | 236.40 | 863.83 | 3.98 | 111.82 | 3734.10 | 5.46 |
| | | 16 | | 62.013 | 48.680 | 0.788 | 2366.15 | 6.18 | 163.65 | 3760.89 | 7.79 | 265.93 | 971.41 | 3.96 | 123.96 | 4270.39 | 5.54 |
| | | 18 | | 69.601 | 54.401 | 0.787 | 2620.64 | 6.15 | 182.22 | 4164.54 | 7.75 | 294.48 | 1076.74 | 3.94 | 135.52 | 480813 | 5.62 |
| | | 20 | | 76.505 | 60.056 | 0.787 | 2849.30 | 6.12 | 200.42 | 4554.55 | 7.72 | 322.06 | 1180.04 | 3.93 | 146.55 | 5347.51 | 5.69 |
| | | 24 | | 90.661 | 71.168 | 0.785 | 2338.25 | 6.07 | 236.17 | 5294.97 | 7.64 | 374.41 | 1381.53 | 3.90 | 166.55 | 6457.16 | 5.87 |

表 B.2 热轧槽钢(GB 707—1988)

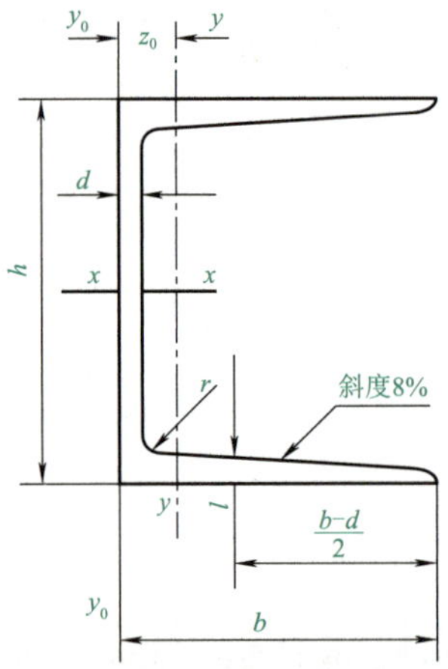


符号意义：

$h$——高度；　$b$——腿宽；

$d$——腰厚；　$t$——平均腿厚度；

$r$——内圆弧半径；　$r_1$——腿端圆弧半径；

$I$——惯性矩；　$W$——截面系数；

$i$——惯性半径；　$z_0$——$y$-$y$ 轴与 $y_0$-$y_0$ 轴间距。

| 型号 | 尺寸/mm | | | | | | 截面面积 $A$ /cm² | 理论重量 $G$ /(kg/m) | 参考数值 | | | | | | | |
|---|---|---|---|---|---|---|---|---|---|---|---|---|---|---|---|---|
| | | | | | | | | | $x$-$x$ | | | $y$-$y$ | | | $y_0$-$y_0$ | $z_0$ /cm |
| | $h$ | $b$ | $d$ | $t$ | $r$ | $r_1$ | | | $W_x$ /cm³ | $I_x$ /cm⁴ | $i_x$ /cm | $W_y$ /cm³ | $I_y$ /cm⁴ | $i_y$ /cm | $I_{y0}$ /cm⁴ | |
| 5 | 50 | 37 | 4.5 | 7.0 | 7.0 | 3.5 | 6.928 | 5.438 | 10.4 | 26 | 1.94 | 3.55 | 8.30 | 1.10 | 20.9 | 1.35 |
| 6.3 | 63 | 40 | 4.3 | 7.5 | 7.5 | 3.8 | 8.451 | 5.634 | 16.1 | 50.8 | 2.45 | 4.5 | 11.9 | 1.19 | 28.4 | 1.36 |
| 8 | 80 | 43 | 5.0 | 8.0 | 8.0 | 4.0 | 10.248 | 8.046 | 25.3 | 101 | 3.15 | 5.79 | 16.6 | 1.27 | 37.4 | 1.43 |
| 10 | 100 | 48 | 5.3 | 8.5 | 8.5 | 4.2 | 12.748 | 10.007 | 39.7 | 198 | 3.95 | 7.8 | 25.6 | 1.41 | 54.9 | 1.52 |
| 12 | 26 | 53 | 5.5 | 9.0 | 9.0 | 4.5 | 15.692 | 12.318 | 62.1 | 391 | 4.95 | 10.2 | 38.0 | 1.57 | 77.1 | 1.59 |
| 14a | 140 | 58 | 6.0 | 9.5 | 9.5 | 4.8 | 18.516 | 14.535 | 80.5 | 564 | 5.52 | 13 | 53.0 | 1.70 | 107 | 1.71 |
| 14b | 140 | 60 | 8.0 | 9.5 | 9.5 | 4.8 | 21.316 | 16.733 | 87.1 | 609 | 5.35 | 14.1 | 61.0 | 1.69 | 121 | 1.67 |
| 16a | 160 | 61 | 6.5 | 10.0 | 10.0 | 5.0 | 21.962 | 17.240 | 108 | 866 | 6.28 | 16.3 | 73.3 | 1.83 | 144 | 1.80 |
| 16 | 160 | 65 | 8.5 | 10.0 | 10.0 | 5.0 | 25.162 | 19.752 | 117 | 935 | 6.1 | 17.6 | 83.4 | 1.82 | 161 | 1.75 |
| 18a | 180 | 68 | 7.0 | 10.5 | 10.5 | 5.2 | 25.699 | 20.174 | 141 | 1270 | 7.04 | 20.0 | 86.6 | 1.96 | 190 | 1.88 |
| 18 | 180 | 70 | 9.0 | 10.5 | 10.5 | 5.2 | 29.299 | 23.000 | 152 | 1370 | 6.84 | 21.5 | 111 | 1.95 | 210 | 1.84 |
| 20a | 200 | 73 | 57.0 | 11.0 | 11.0 | 5.5 | 28.837 | 22.637 | 178 | 1780 | 7.86 | 24.2 | 128 | 2.11 | 244 | 2.01 |
| 20 | 200 | 75 | 9.0 | 11.0 | 11.0 | 5.5 | 32.837 | 25.777 | 191 | 1910 | 7.64 | 25.9 | 144 | 2.09 | 268 | 1.95 |
| 22a | 220 | 77 | 7.0 | 11.5 | 11.5 | 5.8 | 31.846 | 24.999 | 218 | 2390 | 8.67 | 28.2 | 158 | 2.23 | 298 | 2.10 |
| 22 | 220 | 79 | 9.0 | 11.5 | 11.5 | 5.8 | 36.246 | 28.453 | 234 | 2570 | 8.42 | 30.1 | 176 | 2.21 | 326 | 2.03 |
| 25a | 250 | 78 | 7.0 | 12.0 | 12.0 | 6.0 | 34.917 | 27.410 | 270 | 3370 | 9.82 | 30.6 | 176 | 2.24 | 322 | 2.07 |
| 25b | 250 | 80 | 9.0 | 12.0 | 12.0 | 6.0 | 39.917 | 31.385 | 282 | 3530 | 9.41 | 32.7 | 196 | 2.22 | 353 | 1.98 |
| 25c | 250 | 82 | 11.0 | 12.0 | 12.0 | 6.0 | 44.917 | 35.260 | 295 | 3690 | 9.07 | 35.9 | 218 | 2.21 | 384 | 1.92 |
| 28a | 280 | 82 | 7.5 | 12.5 | 12.5 | 6.2 | 40.034 | 31.427 | 340 | 4760 | 10.9 | 35.7 | 218 | 2.33 | 388 | 2.10 |
| 28b | 280 | 84 | 9.5 | 12.5 | 12.5 | 6.2 | 45.634 | 35.822 | 366 | 5130 | 10.6 | 37.9 | 242 | 2.30 | 428 | 2.02 |
| 28c | 280 | 86 | 11.5 | 12.5 | 12.5 | 6.2 | 51.234 | 40.219 | 393 | 5500 | 10.4 | 40.3 | 268 | 2.29 | 463 | 1.95 |
| 32a | 320 | 88 | 8.0 | 14.0 | 14.0 | 7.0 | 48.513 | 38.083 | 475 | 7600 | 12.5 | 46.5 | 305 | 2.50 | 552 | 2.24 |
| 32b | 320 | 90 | 10.0 | 14.0 | 14.0 | 7.0 | 54.913 | 43.107 | 509 | 8140 | 12.2 | 49.2 | 336 | 2.47 | 593 | 2.16 |
| 32c | 320 | 96 | 12.0 | 14.0 | 14.0 | 7.0 | 61.313 | 48.131 | 543 | 8690 | 11.9 | 52.6 | 374 | 0.47 | 643 | 2.09 |
| 36a | 360 | 96 | 9.0 | 16.0 | 16.0 | 8.0 | 60.910 | 47.814 | 566 | 11900 | 14.0 | 63.5 | 455 | 2.73 | 818 | 2.44 |
| 36b | 360 | 98 | 11.0 | 16.0 | 16.0 | 8.0 | 68.110 | 53.466 | 603 | 12700 | 13.6 | 66.9 | 497 | 2.70 | 880 | 2.37 |

表 B.3 热轧工字钢(GB 706—1988)

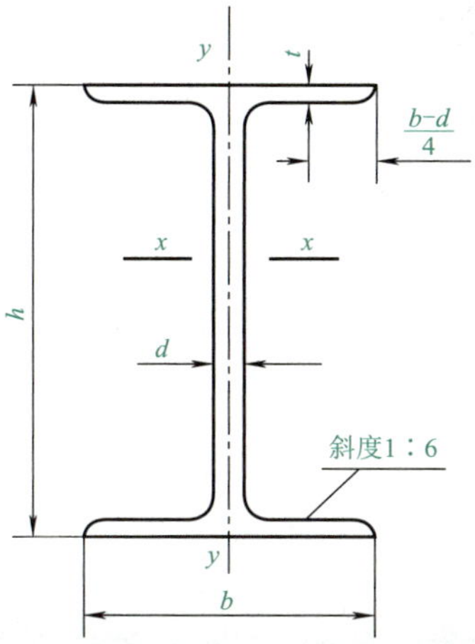


符号意义：

$h$——高度；　$b$——腿宽；

$d$——边厚；　$t$——平均腿厚度；

$r$——内圆弧半径；　$r_1$——腿端圆弧半径；

$I$——惯性矩；　$W$——截面系数；

$i$——惯性半径；　$S$——半截面的静力矩。

| 型号 | 尺寸/mm | | | | | | 截面面积 | 理论重量 | 参考数值 | | | | | | |
|---|---|---|---|---|---|---|---|---|---|---|---|---|---|---|---|
| | | | | | | | | | x-x | | | | y-y | | |
| | $h$ | $b$ | $d$ | $t$ | $r$ | $r_1$ | $A$ /cm² | $G$ /(kg/m) | $I_x$ /cm⁴ | $W_x$ /cm³ | $i_x$ /cm | $I_x:S_x$ | $I_y$ /cm⁴ | $W_y$ /cm³ | $i_y$ /cm |
| 10 | 100 | 68 | 4.6 | 7.6 | 6.5 | 3.3 | 14.345 | 11.261 | 245 | 49.0 | 4.14 | 8.6 | 33.0 | 9.72 | 1.62 |
| 12.6 | 126 | 74 | 5.0 | 8.4 | 7.0 | 3.5 | 18.118 | 14.273 | 488 | 77.5 | 5.2 | 10.8 | 46.9 | 12.7 | 1.61 |
| 14 | 140 | 80 | 5.5 | 9.1 | 7.6 | 3.8 | 21.516 | 16.890 | 712 | 102 | 5.76 | 12.0 | 64.4 | 16.1 | 1.73 |
| 16 | 160 | 88 | 6.0 | 9.9 | 8.0 | 4.0 | 26.131 | 20.513 | 1130 | 141 | 6.58 | 13.8 | 93.1 | 21.2 | 1.89 |
| 18 | 180 | 94 | 6.5 | 10.7 | 8.5 | 4.3 | 30.756 | 24.143 | 1160 | 185 | 7.36 | 15.4 | 122 | 26.0 | 2.00 |
| 20a | 200 | 100 | 7.0 | 11.4 | 9.0 | 4.5 | 35.478 | 27.929 | 2370 | 237 | 8.15 | 17.2 | 158 | 31.5 | 2.12 |
| 20b | 220 | 110 | 7.5 | 12.3 | 9.5 | 4.8 | 42.128 | 33.070 | 3400 | 309 | 8.99 | 18.9 | 225 | 40.9 | 2.31 |
| 22b | 220 | 112 | 9.5 | 12.3 | 9.5 | 4.8 | 46.528 | 36.524 | 3570 | 325 | 8.78 | 18.7 | 239 | 42.7 | 2.27 |
| 25a | 250 | 116 | 8.0 | 13.0 | 10.0 | 5.0 | 48.541 | 38.105 | 5020 | 402 | 10.2 | 21.6 | 280 | 18.3 | 2.40 |
| 25b | 250 | 118 | 10.0 | 13.0 | 10.0 | 5.0 | 53.541 | 42.030 | 5280 | 423 | 9.94 | 21.6 | 309 | 52.4 | 2.40 |
| 28a | 280 | 122 | 8.5 | 13.7 | 10.5 | 5.3 | 56.404 | 43.492 | 7110 | 508 | 11.3 | 24.6 | 345 | 56.6 | 2.50 |
| 28b | 280 | 124 | 10.5 | 13.7 | 10.5 | 5.3 | 61.004 | 47.888 | 7480 | 534 | 11.1 | 24.2 | 379 | 61.2 | 2.49 |
| 32a | 320 | 130 | 9.5 | 15.0 | 11.6 | 5.8 | 67.156 | 52.717 | 11100 | 692 | 12.8 | 27.5 | 460 | 70.8 | 2.62 |
| 32b | 320 | 132 | 11.6 | 15.0 | 11.6 | 5.8 | 78.556 | 57.741 | 11600 | 726 | 12.6 | 27.1 | 502 | 76.0 | 2.61 |
| 32c | 320 | 134 | 13.5 | 15.0 | 11.5 | 5.8 | 79.956 | 62.765 | 12200 | 760 | 12.3 | 26.8 | 544 | 81.2 | 2.61 |
| 36a | 360 | 136 | 10.0 | 15.8 | 12.0 | 6.0 | 76.480 | 60.037 | 15800 | 865 | 14.4 | 30.7 | 552 | 81.2 | 2.69 |
| 36b | 360 | 138 | 12.0 | 15.8 | 12.0 | 6.0 | 83.680 | 65.689 | 16500 | 919 | 14.1 | 30.3 | 582 | 84.3 | 2.64 |
| 36c | 360 | 140 | 14.0 | 15.8 | 12.0 | 6.0 | 90.880 | 71.341 | 17300 | 962 | 13.8 | 29.9 | 612 | 87.4 | 2.60 |
| 40a | 400 | 142 | 10.5 | 16.5 | 12.5 | 6.3 | 86.112 | 67.598 | 21700 | 1090 | 15.9 | 34.1 | 660 | 93.2 | 2.77 |
| 40b | 400 | 144 | 12.5 | 16.5 | 12.5 | 6.3 | 94.112 | 73.878 | 22800 | 110 | 15.6 | 33.6 | 692 | 96.2 | 2.71 |
| 40c | 400 | 145 | 14.5 | 16.5 | 12.5 | 6.3 | 102.112 | 80.158 | 23900 | 1190 | 15.2 | 33.2 | 727 | 99.6 | 2.65 |
| 45a | 450 | 150 | 11.5 | 18.0 | 13.5 | 6.8 | 102.446 | 80.420 | 32200 | 1430 | 17.7 | 38.6 | 855 | 114 | 2.89 |
| 45b | 450 | 152 | 13.5 | 18.0 | 13.5 | 6.8 | 111.446 | 87.485 | 33800 | 1500 | 17.4 | 38.0 | 794 | 118 | 2.84 |

# 习题参考答案

## 第2章

2.1 $F_R = 10.97\text{kN}$，$\theta = 31.74°$

2.2 $F_{BC} = 28.3\ \text{kN}$(压力)

2.3 (a) $F_{AB} = 0$，$F_{AC} = 10\ \text{kN}$(拉力)；(b) $F_{AB} = 10\ \text{kN}$(拉力)，$F_{AC} = 10\sqrt{2}\ \text{kN}$(压力)；

(c) $F_{AB} = 20\ \text{kN}$(拉力)，$F_{AC} = 10\sqrt{3}\ \text{kN}$(压力)

2.5 $F_{NB} = F_A = 2\ \text{kN}$

2.6 $F_{NB} = F_A = 5\ \text{kN}$

2.7 $F_B = F_A = 5\ \text{kN}$

2.8 $F_B = F_A = \dfrac{M}{L}$

2.9 $BC$ 二力杆，$F_C = F_A = \dfrac{16}{3}\ \text{kN}$

2.11 (a) $AB$ 二力杆，$F_{AB} = \dfrac{M}{L}$ (拉力)，$F_D = \dfrac{M}{L}$ (水平向左)；

(b) $CD$ 二力杆，$F_A = \sqrt{2}\dfrac{M}{L}$，方向：右上 45°，$F_D = \sqrt{2}\dfrac{M}{L}$ (拉力)

2.13 $F_C = \dfrac{\sqrt{2}}{2}\dfrac{M}{a}$，方向：左上 45°

2.14 $F_A = \sqrt{2}\dfrac{M}{l}$

2.15 (1) $F'_{Rx} = -150\text{N}$，$F'_{Ry} = 0$，$M_O = -900\text{N}\cdot\text{mm}$；

(2) 合力大小：$F_R = -150\text{N}$，方向：沿水平向左，作用线方程：$y = -6\text{mm}$

2.16 $F_{Ax} = 3qa(\leftarrow)$，$F_{Ay} = \dfrac{9}{4}qa(\downarrow)$，$F_C = \dfrac{9}{4}qa(\uparrow)$

2.17 $F_{Ax} = 0$，$F_{Ay} = 30\text{kN}(\uparrow)$，$F_{NB} = 50\text{kN}(\uparrow)$

2.18 $F_{Ax} = 0$，$F_{Ay} = 4F(\uparrow)$，$M_A = 5Fa$ (逆时针)

2.19 $F_{Ax} = 1500\text{N}(\rightarrow)$，$F_{Ay} = 500\text{N}(\uparrow)$，$F_{CD} = 500\sqrt{2}\text{N}$ (拉力)

2.20 $F_{Ax} = \dfrac{M}{L} - \dfrac{1}{2}qL(\rightarrow)$，$F_{Ay} = \dfrac{M}{L} + \dfrac{1}{2}qL(\uparrow)$，$F_{CD} = \sqrt{2}\left(\dfrac{M}{L} - \dfrac{1}{2}qL\right)$

2.21 $F_{Ax} = 0$，$F_{Ay} = 1\text{kN}(\downarrow)$，$F_{NB} = 13\text{kN}(\uparrow)$

2.22 $F_{Ax} = 0$，$F_{Ay} = \dfrac{M}{L} + qL(\uparrow)$，$M_A = \dfrac{qL^2}{2} + M$ (逆时针)

2.23 $F_{Ax} = 0$，$F_{Ay} = 15\text{kN}(\uparrow)$，$M_A = 20\text{kN}\cdot\text{m}$ (逆时针)

2.24 $F_A = -48.33\ \text{kN}$，$F_B = 100\text{kN}$，$F_D = 8.333\ \text{kN}$

2.25 $F_{Ax} = 1200\ \text{N}$，$F_{Ay} = 150\ \text{N}$，$F_B = 1050\ \text{N}$，$F_{BC} = 1500\ \text{N}$(压)

2.26 $F_{Ax} = \dfrac{3}{2}F_1$，$F_{Ay} = F_2 + \dfrac{1}{2}F_1$，$M_A = -\left(F_2 + \dfrac{1}{2}F_1\right)a$；

$F_{BAx} = -\dfrac{3}{2}F_1$，$F_{BAy} = -\left(F_2 + \dfrac{1}{2}F_1\right)$，$F_{BTx} = \dfrac{3}{2}F_1$，$F_{BTy} = \dfrac{1}{2}F_1$

2.27 $F_{Ax}=-qa$，$F_{Ay}=F+qa$，$M_A=(F+qa)a$，$F_{BCx}=\frac{1}{2}qa$，$F_{BCy}=qa$，$F_{BAx}=-\frac{1}{2}qa$，$F_{BAy}=-(F+qa)$

2.28 $F_1=F_2=\frac{F}{2}$（拉力），$F_3=F$（拉力），$F_4=F_5=\frac{\sqrt{2}F}{2}$（压力）

2.29 $F_1=13.5\,\text{kN}$(拉力)，$F_2=15\,\text{kN}$(压力)，$F_3=4.5\,\text{kN}$(压力)

## 第3章

3.1 $\boldsymbol{F}'_{\rm R}=\left(\left(\frac{\sqrt{3}}{3}-\sqrt{2}\right)\boldsymbol{i}+\left(\frac{\sqrt{3}}{3}+\sqrt{2}\right)\boldsymbol{j}+\left(\frac{\sqrt{3}}{3}+3\right)\boldsymbol{k}\right)$ kN；$\boldsymbol{M}_O=((3-\sqrt{2})\boldsymbol{i}-(3+\sqrt{2})\boldsymbol{j}+\sqrt{2}\boldsymbol{k})$ kN · m

3.2 力系简化为一力偶，$\boldsymbol{M}_O=(-40\boldsymbol{i}-40\boldsymbol{j})\,\text{N·m}$

3.3 $M_x(F)=-259\text{N·m}$，$M_y(F)=966\text{N·m}$，$M_z(F)=-500\text{N·m}$

3.4 $F_{AB}=F_{AC}=4.08\text{kN}$，$F_{AD}=-11.5\text{kN}$

3.5 $M_z(F)=-101.4\text{N·m}$

3.6 $F_{Ox}=150\text{N}$，$F_{Oy}=75\text{N}$，$F_{Oz}=500\text{N}$；$M_x=100\text{N·m}$，$M_y=-37.5\text{N·m}$，$M_z=-24.38\text{N·m}$

3.7 $F_1=10\text{kN}$，$F_2=5\text{kN}$，$F_{Ax}=-5.2\text{kN}$，$F_{Az}=6\text{kN}$，$F_{Bx}=-7.8\text{kN}$，$F_{Bz}=1.5\text{kN}$

3.8 $F_{Cx}=-666.7\text{N}$，$F_{Cy}=-14.7\text{N}$，$F_{Cz}=12640\text{N}$；$F_{Ax}=2667\text{N}$，$F_{Ay}=-325.3\text{N}$

3.9 $F=80\text{N}$，$F_{Ay}=-32\text{N}$，$F_{Az}=-48\text{N}$，$F_{By}=112\text{N}$，$F_{Bz}=32\text{N}$

3.10 $F_{T2}=400\text{N}$，$F_{t2}=200\text{N}$，$F_{Ax}=-638\text{N}$，$F_{Az}=130\text{N}$，$F_{Bx}=-413\text{N}$，$F_{Bz}=390\text{N}$

3.11 $x_C=9\text{cm}$，$y_C=0$

3.12 $x_C=-\frac{r^2R}{2(R^2-r^2)}$，$y_C=0$

3.13 取图形下边缘水平线为 $x$ 轴，左边铅垂线为 $y$ 轴，则截面形心坐标分别为

(a)（150，105），(b)（220，250），(c)（250，904），(d)（29，65）

## 第5章

5.2 $F_{\rm N1}=-20\,\text{kN}$，$F_{\rm N2}=-10\,\text{kN}$，$F_{\rm N3}=0\,\text{kN}$，横截面 1-1 应力 $\sigma=100\,\text{MPa}$，横截面 2-2 应力 $\sigma=50\,\text{MPa}$，横截面 3-3 应力 $\sigma=0\,\text{MPa}$

5.3 $\sigma_{60^\circ}=25\,\text{MPa}$，$\tau_{60^\circ}=43.3\,\text{MPa}$

5.4 $\sigma_{AB}=25\,\text{MPa}$，$\sigma_{BC}=-41.7\,\text{MPa}$，$\sigma_{AC}=33.3\,\text{MPa}$，$\sigma_{CD}=-25\,\text{MPa}$

5.5 $b\geqslant125\,\text{mm}$，$h\geqslant175\,\text{mm}$

5.6 $F=68.7\,\text{kN}$

5.7 $\sigma_{\max}=121\,\text{MPa}$

5.8 $\Delta l=1.06\,\text{mm}$

5.9 $\Delta l=-0.2\,\text{mm}$

5.10 $x=0.59\text{m}$，$\sigma_1=134.6\text{MPa}$，$\sigma_2=100.2\text{MPa}$

5.11 $\Delta A_y=1.37\,\text{mm}$

5.12 $[F]=15.1\,\text{kN}$，$y_B=3.34\,\text{mm}$

5.13 $F_{\max}=150\,\text{kN}$

5.14 $\theta=54.8^\circ$

5.15 $E=70\,\text{GPa}$，$\mu=0.327$

## 第6章

6.1 $A=\pi dh$，$A_{\rm bs}=\frac{\pi}{4}(D^2-d^2)$

6.2 $A = bh$， $A_{bs} = bc$

6.3 $\tau = 67.2\text{MPa} > [\tau]$，该用 $d \geqslant 32\text{mm}$

6.4 $F \geqslant 461\text{kN}$

6.5 $\tau = 23.9\text{MPa} < [\tau]$， $\sigma_{bs} = 62.5\text{MPa} < [\sigma_{bs}]$

6.6 $d \geqslant 80\text{mm}$， $b \geqslant 100\text{mm}$

## 第 7 章

7.4 $\tau_{10} = 40\text{MPa}$, $\tau_{max} = 102\text{MPa}$

7.5 $\tau_a = \tau_c = 51\text{MPa}$, $\tau_b = 30.6\text{MPa}$

7.6 $d_1 = 80\text{mm}$， $D = 95\text{mm}$， $d = 76\text{mm}$， $A \ / A_{实} = 51\%$

7.7 $M_e$=13.738 kN·m

7.8 $d$=70.3mm

7.9 $\varphi = 0.036°$

7.10 按照强度条件设计：直径 $d \geqslant 88.5\text{mm}$；按照刚度条件设计：直径 $d \geqslant 76.8\text{mm}$

7.11 $d = 50\text{mm}$

7.12 $\tau_{AC,\max} = 49.4\text{MPa} < [\tau]$， $\tau_{BD,\max} = 21.3\text{MPa} < [\tau]$， $\varphi'_{AC} = 1.77° / \text{m} < [\varphi']$，
$\varphi'_{BD} = 0.44° / \text{m} < [\varphi']$

## 第 8 章

8.4 $\sigma_a = -122\text{MPa}$， $\sigma_b = 0$

8.5 $\sigma_{t,\max} = 3.68\text{MPa}$， $\sigma_{c,\max} = 10.88\text{MPa}$

8.6 (1) $\sigma_H = -\sigma_D = 34.1\text{MPa}$， $\sigma_E = -18.2\text{MPa}$， $\sigma_F = 0$； (2) $\sigma_{\max} = 41\text{MPa}$； (3) 3 倍

8.7 实心轴 $\sigma_{\max} = 159\text{MPa}$，空心轴 $\sigma_{\max} = 93.6\text{MPa}$，减少了 41%

8.8 $\tau_A = 0.074\text{MPa}$， $\tau_B = 0.125\text{MPa}$， $\tau_{\max} = 0.16\text{MPa}$

8.9 $h = 65.5\text{mm}$

8.10 $\sigma_{c,\max} = 90\text{MPa} < [\sigma_c]$， $\sigma_{t,\max} = 60\text{MPa} > [\sigma_t]$，不安全

8.12 (a) $\theta_B = \dfrac{M_0 l}{EI}$， $y_B = \dfrac{M_0 l^2}{2EI}$； (b) $\theta_C = \dfrac{3Fl^2}{8EI}$， $y_C = -\dfrac{5Fl^3}{48EI}$；
(c) $\theta_A = -\dfrac{M_0 l}{6EI}$， $\theta_B = \dfrac{M_0 l}{3EI}$， $y_C = -\dfrac{M_0 l^2}{16EI}$； (d) $\theta_A = \dfrac{ql^3}{6EI}$， $y_A = -\dfrac{ql^4}{8EI}$

8.13 (a) $\theta_B = \dfrac{3Fa^2}{2EI}$， $y_B = \dfrac{7Fa^3}{6EI}$； (b) $\theta_A = \dfrac{5ql^3}{24EI}$， $y_C = -\dfrac{17ql^4}{384EI}$

8.14 (a) $w = \dfrac{Fa}{48EI}\left(3l^2 - 16al - 16a^2\right)$， $\theta = \dfrac{F}{48EI}\left(24a^2 + 16al - 3l^2\right)$
(b) $w = -\dfrac{qa}{24EI}\left(3a^3 + 4a^2 l - l^3\right)$， $\theta = -\dfrac{q}{24EI}\left(4a^3 + 4a^2 l - l^3\right)$

8.15 选 No.18 工字钢

## 第 9 章

9.1 $F = 94.2\text{kN}$

9.2 (a) $\sigma_\alpha = 5\text{ MPa}$， $\tau_\alpha = 25\text{ MPa}$； (b) $\sigma_\alpha = 10.98\text{ MPa}$， $\tau_\alpha = 10.98\text{ MPa}$；
(c) $\sigma_\alpha = 27.3\text{ MPa}$， $\tau_\alpha = 27.3\text{ MPa}$

9.3 (a) $\sigma_1 = \sigma_2 = 0$， $\sigma_3 = -50\text{ MPa}$， $\alpha_0 = 26°33'$， $\tau_{\max} = 25\text{ MPa}$；
(b) $\sigma_1 = 30\text{ MPa}$， $\sigma_2 = 0$， $\sigma_3 = -20\text{ MPa}$， $\alpha_0 = 26°33'$， $\tau_{\max} = 25\text{ MPa}$；
(c) $\sigma_1 = 74.1\text{ MPa}$， $\sigma_2 = 15.9\text{ MPa}$， $\sigma_3 = 0$， $\alpha_0 = 29°30'$， $\tau_{\max} = 37.05\text{ MPa}$；

(d) $\sigma_1=0$， $\sigma_2=-4.6$ MPa， $\sigma_3=-65.4$ MPa， $\alpha_0=48°12'$， $\tau_{max}=32.7$ MPa

9.4 $\sigma_1=56$ MPa； $\sigma_2=0$； $\sigma_3=-16$ MPa， $\tau_{max}=36$ MPa

9.5 $\sigma_{45°}=10$MPa， $\tau_{45°}=40$MPa； $\sigma_1=34.7$ MPa； $\sigma_2=0$； $\sigma_3=-54.7$ MPa； $\alpha_0=13°$； $\tau_{max}=44.7$ MPa

9.6 $\mu=0.225$， $\Delta L=47.5\times10^{-3}$mm

9.7 $M_T=125.7$ N·m

9.8 $\mu=0.27$

9.9 $\sigma_y=1.2$MPa

9.10 $\sigma_{r3}=110$ MPa， $\sigma_{r4}=101.5$ MPa； $\sigma_{r3}=110$ MPa， $\sigma_{r4}=95.4$ MPa

9.11 (a) 130，130，160，140，137.5 (b) 34.7，48.4，89.4，78，48.4

## 第 10 章

10.1 $\sigma_{max}=341\text{MPa}>[\sigma]$

10.2 $d=122$ mm

10.3 $\sigma_{max}=54$ MPa， $\sigma=2.55$ MPa， $\dfrac{\sigma}{\sigma_{max}}=4.72\%$

10.4 $\sigma_{r3}=93$ MPa

10.5 $\sigma_{max}=9.83$ MPa

10.6 $P=788$ N

10.7 $\sigma_{r3}=134\text{MPa}<[\sigma]$

10.8 $\sigma_{r4}=119.5\text{MPa}<[\sigma]$

10.9 $d\geqslant71$ mm

10.10 $\sigma_{r3}=50.5\text{MPa}<[\sigma]$

## 第 11 章

11.1 稳定性(a)最差，(c)最好

11.2 $F_{cr}=68$kN

11.3 $n=3.57$

11.4 $F_{cr}=247$kN

11.5 $F=225$kN

11.6 $n=3.77>n_{st}$

11.7 (1) $F_{cr}=269$KN；(2) $n=1.7<n_{st}$

11.8 $n=3.76>n_{st}$

## 第 12 章

12.1 $\sigma_m=200$MPa， $\sigma_a=100$MPa， $r=1/3$

12.2 降低 45%

12.3 $n_\sigma=1.41$

## 附录 A

A.2 (a) $I_x=3820\text{cm}^4$， $I_y=537\text{cm}^4$；(b) $I_x=3820\text{cm}^4$， $I_y=2310\text{cm}^4$

A.3 $I_y=\dfrac{bh^3}{3}$， $I_z=\dfrac{hb^3}{3}$， $I_{yz}=-\dfrac{b^2h^2}{4}$

# 参 考 文 献


戴葆青, 张东焕. 工程力学[M]. 北京: 北京航空航天大学出版社, 2011.

范钦珊, 郭光林. 工程力学[M]. 北京: 高等教育出版社, 2011.

顾志荣等. 材料力学学习方法及解题指导[M]. 上海: 同济大学出版社, 2003.

哈尔滨工业大学理论力学教研组. 理论力学[M]. 北京: 高等教育出版社, 2009.

洪嘉振, 杨长俊. 理论力学[M]. 北京: 高等教育出版社, 2008.

刘鸿文. 材料力学[M]. 北京: 高等教育出版社, 2004.

秦飞. 材料力学[M]. 北京: 科学出版社, 2012.

单辉祖, 谢传峰. 工程力学[M]. 北京: 高等教育出版社, 2004.

西南交通大学应用力学与工程系. 工程力学教程[M]. 北京: 高等教育出版社, 2009.

祝瑛, 蒋永莉. 工程力学[M]. 北京: 清华大学出版社, 2010.